DIE SCHWEISSTECHNIK DES BAUINGENIEURS

Einführung in Entwurf, Berechnung, Herstellung und Untersuchung
von Schweißverbindungen im Stahlbau unter Berücksichtigung
der amtlichen Vorschriften

von

Ing.
BERNHARD SAHLING und KURT LATZIN
Reichsbahn-Amtmann a. D.
in Hamburg

Dipl.-Ing.
Oberingenieur
in Dortmund

Zweite, neubearbeitete und erweiterte Auflage

Mit 343 Abbildungen

SPRINGER FACHMEDIEN WIESBADEN GMBH

ISBN 978-3-663-03112-3   ISBN 978-3-663-04301-0 (eBook)
DOI 10.1007/978-3-663-04301-0

Auszug aus dem Vorwort zur ersten Auflage

Im folgenden ist versucht worden, in einem kurzen Abriß die Schweißtechnik, vom Standpunkt des Bauingenieurs aus betrachtet, allgemein
verständlich darzustellen.

Das Schweißverfahren, ursprünglich ein Mittel zur werkstattmäßigen
Metallbearbeitung, hat seit etwa einem Jahrzehnt immer stärkere Anwendung im Stahlhochbau und Brückenbau gefunden und ist heute —
nach den „Folgerungen und Anregungen" des Zweiten Kongresses der
Internationalen Vereinigung für Brückenbau und Hochbau vom Oktober
1936 — „als Verbindungsmittel im Stahlbau aus dem Ingenieur-Hoch- und
Brückenbau nicht mehr hinwegzudenken".

Erhöhte Bedeutung kommt gerade heute der Schweißtechnik zu, weil sie
gegenüber dem Nietverfahren bedeutende Ersparnisse an Stahl ermöglicht.

Auf die bei der Anwendung des Schweißverfahrens gemachten Erfahrungen
wird, nach einer kurzen Erörterung der Grundbegriffe des Schweißens und
der Eigenheiten der Schweißnähte, näher eingegangen, wobei auch besonders
die neuen Schweißvorschriften berücksichtigt werden.

In den verschiedenen Abschnitten ist das Wichtigste zur Einführung gesagt; eine erschöpfende Behandlung wäre nicht möglich gewesen, ohne
über den Rahmen dieser kleinen Schrift hinauszugehen. Wer sich über
Einzelfragen eingehender zu unterrichten wünscht, findet die Handhabe
hierzu in den zahlreichen Hinweisen auf ausführliches Schrifttum.

Da die Schweißtechnik auf viele Gebiete hinübergreift, die dem Bauingenieur nicht so vertraut sind wie sein Sondergebiet — es seien hier nur
erwähnt die Elektrotechnik, das Werkstättenwesen, die Metallkunde, die
Röntgentechnik —, erschien es dem Verfasser geboten, führende Wissen-
schaftler auf diesen Gebieten zu Rate zu ziehen. Diesen Herren sowie allen
denen, die durch Übertragung der Bearbeitung schweißtechnischer Fragen
und der Durchführung umfangreicher Versuche es dem Verfasser ermög-
lichten, sich die erforderlichen Kenntnisse anzueignen, oder die ihn bei der
Abfassung der Abhandlung durch wertvolle Ratschläge sowie Überlassung
von Lichtbildern unterstützten, sei an dieser Stelle besonderer Dank aus-
gesprochen.

Altona, im Dezember 1937.

Bernhard Sahling

Vorwort zur zweiten Auflage

Da die erste Auflage der „Schweißtechnik des Bauingenieurs" eine freundliche Aufnahme und günstige Beurteilung durch die Fachkreise gefunden hat, möchte ich für die zweite Auflage die Einteilung des zu behandelnden Stoffes im allgemeinen belassen und lediglich den Inhalt nach dem heutigen Stande berichtigen und ergänzen. Hinsichtlich der Einteilung möge der Abschnitt über die Werkstoffe mehr an den Anfang gerückt werden, nachdem sich erwiesen hat, daß dieser Frage eine größere Bedeutung zukommt als bisher angenommen wurde. Auch sollen die Erörterungen über die Schrumpfspannungen, das Schweißen von Stahlkonstruktionen in der Werkstatt und auf der Baustelle sowie die Anwendung des Schweißverfahrens im Stahlbetonbau usw. ausführlicher als in der ersten Auflage behandelt werden. Die Hinweise auf die amtlichen Vorschriften wurden beibehalten. Als Abrundung der Ausführungen möge der Abschnitt „Geschweißte Brücken und Stahlhochbauten des Auslandes" dienen, der vornehmlich zeigen soll, welche Fortschritte auf diesem Gebiet im Ausland gemacht worden sind. — Nicht kann es Zweck dieses Büchleins sein, tief in wissenschaftliche Probleme einzudringen; hierfür steht ein Spezialschrifttum zur Verfügung. Die Hinweise hierauf wurden nach dem neuesten Stande ergänzt.

Die erste Auflage war bereits 1939 vergriffen, und weil 1944 eine größere Bestellung vorlag, habe ich schon damals trotz aller durch den Krieg gegebenen Schwierigkeiten die Bearbeitung der zweiten Auflage in Angriff genommen. Doch wurden große Teile des Manuskriptes, wertvolle Zeichnungen und unersetzliche Lichtbilder vernichtet. Nur durch das Entgegenkommen von Herrn Dipl.-Ing. *Latzin*, Dortmund, und seine Bereitwilligkeit zur Mitarbeit wurde ich ermutigt, abermals die Ausarbeitung der zweiten Auflage in Angriff zu nehmen. Für diese Unterstützung möchte ich Herrn *Latzin* meinen besonderen Dank aussprechen. Ferner fühle ich mich allen Herren zu Dank verpflichtet, die durch freundliche Überlassung von Lichtbildern oder sonstigen Unterlagen zum Gelingen dieser Arbeit beigetragen haben, besonders Herrn Dr. *Lohmann*, Dortmund, für entgegenkommende Mitwirkung durch Überprüfung des Textes und den Herren Professor Dr. Dr. *Dörnen* und Dipl.-Ing. *Kohl* für ihre freundlichen Anregungen, sowie meinen früheren Mitarbeitern vom Brückenbüro der Eisenbahndirektion Hamburg und der Firma Dortmunder Brückenbau *C. H. Jucho*, Dortmund.

Im Interesse eines niedrigen Preises dieses Buches wurden verschiedene Ausführungen, z. B. über die Stahlerzeugung, die Legierungsbestandteile u. a. fortgelassen und durch Hinweise auf einschlägige Fachbücher ersetzt.

Schließlich möchte ich noch den Wunsch aussprechen, daß die zweite Auflage mehr noch als die erste jedem Bauingenieur Antwort auf die wichtigsten Fragen über das Schweißen von Brücken und Stahlhochbauten geben und die gleiche freundliche Aufnahme in Fachkreisen finden möge wie die erste Auflage.

Hamburg, im Dezember 1951.

Bernhard Sahling

In der s. Z. von Herrn *Sahling* ausgesprochenen Einladung zur Mitarbeit an seinem bekannten Buche sehe ich einen besonderen Vertrauensbeweis und habe seinem Wunsche gern entsprochen, um durch Vervollständigung dieses Werkes dem Schweißen neue Freunde zuzuführen. Die vielen ausgezeichneten Bücher auf diesem Gebiete behandeln den Stoff in überwiegender Mehrzahl vom metallurgischen und fertigungstechnischen Standpunkt, gehen jedoch auf die Belange des Stahlbaues nur in geringem Maße ein. Die den Stahlbau betreffenden Veröffentlichungen sind vielfach in Zeitschriften zerstreut, so daß es dem Konstrukteur nicht immer möglich ist, bei der Arbeit die nötigen Unterlagen zu finden. Die Fülle der konstruktiven und statischen Grundsätze, die unbedingt beachtet werden müssen, wenn ein geschweißtes Bauwerk seinen Zweck einwandfrei erfüllen soll, müssen dem Entwerfenden auch leicht zugänglich sein. Bei Nietkonstruktionen sind die einschlägigen Vorschriften über Abstand, Durchmesser, Konstruktionseinzelheiten usw. dem Konstrukteur so in Fleisch und Blut übergegangen, daß über deren Zweck und Entstehung gar nicht mehr nachgedacht wird. Bei geschweißter Konstruktion, deren Entwicklung noch bei weitem nicht abgeschlossen ist, wird auf diese Umstände viel weniger geachtet; und wenn sich Mängel beim Bauwerk zeigen, war wieder einmal das Schweißen schuld.
Dieses hat Herr *Sahling* schon bei Herausgabe der ersten Auflage erkannt, und mein Bestreben geht nun dahin, die neuesten Erkenntnisse zu sammeln, die hauptsächlich für Entwurf, aber auch für die Werkstattarbeit von geschweißten Brücken und Hochbauten nötig sind.

Dortmund, im August 1951.

Kurt Latzin

Inhaltsverzeichnis

VIII

I. EINLEITUNG

1. Die Entwicklung der Schweißbauweise

Das Bauen ist meistens ein *Verbinden* von *Bauteilen*. Hierbei sollen nicht nur diese, sondern ebensosehr ihre *Verbindungsmittel* tadellos beschaffen und den auf sie wirkenden Kräften voll gewachsen sein.

Dies gilt sowohl im Hochbau für Gebälk und Sparren, die mit Bolzen oder Dübeln zusammengesetzt werden, als auch beim Mauern für den Mörtel, der die Mauersteine miteinander verbindet, und in gleichem Maße im Stahlbau für Niete und *Schweißnähte*, durch die Stahlbauteile zu Brücken oder Hochbauten usw. zusammengefügt werden.

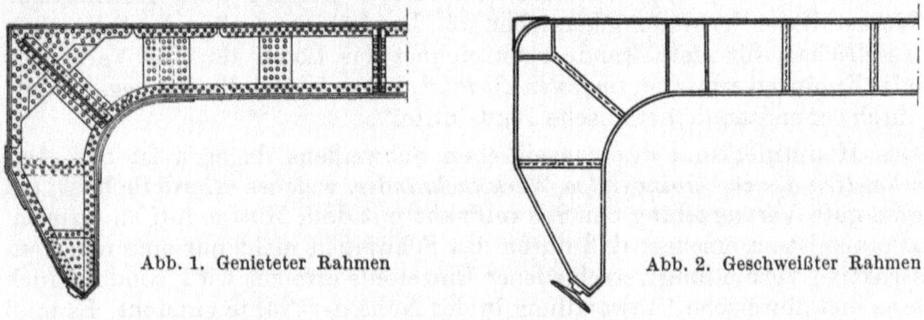

Abb. 1. Genieteter Rahmen   Abb. 2. Geschweißter Rahmen

Die Entwicklung der Nietbauweise, die im Stahlhochbau und Brückenbau mit der Einführung des Schweißeisens etwa Anfang des vorigen Jahrhunderts begonnen hat, war noch nicht abgeschlossen, als man vor rund 20 Jahren dazu überging, zunächst versuchsweise die Verbindungen der Stahlbauteile auch durch Schweißen herzustellen.

Diese Entwicklung mag in der erhofften größeren Wirtschaftlichkeit des neuen Verfahrens ihren Ursprung gehabt haben, sie wurde aber in zunehmendem Maße auch gefördert durch das vorteilhafte Aussehen der geschweißten Bauwerke, die im Gegensatz zu genieteten den Anschein erwecken, als seien sie „aus einem Guß" hergestellt. Abb. 1 und 2 zeigen dasselbe Bauwerk, einmal in genieteter und sodann in geschweißter Ausführung. Daneben ermöglicht das Schweißverfahren auch in schwierigen Fällen, wo das Nietverfahren versagt oder sehr umständlich sein würde, Verbindungen mit vergleichsweise einfachen Mitteln herzustellen.

Tatsächlich kann man — ganz allgemein gesprochen — das Schweißen als die Herstellung von metallischen Verbindungen durch die Vereinigung von Schmelz- und Gießverfahren auffassen.

Das Schweißen ist also heute etwas anderes als die seit alters her gebräuchliche sogenannte „Feuer- oder Hammerschweißung", wie sie auch gegenwärtig noch in jeder Schmiede ausgeführt wird und wobei zwei Eisenteile im Feuer auf teigigen Zustand erhitzt und durch Schlagen mit einem schweren Hammer verbunden werden. Was man neuerdings unter „Schweißen" versteht, ist nach DIN E 1910 wie folgt festgelegt worden:

„Schweißen ist das Vereinigen von Metallen gleicher oder gleichartiger Zusammensetzung unter Einwirkung von Wärme mit oder ohne Zuführung eines gleichen oder gleichartigen Metalles."

Hieraus ergeben sich die Unterschiede zwischen Schweißen und Löten, welch letzteres äußerlich viel Ähnlichkeit mit jenem haben mag: Beim Löten werden die Werkstückränder wohl erwärmt, aber nicht aufgeschmolzen; ferner wird beim Löten ein anderer Werkstoff (Zinn) zur Verbindung der Teile verwendet, während beim Schweißen gleicher oder gleichartiger Werkstoff die Verbindung herstellen soll. Der Lötausschuß in der Deutschen Gesellschaft für Metallkunde kennzeichnet das Löten als „das Verbinden oder Ergänzen erhitzter, *im festen Zustand bleibender* Metalle und Legierungen durch schmelzende metallische Bindemittel".

Das Hauptmerkmal des neuzeitlichen Schweißens dagegen ist das *Aufschmelzen der zu verbindenden Werkstückränder*, welches erforderlich ist, um eine gute Verwurzelung der Schweißnaht mit dem Mutterstoff zu erzielen. Hieraus ist zu ersehen, daß durch das Schweißen nicht nur eine rein konstruktive Verbindung verschiedener Einzelteile erreicht wird, sondern auch eine metallurgische Umwandlung in der Nähe der Nähte entsteht. Es muß also jeder, der geschweißte Bauwerke entwerfen, berechnen und ausführen will, sich sowohl über das gußähnliche Gefüge der Nähte als auch über die Veränderungen, die durch die Wärmezufuhr im Bauwerk entstehen, im klaren sein. Diese führt außer zu den erwähnten metallurgischen Umwandlungen auch zu inneren Spannungen und daraus folgenden Verwerfungen der Konstruktion.

Es ist nicht angängig, schematisch das Nietverfahren durch Herstellung geschweißter Verbindungen zu ersetzen. Vielmehr muß man, wenn man bei der Herstellung von Schweißverbindungen vor großen Enttäuschungen bewahrt bleiben will, sich zunächst von den bei der Nietbauweise üblichen Überlegungen völlig freimachen und sich sodann auf die besonderen Eigenschaften der Schweißnähte und die Begleiterscheinungen beim Schweißen umstellen.

Die Versuche, sich von dem bereits genannten alten Verfahren der Feuer- oder Hammerschweißung zu lösen und für die Erwärmung des Stoffes nicht ein Kohlenfeuer, sondern eine Gasflamme oder auch den elektrischen Lichtbogen zu benutzen, setzten — unabhängig voneinander — in den achtziger Jahren des vorigen Jahrhunderts ein.

Als Gas wurde zunächst Wasserstoff genommen; Anfang dieses Jahrhunderts
benutzte man ein aus Wasserstoff und Sauerstoff erzeugtes Knallgas, dann
ein Gemisch aus Sauerstoff und Azetylen zum Zerschneiden von Form- oder
Flachstählen. Dieses Verfahren hat sich — unter Verwendung von Maschinen
zur Führung der Flamme — sehr vervollkommnet (vgl. „VIII. Brennschneiden und Fugenhobeln"). Die zuletzt genannten Gase werden auch
zur sog. Autogenschweißung, für die man neuerdings die richtigere Bezeichnung „Gasschmelzschweißung" oder kurz „Gasschweißung" eingeführt hat,
verwendet.
Der Elektroschweißung war zunächst ein nennenswerter Erfolg nicht beschieden. Die Vereinigung der Gasschmelz- und elektrischen Verfahren
wurde mehrfach versucht, aber trotz einiger recht guter Erfolge auf anderen
Gebieten haben diese Verfahren sich im Stahlhochbau und Brückenbau
bisher nicht durchzusetzen vermocht.
Dies blieb der Elektroschweißung nach dem Verfahren von *Slavianoff*,
auf das weiter unten noch näher eingegangen werden soll, vorbehalten.
Diesem Verfahren war während des ersten Weltkrieges und in den folgenden
Jahren ein ungeahnter Aufschwung beschieden. Daß dieser zunächst auf
dem Gebiet des Maschinenbaues einsetzte, ist verständlich, weil dem Maschi-
neningenieur die verschiedenen Verfahren der Metallbearbeitung an sich
näher liegen als dem Bauingenieur.
Nachdem man zunächst auf dem Gebiet des Stahlhochbaues gute Er-
fahrungen mit der neuen Bauweise gemacht und diese sich auch u. a. im
Schiffbau bei dynamischen Lasteinflüssen bewährt hatte, ging man dazu
über, Brücken für bewegte Lasten durch Schweißnähte zusammenzufügen,
selbstverständlich erst nach eingehenden Vorversuchen und theoretischen
Überlegungen. Die erste Eisenbahnbrücke dieser Art hat sich, trotz hoher
Inanspruchnahme durch täglich etwa 100 Züge, durchaus bewährt.
Es ist dies eine im Jahre 1930 erbaute eingleisige Eisenbahnbrücke aus
St 37 von 10 m Stützweite. Da noch keinerlei Vorschriften und Erfahrungen
vorlagen, wurde sie zuerst in einen Damm eingebaut und mit einem Brücken-
schwinger gerüttelt. Anschließend wurde sie nach tagelangem Befahren
durch eine Lokomotive auf einer Hauptstrecke von D-Zügen und schweren
Güterzügen beansprucht. Obwohl sich während des Betriebes keinerlei
Schäden zeigten, wurde sie nach sieben Jahren wieder ausgebaut und auf
Ermüdungserscheinungen und Alterung untersucht. Es ergaben sich aber
keinerlei Beanstandungen.
Kennzeichnend dafür, wie vorsichtig man mit der Herstellung geschweißter
Eisenbahnbrücken vorging, mag der Umstand sein, daß man zunächst nur
weniger beanspruchte Nähte schweißte, z. B. stellte man Überbauten aus
Walzträgern her und schweißte nur die Anschlüsse der Queraussteifungen,
der Abdeckbleche usw. oder man bediente sich der Schweißbauweise zur
Herstellung der Ecken rahmenartig ausgebildeter Querträger, wie im

1*

Abschnitt IV, 3 „Der heutige Stand der Bauweisen" noch ausführlicher gezeigt werden wird.

Sehr bald ging man dann dazu über, Eisenbahnbrücken in den für genietete Vollwandträger üblichen Abmessungen, d. h. mit Stützweiten von 20 bis 25 m, völlig durch Schweißen herzustellen. Auch diese Überbauten bewährten sich durchweg; sie hatten ein befriedigendes Aussehen und waren wegen der Baustoffersparnis billiger als genietete Überbauten.

Diese guten Erfolge führten dazu, für immer größere Stützweiten in bisher für Vollwandträger nicht gekannten Ausmaßen geschweißte Träger herzustellen, z. B. für die Hauptträger der Rügendamm-Überbauten, die eine Stützweite von 52 m und eine Höhe von 3,90 m besitzen.

Der stürmischen Entwicklung wurde nun aber durch einige Schadensfälle Einhalt geboten.

Obwohl es sich bei diesen Schäden nur um Einzelfälle handelte, riefen sie doch eine beträchtliche Beunruhigung in der Fachwelt hervor.

Vom Verschweißen der Brücken aus St 52 wurde einstweilen Abstand genommen, und um die Ursachen der Schäden zu klären, wurden umfangreiche Versuche und Untersuchungen angestellt.

Nachdem diese Schwierigkeiten nunmehr als überwunden angesehen werden können, darf man hoffen, daß der Anwendung der Schweißtechnik auf den Gebieten des Brücken- und Stahlhochbaues eine weitere günstige Entwicklung beschieden sein wird.

Außerdem dürfte sich mit Rücksicht auf die überall notwendigen Sparmaßnahmen die Dünnblechschweißung mehr und mehr durchsetzen. Die Rostgefahr ist bei guter Unterhaltung auch nicht höher als bei den üblichen Konstruktionen und kann durch korrosionsunempfindliches Material (Cu-Zusatz) noch vermindert werden. Gefördert werden diese Bestrebungen auch durch die Materialpreiserhöhungen der letzten Jahre.

2. Die Entstehung der Schweißvorschriften

Die maßgebenden Behörden und die führenden Vertreter des Stahlbaues — sowohl Praktiker als Theoretiker — erkannten schnell, welche Bedeutung dem neuen Bauverfahren beizumessen und wie wichtig es sei, durch *Vorschriften* einerseits zu verhindern, daß infolge unsachgemäßer Anwendung oder Ausführung Bauwerke einstürzen und Menschenleben gefährdet werden, andererseits auf Grund von eingehenden Versuchen die zulässigen Beanspruchungen der geschweißten Verbindungen festzustellen, um auch die Wirtschaftlichkeit des neuen Verfahrens möglichst zu wahren.

So erschienen bereits Anfang 1930 die vom Fachausschuß für Schweißtechnik im Verein Deutscher Ingenieure aufgestellten „Richtlinien für die Ausführung geschweißter Stahlbauten". Diese Richtlinien waren vorerst nur für Hochbauten gedacht. Auch die später herausgegebenen Vorschriften galten in erster Linie für Hochbauten und erhielten nur in einem besonderen Abschnitt ergänzende Bestimmungen für Brückenbauten. — Die Anwendung der Schweißtechnik im Brückenbau besonders gefördert zu haben, ist hervorragendes Verdienst der Deutschen Reichsbahn, die sich bei der Ausarbeitung der Grundlagen für die genaue Berechnung geschweißter Bauwerke führend beteiligt und nach eingehenden Versuchen bereits frühzeitig solche Bauwerke in größerem Umfange hat herstellen lassen.

Auf Grund von Dauerversuchen, die sich über einen Zeitraum von mehreren Jahren erstreckten, hat sich herausgestellt, daß ein wesentlicher Unterschied im Verhalten der geschweißten Verbindungen bei ruhender und bei oft bewegter Last besteht. Deshalb entschloß man sich dazu, die Vorschrift zu trennen, und so erschienen

a) im Herbst 1934 als DIN 4100 die „Vorläufigen Vorschriften für geschweißte *Stahlhochbauten*" und

b) Ende 1935 (zunächst als Vorschrift der Deutschen Reichsbahn) die Dienstvorschrift 848, die „Vorläufigen Vorschriften für geschweißte vollwandige *Eisenbahnbrücken*".

Die DV 848, bei deren Anwendung die Berechnungsgrundlagen (BE) und die Grundsätze für die bauliche Durchbildung (GE) für stählerne Eisenbahnbrücken zu berücksichtigen sind, gilt auch für *Drehscheiben, Schiebebühnen* und in Sonderfällen für *Straßenbrücken*, auf denen Straßenbahnen verkehren (siehe „Vorschriften für geschweißte vollwandige stählerne Straßenbrücken" DIN 4101, Vorbemerkung, Anmerkung 1).

Allgemein gelten für Straßenbrücken, bei denen die Einflüsse bewegter Lasten bei weitem nicht so bedeutend sind wie bei *Eisen*bahnbrücken, besondere Bestimmungen, nämlich die im Juli 1937 erschienenen DIN 4101. Diese lehnen sich in Aufbau und Wortlaut eng an die DV 848 an, sehen aber für die Berechnung bedeutende Erleichterungen vor. Während hierauf später in einem besonderen Abschnitt (V, 6) näher eingegangen werden soll, wird im übrigen auf die DIN 4101 nur dann Bezug genommen werden, wenn sie wesentliche Abweichungen gegenüber der DV 848 enthalten.

Für geschweißte *Krane und Kranbahnen* sollen Sondervorschriften noch erlassen werden.

Für die Anwendung des Schweißverfahrens auf dynamisch beanspruchte *Fachwerkbrücken* sind die Vorarbeiten z. Z. noch nicht soweit gediehen, daß Vorschriften hierfür herausgegeben werden könnten. Die Fachwerkschweißung ist heute nur bei leichten einwandigen Bindern üblich. Man hat aber neuerdings auch größere Fachwerkbrücken derart hergestellt, daß die Stäbe geschweißt und die Anschlüsse genietet worden sind, wie im Abschnitt IV, 3 (vgl. Abb. 221a bis c) näher beschrieben.

II. DIE WERKSTOFFE
UND IHRE EIGNUNG FÜR DAS SCHWEISSEN

1. Allgemeines

Als man etwa 1930 dazu überging, das Schweißverfahren auch bei der Herstellung von Stahlhochbauten und Brücken anzuwenden, nahm man an, daß der für genietete Bauwerke verwendete Stahl ohne weiteres für geschweißte Bauwerke geeignet sei. Die Schweißvorschriften besagten, daß „als Werkstoffe die zu genieteten Stahlbauten geeigneten verwendet werden können, wenn ihre Eignung für die Schweißung feststeht (wie bei St 37) oder nachgewiesen wird".

Letzteres traf für größere schweißeiserne Brücken zu, die erst nach umfangreichen Versuchen durch Schweißen verstärkt wurden. Die hierbei gemachten Erfahrungen waren gut, doch hat die damalige Hauptverwaltung der Deutschen Reichsbahngesellschaft mit Verfügung vom 21. 9. 31 ersucht, von der Verstärkung schweißeiserner Brücken durch Schweißen bis auf weiteres abzusehen. Bei der Verwendung von St 52 zu geschweißten Bauwerken glaubte man, durch besondere, hochwertige Schweißdrähte, die Schweißnähte mit entsprechend hohen Festigkeitswerten ergaben, allen Schwierigkeiten zu begegnen. Aber gerade beim Schweißen von St 52 ereigneten sich die bereits genannten Schadenfälle, die Anlaß zu sehr gründlichen und weitgreifenden Versuchen und Untersuchungen gaben. Diese erstreckten sich auch auf den Werkstoff, und es zeigte sich, daß die Gefahr der Rissebildung weniger durch unzureichende Elastizität der Schweißnähte als vielmehr durch zu große Aufhärtung des Mutterwerkstoffes hervorgerufen wird. Desgleichen spielen die Zusammensetzung und metallurgische Behandlung bei der Herstellung des Stahles für geschweißte Stahlbauten und dessen Korngröße eine bedeutend größere Rolle als bei genieteten Bauwerken. Es wurden daher im Jahre 1940 neue Vorschriften über die Zusammensetzung und Warmbehandlung des Baustoffes und über die Abmessungen der Walzerzeugnisse für geschweißte Bauwerke erlassen.

Der hauptsächlich für Hoch- und Brückenbauten verwendete Baustoff wird nach der neuesten Bezeichnungsweise nur noch Stahl genannt; wobei man unter Stahl jedes ohne weitere Nachbehandlung schmiedbare Eisen versteht.

2. Prüfung der mechanischen Eigenschaften

Die einzelnen Stahlsorten unterscheiden sich durch eine Reihe von Merkmalen und Eigenschaften (z. B. Festigkeit, Dehnung, Einschnürung, Härte usw.), die aus der Festigkeitslehre her als bekannt vorausgesetzt werden. Doch soll kurz der Begriff der *Alterung* erläutert werden.

Unter Alterung versteht man allgemein eine Verschlechterung des Werkstoffs, die nach Kaltverformung, z. B. bei plötzlichem Kaltrichten oder Richten mit starker Verformung in einem Arbeitsgang, auftritt. Metallurgisch wird dies nach *Kollmar*[1]) durch die Ausscheidung von Karbid, Stickstoff und Wasserstoff, die überschüssig im Ferrit gelöst waren, erklärt. Künstlich kann man die Alterung dadurch hervorrufen, daß man das Werkstück um 8% staucht und dann $^1/_2$ Stunde lang auf 250^0 anläßt. Die künstliche Alterung wird angewendet, um im Versuch die auf einen längeren Zeitraum sich erstreckende natürliche Alterung zu ersetzen.

Die Alterungsempfindlichkeit eines Stahles äußert sich durch besonders starken Abfall der im Kerbschlagversuch ermittelten Kerbzähigkeit des Probestückes vor und nach dem künstlichen Altern. Allgemein soll der Kerbschlagversuch Aufschluß über die Kerbschlagzähigkeit, d. h. die Fähigkeit, schlagartigen Beanspruchungen zu widerstehen, geben. Ferner dient der Versuch dazu, den Einfluß von Kerben verschiedener Ausführungsart auf das Grundmaterial zu bestimmen.

In den amtlichen Vorschriften sind im allgemeinen bestimmte Festigkeitswerte, die bei diesen Versuchen erreicht werden müssen, nicht angegeben. Auf dem Gebiet des Schweißens dient dieser Versuch vor allem zur Elektrodenprüfung, vgl. Abschnitt III, 3 A. Die im Schrifttum[2]) erwähnte sogenannte „Schnadt-Probe" ist hinsichtlich ihres Wertes noch umstritten.

3. Legierungsbestandteile

Eisen in chemisch reiner Form läßt sich im Bauwesen nicht verwenden, weil einerseits die Erzielung eines entsprechenden Reinheitsgrades zu teuer wäre und andererseits die Festigkeit für den Stahlbau nicht ausreicht. Die verwendeten Eisensorten besitzen eine Reihe von Stoffen, die entweder von vornherein im Erz enthalten sind oder hinzugefügt werden.

Dieses Hinzufügen von Stoffen nennt man „Legieren". Es ist aber nicht üblich, Stahl mit etwas Zusatz von Kohlenstoff als „legierten Stahl" zu bezeichnen, vielmehr versteht man hierunter einen Stahl mit anderen Zusätzen, wie Mangan, Silizium oder dergleichen.

Die Zusammensetzung der Erze ist nicht einheitlich und schwankt je nach dem Fundort, so daß natürlich auch entsprechend ihrer Herkunft die Zuschlagstoffe wechseln müssen. Die aus den Erzen stammenden Verunreinigungen und auch die Legierungsbestandteile der Stähle sind nicht immer in elementar reiner Form, sondern in Verbindungen vorhanden.

Weil der Prozentsatz dieser Bestandteile beim Schweißen eine bedeutende Rolle spielt, ist es erforderlich, sich mit diesem Gebiet zu befassen. Welche Prozentsätze der verschiedenen Legierungsbestandteile bei den Stählen St 37 und St 52 nach den Vorschriften der Deutschen Bundesbahn zulässig sind, ist im Abschnitt 4 „Die verschiedenen Baustähle" angegeben.

Kohlenstoff (C) ist wohl der wichtigste Legierungsbestandteil des Stahles.
Er kommt hier in gebundener Form als Karbid oder Zementit vor.
Im Grau- und Temperguß liegt Kohlenstoff vorwiegend in elementarer
Form als Graphit oder Temperkohle vor.
Stähle besitzen im allgemeinen bis 1,7% Kohlenstoff; gut schweißbar sind
sie aber nur bei einem Kohlenstoffgehalt bis zu 0,25% und zeigen bei höheren Gehalten immer Schwierigkeiten. Allerdings muß auch beachtet werden,
daß für die Schweißbarkeit der Kohlenstoffgehalt allein kein Kriterium darstellt, da die Begleitelemente und Legierungsbestandteile eine Rolle spielen.

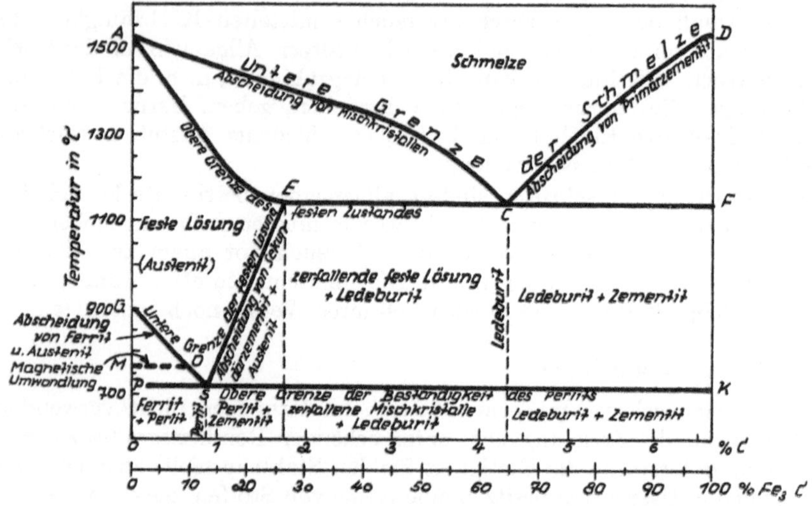

Abb. 3. Schematische Darstellung des Eisen-Zementit-Schaubildes,
ohne Berücksichtigung der A_4-Umwandlung (nach Werkstoffhandbuch Stahl und Eisen)

Bei gleichen Kohlenstoffgehalten ist ein Stahl mit mehr Legierungsbestandteilen schwieriger zu schweißen als ohne diese. Auch die Art der Legierungs-
elemente spielt dabei eine Rolle.
Die Kohlenstoffgehalte bei den heute üblichen Baustählen schwanken
zwischen 0,10 bis 0,20%.
Allgemein gilt für die mechanischen Eigenschaften, daß mit steigendem
Kohlenstoffgehalt die Zugfestigkeit wächst, die Dehnung und Kerbschlagzähigkeit dagegen abnehmen. Die Schmiedbarkeit bereitet zwischen 1,2%
und 1,7% C Schwierigkeiten.
Das in Abb. 3 gezeigte Eisen-Zementit-Schaubild (vielfach auch Eisen-
Kohlenstoff-Schaubild genannt) zeigt die Zustände der Verbindung bei
wechselnder Temperatur und wechselnden Kohlenstoffanteilen. Dabei muß
jedoch immer beachtet werden, daß sich die dort gezeigten Linien bei An-

8

wesenheit von Legierungsbestandteilen nicht unbeträchtlich verschieben können.

Für den Stahlbau ist allerdings vorwiegend der Bereich bis 0,35% C von Bedeutung.

Bei Temperaturen oberhalb der Linie $A-C-D$ befindet sich das Eisen in flüssigem Zustand, beginnt bei Abkühlung zu erstarren und ist unterhalb der Linie $A-E-C-F$ in festem Zustand. Der Schmelzpunkt nimmt von 1530° bei reinem Eisen auf 1140° je nach dem Kohlenstoffgehalt ab.

Der Bereich der festen Lösung umfaßt jene Legierungen, bei denen entsprechend der Temperatur der Kohlenstoff (Eisenkarbid Fe_3C) im Eisen in Lösung enthalten ist.

Mit Ferrit bezeichnet man das reine Eisen als Gefügebestandteil und mit Perlit das eutektoide Gemisch von Ferrit und Eisenkarbid.

Unterhalb der Linie $A-E$ liegt der Kohlenstoff in gelöster Form im Eisen vor (Austenit). Unterhalb der Linie $G-O-S$ scheidet sich Ferrit, ein reines Eisenkristall, und bei Erreichung der Linie $P-S$ ein eutektoides Gemisch vom Ferrit und Eisenkarbid aus, der oben schon erwähnte Perlit. Unterhalb der Linie $S-E$ tritt zunächst Eisenkarbid auf (Zementit) und nach der Linie $S-K$ ebenfalls Perlit. Weitere Vorgänge bei niedrigem Kohlenstoffgehalt spielen in diesem Zusammenhang keine Rolle.

Für die Härtung des Stahles ist das Gebiet der festen Lösung von Bedeutung.

Alle genannten Erscheinungen treten aber nur dann auf, wenn bei der Abkühlung die Legierungen genügend Zeit haben, in den neuen Zustand überzugehen. Plötzliche Abkühlungsvorgänge, das sogenannte Abschrecken, können vollkommen andere Verhältnisse nach sich ziehen, als sie dem Schaubild entsprechen.

Der hüttenmännische Vorgang der Erzeugung und Behandlung des Stahles soll hier nicht näher erörtert werden; er ist im Schrifttum[3]) ausführlich geschildert.

4. Die verschiedenen Baustähle

Die im Thomas-Verfahren erschmolzenen Stähle weisen gegenüber Siemens-Martin-Stahl meist einen höheren Phosphor- und Stickstoffgehalt auf. Auch in den Lieferbedingungen der Deutschen Bundesbahn findet dies Berücksichtigung. Diese Bestandteile bringen es mit sich, daß Thomasstahl, trotz gleicher Zugfestigkeit, Dehnung und Streckgrenze, kerbschlagempfindlicher ist, besonders bei Kaltbearbeitung leichter altert als Siemens-Martin-Stahl und daher zu einer erhöhten Sprödigkeit neigt.

Dies bedingt auch größere Vorsicht beim Richten von Werkstoffen, die für Schweißarbeiten vorgesehen werden. Man soll aus den obengenannten Gründen das Richten mit Stößeln dem mit Rollenrichtmaschinen vorziehen. Stößel lassen die Verformungen weicher und allmählicher erfolgen, als es bei den ziemlich plötzlichen Änderungen durch die Rollenrichtmaschinen der Fall ist. Genauere Richtlinien für das Richten und Biegen s. § 4 der „Technischen Vorschriften für Stahlbauwerke", Dienstvorschrift 827 der Deutschen Bundesbahn.

In den letzten Jahren ist es allerdings gelungen, auch Thomasstähle zu erzeugen, die in ihrer Verformungsfähigkeit und Alterung den SM-Stählen gleichen, ihnen also auch auf schweißtechnischem Gebiet gleichwertig sind. Das sind die sogenannten HPN- und Alto-Stähle, die außer den üblichen Begrenzungen von Phosphor und Schwefel auch eine Begrenzung des Gesamtgehaltes von Stickstoff und Phosphor zeigen.

Über die zulässigen Phosphor- und Stickstoffgehalte der HPN-Stähle sind noch keine Vorschriften herausgekommen. *Zeyen-Lohmann* [7]) nennt als Höchstgehalte 0,06% P bei 0,012% N oder 0,045% P bei 0,016% N.

Eine Übersicht über die für Stahlbauten der Deutschen Bundesbahn in Betracht kommenden Werkstoffe enthalten die „Technischen Vorschriften für Stahlbauwerke (TVSt)", die bereits genannte Dienstvorschrift 827 der Deutschen Bundesbahn. Für geschweißte Brücken und Hochbauten kommen danach in erster Linie St 37, St 52 und Stahl HSB 50 in Frage.

Für St 37 gilt allgemein DIN 1612. Ähnlich lauten die Vorschriften der Deutschen Bundesbahn (918 02 „Technische Lieferbedingungen für Formstahl, Stabstahl, Breitflachstahl, Schraubenstahl, Nietstahl u. dgl.", neueste Ausgabe Februar 1949, und 918 162 „Technische Lieferbedingungen für Baublech, Flußstahl gewalzt, 5 mm dick und darüber (Grobbleche)", neueste Ausgabe September 1946). Nach diesen darf Stahl St 37 bzw. St 34 die in Tafel I angegebenen Höchstgehalte an Legierungsbestandteilen in der Schmelze aufweisen. Durch Seigerungen im Blech kann es jedoch zu Anreicherungen kommen, so daß im fertigen Werkstoff örtlich die in Tafel II angegebenen Werte zugelassen werden.

Um Materialkosten zu sparen, wird man bei St 37 statt Siemens-Martin-Güte möglichst Stahl in Sonderthomasgüte verwenden. Wenn man dabei Schweißgüte vorschreibt, so wird man bei Einhaltung aller Konstruktionsregeln (vgl. Kapitel VI) und der vorgeschriebenen Abmessungsbegrenzungen der Profile (vgl. Tafel VI, S. 97) keine Beanstandungen zu befürchten haben.

Tafel I: Zulässige Legierungsbestandteile der Schmelze

Stahlsorte	Herstell-verfahren	Höchstgehalte in %			
		C	P	S	P + S
St 37.12 St 37.21 und St 34.12	Thomas	0,16	0,09	0,06	0,13
	Siemens-Martin	0,20	0,06	0,06	0,10

Stahlsorte	Herstell-verfahren	Höchstgehalte in %			
		C	P	S	P + S
St 37.12 St 37.21 und St 34.12	Thomas	0,192	0,126	0,084	0,182
St 37.12 und St 34.12	Siemens- Martin	0,240	0,07	0,084	0,110
St 37.21		0,240	0,084	0,084	0,140

Nach Absatz 1 „Beschaffenheit" der obengenannten Lieferbedingungen muß bei der Bestellung für Stahlbauten angegeben werden, ob der Stahl zu Schweiß- oder Nietkonstruktionen verwendet werden soll. Wenn Siemens-Martin-Stahl geliefert werden soll, so wird dies bei der Bestellung vorgeschrieben. Bei zu schweißenden Breitflachstählen, Gurtplatten zu geschweißten Stahlbauwerken, Gurtplatten mit Stegansatz sowie Sonderschweißprofilen, wie Nasenprofilen und dgl. kommt, wenn die Dicke dieser Walzerzeugnisse größer als 25 mm ist, ferner bei Blechen über 20 mm Dicke für geschweißte Konstruktionen *nur Siemens-Martin-Stahl* in Betracht. In der Bestellung ist in diesen Fällen ausdrücklich Siemens-Martin-Stahl vorzuschreiben. Bleche zu geschweißten Stahlbauwerken sind normalgeglüht zu liefern; auch dies ist bei der Bestellung in jedem Fall vorzuschreiben. (Eine übersichtliche Zusammenstellung der zulässigen Dicken von geschweißten Profilen findet sich in der Tafel VI auf Seite 97.)

Aus den Tafeln II der Technischen Lieferbedingungen 918 02 und 918 162 ist außer den mechanischen Gütewerten zu ersehen, wann Schmelzschweißbarkeit gewährleistet ist. Dies ist *nicht* der Fall bei St 00.12, bei St HB (Handelsbaustahl) und bei St 00.21 (Handelsblech). *Diese Marken dürfen mithin für tragende Bauteile geschweißter Konstruktionen nicht gewählt werden.*

Die Gewährleistung der Schmelzschweißbarkeit kommt nur bei schmelzungsweisen Lieferungen in Betracht. Der Werkstoff muß besondere Prüfungen [Zug- und Faltversuche an Stumpfnahtproben nach Abschnitt 2c) b der Drucksache 918 02, vgl. Abb. 4] aushalten.

Breitflachstähle, Platten mit Stegansatz sowie Sonderschweißprofile, wie Nasenprofile u. dgl. müssen, wenn die Dicke dieser Walzerzeugnisse größer als 30 mm ist, zusätzlich dem im Anhang zu den Technischen Lieferbedingungen 918 02 beschriebenen Aufschweißbiegeversuch sowie Kerbschlagversuchen und Querproben zu Zug- und Faltversuchen nach Abb. 5 genügen.

11

Für Bleche nach den Technischen Lieferbedingungen 918 162 der Deutschen Bundesbahn lautet die Bestimmung über die Nachprüfung der Schweißbarkeit:

„Die Proben werden im Hüttenwerk im Anlieferungszustand in Gegenwart des Abnahmebeamten geschweißt und geprüft; sie dürfen vor und nach dem Schweißen keiner Wärmebehandlung unterzogen werden. Müssen ausnahmsweise die Bleche nach ihrer Verarbeitung auf ihre Schweißbarkeit und durch die Aufschweißbiegeprobe geprüft werden, so werden die entnommenen Probestücke wegen etwaiger Alterungserscheinungen vor der Ausarbeitung der Proben und Ausführung der Schweißungen normalgeglüht. Zur Unterrichtung werden auch Proben im ungeglühten Zustand geschweißt und geprüft."

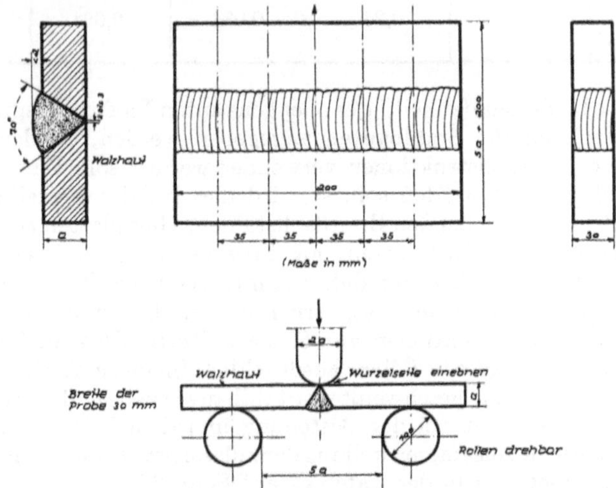

Abb. 4. Zug- und Faltversuch nach Drucksache 918 02

Weitere Angaben über Prüfung und Abnahme s. Kap. X.

Die Deutsche Bundesbahn schreibt hinsichtlich der Werkstoffe für geschweißte Eisenbahnbrücken in der DV 848, den „Vorläufigen Vorschriften für geschweißte, vollwandige Eisenbahnbrücken", im § 2 vor: „Der zu geschweißten Eisenbahnbrücken verwendete Werkstoff muß einwandfrei schweißbar sein und den Lieferbedingungen der Deutschen Bundesbahn entsprechen (918 02, 918 162 und 918 156)."

Um den in letzter Zeit immer höher werdenden Lasten Rechnung zu tragen, wurde nach einem Baustoff mit größerer Streckgrenze, also größerer zulässiger Spannung, gesucht. Nach vorübergehender Verwendung eines St 48, der auf Siliziumbasis hergestellt wurde, aber die diesem Legierungsbestandteil üblichen Nachteile wie erschwerte Walzbarkeit (Schieferung) zeigte und

12

daher nicht befriedigte, ging man zu einem St 52 über, der heute sowohl für die Schweiß- als auch für die Nietbauweise verwendet wird.

Für ruhende Belastung läßt sich die erhöhte Streckgrenze in vollem Maße ausnutzen. Etwas ungünstiger zeigt sich der St 52 jedoch bei Schwell- oder Wechselbeanspruchung. Hier ist gegenüber dem St 37 ein verhältnismäßig größerer Abfall der Bruchspannung festzustellen, was seinen Niederschlag in erhöhten γ-Beiwerten der Vorschriften fand. Der gleiche Elastizitätsmodul E bringt auch eine größere Durchbiegung infolge höherer Spannungen mit sich und setzt auch die Wirtschaftlichkeit bei reinen Knickstäben größerer Schlankheitsgrade herab.

Vorerst wurde bei St 52 noch keinerlei Zusammensetzung, sondern nur die Streckgrenze vorgeschrieben. Nach den bei drei Bauwerken aufgetretenen

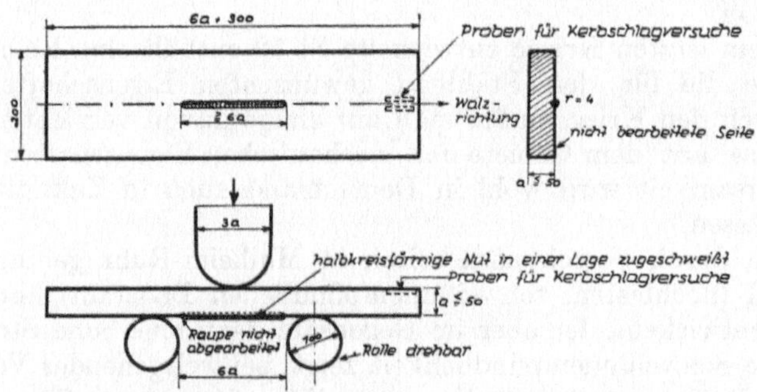

Abb. 5. Aufschweißbiegeprobe nach Anhang zur Drucksache 918 02

Rückschlägen wurden durch die Deutsche Bundesbahn die Legierungsbestandteile nach oben begrenzt, und zwar soll der Kohlenstoffgehalt 0,20%, der Siliziumgehalt 0,60%, der Mangangehalt 1,00% nicht überschreiten. Außerdem werden zusätzlich zugelassen entweder 0,40% Mn oder 0,40% Cr. Kupfer und Molybdän kommen als Legierungszusätze nicht in Frage. Der Schwefel- und Phosphorgehalt sollen höchstens je 0,06% betragen (vgl. Drucksache 918 156 ,,Technische Lieferbedingungen für Baustahl St 52 und Nietstahl St 44'', neueste Ausgabe September 1946). Nach Dr.-Ing. *Kollmar*[1]) wird z. Z. eine Änderung der Lieferbedingungen beraten: ,,Da die Gewährleistung der Schmelzschweißbarkeit bei St 52 wegen seiner Erzeugung als Feinkornstahl einen beträchtlichen Aufpreis erfordert, gerade aber bei großen Brücken, für die der St 52 in Betracht kommt, die Nietbauweise häufig bevorzugt wird, sind Bestrebungen im Gange, getrennte Lieferbedingungen für ,,St 52 genietet'' und ,,St 52 geschweißt'' zu schaffen.''

Außer dem hier angeführten Stahl St 52 auf Mangan-Silizium-Basis gibt es noch Arten, die auf anderer Basis die gewünschte Festigkeit erzielen. Der beste in schweißtechnischer Hinsicht dürfte wohl der auf Molybdän-Basis hergestellte sein, dem in seiner Güte der Chrom-Kupfer-Stahl folgt. Sie kommen allerdings in Deutschland infolge ihrer teuren Legierungsbestandteile derzeit nicht zur Verwendung.

Der zur Zeit ausnahmslos auf der Mangan-Silizium-Basis hergestellte Stahl St 52 wird im Siemens-Martin-Ofen und für die Schweißung als Feinkornstahl hergestellt. Diese Erschmelzung als Feinkornstahl, die sich durch besondere metallurgische Maßnahmen (Desoxydation mit kleineren Mengen Aluminium) erzielen läßt, verringert die Neigung des Stahles zu verformungslosem Trennbruch. Auch nachträgliches Glühen bei etwa 900° steigert die Sicherheit gegenüber dem so gefürchteten Trennbruch. Die Glühtemperatur kann allerdings je nach den Legierungsbestandteilen schwanken. Eine allgemeine Vorschrift besagt, daß die Glühdauer in Minuten gleich der Werkstoffdicke in Millimeter zu halten ist, keinesfalls aber 20 Minuten unterschreiten soll.

Der vor dem letzten Kriege entwickelte St 52 enthält eine Reihe von Zusätzen, die die für den Stahlbau gewünschten Eigenschaften hervorrufen. Durch den Krieg mußte man auf einige davon verzichten und Zugeständnisse auf dem Gebiete der mechanischen Eigenschaften zulassen. Diese Sparsamkeit wird wohl in Deutschland auch in Zukunft beachtet werden müssen.

Es ist nun durch Forschungsarbeiten in Mülheim-Ruhr gelungen, einen HSB-Stahl (hochfesten, schweißunempfindlichen Baustahl) ähnlich dem St 52 zu entwickeln, der aber im Gegensatz dazu eine hohe Streckgrenze und größte Schweißunempfindlichkeit zeigt, bei weitgehender Vermeidung der vielen Legierungszusätze. Nur unter Hinzufügung von Si und Mn wird dieses Ziel durch einfache Maßnahmen bei der Schmelzung und Warmformung erreicht. Er zeichnet sich noch durch eine besonders hohe Streckgrenze im Verhältnis zur Festigkeit unter Einhaltung aller anderen guten Eigenschaften des St 52 aus.

Eine besondere Warm- oder Vergütungsbehandlung ist nicht nötig. Auch tritt ein Abfallen der Streckgrenze durch nachträgliches Warmrichten nicht ein, sofern sich dieses bei Temperaturen unter 1000°, also bei den im Stahlbau üblichen Temperaturen, abspielt.

Der HSB-Stahl wird in 3 Güten als

HSB 40

HSB 45

HSB 50

erzeugt[4]). Der Stahl HSB 50 wird heute auch als St 50 m. e. S. (d. h. mit erhöhter Streckgrenze) bezeichnet und von der Deutschen Bundesbahn als Werkstoff für geschweißte Brücken zugelassen. Die zulässigen Spannungen und etwa auch der Preis gleichen jenen des St 52.

Aus wirtschaftlichen Gründen und dem Grundsatz folgend, alle Bauteile unter Beachtung ihrer Beanspruchungen sparsamst zu bemessen, können verschiedene Baustähle, also St 37 mit St 52 oder HSB 50, gemeinsam verwendet und miteinander verschweißt werden. Die ersten Anfänge davon findet man bei der Verbindung von Beulsteifen aus St 37 mit Hauptträgern aus hochwertigen Baustählen. In weiterer Verfolgung dieses Gedankens werden auch Tragglieder selbst aus verschiedenen Stählen zusammengesetzt, sofern die nachgewiesenen Spannungen dies zulassen. So kann bei unsymmetrischen I-Trägern — wie es z. B. bei Verbundträgern vorkommt — eine Gurtplatte aus St 37 und Steg und die andere Gurtplatte aus hochwertigem Baustahl hergestellt werden. Diese Verschweißung verschiedener Stahlgüten miteinander hat sich durchaus bewährt, sofern nur beide Stähle einwandfrei schweißbar sind und auch die Elektrode der Zusammensetzung *beider* Stähle angepaßt wird. Bedenken sind auch deshalb nicht zu erheben, da die physikalischen Eigenschaften beider Gruppen, wie Elastizitätsmodul, Wärmedehnungsbeiwert usw. gleicher Größenordnung sind. Dasselbe trifft auch für die Verbindung von Kranschienen, die mit Rücksicht auf die gewünschte höhere Verschleißfestigkeit zusätzliche Legierungsbestandteile aufweisen, mit Kranbahnträgern aus üblichen Baustählen zu.

5. Fehlererscheinungen des Stahles

Beim Schweißen von Stählen kennt man noch einige Erscheinungen, die nach *Lohmann-Zeyen* durch die Bezeichnungen Schweißnahtrissigkeit, Schweißrissigkeit und Schweißempfindlichkeit gekennzeichnet werden.
Bei der Schweißnahtrissigkeit handelt es sich um Risse in der Schweißnaht, wobei Längsrisse häufiger als Querrisse auftreten und Kehlnähte öfter als Stumpfnähte davon befallen werden. Bei Gasschweißung ist diese Erscheinung selten zu beobachten, öfter schon bei der Elektroschweißung, wo sie am häufigsten bei Verwendung dick umhüllter Elektroden und an Stählen höherer Festigkeit vorkommt. Nach *Stieler*[5]) ist die Ursache in der Querverspannung zu suchen, die praktisch bei Kehlnähten immer auftritt. Die Hauptursache dürfte natürlich in fehlerhafter Zusammensetzung der Elektroden liegen und in mangelnder Abstimmung der Elektroden zu den zu verschweißenden Stählen.
Die Schweißrissigkeit äußert sich vorwiegend bei der Gasschweißung dünner Bleche und bei Stählen höherer Festigkeit. Da die Risse im Grundwerkstoff auftreten, ist auch hier ihre Ursache zu suchen. Im Stahlhochbau und Brückenbau ist diese Erscheinung wohl von untergeordneter Bedeutung, da man sie nie bei Stählen mit Gehalten unter 0,20 % C beobachtet hat und auch dünne Bleche der gefährdeten Abmessungen kaum zur Verarbeitung kommen.
Auch der Begriff Schweißempfindlichkeit umfaßt Risse im Grundstoff. Sie treten jedoch vorwiegend bei der Elektroschweißung und bei dickeren Werkstoff-Querschnitten auf und bilden sich nach Beendigung des Schweißvorganges oder sogar erst nach der Inbetriebnahme des Bauwerks. Eine Abhilfe

durch Wahl geeigneter Elektroden ist kaum möglich, und das Sicherste gegen Schweißempfindlichkeit ist die Wahl eines vollkommen einwandfrei schweißbaren Baustahles.

Die Ursachen der bekannten und weitgehend untersuchten Unzuträglichkeiten und Risse bei den beiden Bauwerken Eisenbahnbrücke über die Hardenbergstraße am Bahnhof Zoologischer Garten in Berlin und Reichsautobahnbrücke im Talübergang bei Rüdersdorf fallen unter diesen Begriff. Man hat auch im Anschluß an die damaligen Unfälle eine Serie von Untersuchungen durchgeführt, die neue Aufschlüsse über das Problem der konstruktiven Ausbildung geschweißter Träger und der Materialqualitäten gaben. Man hat bei Fehlschlägen zur Verhütung der Schweißempfindlichkeit grundsätzlich 2 Ursachen zu suchen:

einmal Fehler des Werkstoffes,
und zum anderen konstruktive Fehler.

In geringem Maße kann allerdings noch ein dritter Grund auftreten, und zwar fehlerhafte Schweißung. Wenn, was früher als gut angesehen wurde, mit einer dünnen Elektrode vorgeschweißt und dann gewendet wird, kann es zu Kaltverformungen kommen, die zu Rissen an der Nahtwurzel führen. Diese Risse können sich später über die ganze Naht ausbreiten.

Einer der Hauptgründe der Schweißempfindlichkeit sind, wie oben erwähnt, Fehler im Werkstoff. Hier wurden auch die ersten Untersuchungen durchgeführt und Methoden gesucht, um schon vor Fertigstellung des Bauwerkes Schlüsse auf das spätere Verhalten ziehen zu können. In Deutschland hat sich dafür allgemein die Aufschweißbiegeprobe (vgl. Abb. 5) durchgesetzt. Eindeutige Beziehungen zwischen Kerbschlagprobe und Aufschweißbiegeprobe haben sich nach *Albers*[6]) nicht feststellen lassen. Die Aufschweißbiegeprobe wird nach Abb. 5 durchgeführt und ist im Anhang zur Drucksache 918 02 der Deutschen Bundesbahn beschrieben.

III. GRUNDBEGRIFFE DES SCHWEISSENS

1. Die verschiedenen Schweißverfahren

Die verschiedenen Schweißverfahren sollen hier nur kurz, soweit es zum Verständnis der folgenden Abschnitte und der Vorschriften erforderlich ist, besprochen werden. Wer sich eingehender hierüber zu unterrichten wünscht, sei auf das einschlägige Schrifttum verwiesen [7 bis 10]).

Die vom VDI-Fachausschuß für Schweißtechnik ausgearbeiteten Begriffsbestimmungen und Schweißzeichen sind im DIN-Entwurf 1910/12 festgelegt[11]). Danach werden die verschiedenen Schweißverfahren in zwei Hauptgruppen eingeteilt. Man unterscheidet:

A. Schmelzschweißen,
B. Preßschweißen.

Das Schmelzschweißen ist ein Schweißverfahren, das durch Wärme einen örtlich begrenzten Schmelzfluß — mit oder ohne Zusatzwerkstoff und ohne Anwendung von mechanischem Druck oder Schlag — erzeugt, während beim Preßschweißen die erhitzten Werkstücke in teigigem Zustand durch mechanischen Druck oder Schlag ohne Verwendung eines Zusatzwerkstoffes verbunden werden.

A. Das Schmelzschweißen wird unterteilt in

a) Gasschweißen,
b) Lichtbogenschweißen,
c) Schutzgasschweißen,
d) Thermit-Schmelzschweißen.

a) Gasschweißen. Das Gasschweißen wird im Stahlbau wegen der starken Verwerfungen der Bauteile durch die große Wärmeeinflußzone bei weitem nicht in dem Umfange wie die im nächsten Abschnitt zu behandelnde Lichtbogenschweißung angewendet. Man gebraucht dieses Verfahren auf Baustellen, wo meistens Gas und Sauerstoff ohnehin vorhanden sind, nur zur Herstellung kleinerer Nähte.

Die zum Schweißen erforderliche Wärme wird durch Verbrennen verschiedener Gase, meistens Azetylen und Sauerstoff, erzeugt. Diese Verfahren werden vielfach noch „autogene" Schweißung genannt. Der Fachausschuß für Schweißtechnik beim VDI hat hierfür — wie bereits erwähnt — den Ausdruck „Gasschmelzschweißung", kurz „Gasschweißen", eingeführt.

Das *Azetylen* wird aus Kalziumkarbid und Wasser hergestellt. Nur größere Werkstätten dürften hierfür besondere Anlagen, sogenannte Gaserzeuger oder Entwickler, besitzen; in kleineren Betrieben und auf der Baustelle wird das Azetylen — wie der Sauerstoff — als Flaschengas bezogen, obwohl dieses teurer ist als das in eigener Anlage gewonnene. Eine Flaschengas-Schweißanlage in einfachster Form zeigt Abb. 6.

Statt Azetylen wird in neuerer Zeit als Heizgas auch Propan verwendet. Hier steht dem hohen Heizwert eine niedrige Verbrennungsgeschwindigkeit gegenüber; auch benötigt Propan im Vergleich zu Azetylen den doppelten Sauerstoffanteil. Nach *Schulz*[12]) zeigten Versuche über die Wirtschaftlichkeit Schnittgeschwindigkeiten, die bei geringerer Blechdicke um 27% und bei größerer Blechdicke um 11% niedriger als bei Azetylen waren. Schulz folgert nun, daß die Schneidkosten ohne Betriebszuschläge bei Propan um 8,2% gegenüber Flaschenazetylen und um 22,5% gegenüber Entwicklerazetylen höher liegen.

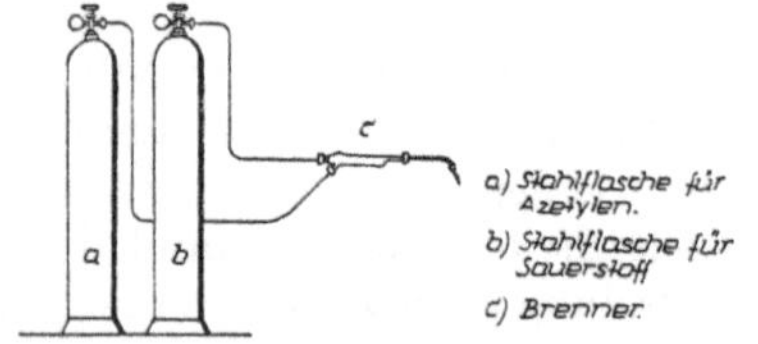

Abb. 6. Flaschengas-Schweißanlage

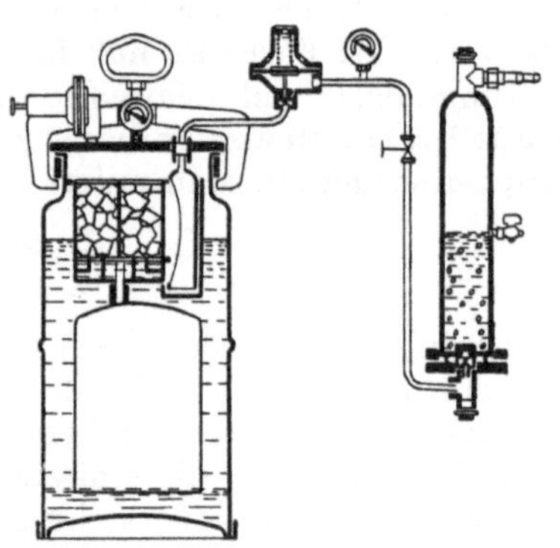

Abb. 7. Montage-Entwickler der Adolf Messer GmbH., Frankfurt a. M., für 1,5 kg Karbidfüllung

Für die Herstellung des Azetylens in Entwicklern wird das Karbid (eine chemische Verbindung von Kalzium und Kohle) in wasserdichten Blechtrommeln von 50, 100 und 150 kg Inhalt geliefert. Die Entwickler müssen mit einer sogenannten *Wasservorlage* versehen sein, um eine Explosion zu verhüten. Auch muß allzu große Erwärmung im Entwickler verhütet werden, um eine Explosion durch Karbidzerfall zu vermeiden. Auf dem in Abb. 7 dargestellten Montage-Entwickler ist rechts die Wasservorlage zu erkennen. Das Azetylen kann aber auch, wie oben erwähnt, in Flaschen bezogen werden. Bei 15 atü. enthalten die normalen Flaschen 6000 l Azetylen.

Der zum Schweißen benötigte Sauerstoff wird in Stahlflaschen, die einen Fülldruck bis zu 150 atü haben, geliefert.

Äußerlich werden die Flaschen durch verschiedenen Anstrich unterschieden (Azetylenflaschen gelb oder grau mit gelbem Ring, Sauerstoff-Flaschen blau oder grau mit blauem Ring). Außerdem haben brennbare Gase (Azetylen) Linksgewinde und nicht brennbare Gase Rechtsgewinde.

Besonders zu beachten ist, daß Sauerstoffventile nicht geölt werden dürfen. An den Flaschen lassen sich Druckminderventile anbringen, die den Druck der Gase in den Flaschen auf das zum Arbeiten erforderliche Maß herabmindern. Die Gase werden durch Gummischläuche, die für Azetylen rot oder grau, für Sauerstoff blau oder schwarz gefärbt sind, dem Brenner (vgl. Abb. 6) zugeführt. Im Brenner werden die Gase im Verhältnis 1 : 1 gemischt. Bei der Gasschweißung wird ein Schweißstab oder -draht verwendet, der ebenso wie die Werkstoffkanten durch die Flamme des Brenners (Temperatur etwa 3100° C) aufgeschmolzen wird. Heute ist die sogenannte Nachrechtsschweißung (Rückwärtsschweißung) allgemein üblich, bei der der Schweißer den Brenner geradlinig von links nach rechts bewegt, während

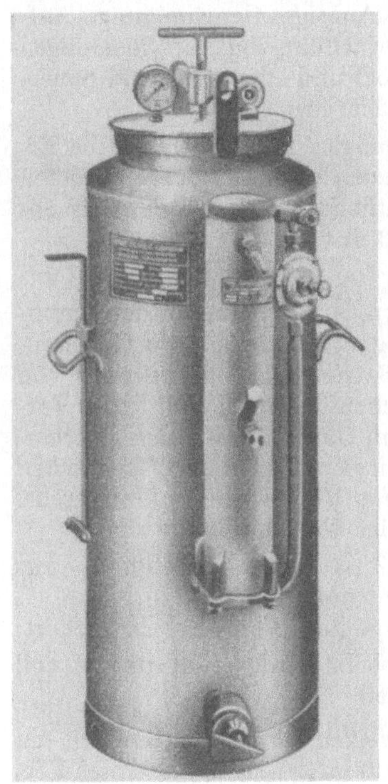
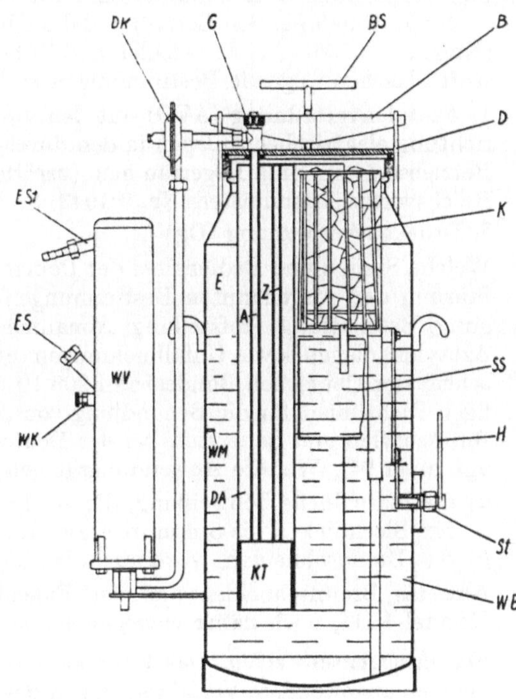

Abb. 8. Hochdruck-Azetylen-Entwickler der Spezialfabrik für Schweißtechnik Karl Ulmer, Stuttgart-Vaihingen, für 2,5 kg Karbidfüllung

Beschreibung:

WB Wasserbehälter	*B* Verschlußbügel	*WV* Wasservorlage
E Gasraum	*BS* Bügelschraube	*ESt* Entnahmestutzen
DA Druckausgleichraum	*G* Gasabgangsventil	*ES* Einfüllstutzen
KT Kondenstopf	*SS* Schlammsammler	*WK* Wasserstandskontrolle
WM Wasserstandsmarke	*Z* Gaszugangsrohr	(Manometer und Sicherheits-
K Karbidkorb	*A* Gasabgangsrohr	ventil sind im Schnitt nicht
DR Druckregler	*H* Tauchhebel	dargestellt)
D Verschlußdeckel	*St* Stopfbüchse	

2*

der Schweißdraht pendelnd hinter dem Brenner hergeführt wird. Die Flammenwärme wird hierdurch besser als bei der Nachlinksschweißung ausgenutzt, die Schweißung erfolgt schneller und ist wirtschaftlicher, und auch gütemäßig ergeben sich Vorteile. Voraussetzung hierfür ist jedoch eine gute Einübung des Schweißers[13]). Die Anwendung der Gasschweißung im Eisenbahn-Oberbau ist in der unter[14]) genannten Abhandlung ausführlich beschrieben.

Als Abschluß dieses Abschnittes möge noch in Abb. 8 ein größerer Hochdruck-Azetylenentwickler mit Ansicht und Schnitt nebst Beschreibung gezeigt werden.

Zur Vermeidung von Unfällen sind für die Anzeige, Genehmigung, Aufstellung, Abnahme, den Betrieb und die Überwachung von Azetylenanlagen (Kalziumkarbidlager, Entwickler und Zubehör) und Azetylen- und Sauerstoff-Flaschen folgende Bestimmungen zu beachten:

1. Azetylenverordnung (AVO) mit den vorläufigen Richtlinien für die Errichtung elektrischer Anlagen in den durch Azetylen explosionsgefährdeten Betriebsstätten und Lagerräumen (veröffentlicht im Ministerialblatt des Reichswirtschaftsministers Nr. 9/1943, S. 333 u. f.).

2. Druckgasverordnung (DgV).

Welche Stellen und Bedienstete der Deutschen Bundesbahn mit der Durchführung der vorgenannten Bestimmungen befaßt sind und wie Genehmigung, Beschaffung, Aufstellung, Abnahme, Betrieb und Überwachung von Azetylenanlagen sowie Unfallmeldungen durchzuführen sind, ist in der Vorschrift der Deutschen Bundesbahn 908 19 vom Oktober 1947, den „Vorläufigen Richtlinien für die Behandlung von Azetylenanlagen und Gasflaschen für Azetylen und Sauerstoff bei der Deutschen Bundesbahn", klargestellt, vgl. auch [14a]). Weitere Anwendungsgebiete der Gasschweißung sind

α) die maschinelle Schweißung, die — ohne Zusatzdraht ausgeführt — nur für Blechdicken bis 5 mm in Frage kommt und

β) das Brennschneiden, wozu auch das sogenannte „Fugenhobeln" gehört.

Auf das Brennschneiden und das Fugenhobeln wird weiter unten, vgl. Kapitel VIII, noch näher eingegangen werden.

b)Lichtbogenschweißen. Das Lichtbogenschweißen ist das im Baufach am meisten angewendete Verfahren. Es ist deshalb erforderlich, auf dieses Verfahren ausführlicher einzugehen.

An Stelle der im vorhergehenden Abschnitt beschriebenen Erwärmung durch eine Gasflamme tritt die Wirkung eines durch die Werkstücke fließenden elektrischen Stromes von hoher Stromstärke.

Es ist üblich, den elektrischen Strom hinsichtlich seiner Wirkungsweise mit dem Wasserstrom in einem Flußbett oder einer Wasserleitung zu vergleichen. Zu unterscheiden sind Strom*stärke* und Strom*spannung*. Die Stromstärke entspricht der *Wassermenge*, die in der Zeiteinheit durch die Leitung fließt, und wird in Ampere (A) gemessen. Die Stromspannung kann mit dem Druck, der in einer Wasserleitung herrscht, verglichen werden und wird in Volt (V) gemessen. Und in ähnlicher Weise, wie beim Strömen des Wassers durch eine Leitung an deren Wänden ein Reibungswiderstand entsteht, so setzen auch die Stoffe dem Durchgang des elektrischen Stromes einen Widerstand entgegen. Dieser ist um so größer, je länger der Leiter und je kleiner dessen Querschnitt ist, und ist außerdem abhängig vom Werkstoff des Leiters. Der Widerstand wird in Ohm (Ω) gemessen, und es besteht folgende Beziehung:

$$\text{Widerstand} = \frac{\text{Spannung}}{\text{Stromstärke}}.$$

Die Leistung des elektrischen Stromes endlich, d. h. das Produkt aus Stromstärke und Spannung (A. V) wird in Watt (W) gemessen, also

$$\text{Watt} = \text{Ampere} \times \text{Volt}.$$

Werden 1000 Watt 1 Stunde lang geleistet, so spricht man von 1 Kilowattstunde*).

Damit der elektrische Strom fließen kann, muß der Stromkreis geschlossen sein. Ist er unterbrochen, so sammelt sich die elektrische Kraft in den beiden Leitern als Spannung an, die nach Ausgleich strebt (elektrischer Funke, Blitz, Elmsfeuer, Kohlelichtbogen der Bogenlampe, Metallichtbogen beim Schweißen). Hierbei wandelt sich der elektrische Strom in Wärme um, wie es auch schon geschieht, wenn er im Leiter auf größeren Widerstand — z. B. hervorgerufen durch zu geringen Querschnitt — stößt. Dieser Vorgang kann, wenn Spannung und Stromstärke groß genug sind, den Leiter zum Schmelzen bringen, andererseits wird aber, sobald der Zwischenraum zu groß wird, der Lichtbogen abreißen oder erlöschen.

Leiter können z. B. Kohle (wie bei der Bogenlampe) oder Metall sein. Der Metallichtbogen folgt allerdings anderen Gesetzen als der Kohlelichtbogen, und die an diesem gemachten Feststellungen können auf jenen nicht ohne weiteres übertragen werden. Während die Vorgänge im Kohlelichtbogen eingehend durchforscht sind, besteht über den Metallichtbogen noch keine genügende Klarheit[15]). Auf dem Vorgang des Aufschmelzens der Werkstückkanten durch elektrischen Strom von hoher Stromstärke beruhen die elektrischen Schmelzschweißverfahren; man bedient sich bei ihnen noch eines Zusatzstoffes, um eine möglichst einwandfreie Verschmelzung, d. h. Verschweißung, der Werkstückkanten und eine fehlerfreie Schweißnaht zu erzielen.

---

*) Die Bezeichnungen Ampere, Ohm, Volt und Watt sind auf die Eigennamen der bedeutenden Physiker und Ingenieure Ampère, Ohm, Volta und Watt zurückzuführen, die um 1800 gelebt und sich besondere Verdienste als Forscher auf dem Gebiet der Elektrizität erworben haben.

Der Zusatzstoff hat meistens Stabform von rundem oder quadratischem Querschnitt und wird Schweißstab genannt. Wird der Schweißstab vom elektrischen Strom durchflossen, so ist der Ausdruck „Elektrode" gebräuchlich. Hierfür sagt man auch „Schweißdraht", welche Bezeichnung aber nur zutreffend ist, wenn die Stäbe tatsächlich Draht sind (Ausführlicheres über Schweißstäbe und Schweißdrähte, vgl. Abschnitt III, 3).

Die elektrischen Schmelzschweißverfahren entwickelten sich wie folgt:

α) Verfahren von *Benardos* (1885, vgl. Abb. 9).

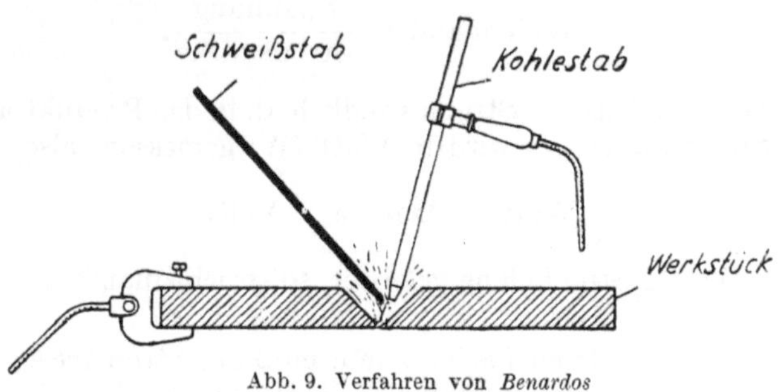

Abb. 9. Verfahren von *Benardos*

Werkstückkanten und Schweißstab werden durch einen zwischen einem Kohlestab und dem Werkstück gezogenen elektrischen Lichtbogen zum Schmelzen gebracht. Der Schweißstab bleibt stromlos.

β) Verfahren von *Zerener* (1889, vgl. Abb. 10).

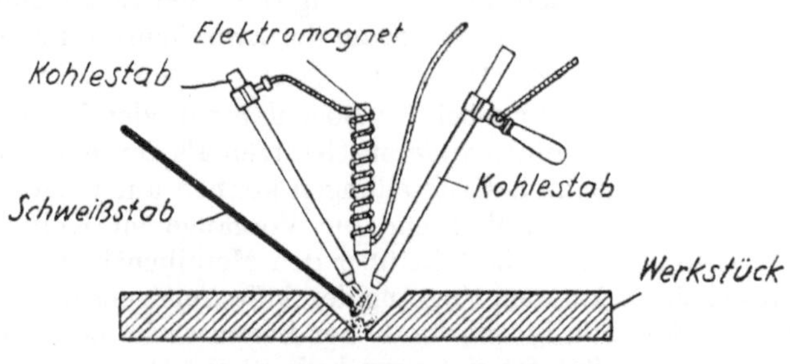

Abb. 10. Verfahren von *Zerener*

Der Kohlelichtbogen wird zwischen zwei Kohlestäben gezogen und durch einen zwischen ihnen befindlichen Elektromagneten auf die zu verbindenden Werkstückkanten und den Schweißstab geblasen. Auch bei diesem Verfahren bleibt der Schweißstab stromlos. Dieses Verfahren ist schwierig zu handhaben und wird kaum noch angewendet.

γ) Verfahren von *Slavianoff* (1892, vgl. Abb. 11).

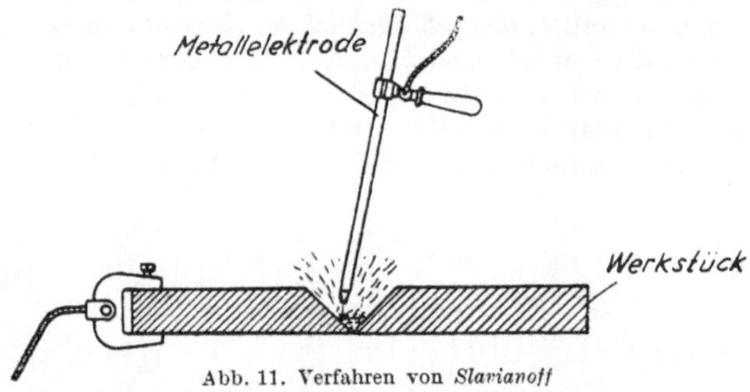

Abb. 11. Verfahren von *Slavianoff*

Im Gegensatz zu den beiden vorbeschriebenen Kohlelichtbogen-Schweißverfahren wird bei diesem Verfahren der elektrische Lichtbogen unmittelbar zwischen dem vom elektrischen Strom durchflossenen Schweißgut, das nun

Abb. 12. Schweißvorgang in einer Brückenwerkstatt

„Elektrode" oder (vgl. obige Erklärung) „Schweißdraht" genannt wird, und
dem Werkstück gezogen. Dieses Verfahren ist am einfachsten zu handhaben
und im Baufach *bei weitem das gebräuchlichste. Es wird allgemein als „Elektrische Lichtbogenschweißung" bezeichnet.* Abb. 12 zeigt einen solchen Schweißvorgang in einer Brückenwerkstatt. Es wird eine Schweißnaht zwischen
Stegblech und Gurtplatte eines Hauptträgers gezogen. Der Schweißer hält
in einer Hand die Schweißzange, mit der er den Schweißdraht faßt, in der

Abb. 13. Schweißumformer

anderen Hand den Spiegel. Von der Schweißzange geht ein Kabel nach dem
„Schweißumformer" (vgl. Abb. 13), der den Anschlußstrom so umformt,
daß er zum Schweißen brauchbar ist (Ausführliches über die verschiedenen
Schweißmaschinen vgl. Abschnitt III, 2). Ein zweites Kabel verbindet
diesen Schweißumformer mittels der Werkstückklemme mit dem Tisch, auf
dem der Schweißer arbeitet, oder mit der Zulage, auf der das Werkstück
ruht, oder mit dem Werkstück selbst.

Es kommt darauf an, daß die beiden Pole der den Strom liefernden Schweißmaschine über das Werkstück zu einem geschlossenen Stromkreis verbunden werden. Deshalb darf, falls nicht das Werkstück unmittelbar mit der
Schweißmaschine verbunden, sondern diese an die Zulage oder den Arbeits-

tisch angeschlossen ist, kein Nichtleiter zwischen Werkstück und Arbeits-
tisch oder Zulage vorhanden sein, der den Stromübergang hindert.

Um sich gegen die Licht- und unsichtbaren Strahlen zu schützen, die vom
Lichtbogen ausgehen und sehr schädlich sein können, hält der Schweißer
den sogenannten Spiegel oder „Gesichtsschutz" vors Gesicht. Eine Brille
allein würde für diesen Zweck nicht genügen, weil die Strahlen auch von
der Gesichtshaut des Schweißers abgehalten werden müssen.

Einige weitere neue Verfahren müssen noch erwähnt werden:

δ) Das Humboldt-Meller-(HM-)Verfahren,

ε) das Elin-Hafergut-Verfahren, benannt nach dem Ingenieur Hafergut des
Werkes Weiz der „Elin" A.-G. für Elektrische Industrie, Wien-Weiz, und

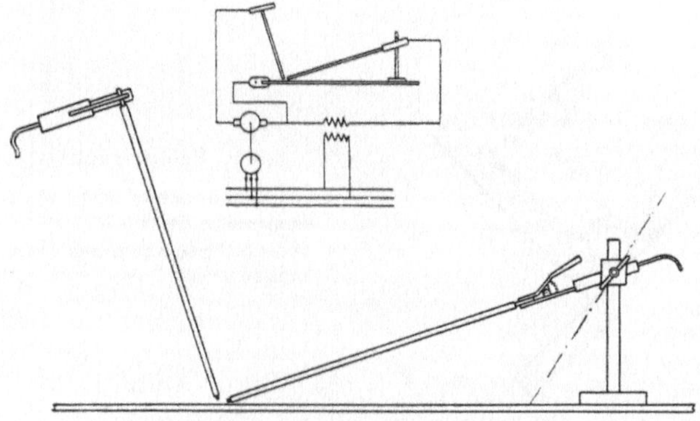

Abb. 14. Humboldt-Meller-Schweißverfahren

ζ) das Ellira-Verfahren, dessen Bezeichnung aus einer Abkürzung von
„Elektro-Linde-Rapidschweißung" entstanden ist und das in den USA.
„Unionmelt-Verfahren" genannt wird.

Diesen Verfahren liegt der Gedanke zugrunde, den Schweißvorgang zu
beschleunigen, namentlich durch Vermeidung des zeitraubenden Auswech-
selns der Elektroden.

Bei dem *Humboldt-Meller-Schweißverfahren* werden nach einer Abhandlung
von *K. Meller*[16]) zwei oder mehr Elektroden gleichzeitig verschweißt. Das
Grundsätzliche des neuen Schweißverfahrens ist in Abb. 14 dargestellt.
Danach wird eine Elektrode, die sogenannte feste Elektrode, wie bei der
Handschweißung an einem Ende in eine Zange eingespannt. Diese Zange
ist drehbar an einem Ständer so befestigt, daß der Drehpunkt verschieden
hoch eingestellt werden kann. Das freie Elektrodenende liegt mit der isolie-
renden Ummantelung auf dem Werkstück auf, und zwar in der Naht an der
zu verschweißenden Stelle. Der Ständer steht so, daß sich der Drehpunkt
über der Naht befindet. Die zweite Elektrode wird wie üblich in eine Hand-

zange eingespannt und von Hand geführt. Jede Elektrode wird an einen
besonderen Stromkreis angeschlossen.

Der Schweißvorgang geht so vor sich, daß mit der von Hand geführten
Elektrode sowohl ein Lichtbogen zwischen dieser und dem Werkstück als
auch zwischen dem in der Naht aufliegenden Ende der festen Elektrode
und dem Werkstück gezündet wird. Die feste Elektrode brennt mit gleichbleibender Geschwindigkeit entsprechend der eingestellten Stromstärke in
gleicher Weise wie bei der Handschweißung ab, jedoch mit dem Vorteil
eines der Dicke der Ummantelung entsprechend gleichmäßigen, sehr kurzen
Lichtbogens. Mit der handgeführten Elektrode folgt der Schweißer dem
Abbrand der festen Elektrode. Ein großer Vorteil der HM-Schweißung ist
dadurch gegeben, daß von Hand auch der Schlackenfluß der festen Elek-

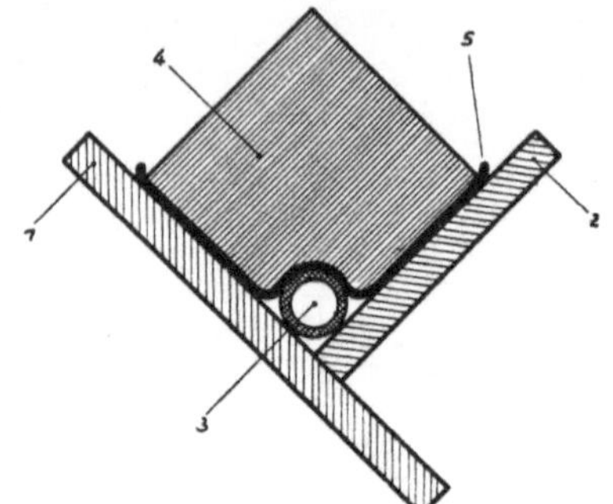

Erläuterung:

1 und 2 zu verschweißende Werkstücke
3 ummantelte Elektrode
4 Abdeckschiene aus Kupfer oder Aluminium
5 Papierstreifen

Abb. 15. Grundsätzliche Darstellung des Elin-Hafergut-Schweißverfahrens

trode und das gleichmäßige Aufschmelzen der Nahtwände gesteuert werden
kann. Es werden also in einfacher Weise zwei Elektroden gleichzeitig abgeschmolzen.

Hiernach würde sich also eine theoretische Mehrleistung, bezogen auf die
reine Schweißzeit, von 100% ergeben. Da die feste Elektrode nicht von
Hand geführt wird, besteht auch die Möglichkeit, mit stärkeren oder längeren Elektroden zu schweißen. Auch kann der feste Ständer mit einem
Antriebsmotor fahrbar ausgeführt werden.

Bei dem *Elin-Hafergut-Verfahren* wird umhüllter Schweißdraht von etwa
1,5 m Länge in die Schweißfuge gelegt, mit einem Papierstreifen abgedeckt
und durch eine Kupferschiene oder magnetisch nichtleitende Schiene festgehalten, vgl. Abb. 15 bis 17, sodann an dem einen Ende mit der Stromquelle
verbunden, am anderen Ende gezündet und so zum Abschmelzen gebracht.
Besonders geeignet sind längere Werkstücke, die in der 45°-Schweißlage
verarbeitet werden können. Der Vorteil dieses Verfahrens besteht darin,
daß in verhältnismäßig kurzer Zeit und mit einfachen Mitteln sich die
Schweißnaht herstellen läßt. Der Nachteil aber ist, daß sich nach diesem

Verfahren nur waagerechte Nähte ziehen lassen und daß Stoßstellen der Schweißdrähte von Hand nachgeschweißt werden müssen. Nach Veröffentlichungen[17]) ist dieses Verfahren auch bereits bei einem größeren Brücken-

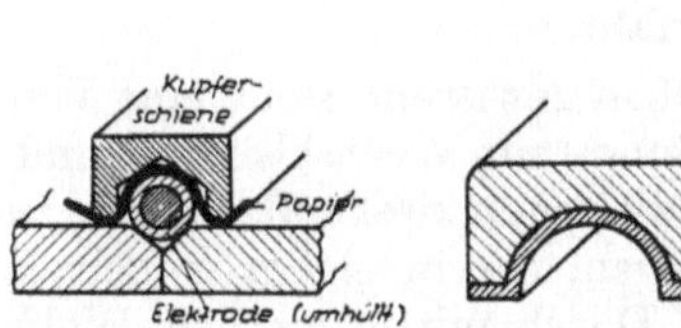

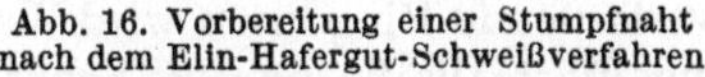

Abb. 16. Vorbereitung einer Stumpfnaht nach dem Elin-Hafergut-Schweißverfahren

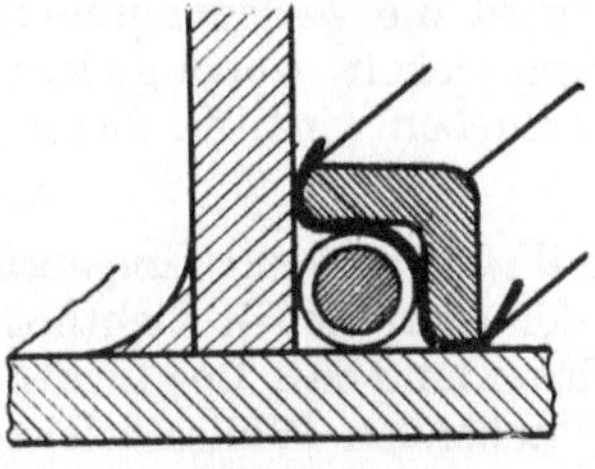

Abb. 17. Vorbereitung einer Kehlnaht (Kupfersparende Eisen- oder Leichtmetall-Elektrodenabdeckschiene)

bau angewendet worden. Die Auffassungen über die allgemeine Anwendbarkeit sind aber noch geteilt.

Das *Ellira-Verfahren* soll gleichfalls wesentliche Zeitersparnis gegenüber der Lichtbogenschweißung erbringen und sich besonders für dicke Werkstücke eignen. Der Winkel α (vgl. Abb. 18) zwischen den zu verbindenden Blechen a und b wird nach *Schimpke* und *Horn*[9]) kleiner als sonst üblich, nämlich z. B.

bei 5 mm Blechdicke etwa 60°,

bei 50 mm Blechdicke etwa 30°,

gewählt. Die Schweißfuge muß mit einer genuteten Kupferschiene c unterlegt werden. In der Schweißfuge wird durch das Zuführungsrohr e reichlich Schweißpulver von besonderer Zusammensetzung eingebracht und von zwei seitlichen Blechen d und d_1 aufgefangen. Der Schweißdraht f, der nicht ummantelt ist, sondern nur einen dünnen Kupferüberzug besitzt, wird von oben durch das Schweißpulver hindurch in die Fuge eingeführt. Nach Zündung des Drahtes, der nun über die Fuge hinweggeführt wird, wird das Schweißpulver teilweise zu Schlacke verschmolzen. Durch die hohe Temperatur werden die Blechkanten aufgeschmolzen, wobei auch der Schweißdraht abschmilzt und die Schweißfuge auffüllt[18]). Die Ellira-Schweißung ist

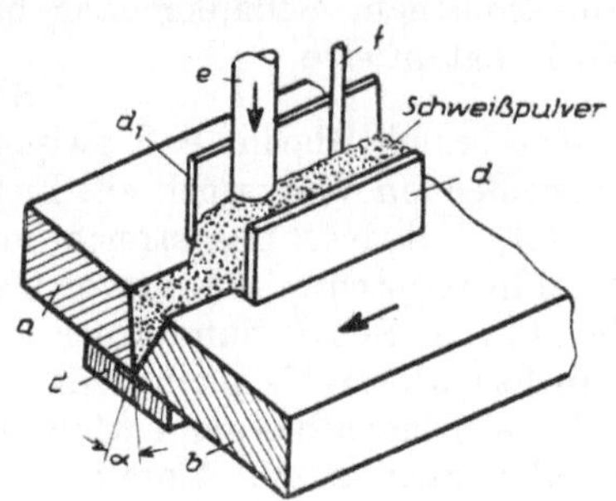

Abb. 18. Grundsätzliche Arbeitsweise des Ellira-Schweißverfahrens

auch in Deutschland bereits für die Herstellung von Brückenträgern angewandt worden, ist aber im allgemeinen nur bei Serienfertigung und langen Nähten wirtschaftlich[19]).

c) Schutzgasschweißung. Bei diesem Verfahren wird nach DIN-Entwurf 1910/12 die zwischen den Elektroden erzeugte Wärme ausgenutzt, um die Moleküle eines Gases in Atome zu zerlegen. Bei der Rückbildung zu Molekülen wird die Zerlegungsenergie zurückgegeben und so eine sehr große Hitze entwickelt, wobei gleichzeitig der Schmelzfluß mit einer Schutzgashülle umgeben wird. Zu diesen Verfahren gehört das

Arcatom-Verfahren

(1926, *Weinmann* und *Langmuir*). Es stellt in gewissem Sinne eine Vereinigung der elektrischen Lichtbogenschweißung (mit Wechselstrom) und der Gasschweißung dar. Der Lichtbogen wird zwischen zwei spitzwinklig zueinander stehenden Wolframelektroden gezogen, die in einem gemeinsamen Handgriff angeordnet sind, vgl. Abb. 19. Durch mittig zu den Wolframdrähten verlaufende Ringdüsen wird Wasserstoffgas zugeführt. Die Wasserstoff-Schutzgasflamme umhüllt den Lichtbogen und bläst ihn gegen das Werkstück. So werden der Lichtbogen und das flüssige Metall gegen zu starke Aufnahme von Sauerstoff aus der Luft geschützt, wodurch die Güte der Schweißnaht günstig beeinflußt wird[20]). Dünne Bleche können ohne Zusatzstoff geschweißt werden. Ein Hauptgebiet der Arcatomschweißung ist die Instandsetzung zerbrochener und die Herstellung neuer Werkzeuge. Automatisch lassen sich hiermit Rohre, Behälter und Blechtafeln

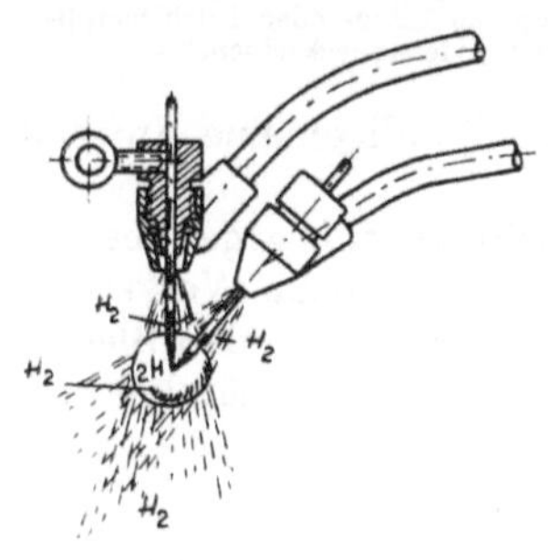
Abb. 19. Arcatomlichtbogen

gut verschweißen, Kehlnahtschweißungen befriedigten noch nicht restlos. Auf ähnlichem Gedankengang beruht das der Linde Air Prod. Co., New York, patentierte

Argonarc-Verfahren.

Dieses besteht darin, daß zwischen einer Wolframelektrode und dem zu schweißenden Werkstück ein Lichtbogen gezogen wird, um den Argon als inertes, inaktives Gas streicht und dadurch die Schweiße und den evtl. zugeführten Schweißdraht vor Oxydation schützt. Als Stromquelle können die üblichen Schweißumformer oder mit Hochfrequenz überlagerte Schweißtransformatoren (je nach dem zu verschweißenden Werkstoff) dienen. Es sollen sich nach diesem Verfahren außer nichtrostenden und hochlegierten Stählen auch z. B. Aluminium, Messing, Nickel usw. ohne Flußmittel schweißen lassen.

Der Vollständigkeit halber sei noch das

Arcogen-Schweißverfahren

erwähnt, bei dem wie beim Gasschweißen mit einem durch Sauerstoff und Azetylen gespeisten Schweißbrenner gearbeitet und Wechselstrom benutzt wird. Dieses Verfahren hat sich wegen praktischer Schwierigkeiten nicht durchzusetzen vermocht.

d) Thermit-Schmelzschweißen. Wird ein Gemisch aus Aluminium und Eisenoxyd auf etwa 1000 bis 1100° erhitzt, so entzündet es sich und entwickelt in ganz kurzer Zeit eine Hitze von etwa 3000°, die zum Schmelzen der Kanten der zu verbindenden Werkstücke dient. Auch dieses Verfahren wird im Brücken- und Stahlhochbau nicht angewendet, sondern dient hauptsächlich — und oft in Verbindung mit einem Preßverfahren — zum Verschweißen von Eisenbahn- und Straßenbahnschienen[14]). Bei letzteren muß auf Brücken zwischen Unterkante Schiene und der Fahrbahndecke ein Zwischenraum von etwa 5 cm frei bleiben, um den Gießtopf unterbringen zu können.

B. Das Preßschweißen.

Die Preßschweißverfahren spielen für den Bauingenieur bei weitem nicht die Rolle wie die unter A. genannten Schmelzschweißverfahren, sollen der Vollständigkeit halber jedoch mit aufgeführt werden. Es gehören dazu

a) das Feuerschweißen,
b) das Wassergasschweißen,
c) das Widerstandsschweißen und
d) das Thermit-Preßschweißen.

a) Das Feuerschweißen (auch Hammerschweißen genannt) ist das seit alters her übliche Verfahren, Werkstücke im Schmiedefeuer auf Schweißhitze zu erwärmen und dann mittels Hammer von Hand oder maschinell zusammenzufügen.

b) Bei der Wassergasschweißung tritt an Stelle des Schmiedefeuers eine Wassergasflamme. Dieses Verfahren dient hauptsächlich zur Herstellung von Stahlrohren und wird im Baufach kaum angewendet.

c) Zu den Verfahren der Widerstandsschweißung gehören die Stumpfschweißung [Wulststumpfschweißung und Abbrennstumpfschweißung[14]], die Punktschweißung und die Nahtschweißung. Von diesen Verfahren ist die elektrische Abbrennstumpfschweißung im Baufach von Bedeutung, weil sie allein für die Herstellung von geschweißten Stößen der *Zugeinlagen im Stahlbeton* zulässig ist (vgl. Abschnitt VII, 2). Bei diesem Verfahren werden nach DIN Entwurf 1910/12 „beide Stücke nach Einschalten des Stromes in leichte Berührung gebracht und brennen an den Berührungsstellen an einzelnen vorspringenden Punkten unter lebhaftem Funkensprühen ab. Durch Nachschieben der Werkstücke wird dieser Abbrennvorgang fortgesetzt, bis die zu vereinigenden Querschnitte auf Schweißhitze gebracht sind. Alsdann werden die Stücke schlagartig zusammengepreßt, wobei sich ein perliger Grat bildet".

Die Stumpfschweißung dient zur Verbindung von Formstahl aller Art bis zu den größten Querschnittsabmessungen und kann für alle Stahlsorten verwendet werden. Die Ausführung einer Stumpfschweißung kann auf zweierlei Weise erfolgen. Die früher allgemein übliche Druckschweißung ging so vor sich, daß man die Stoßflächen der beiden zu verbindenden Teile zusammendrückte. Der dann hindurchgeschickte Strom erhitzte die Übergangsstelle sehr stark, und diese Hitze pflanzte sich nach und nach seitlich in die beiden Teile fort. Wenn dann im Schweißquerschnitt selbst die notwendige Schweißtemperatur erreicht war, wurde die Verbindung durch starkes Zusammendrücken bei gleichzeitigem Abschalten des Stromes vollzogen. Dieses Verfahren wird heute nur noch bei kleinen Querschnitten ausgeübt, bei denen an die Güte und Festigkeit der Schweißung keine besonderen Anforderungen gestellt werden. Es kann nämlich vorkommen, daß hierbei innerhalb der Schweißstelle Lunker und Verunreinigungen zurückbleiben. Außerdem wird der Werkstoff zu beiden Seiten der Stoßstelle sehr weit erhitzt, und es entsteht beim Endstauchen ein sehr starker Schweißwulst. Unregelmäßige Querschnitte und hochwertige Stahlsorten können mit der Druckschweißung nicht zuverlässig geschweißt werden.

Heute wird deshalb fast ausschließlich nach dem Abbrennverfahren gearbeitet. Hierbei werden die Teile entweder so langsam genähert, daß sie sofort abzubrennen beginnen, was so lange fortgesetzt wird, bis die für die Schweißung erforderliche Temperatur und Ausdehnung der Wärmezone erreicht sind, oder es werden die Teile in kurzen aufeinanderfolgenden Stößen zur Berührung gebracht, bis eine genügende Vorerhitzung erreicht ist, welche die Einleitung des Abbrennvorganges möglich macht und eine für die Stauchung genügende Erhitzungstiefe auch in den Fällen sichert, in denen eine Verkürzung der Wärmezone während des Abbrennens eintritt. Ist durch den Abbrennvorgang die richtige Ausbildung der Erhitzungszone erreicht, dann wird durch schnelles und kräftiges Zusammenstauchen die Verbindung hergestellt, wobei die Abschaltung des Stromes während der Stauchung, sobald die zu verschweißenden Flächen voll zur Berührung gekommen sind, sofort geschehen muß. Das Ergebnis ist eine vollkommen von Verunreinigungen freie Schweißstelle mit geringem, leicht zu entfernendem Schweißgrat. Der Werkstoff wird geschont, da die Wärmezone kurz gehalten werden kann.

Eine Abbrenn-Stumpfschweißmaschine zeigt Abb. 20.

Die üblichen Stumpfschweißmaschinen, die für verschiedene Querschnittsbereiche in mehreren Größen hergestellt werden, bestehen aus einem Ober- und Unterteil. Das Oberteil enthält die Einspannvorrichtung mit den nach vorn herausragenden Einspannbacken und die Stauchvorrichtung. Der luft- oder wassergekühlte Umspanner ist durch kurze kräftige Stromzuführungen mit den beiden Einspannbackenpaaren verbunden. Die Einspannbackenpaare dienen zum Festhalten der beiden Schweißteile und bestehen aus je-

einer oberen und unteren Backe. Die oberen Backen sind senkrecht verstellbar, um die Teile fest spannen zu können. Das eine Backenpaar ist an
einem durch Hebel oder Handstern seitlich verschiebbaren Schlitten angebracht, so daß es auf das feststehende andere zu oder von ihm fortbewegt
werden kann. Der Schweißstrom ist bei kleinen und mittelgroßen Maschinen
nur an die linke untere und rechte obere Backe (Diagonal-Stromführung,

Abb. 20. Stumpfschweißmaschine der AEG
(mit Strommeßband zur Messung der sekundären Schweißströme)

AEG-Patent) angeschlossen, wodurch eine bessere Verteilung über den
Querschnitt und somit eine gleichmäßigere Erwärmung erreicht wird. Bei
großen Schweißmaschinen, z. B. für Stahlquerschnitte von 100 bis 400 cm²,
werden alle 4 Backen an den Transformator angeschlossen. Die Schaltung
ist derart, daß die beiden linken Backen an den einen Pol und die beiden
rechten übereinanderstehenden Backen an den anderen Pol des Transformators angeschlossen werden. Dies ist bei großen Leistungen erforderlich,
da sonst die Stromdichte an der Übergangsstelle in das Schweißgut zu groß
wird. — Die stromführenden Backen bestehen aus Elektrolytkupfer und
sind meist wassergekühlt, während die anderen Backen aus Stahl hergestellt
sind. Am Unterteil der Maschine sitzt der Umspanner, der Regelschalter
für die Schweißspannung und der Fußhebel für die Ein- und Ausschaltung
des Stromes.

Neuerdings wird im Baufach in steigendem Maße auch das *Punktschweißen*
angewendet. Dieses Verfahren erläutern die DIN Entwurf 1910/12 wie folgt:
„Durch Elektroden in Stabform werden punktförmige Schweißstellen erzeugt. In Sonderfällen wird das Werkstück mit Buckeln versehen. Bei diesem Verfahren werden unter dem Druck großflächiger Elektroden an den
punktförmigen Berührungsstellen mit dem anderen Stück die Schweißungen
bewirkt und im weiteren Verlauf die Buckel zurückgedrückt.“ Eine Punktschweißmaschine ist in Abb. 21, eine Nahtschweißmaschine in Abb. 22

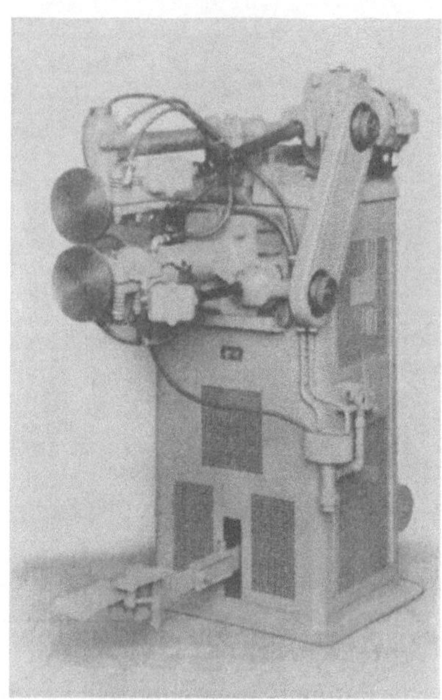

Abb. 21. Punktschweißmaschine   Abb. 22. Nahtschweißmaschine
(Siemens-Schuckertwerke A.-G.)

wiedergegeben. Erstere besteht aus einem geschweißten Stahlgestell mit
eingebautem Einphasen-Transformator zur Erzeugung des Schweißstromes.
Über einen Walzenschalter mit Handradbetätigung kann der Schweißstrom
in 7 Stufen eingestellt werden. Ein Gußdeckel schließt das Gestell oben ab
und dient gleichzeitig als Lagerung für den Oberarm. Der Unterarm ist auf
einer großen Spannplatte befestigt. Dadurch lassen sich die wassergekühlten
Elektrodenspitzen gut einrichten. Wie die Abbildung erkennen läßt, hat die
Maschine Fußbetätigung. Die Elektrodenkraft kann über eine an der Ma-
schinenrückwand befindliche Druckfeder mittels Handrad eingestellt werden. Ein Gegengewicht bewirkt die rasche Rückbewegung der oberen Elek-

trode. Über einen eingebauten Steuerschalter, dessen Arbeitskontakt erst
schließt, wenn die zu verschweißenden Werkstücke durch die Elektrodenkraft zusammengepreßt sind, kann eine Schweißmaschinensteuerung ausgelöst werden. Bei der Nahtschweißmaschine übernehmen die beiden Rollen
die Funktion der stabförmigen Elektroden.

d) Die für das Thermit-Preßschweißen erforderliche Wärme wird — wie
beim Thermit-Schmelzschweißen — durch Reaktion zwischen Aluminium
und Eisenoxyd erzeugt. Über die Anwendung dieses Verfahrens wurde
bereits unter A d) das Erforderliche gesagt.

Zusammenfassend sei erwähnt, daß die Vorschriften DIN 4100 und die
Dienstvorschrift DV 848 der Deutschen Bundesbahn (Vorläufige Vorschrif-
ten für geschweißte, vollwandige Eisenbahnbrücken) die Anwendung der
Lichtbogenschweißung (mit Gleich- oder Wechselstrom), der elektrischen
Widerstands-, der Gasschmelzschweißungen oder der gaselektrischen
Schweißungen zulassen. Die DV 848 bestimmt noch ergänzend, daß es nicht
erforderlich ist, bei einer Brücke nur ein und dasselbe Verfahren zu verwen-
den. In den Bauvorlagen sind die gewählten Schweißverfahren anzugeben.
Das Eisenbahn-Zentralamt München hat für einige Werke unter gewissen
Einschränkungen auch das Ellira-Verfahren zugelassen.

2. Allgemeines über Schweißmaschinen

Bereits in Abb. 13 haben wir eine Schweißmaschine, nämlich einen „Schweißumformer", kennengelernt. Wie der Name besagt, wird durch diese Maschine
vorhandener elektrischer Strom, z. B. aus dem Leitungsnetz, so *umgeformt*
oder umgewandelt, daß er zum Schweißen geeignet ist.

Dazu kann sowohl Gleichstrom als auch Wechselstrom herangezogen werden, und zwar ist für die uns am meisten interessierende Lichtbogenschweißung eine Spannung von etwa 65 V und eine Stromstärke bis 600 A erforderlich. Bekanntlich ist Gleichstrom ein elektrischer Strom, der stets in
gleicher Richtung fließt, während Wechselstrom ständig seine Richtung
ändert, und zwar meistens 100mal in der Sekunde. Die zweimalige Rich-
tungsänderung nennt man „Periode" und sagt, der Wechselstrom hat 50
Perioden oder die Frequenz des Wechselstromes ist 50.

Die Maschinen zur Erzeugung des elektrischen Stromes nennt man Dynamo-
maschinen oder Generatoren. Diese bestehen aus einem feststehenden Teil
mit meistens zwei Magneten, in deren Kraftfeld sich der durch eine Diesel-
oder Dampfmaschine oder elektrischen Strom angetriebene, mit Draht umwickelte Anker dreht. Hierdurch wird infolge Induktion elektrischer Strom
erzeugt, der bei jeder Halbdrehung des Ankers Richtung und Stärke wech-
selt und deshalb Wechselstrom genannt wird. Zur Stromabnahme sind die
Enden der Ankerwicklung mit zwei Metallringen verbunden, auf denen zwei
Bürsten aus Metall oder Kohle schleifen. Die Gewinnung von Gleichstrom
erfolgt mittels eines Stromwenders, d. h. eines geteilten Ringes, auf dem

die Bürsten so angeordnet sind, daß sie bei jedem Richtungswechsel ebenfalls wechseln, wodurch der Strom stets in gleicher Richtung fließt. Hat
der Anker drei Wicklungen, so entsteht dreiphasiger Wechselstrom, auch
Drehstrom genannt.

Das Schaltbild eines Schweißumformers für Netzanschluß zeigt Abb. 23.

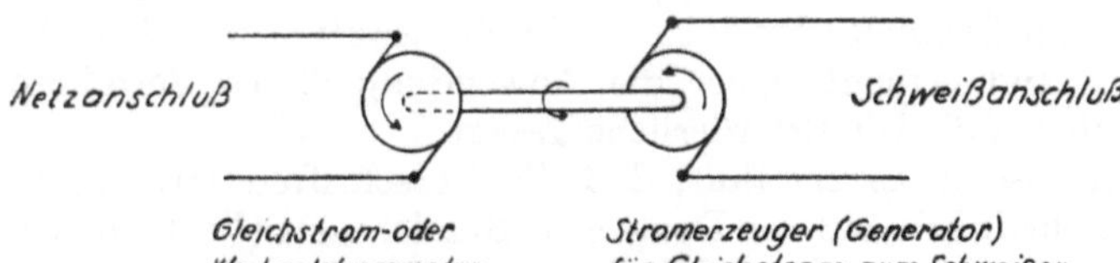

Abb. 23. Schaltbild eines Schweißumformers

Durch den Strom aus dem Netz (Gleich- oder Wechselstrom) wird ein Motor
in Umdrehung versetzt, die mit einer Welle auf den Anker des Strom-
erzeugers übertragen wird. Dieser ist so gebaut, daß er Gleichstrom von
solcher Stärke und Spannung erzeugt, wie es zum Schweißen erforderlich
ist. Motor und Stromerzeuger werden meistens zum Schutz gegen Verun-

Abb. 24. Schweißumformer (Kjellberg-Esab)

reinigungen in einem Gehäuse untergebracht, vgl. Abb. 24, auf der auch
die Anordnung der Volt- und Amperemeter zu erkennen ist.
Soll mit Wechselstrom geschweißt werden, so bedient man sich, wenn man
an ein Netz mit Wechsel- oder Drehstrom anschließen kann, eines Umspanners (Transformators). Ein Schaltbild für den Anschluß an Wechselstrom zeigt Abb. 25. Der Umspanner besteht aus einem Eisenkern mit zwei

Wicklungen, einer für den Netzstrom und einer für den Schweißanschluß.
Liefert der Netzanschluß Drehstrom, so hat das Schaltbild des Schweißumspanners das in Abb. 26 wiedergegebene Aussehen. Abb. 27 zeigt das

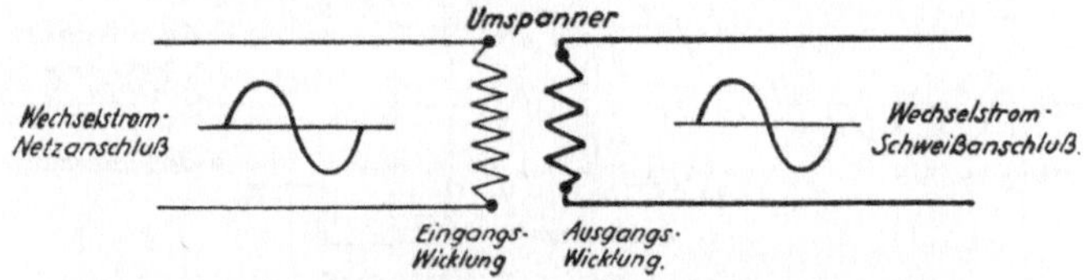

Abb. 25. Schaltbild eines Schweißumspanners für Wechselstrom

Äußere eines Schweißumspanners. Soll jedoch bei Wechsel- oder Drehstrom
aus dem Netz mit Gleichstrom geschweißt werden, so kann man sich auch
statt des Umformers eines „Schweißgleichrichters" bedienen. Diese Geräte

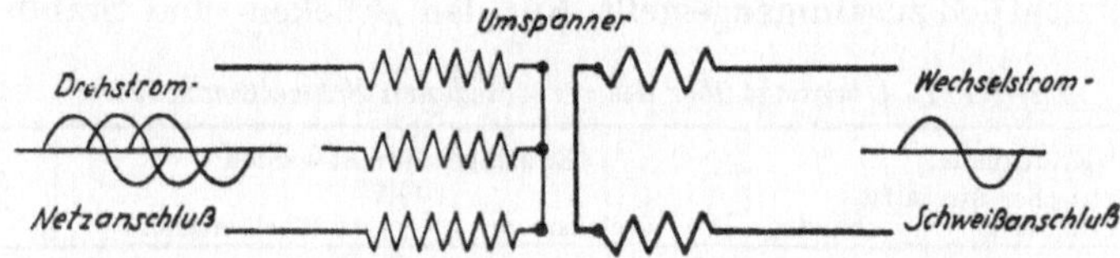

Abb. 26. Schaltbild eines Schweißumspanners für Drehstrom

arbeiteten früher mit Quecksilber, neuerdings hat man meistens sogenannte
Trockengleichrichter, die ohne Quecksilber oder umlaufende Teile zunächst
den Wechsel- oder Drehstrom auf nie-
drigere, zum Schweißen geeignete
Spannung niederspannen und dann
gleichrichten. Das Schaltbild eines solchen Trockengleichrichters zeigt Abb.
28. An die Niederspannungswicklung
eines dreiphasigen Umspanners sind Metall - Gleichrichterplatten für die Um-
formung des Drehstromes in Gleichstrom angeschlossen. Einen geöffneten
Schweißwandler[21]) für die Umwandlung von Drehstrom in Wechselstrom
zeigt Abb. 29.
Auf entlegenen Baustellen kann es vorkommen, daß ein Anschluß an eine
Stromversorgung nicht möglich ist.
Will man dennoch auf das Schweißen
mit Elektrizität nicht verzichten, so
kann man den Strom mittels eines
Diesel - oder Benzin - Schweißsatzes

Abb. 27. Schweißumspanner
(Kjellberg-Einstellen-Schweißtransformator)

3*

(Aggregat), vgl. Abb. 30, selbst erzeugen. Der auf diese Weise erzeugte Strom ist aber verhältnismäßig kostspielig.

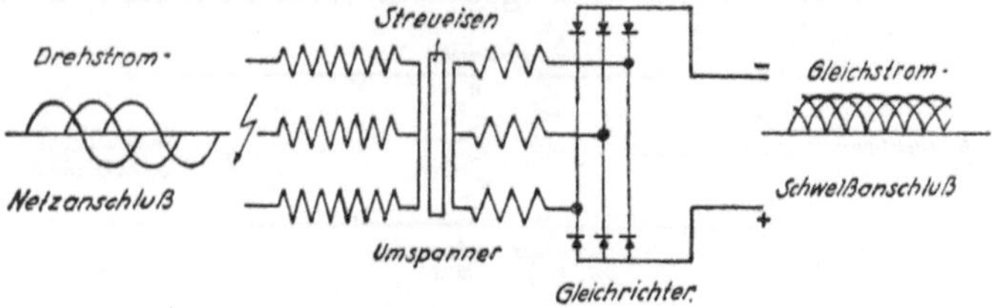

Abb. 28. Schaltbild eines Schweißgleichrichters

In Tafel III sind die Maschinen, die für das Schweißen mit Gleich- oder Wechselstrom je nach den zur Verfügung stehenden Kraftquellen erforderlich sind, übersichtlich zusammengestellt. Für den Brücken- und Stahlhochbau

Tafel III. Übersicht über die verschiedenen Schweißmaschinen

| Kraftquelle: Elektrischer Strom ist | | Es soll geschweißt werden mit | | Bemer-kungen |
nicht vorhanden	vorhanden	Gleichstrom	Wechselstrom	
Diesel- oder Gas-motor, Dampf-maschine (Treib-riemenübertra-gung)	—	Schweißaggregat (Schweißsatz), be-stehend aus ne-benstehend be-zeichneter Kraft-quelle u. Schweiß-dynamo (Genera-tor), vgl. Abb. 30	Motor für neben-stehende Kraft-quelle mit Wech-selstromdynamo (nicht üblich)	
—	Gleich-strom	Umformer, beste-hend aus einem Gleichstrommotor und Schweißdyna-mo (Generator), vgl. Abb. 24	Gleichstrommotor und Wechselstrom-dynamo (nicht üblich)	
—	Wechsel-strom	a) Umformer, be-stehend aus Wech-selstrommotor u. Schweißdynamo (Generator) b) Gleichrichter*)	Umspanner (Trans-formator), vgl. Abb. 27	*) Für sehr dünne Stahl-bleche und Nicht-eisen-metalle
—	Dreh-strom	a) Drehstrommo-tor und Schweiß-dynamo b) Schweißgleich-richter*)	Umspanner (Trans-formator, Schweiß-wandler), vgl. Abb. 29	*) wie vor

sind die Umformer am gebräuchlichsten; in Deutschland ist die Gleichstrom-
schweißung mit Umformern immer noch vorherrschend, während im Ausland

Abb. 29. Schweißwandler (AEG)

der Schweißumspanner, also die Wechselstromschweißung, bevorzugt wird[22].
In gewissem Sinne gehören zu den Schweißmaschinen auch die Schweiß-

Abb. 30. Benzin-Schweißaggregat (Kjellberg)

automaten, die hergestellt werden, um den Schweißvorgang zu erleichtern
und vor allem zu beschleunigen. Zum Verständnis dieser Einrichtungen ist

es aber erforderlich, daß wir uns zunächst mit den Elektroden näher befassen, was im folgenden Abschnitt geschehen soll. Auf die Schweißautomaten soll dann am Schluß des folgenden Abschnittes näher eingegangen werden.

3. Allgemeines über Schweißstäbe, Schweißdrähte und Schweißautomaten

A. Schweißstäbe, Schweißdrähte (Elektroden)

Die Begriffe „Schweißstab" und „Schweißdraht (Elektrode)" haben wir bereits im Abschnitt III, 1 „Die verschiedenen Schweißverfahren" kennengelernt. Von Schweißstäben spricht man im allgemeinen nur bei den in den Abb. 9 und 10 gezeigten Verfahren von *Benardos* und *Zerener*, sie können auch bei automatischen Verfahren oder bei der Gußeisenschweißung vorkommen.

Die Schweißdrähte werden allgemein aus einem Baustoff hergestellt, der den Eigenschaften der zu verbindenden Bauteile (z. B. St 37 oder St 52) entsprechen muß. Es werden aber in fast allen Fällen noch Bestandteile in bestimmten Grenzen hinzugesetzt, die die Dehnbarkeit der Schweiße erhöhen, wie Mangan, Silizium, Nickel u. a., oder man umgibt den Schweißdraht — die Elektrode — mit einer Umhüllung, die die Schweißnaht günstig beeinflussen soll. Während des Schweißvorganges wird auch ein Teil der in der Elektrode enthaltenen Bestandteile verdampft und damit der Prozentsatz des betreffenden Bestandteiles in der Naht gegenüber der Elektrode vermindert. Um dem zu begegnen, erhöht man den Anteil dieses Legierungsbestandteiles in der Elektrode gegenüber dem gewünschten Anteil in der endgültigen Schweißnaht. Auf jeden Fall müssen die Elektroden auf den zu verschweißenden Baustoff abgestimmt sein, und es ist beim Schweißen ein Gefüge anzustreben, das dem Stahlguß ähnelt, d. h. homogen und möglichst spannungslos ist.

In der ersten Zeit hat man mit nichtumhüllten, d. h. mit sogenannten nackten Elektroden, gearbeitet. Es ist schwierig, mit diesen Elektroden die gewünschten Festigkeits- und Dehnungswerte zu erreichen. Auch zeigen die nackten Elektroden, sonst noch manche Mängel; sie lassen sich im allgemeinen nur mit Gleichstrom verschweißen und neigen zum Spritzen. Eine Abhilfe brachte die fortschreitende Entwicklung umhüllter Elektroden. Solche Elektroden sind natürlich teurer als nackte, deshalb haben sich schon immer und besonders in letzter Zeit namhafte Schweißsachverständige für die Verwendung der nackten Elektroden eingesetzt. Nach einer neueren Veröffentlichung lassen sich die nackten Elektroden mit Wechselstrom nur unter Verwendung eines hochfrequenten Hilfsstromes verschweißen[23]).

Die Umhüllung soll[7])

 das Zünden des Lichtbogens erleichtern,

 das Flackern des Lichtbogens verhindern und

 durch die Bildung einer Schutzgasatmosphäre um den Lichtbogen den Zutritt von Stickstoff und Sauerstoff aus der Luft beschränken.

Die durch die Umhüllung (oder bei Seelenelektroden durch den Kern) entstehende Schlacke soll

1. die im Lichtbogen übergehenden Eisentropfen mit einer gegen die Aufnahme von Bestandteilen der Luft schützenden Hülle umgeben,
2. das Schmelzbad metallurgisch beeinflussen,
3. seine Abkühlung und Erstarrung verzögern und dadurch
4. das Ausscheiden von Gasen begünstigen.

Man verwendet zur Umhüllung der Schweißdrähte Mineralien (Kalk, Tone, Gips, Asbeste, Feldspate, Karbonate, Silikate der Alkalierden). Als Bindemittel können dienen: Dextrin, Schellack, Wasserglas. Um die Schutzgase zu bilden (z. B. Wasserstoff, Leuchtgas, Kohlensäure, Kohlenwasserstoff), werden den schlackenbildenden Stoffen noch Holzmehl, Papierfaser, Baumwollgewebe, Ruß, Graphit o. dgl. beigemengt.

Je nach Verwendungszweck der Schweißdrähte werden diese Teile gemengt und zu einem dünnen Brei für die einzutauchenden oder zu einem dickeren Brei für die zu ummantelnden Schweißdrähte verarbeitet. Während das Eintauchen von Hand geschehen kann, stellt man die ummantelten Schweißdrähte mit Maschinen her, die die Umhüllungsmasse unter Druck um den Schweißdraht herumlegen[24]). Es lassen sich aber auch ummantelte Schweißdrähte durch mehrmaliges Eintauchen herstellen. Endlich gibt es noch Schweißdrähte, bei denen die Umhüllung in eng aneinander liegenden Windungen mit Papier usw. um den Draht herumgewickelt wird, sogenannte umwickelte Schweißdrähte.

Allgemein ist es üblich, die Elektroden wie folgt einzuteilen:

a) nackte Elektroden,
b) dünn umhüllte Elektroden,
c) Seelenelektroden und
d) Preßmantelelektroden.

a) Nackte Elektroden. Die chemische Zusammensetzung der meistgebräuchlichen Nacktdrähte für Verbindungsschweißung kann mit folgenden Werten angegeben werden: C = 0,10%, Si = 0,03%, Mn = 0,40%, S = 0,03% und P = 0,03%[23]). Nacktdraht ist allgemein nur am Umformer (also mit Gleichstrom) zu verschweißen und brennt unruhig ab. Die Handhabung setzt eine gewisse Fertigkeit des Schweißers, besonders in Bezug auf das Lichtbogenhalten, voraus. Zum andern bilden die nur geringen Schlacken kein Hindernis für den Schweißer, der das flüssige Bad ungestört beobachten kann. Nacktdraht ist in allen Lagen gut verschweißbar. Da die erreichbaren Gütewerte hinsichtlich Dehnung und Kerbschlagzähigkeit nur gering sind, empfiehlt sich die Verwendung der nackten Elektroden nur für Bauteile, die lediglich ruhende Lasten aufzunehmen haben. Die nackten Elektroden sind

ohne weiteres gebrauchsfertig; sie werden in vielen Fällen geglüht, damit
sie sich durch Biegen in eine günstigere Lage für das Schweißen bringen
lassen, und sind unempfindlich gegen rauhe Behandlung.

b) Dünn umhüllte Elektroden. Diese werden meistens durch Eintauchen
hergestellt und unterscheiden sich von den nackten Elektroden nur durch
die leichte Umhüllung von etwa 0,2 mm Stärke[25]). Diese dünne Hülle bewirkt eine bessere Ionisierung des Lichtbogens und somit eine leichtere
Verschweißbarkeit. Die dünn umhüllten Elektroden lassen sich meistens
mit Wechselstrom verarbeiten. Die Gütewerte sind etwa die gleichen wie
bei den nackten Elektroden. Die dünn umhüllten Elektroden eignen sich
besonders für Dünnblechschweißungen.

c) Seelenelektroden. Diese äußerlich nackten Elektroden besitzen im Innern
des Drahtes, aus der Walzung vom Blockmaterial herrührend, eine Füllung
(Seele), die im wesentlichen aus Mineralien unter Beimengung von Metall
besteht und hauptsächlich lichtbogen-stabilisierend wirkt[25]). Seelenelektroden sind in allen Lagen gut verschweißbar; sie eignen sich für Gleichstrom und in bestimmter Zusammensetzung auch für Wechselstrom. Die
Schweißbadbeobachtung ist so leicht wie bei den nackten Elektroden, auch
entsteht keine lästige Rauchentwicklung. Die besonderen Vorteile der
Seelenelektroden sollen darin liegen, daß sie einen sicheren, tiefen Einbrand
in die Nahtwurzel ergeben. Auch sollen sie gegenüber den nackten und
dünn umhüllten Elektroden wesentlich bessere mechanische Eigenschaften
besitzen. Durch die Seelen entstehen — ebenso wie durch die Umhüllungen
— Schlacken, die sorgfältig entfernt werden müssen.

d) Mantelelektroden. Diese Elektroden werden von den Stahlbauanstalten
trotz des hohen Preises allgemein angewendet. Sie kosten bei 4 mm $\oslash$ des
Eisenkerns je nach Güte, Umhüllung usw. etwa 60 bis 120 DM je 1000 Stück,
während der Preis für dünn umhüllte Elektroden gleicher Abmessung nur
etwa 60 DM je 1000 Stück beträgt. Man unterscheidet mittelstark und
stark umhüllte Elektroden. Zu den ersteren gehören solche, bei denen die
Ummantelung bis zu 40% des Kerndurchmessers ausmacht, bei letzteren
beträgt die Manteldicke etwa 50 bis 60% des Kerndurchmessers. Für die
Standardmanteldrähte wird ein Kerndraht mit etwa folgender Analyse verwendet: $C = 0,12\%$, $Si = 0,03\%$, $Mn = 0,60\%$, $S = 0,03\%$ und $P =
0,03\%$[25]). Hinsichtlich der Umhüllungsart kann man die Manteldrähte im
wesentlichen in folgende Gruppen einteilen: erzsaure, schwacherzsaure,
saure, rutilhaltige, kalkbasischumhüllte Elektroden und Elektroden für
Sonderzwecke.

In Tafel IV sind von dem Schweißgut verschiedener Elektrodenarten die
chemischen Zusammensetzungen und die Festigkeitswerte [in Anlehnung
an eine Veröffentlichung von Zeugen[19])] angegeben. Unterstrichen sind bei

Tafel IV. Schweißgutwerte von verschiedenen Elektroden

Elektrodenart	Chemische Zusammensetzung der Schweißnaht						Festigkeitswerte					
	C %	Si %	Mn %	N_2 %	O_2 %	H_2 cm³/ 100 g	Streck-grenze kg/mm²	Zug-fest.	Dehn. % (l=5d)	Ein-schnrg %	Kerbschlag-zähigkeit mkg/cm² (DVM)	Bri-nell-härte
nackte Elektrode	0,03	0,02	0,20	0,140	0,210	2,1	30,8	41,8	7,5	17	1,5	135
dünn getauchte Elektrode	0,05	0,03	0,21	0,120	0,175	3,4	31,8	46,7	12,0	21	1,7	133
Seelenelektrode unlegiert	0,07	Sp.	0,24	0,120	0,190	5,6	32,3	44,6	11,4	25	2,1	139
„ leicht legiert	0,12	0,06	0,44	0,100	0,090	3,4	34,3	47,9	15,0	23	5,4	142
Preßmantelelektrode (zieml. dünn umpr.)	0,04	0,04	0,25	0,079	0,140	7,0	30,8	43,8	15,0	30	6—8	138
„ (dick umpreßt, erzs. Umhüllung)	0,06	0,07	0,36	0,013	0,099	10,0	32,8	46,9	25,0	47	8—10	140
„ (dick umpreßt, saure Umhüllung)	0,11	0,56	0,68	0,015	0,094	19,5	41,3	52,2	25,7	47	9—11	158
„ (dick umpreßt, kalkbas. Umhüllung)	0,07	0,23	0,47	0,026	0,051	5,6	35,2	46,8	29,0	64	über 13	146

a) die Stickstoff- und Sauerstoffgehalte, bei b) die Zähigkeitswerte (Dehnung und Kerbschlagzähigkeit). Letztere steigen mit fallenden Stickstoff- und Sauerstoffgehalten des Schweißgutes erheblich an, und erst dann, wenn diese Gehalte bestimmte Grenzen unterschreiten, werden Zähigkeitswerte erhalten, wie sie zur Erreichung der von „z"- oder „zB"-Elektroden verlangten Gütewerte erforderlich sind. „z"-Elektroden sind solche, die nach den „Vorläufigen technischen Lieferbedingungen für Stahl-Schweißdraht" der Deutschen Bundesbahn eine hohe Zähigkeit der Schweiße aufweisen, während der Zeiger „B" Brückenschweißdrähte kennzeichnet.

Bei allen umhüllten Elektroden ist es wichtig, daß der Stahlkern genau mittig liegt; mit Hilfe einer Tastzange soll es auf dem Wege der magnetischen Durchflutung möglich sein, die Exzentrizität von Elektrodenumhüllungen festzustellen[26]). Ferner ist es wichtig, daß die umhüllten Elektroden *trocken gelagert* werden, weil sich die Umhüllung bei Feuchtigkeit leicht zersetzt. Ein Ansteigen der relativen Luftfeuchtigkeit über 70% zeigt ein starkes Anwachsen der Wasseraufnahme der Umhüllung. Man soll daher im Winter die Lagerräume für ummantelte Elektroden beheizen, um ein Ansteigen der relativen Luftfeuchtigkeit bei Temperaturabfall zu vermeiden. Falsch gelagerte und feucht gewordene Elektroden lassen sich durch ein zwei Stunden dauerndes Erwärmen auf 250° wieder nachtrocknen und gebrauchsfähig machen. Zweckmäßig wäre ein Überzug zum Schutz gegen die Feuchtigkeit. Als Wunsch der Stahlbauindustrie möge noch angeführt werden, die umhüllten Elektroden so herzustellen, daß sie sich biegen lassen, ohne daß die Umhüllung abspringt.

Die „Tiefeinbrand-Elektrode" — mit besonders tiefem Einbrand — ermöglicht das wurzelseitige Gegenschweißen von V-Nähten ohne vorheriges Ankreuzen.

Neuerdings hat man sogenannte „Kontakt- oder Berührungselektroden" und Elektroden mit zwei Seelen (Kaellverfahren) auf den Markt gebracht. Bei ersteren ist der Kerndraht verhältnismäßig dünn, und die Mantelmasse enthält bis zu 50% Eisenpulver. Hierdurch wird der Elektrodenmantel zum Halbleiter, durch den beim Aufsetzen auf das Werkstück ein kleiner Strom fließt, der genügt, um den Lichtbogen zu zünden. Die große Schwierigkeit für den Schweißer, die Elektrode stets in gleichem Abstand über das Werkstück hinwegzuführen, entfällt[27]). Hierdurch soll die Schweiße gleichmäßiger und besser werden. Die Kontaktelektrode ergibt einen tieferen Kelch, wodurch das abschmelzende Material besser gegen Luftzutritt und das Eindringen von Stickstoff mit seinem schädlichen Einfluß auf die Schweiße geschützt ist[28]).

Der Vollständigkeit halber sei noch die sogenannte „Wärm-Elektrode" erwähnt, die freilich nicht zum Schweißen, sondern lediglich zur nachträglichen Wärmebehandlung von Schweißnähten dienen soll. Bei Mehrlagenschweißung wird jeweils die vorhergehende Lage durch die Wärmewirkung

42

der folgenden umkristallisiert, die oberste Lage behält jedoch das im allgemeinen grobkörnige Gußgefüge bei. Um gleichmäßiges Gefüge der gesamten Schweißnaht zu erhalten, ist das Normalglühen nach dem Schweißen bei hochwertigen Schweißungen erforderlich, in manchen Fällen genügt das Bestreichen der obersten Lage mit der Wärmeelektrode[29]). Die Zweckmäßigkeit dieses Verfahrens ist umstritten.

Für die Lieferung von Schweißdrähten gelten die Deutschen Normen DIN Vornorm 1913 „Schweißdraht für Lichtbogen- und Gasschweißung von Stahl" (die Normung der Elektroden ist in Arbeit), bei Lieferungen für die Deutsche Bundesbahn die Drucksache 919 27 „Vorläufige technische Lieferbedingungen für Stahl-Schweißdraht für Verbindungs- und Auftragsschweißung an genormten Stahlsorten nach dem Gas- und Lichtbogen-Schmelzschweißverfahren mit Anhang für Brückenschweißdrähte".

Beide Lieferbedingungen ähneln einander sowohl hinsichtlich des Inhaltes als auch im Hinblick auf die Vorschriften im einzelnen, doch bringen die Lieferbedingungen 919 27 noch in einem Anhang „Zusätzliche Bedingungen für Zulassung von Brückenschweißdrähten".

Nach der DV 848, § 2 „sind die Schweißdrähte so zu wählen, daß die Schweißnähte einwandfrei werden".

Die Unternehmer dürfen nur Schweißdrähte verwenden, die nach den „Vorläufigen technischen Lieferbedingungen für Schweißdrähte" der Deutschen Bundesbahn 919 27 und den zusätzlichen Anforderungen an Brückenschweißdrähte nach dem Anhang zu diesen Lieferbedingungen vom Eisenbahn-Zentralamt Minden (Westf.) auf Grund einer „Zulassungsprüfung" ausdrücklich für Brücken zugelassen sind. Die Brückenschweißdrähte der laufenden Lieferung müssen außerdem nach den Lieferbedingungen 919 27 abgenommen sein.

Das Prüfungszeugnis für die Schweißdrahtmarke ist auf Verlangen der auftraggebenden Eisenbahndirektion vorzulegen.

B. Automatische Elektro-Schweißverfahren

Das Auswechseln der vorbeschriebenen Elektroden ist zeitraubend, und dort, wo die neue Elektrode angesetzt wird, entstehen leicht Unebenheiten in der Schweißnaht, auch besteht die Gefahr, daß dort die Güte der Naht beeinträchtigt wird. Aus diesen Gründen hat man schon bald, nachdem man begonnen hatte, das Schweißverfahren auch im Brückenbau und Stahlhochbau anzuwenden, versucht, entweder die Elektroden automatisch auswechseln oder sie in Form eines langen Drahtes von einer Spule abwickeln zu lassen.

Ein automatisches Verfahren, das Ellira-Verfahren, haben wir bereits im Abschnitt III, 1 „Die verschiedenen Schweißverfahren" kennengelernt. Einige weitere Schweißautomaten zeigen die Abb. 31 bis 36. Die erstere stellt ein Kjellberg-Handkurbelgerät für Unter-Pulver-Schweißung dar. Bei der Schweißung unter Pulver wird der Lichtbogen vollkommen abgedeckt und die Luft vom Schmelzbad ferngehalten. Hierdurch wird es möglich,

Abb. 31. Halbautomat für Unter-Pulver-Schweißung
(Handkurbelgerät - Kjellberg)

Stromstärken anzusetzen, die ein Vielfaches der bei der normalen Lichtbogenschweißung üblichen Stromstärke betragen, und somit eine größere

Abb. 32. Vollautomat für Unter-Pulver-Schweißung (Kjellberg)

Einbrandtiefe zu erzielen sowie mit kleineren Schweißfugen und geringerem Drahtverbrauch auszukommen; auch wird die Schweißzeit verringert. Es muß aber bei diesem Verfahren die Schweißnaht besonders sorgfältig vorbereitet werden, weil der Lichtbogen infolge der höheren Stromstärke leicht durchschlagen und große Löcher in das Werkstück brennen kann. Die Unter-Pulver-Schweißungen empfehlen sich also nur dort, wo lange Schweiß-

Abb. 33. Elektroden-Schweißautomat (Kjellberg)

nähte an starkwandigem Material gezogen werden müssen. — Der vorbeschriebene Halbautomat kann auch vollautomatisch ausgeführt werden, vgl. Abb. 32.

Während bei den beiden vorgenannten Automaten blanker Draht von einer Trommel dem Drahtkopf zugeführt wird, zeigt Abb. 33 einen Kjellberg-Automaten für handelsübliche Mantelelektroden.

Der selbsttätige Metall-Lichtbogen-Schweißautomat der Siemens-Schuckertwerke A.-G. ist in Abb. 34 wiedergegeben. Über dem Automaten be-

Abb. 34. Metall-Lichtbogen-Schweißautomat
(Siemens-Schuckertwerke A.-G.)

findet sich die (in der Abbildung nicht dargestellte) Drahtrolle, von der der Schweißdraht abgewickelt wird. Dieser Automat stellt den Lichtbogen auf bestimmte Länge ein und sorgt für den richtigen Elektrodennachschub, der unmittelbar von der Lichtbogenspannung aus gesteuert wird. Dies geschieht durch zwei Gleichstrom-Nebenschlußmotoren, die über ein Differentialgetriebe auf das Triebrad für den Elektrodenvorschub einwirken, vgl. Abb. 35. Dieser Automat kann besonders für Längsnaht- oder Spurkranz-Schweißungen und durch ein Zusatzgerät gleichfalls für die Verwendung von Mantelelektroden bis 5 mm ⌀ eingerichtet werden, vgl. Abb. 36.

Während des Krieges wurde das Kaell-Verfahren entwickelt, das mit Drehstrom eine Doppelelektrode verschweißt und so zu höheren Leistungen kommt[30]).

Die gleichfalls bereits genannte Firma Elin hat einen Mantelketten-Schweißautomaten hergestellt, bei dem ein nackter Draht von einer Spule abläuft.

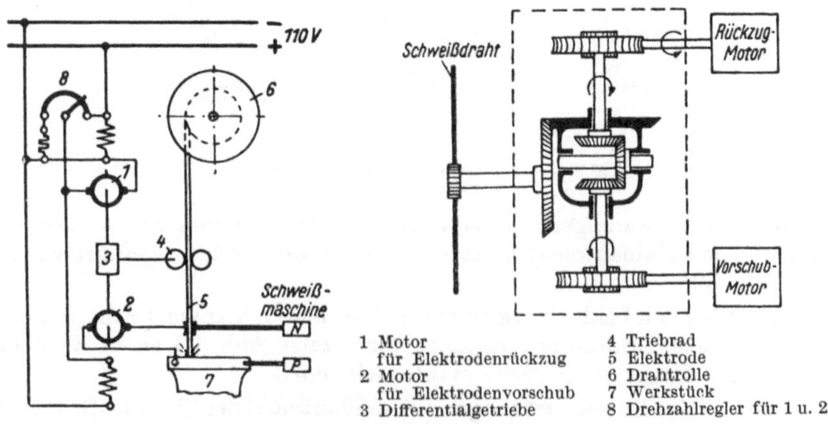

1 Motor für Elektrodenrückzug
2 Motor für Elektrodenvorschub
3 Differentialgetriebe
4 Triebrad
5 Elektrode
6 Drahtrolle
7 Werkstück
8 Drehzahlregler für 1 u. 2

Abb. 35. Schaltbild und Getriebeschema des Metall-Lichtbogen-Schweißautomaten

Der Draht wird kurz vor der Schweißstelle von einer zweiteiligen Mantelkette umgeben.

Die vorgenannten automatischen Verfahren können nur bei genauester Fugenvorbereitung erfolgreich angewendet werden und gestatten nur die Verschweißung von Nähten in annähernd waagerechter Lage[30]). Sie können nur wirtschaftlich arbeiten, wenn eine ausreichend große Stückzahl gleicher Bauteile zu fertigen ist oder wenn sehr lange Nähte herzustellen sind. Diese Voraussetzungen dürften im Brücken- und Stahlhochbau nur selten zutreffen, weil lange Nähte nur bei großen Hauptträgern vorkommen, deren Anzahl aber stets beschränkt sein dürfte, und bei einer größeren Anzahl gleicher Bauteile, z. B. den Längsträgern, bei denen die Schweißnähte — wenn sie überhaupt vorkommen und nicht Walzprofile verwendet werden — nur kurz sind. Man wird mithin auf die Handschweißung nicht verzichten können. Diese ist besonders angebracht bei Anschlußnähten, die zu den wichtigsten Nähten gehören.

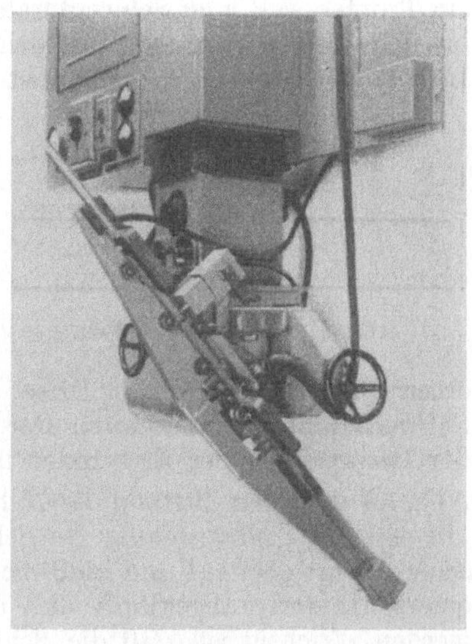

Abb. 36. Schweißautomat mit Zusatzgerät

4. Der eigentliche Schweißvorgang

Nachdem bereits im Abschnitt I, 1 das Grundsätzliche über das Schweißen gesagt wurde und im Abschnitt III, 1 die für den Bauingenieur wichtigsten Schweißverfahren genannt wurden, soll jetzt auf den eigentlichen Schweißvorgang bei der im Stahlbau am meisten angewendeten Lichtbogenschweißung eingegangen werden.

Die wichtigsten Begriffe hierfür sollen vorher kurz an der Entstehung einer sogenannten V-Naht und an Hand der Abb. 37 bis 40 erläutert werden.

Abb. 37 zeigt die zu verbindenden Bleche vor dem Schweißen. Die Kanten der Werkstücke sind zur Aufnahme der Naht gebrochen. Dies kann durch Abhobeln oder mit dem Schneidbrenner erfolgen. Kanten, die mit dem

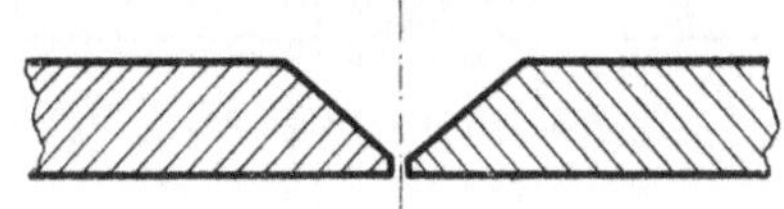

Abb. 37. Zustand vor dem Schweißen

Schneidbrenner hergestellt worden sind, brauchen nach einer gründlichen Säuberung nicht weiter bearbeitet zu werden. Zwischen den Blechen bleibt ein geringer Zwischenraum, der „Kantenabstand" oder „Spaltbreite" genannt wird.

Je nach Dicke der Bleche werden eine oder mehrere Schweiß-„Lagen" ausgeführt.

Abb. 38 läßt das „Schweißbad" der ersten Lage erkennen. Man sieht, wie ein Tropfen sich vom Schweißdraht oder der Elektrode gelöst hat, um sich im Schweißbad mit dem aufgeschmolzenen Werkstoff zu vereinigen. Der Lichtbogen ist, sofern man nicht mit „nackten" Drähten schweißt, von

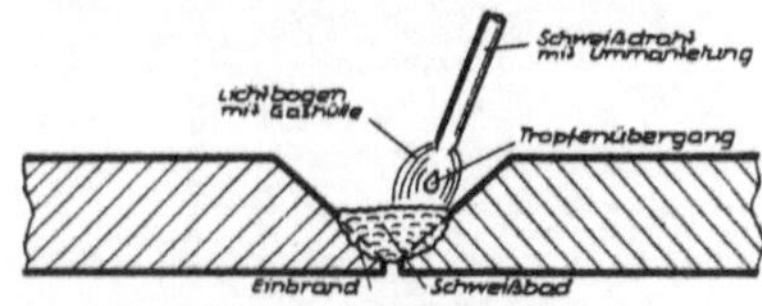

Abb. 38. Vorgang beim Schweißen

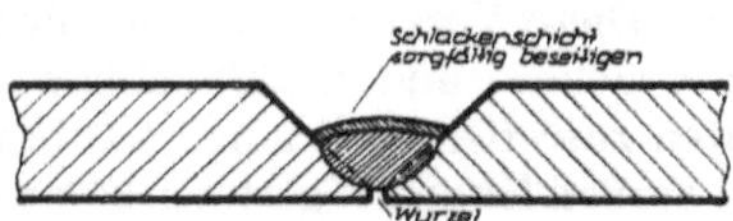

Abb. 39. Die erste Lage

einer Gashülle umgeben. Diese entsteht durch das Aufschmelzen der Schweißdraht-Ummantelung. Der Zweck der Gashülle wurde bereits bei der Besprechung der Elektroden im Abschnitt III, 3 erläutert.

Abb. 39 zeigt den Zustand der Naht nach dem Schweißen der ersten Lage. Die aus der Ummantelung des Schweißdrahtes sich ergebende Schlackenschicht liegt obenauf und muß, bevor weitere Lagen folgen, sorgfältig mit einem Hammer abgeklopft und mit einer Stahldrahtbürste abgebürstet werden. Wichtig ist, daß die Schlacken an die Oberfläche gelangen und nicht in der Schweißnaht verbleiben. Auch an der Wurzel müssen die Schlacken sorgfältig, unter Umständen durch Auskreuzen, entfernt werden, bevor hier nachgeschweißt wird. Neuerdings bedient man sich auch, um die Schlacken an der Wurzel oder sonstige schadhafte Nahtstellen restlos zu beseitigen, des sogenannten „Fugenhoblers" (vgl. Kap. VIII), oder der auf Seite 42 genannten Tiefeinbrand-Elektrode. Das einwandfreie Nachschweißen der Wurzel ist bei tragenden Stumpfnähten besonders wichtig, weil, wenn dies

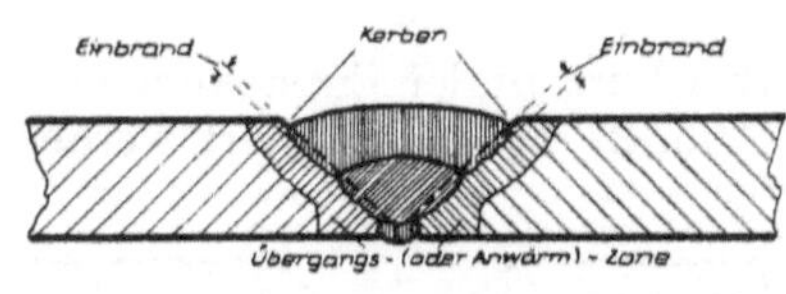

Abb. 40. Die fertige Naht

nicht geschieht, die zulässigen Spannungen nach den „Vorläufigen Vorschriften für geschweißte, vollwandige Eisenbahnbrücken (DV 848 der Deutschen Bundesbahn)" herabgesetzt werden müssen, vgl. auch die Bestimmungen im § 4, C, III, Abs. 5 und im § 6, Abs. 7, a. a. O. Auf die zulässigen Spannungen wird im Kapitel V noch näher eingegangen werden. Abb. 40 zeigt die fertige Naht. Die Aussparung ist durch eine oder mehrere Lagen ausgefüllt und die Wurzel nachgeschweißt. Die „Einbrandtiefe" ist durch Meßpfeile angegeben. Das sogenannte „Übergangsgebiet" (auch

„Wärmeeinflußzone" genannt), d. h. das Gebiet des Werkstoffes, das wohl
stark erhitzt, aber nicht aufgeschmolzen wird, ist durch enge Strichelung
hervorgehoben. Die Rand-„Kerben" zwischen Schweiße und Mutterstoff
lassen sich nur schwer völlig vermeiden, sind aber bei der Verwendung
neuerer, hochwertiger Elektroden verschwindend gering.
Abb. 41 zeigt Schliffbilder von elektrisch geschweißten Nähten. In dieser
Aufnahme sind auch die Wärmeeinflußzonen und die verschiedenen Schweiß-
lagen deutlich zu erkennen.
Das Gefüge einer Schweißnaht wird durch Mehrlagenschweißung verbes-
sert[31]). Jede Lage bewirkt für die vorhergehende gewissermaßen ein „Normalglühen". Lediglich die letzte Lage bleibt grobkörnig, weshalb bereits

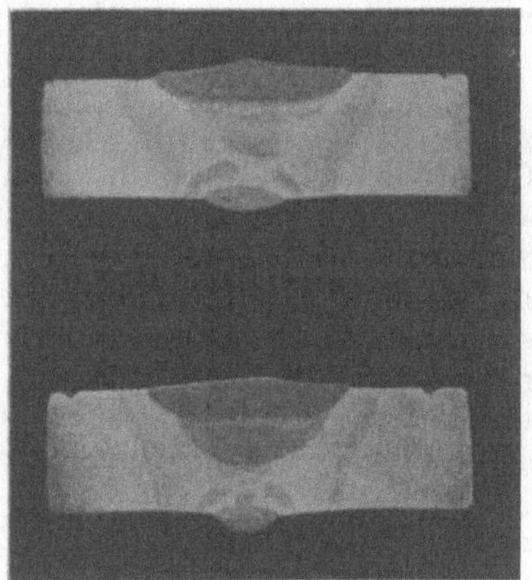

Abb. 41. Schliffbilder
von elektrisch geschweißten Nähten

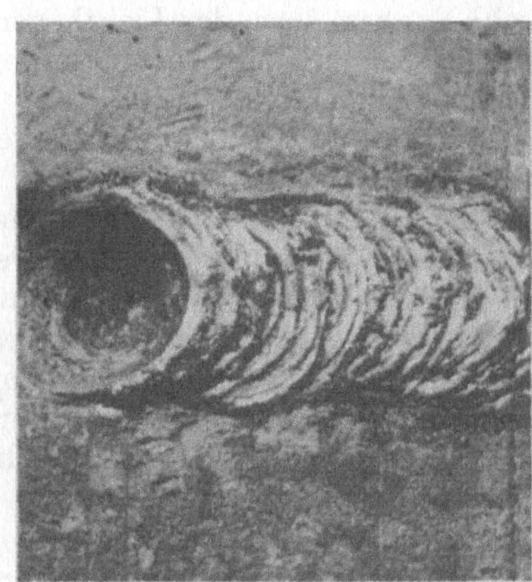

Abb. 42. Aufsicht auf eine Schweißnaht
mit sehr starkem Endkrater

erwogen wurde, das Korn dieser Lage durch eine nachträgliche Warmbehandlung (z. B. mit der auf Seite 42 genannten „Wärmeelektrode" oder
durch Bestreichen mit der Flamme eines Schneidbrenners) zu verfeinern.
Die Aufsicht auf eine fertige Schweißnaht zeigt Abb. 42. Die ringähnlichen
Erhöhungen, die durch kreisförmige oder pendelnde Führung des Schweißdrahtes entstehen, bezeichnet man als „Schuppen". Die einzelnen Lagen
werden auch des öfteren „Schweißraupen" genannt. Ferner läßt diese Abbildung noch den „Endkrater" erkennen, eine Vertiefung, die am Ende
jeder Schweißraupe beim Erlöschen des Lichtbogens entsteht (zu dieser
Abbildung ist zu bemerken, daß sie nicht aus neuerer Zeit stammt und nur
gewählt wurde, weil sie die besprochenen Erscheinungen deutlich erkennen
läßt; bei Verwendung neuerer Elektroden sind die Schuppen kaum noch
zu erkennen und die Endkrater nur ganz gering). Die Nahtstellen mit Endkratern sind nicht vollwertig und müssen nach § 4 (3) der DV 848 bei der

Berechnung der nutzbaren Länge der Schweißnähte abgezogen werden;
dies ist jedoch nach § 4, C, II, Abs. 3, Abb. 3, der DV 848 nicht erforderlich,
wenn auf untergelegten Hilfsblechen an den Enden über die Bleche hervor-
stehende Schweißwülste *A* und *B* ausgeführt werden (Abb. 253), die nachher bis an die Blechkanten glatt abgefräst und abgeschlichtet werden.
Wir kommen jetzt zum Schweißvorgang selbst.
Als Stromart wird von den Stahlbauanstalten allgemein Gleichstrom bevorzugt (wie bereits unter III, 2 ausgeführt), weil das Schweißen mit Wechselstrom wegen der dabei auftretenden höheren Spannungen gefährlicher als
das Schweißen mit Gleichstrom ist. Wird Wechselstrom benutzt, so müssen
Seelen- oder umhüllte Elektroden verwendet werden, denn bei nackten
Schweißdrähten ist es nicht möglich, den Lichtbogen zu halten; es sprühen
wohl Funken über, der Lichtbogen kommt aber nur schwer zustande und
erlischt bald wieder. Abhilfe kann durch ein Hochfrequenzzusatzgerät erzielt werden.
Im Ausland wird dagegen hauptsächlich mit Wechselstrom geschweißt, was
seine Ursache darin hat, daß dort — im Gegensatz zu Deutschland — von
Anfang an fast ausschließlich umhüllte Schweißdrähte verwendet wurden.
Da diese in letzter Zeit auch in Deutschland immer mehr gewählt werden,
ist es nicht ausgeschlossen, daß man auch hier mehr zum Schweißen mit
Wechselstrom übergehen wird. Besonders wichtig ist beim Schweißen auf
elektrischem Wege die richtige Bemessung von Stromstärke und -spannung.
Die Stromstärke ist vom Drahtdurchmesser abhängig und beträgt etwa 60
bis 250 Ampere. Die Spannung liegt bei der Metallichtbogenschweißung
etwa zwischen 20 und 40 Volt.
Ist die Stromstärke zu hoch, dann spritzt der Schweißdraht. *Spritzer* auf
dem Werkstück sind aber *bei dynamisch beanspruchten Bauwerken* möglichst
zu *vermeiden*, weil sie — wie Dauerversuche erwiesen haben — Anlaß zu
Dauerbrüchen geben können. Auch besteht bei zu hoher Stromstärke die
Gefahr, daß zu viel Werkstoff aufgeschmolzen wird. Bei dünnen Blechen
kann es sogar vorkommen, daß Löcher hineingebrannt werden. Äußerlich
erkennt man solche Nähte an den spitzen Schuppen. Ferner kann der Werkstoff bei zu hoher Stromstärke verbrennen, wodurch eine Naht von geringerer
Güte oder gar eine unbrauchbare Naht entsteht.
Ist die Stromstärke zu gering, so schmelzen die Schweißdrähte zu langsam
ab; der Lichtbogen ist dann unruhig, und es ist unmöglich, eine gute Naht
zu ziehen. Auch in diesem Falle können Spritzer entstehen, weil der Lichtbogen leicht abreißt. Der Einbrand erreicht nicht die erforderliche Tiefe,
und die Schweiße legt sich auf das Werkstück auf, ohne zu binden (vgl.
Abb. 43[32]). Die richtige Stromstärke erkennt man an der regelmäßigen
Schuppenbildung und dem richtigen Einbrand.
Zu beachten ist, daß der Schweißdraht an den richtigen Pol angeschlossen
wird. Bei Verwendung nackter Schweißdrähte wird meistens der Pluspol

an das Werkstück und der Minuspol an den Schweißdraht gelegt. Bei umhüllten und Seelen-Schweißdrähten richtet man sich nach den Vorschriften
der Lieferwerke, die für jeden Schweißdraht die richtige Anschlußweise auf
Grund ihrer Erfahrungen angeben.

Das Zünden des Lichtbogens geschieht durch ein ganz kurzes, leichtes Berühren des Werkstückes mit dem Schweißdraht. Es erfordert große Geschicklichkeit und Übung, den abbrennenden Schweißdraht stets in gleichem Abstand über das Werkstück hinwegzuführen, was unbedingt erforderlich ist,

Abb. 43. Mit zu geringer Stromstärke geschweißt

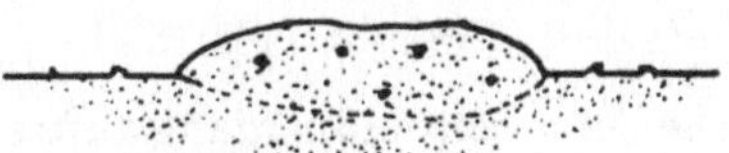

Abb. 44. Schweißdraht zu schnell geführt
oder Lichtbogen zu lang gezogen

weil sich sonst der Widerstand des Stromkreises und damit die Wärme des
Lichtbogens ändert oder der Lichtbogen abreißt. Nähert man den Schweißdraht dem Werkstück zu sehr und wird dadurch der Lichtbogen zu kurz, so
wird der Schweißdraht glühend und tropft ab. Kommt es zu einer Berührung
zwischen Werkstoff und Schweißdraht und zieht man den Schweißdraht
nicht sofort weg, so „klebt" er und wird dann auf der ganzen Länge glühend.
Andererseits darf der Lichtbogen auch nicht zu lang gehalten werden, weil
dann der Einbrand nicht gut wird, vgl. Abb. 44. Bei einem langen Lichtbogen wird auch die Sauerstoff- und Stickstoffaufnahme aus der Luft zu
groß. Es muß also der Lichtbogen stets so kurz wie möglich gehalten werden.
— Auf die sogenannten Kontakt- oder Berührungselektroden, bei denen das
Abstandhalten fortfällt, wurde bereits oben im Abschnitt III, 3 hingewiesen.

Aber nicht nur auf die Länge des Lichtbogens kommt es an, wenn man
eine einwandfreie Naht erzielen will, sondern auch auf die Geschwindigkeit,
mit der der Schweißdraht geführt wird. Geschieht dies zu langsam, so besteht
die Gefahr, daß infolge zu hoher Wärmeentwicklung der Werkstoff verbrennt und die Naht zu spröde und somit unbrauchbar wird, vgl. Abb. 45.

Abb. 45. Schweißdraht zu langsam geführt

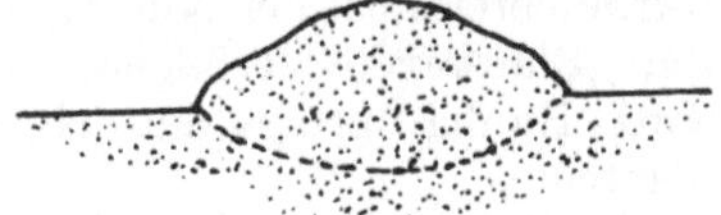

Abb. 46. Richtig geschweißt

Bei zu schneller Führung des Lichtbogens schmelzen die Werkstückkanten
nicht genügend auf und die Bindung mit der Naht wird nicht so innig wie
erforderlich, vgl. Abb. 44.

Wie eine richtig geschweißte Raupe im Querschnitt aussehen muß, zeigt
Abb. 46[32]). Wie tief die Werkstückränder aufgeschmolzen werden müssen,

4*

läßt sich nicht genau sagen; es hängt von verschiedenen Umständen, am meisten wohl von der Spannung bzw. der Stärke des Stromes, aber auch von der Dicke des Werkstückes ab. Man kann sagen, daß bei den im Stahlhochbau und Brückenbau üblichen Nahtabmessungen der Werkstoff bis etwa 2 mm tief völlig aufgeschmolzen wird.

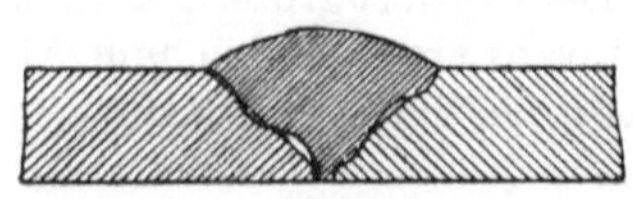

Abb. 47. Schweißnaht mit Bindefehlern

Wichtig ist, daß das Werkstück in der ganzen Seitenlänge der Naht aufgeschmolzen wird; geschieht dies nur teilweise, so sind, vgl. Abb.47, „Bindefehler" unvermeidlich. *Vollbeanspruchte Nähte mit solchen Fehlern sind unter allen Umständen zu verwerfen.*

Die beim Schweißvorgang auftretende Wärme beträgt etwa 3500° C. Die Art und Weise des Tropfenüberganges ist noch nicht restlos geklärt. Nach *Zeyen* und *Lohmann*[7]) hat der Werkstoffübergang im Schweißlichtbogen mit dem Übergang der Elektronen und Ionen nichts zu tun; er erfolgt stets von dem Schweißstab zum Werkstück, und zwar, wie durch Filmaufnahmen und Oszillogramme nachgewiesen wurde, nicht gleichmäßig, sondern in Tropfenform[33]), wobei die Zahl der Tropfen je Sekunde etwa 10 bis 40 beträgt. Die Größe und Zahl der Tropfen hängt von der Art der Elektrode, der Spannung und der Stromstärke ab. Die früher vielfach bestehende Ansicht, beim Schweißen falle der Metalltropfen nur durch seine Schwere von der Elektrode auf die Schweißstelle herunter, kann schon deshalb nicht richtig sein, weil dann ja keine Senkrecht- oder Überkopfschweißung möglich sein würde. Untersuchungen ergaben, daß im Lichtbogen sowohl Kräfte wirksam sind, die den Werkstoffübergang fördern, als auch entgegengesetzt wirkende. Als den Werkstoffübergang im Lichtbogen fördernde Kräfte sind Oberflächenspannung, elektrodynamische und explosive Kräfte festgestellt worden.

Da die Schlacken leichter als das Metall sind, streben sie bei waagerechten Nähten an deren Oberfläche, wo sie eine leicht zu beseitigende Schlackendecke bilden, die das darunter liegende Schweißgut gegen zu schnelle Abkühlung schützt. Wie wichtig das Beseitigen dieser Schlackendecke ist, wurde bereits betont. Nur darf das Abklopfen nicht während der sogenannten „Blauwärme" erfolgen, weil dann die Güte der Naht beeinträchtigt wird. Häufig springt die Schlacke von selbst ab und ist dann nur abzubürsten.

Nach DV 848, § 6, 3 dürfen Schweißungen nicht durch besondere Maßnahmen beschleunigt abgekühlt werden. Für eine möglichst langsame und gleichmäßige Wärmeableitung aus Naht und Bauteil ist zu sorgen.

Nach DV 848, § 6, 6 soll die Schweiße möglichst porenarm sein. Die Poren, die mit den noch gefährlicheren Schlackeneinschüssen nicht verwechselt werden dürfen, entstehen wie bei jedem Gießvorgang auch beim Schweißen durch den Einschluß von Gasblasen in die Schweißnaht.

Zu erwähnen ist noch die sogenannte Blaswirkung des Lichtbogens, die das Herstellen einer guten Naht erschweren kann. Diese Erscheinung, die vorwiegend an Blechkanten auftritt, äußert sich dadurch, daß der Lichtbogen unruhig hin und her flackert oder von der Richtung des Schweißdrahtes stark abgelenkt wird; sie ist auf die Wirkung magnetischer Felder zurückzuführen.

Mittel zur Herabminderung der Blaswirkung sind:

    a) die Verwendung von Wechselstrom,
    b) das Schräghalten der Elektrode gegen Ende der Schweißnaht,
    c) das Verlegen des Werkstückanschlusses an einen vom Lichtbogen entfernteren Punkt und
    d) die Verwendung von Blasmagneten.

5. Einfluß des Schweißvorganges auf die Bauteile

Wer das Schweißverfahren — sei es praktisch oder theoretisch — anwenden will, muß sich über die Folgen klar sein, die einerseits die Erstarrung des Schweißgutes und andererseits die starke Erwärmung und die Abkühlung der Bauteile selbst nach sich ziehen.

Bei den Schweißnähten macht sich ein starkes Schrumpfbestreben in allen drei Achsen der Naht (Abb. 48) bemerkbar. Die in dieser Abbildung gezeigte Platte wird sich, wenn sie nicht eingespannt wird, nach oben krümmen. Dies trifft nicht nur für die mit der Naht gleichlaufende Achse, sondern auch für die senkrecht zur Naht gerichtete Achse zu.

Hat das Schweißgut die Möglichkeit, ungehindert zu schrumpfen, so kann dieses Maß der Schrumpfung bis zu $^1/_{100}$ der Abmessungen betragen. Je mehr nun die Naht in ihrem Bestreben, sich zusammenzuziehen, gehindert wird, um so größer müssen die Spannungen in der Naht und in den Übergangszonen werden.

Um diese Spannungen niedrig zu halten, ist es wichtig und nach DV 848, § 6, 21 vorgeschrieben, die zu verschweißenden Bauteile so zu lagern, daß sie dem Schrumpfbestreben möglichst folgen kön-

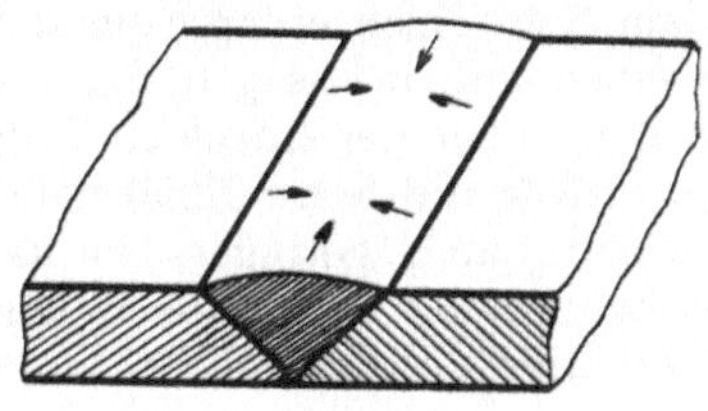

Abb. 48

nen. Über Vorkehrungen zur Erleichterung dieses Vorganges wird weiter unten im Kapitel VI noch näheres gesagt werden.

Den Übergangszonen ist besondere Aufmerksamkeit zu schenken. Beim Schweißen bilden sich an den Rändern der Naht die aus Abb. 40 ersichtlichen Kerben, die freilich bei der Verwendung neuzeitlicher Elektroden nur gering sind. Immerhin ist zu beachten, daß diese Kerben nicht allein den Querschnitt schwächen, sondern auch zu einer Spannungshäufung führen, denn es ist durch Versuche erhärtet, daß die Spannungen sich über einen eingekerbten Querschnitt keineswegs gleichmäßig verteilen, sondern an der Kerbe gewissermaßen zusammengedrängt und größer als nach der Formel $\frac{P}{F}$ werden (Abb. 49). Man bezeichnet diese Erscheinung auch als „Spannungsstauung".

Und endlich kann noch in den Übergangszonen eine sich in statischer Hinsicht ungünstig auswirkende Aufhärtung des Werkstoffs bzw. Abnahme der Formänderungsfähigkeit hinzukommen.

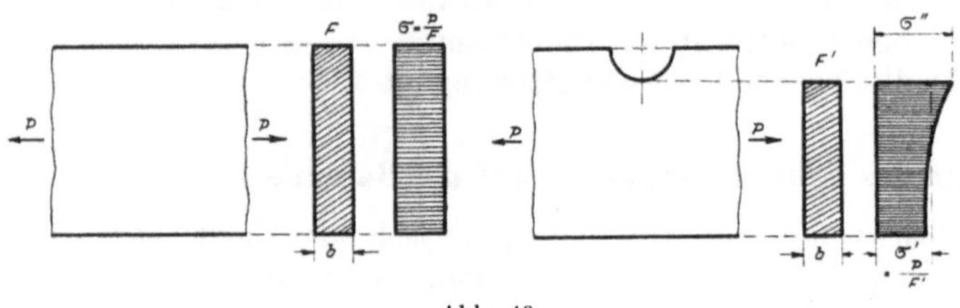

Abb. 49

Zur Berücksichtigung dieser Umstände sollen durch das im § 4, C der DV 848 vorgeschriebene Berechnungsverfahren mit α-Werten nicht nur die Spannungen in den Schweißnähten selbst, sondern z. T. auch in der Nähe der Nähte nachgewiesen werden.

Das Schrumpfbestreben der Schweißnähte und der erwärmten Zonen der Bauteile ruft Verbiegungen und Verformungen hervor, die so beträchtlich sein können, daß beim Entwerfen Rücksicht darauf genommen werden muß. Dies ist z. B. der Fall bei geschweißten Fahrbahnträgern, deren Teile vor dem Schweißen entsprechend länger bemessen werden müssen. Im allgemeinen kann man sagen, daß geschweißte Träger etwa um $^1/_{1000}$ der ursprünglichen Länge der einzelnen Teile schrumpfen. Dieses Maß ist um so größer, je größer die Schweißnahtfläche im Verhältnis zum Bauteil ist. Ist die Schrumpfung geringer, so kann man annehmen, daß die verhinderte Schrumpfung Spannungen hervorruft. Es möge versucht werden, dieses Verhalten der Schweißnähte noch etwas anschaulicher darzustellen.

Sollen zwei Bleche I und II (vgl. Abb. 50) durch eine Schweißnaht verbunden werden, so kann man den Abstand zwischen den Blechen keilförmig, d. h. den Zwischenraum bei b etwas größer als bei a, wählen. Während des Schweißvorganges in Richtung von a nach b werden die Bleche so zusammengezogen werden, daß schließlich der Abstand bei b ebenso groß ist wie bei a. Ohne Spannungen werden aber auch so geschweißte Bleche nicht bleiben, denn während der Abstand bei b sich auf das Sollmaß verringert, ist die Naht bei c schon so erkaltet, daß sie nicht mehr nachgibt. — Legt man die beiden Bleche aber gleich auf richtigen Abstand und macht bei b, um ein

54

Schließen des Zwischenraumes hier beim Schweißen in Richtung von *a* nach *b* zu vermeiden, eine kurze Heftnaht, die nachher wieder mit aufgeschmolzen wird, so wird der Abstand bei *c* geringer als vorgesehen und es werden gleichwohl Spannungen auftreten. Man muß sich von Fall zu Fall vorher klarzumachen suchen, welche Spannungen weniger nachteilig sind.

Aber auch in der Richtung winkelrecht zur Ebene der Bleche werden diese sich verformen (Abb. 51). Dieselbe Erscheinung tritt auch bei Gurtplatten, die mit dem Stegblech verschweißt werden, auf, und zwar um so mehr, je

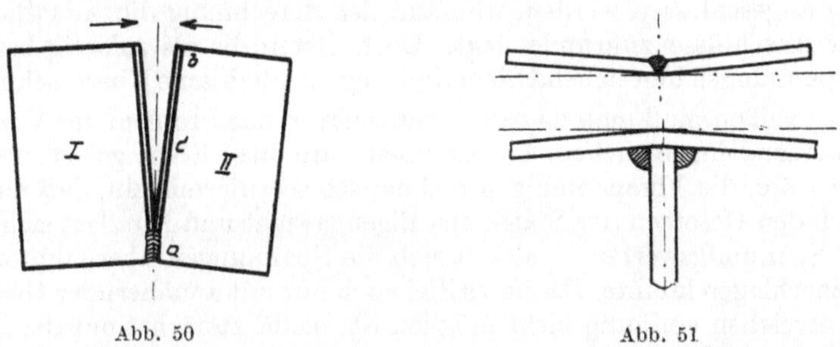

Abb. 50

Abb. 51

dünner die Gurtplatten und je stärker die Nähte sind. Durch Vorbiegen der Gurtplatten in entgegengesetzter Richtung kann man dieser Erscheinung entgegenwirken.

Aus dem Gesagten ergibt sich, daß die Schweißnähte eine starke zusammenziehende Wirkung haben, die sich in der Längsrichtung der Naht durch Schrumpfung und quer zur Naht durch das Bestreben, die Bauteile zu verbiegen, äußert.

6. Zur Frage der Spannungen in und neben den Schweißnähten

Im vorhergehenden Abschnitt haben wir gesehen, daß bei Verhinderung der infolge des Schweißvorganges auftretenden Formänderungen sowohl in den Nähten als auch in den Bauteilen Spannungen entstehen müssen. Im folgenden möge versucht werden, sich eine Vorstellung von der *Größe* dieser Spannungen zu machen.

Wie Messungen mit Dehnungsmessern ergeben haben, erreichen diese Spannungen z. T. sogar Werte, die in der Nähe und oberhalb der einaxial ermittelten Streckgrenze des Baustoffs liegen. Hierbei ist freilich zu berücksichtigen, daß in der Nähe der Schweißnähte, wo die größte Erwärmung des Baustoffs auftritt, das Hookesche Gesetz $\sigma = \dfrac{\Delta l \cdot E}{l}$ nicht mehr einwandfreie Werte ergeben kann, weil dieses nur für normale Temperaturen gilt. Immerhin lagen bei diesen Spannungsmessungen einige Werte so hoch, daß

die Bauteile eine weitere Belastung durch Nutzlast eigentlich gar nicht
hätten vertragen können. Da aber — abgesehen von den bereits auf Seite 16
erwähnten ernsteren Schadensfällen — die bislang in großer Zahl ausgeführten Schweißbauwerke allen Anforderungen genügt haben, hat man sich
gesagt, daß entweder durch Kaltverformung ein Spannungsabbau eintreten
müsse oder daß eine Überlagerung der verschiedenen Spannungen nicht
stattfände.

Bei der Herstellung genieteter Verbindungen weiß man wohl, daß auch hier
Nebenspannungen auftreten können, so z. B. bei Fachwerkstäben, die durch
Nietung angeschlossen werden, während der Berechnung die Annahme ge-
lenkiger Anschlüsse zugrunde liegt. Doch bieten die als zulässig bezeichneten Spannungen hinreichend Sicherheit gegen unliebsame Überraschungen.

Beim Schweißen muß man dagegen weit tiefer in das Problem der Vorspannungen einzudringen suchen. Vollkommen wäre diese Frage gelöst, wenn es
möglich wäre, die Vorspannungen rechnerisch so zu ermitteln, daß man sie
den nach den Gesetzen der Statik aus Eigengewicht und Nutzlast sich ergebenden Spannungswerten — soweit sich die Spannungen überhaupt addie-
ren — zuschlagen könnte. Da dieses Ziel auch nur mit annähernder Genauigkeit zu erreichen vorläufig nicht möglich ist, bleibt zunächst nur der in den
Schweißvorschriften beschrittene Weg übrig, die Einflüsse der Lasten sowie
Art und Lage der Schweißnähte durch zusätzliche Faktoren (γ, α) zu erfassen. Im übrigen muß man aber danach trachten, auf Grund praktischer
Erfahrung und mit etwas „Fingerspitzengefühl" sich *in die Vorgänge beim
Schweißen hineinzudenken*, um die zusätzlichen Spannungen möglichst gering zu halten. Denn die Versuche, auf rechnerischem Wege in dieses Gebiet
einzudringen[34,35]), haben noch nicht zu restlos befriedigenden Ergebnissen
geführt.

Es möge daher in den folgenden Ausführungen versucht werden, von den
verwickelten Spannungsvorgängen ein möglichst anschauliches Bild zu
geben — wie durch geschicktes Vorgehen beim Schweißen ein übriges getan
werden kann, um die Spannungen niedrig zu halten, wird weiter unten im
Kapitel VI „Ausführung geschweißter Stahlbauten" behandelt werden.

A. Eigenspannungen der Walzerzeugnisse

Unter Eigenspannungen sollen die Spannungen verstanden werden, die in
allen Guß- und Walzerzeugnissen infolge ungleichmäßiger Abkühlung auftreten und die um so größer sind, je ungleichmäßiger infolge von Dicken-
unterschieden im Querschnitt und je schneller die Abkühlung vor sich geht.
Da es nicht möglich ist, zu erreichen, daß erwärmte Körper sich völlig
gleichmäßig abkühlen, werden immer Spannungen dieser Art auftreten.
Durch Normalglühen sind diese Spannungen gering zu halten. Auch treten
sie für gewöhnlich nur in Erscheinung, wenn z. B. von Walzerzeugnissen

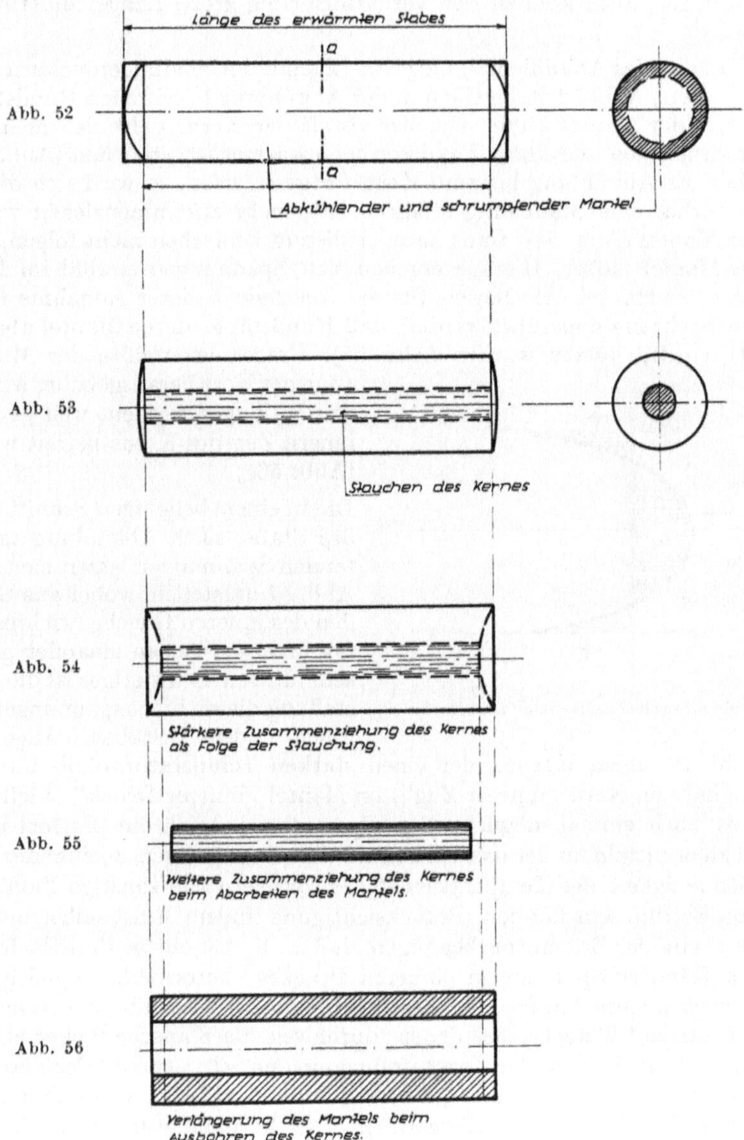

Länge des erwärmten Stabes
Q
Q
Abb. 52
Abkühlender und schrumpfender Mantel
Abb. 53
Stauchen des Kernes
Abb. 54
Stärkere Zusammenziehung des Kernes
als Folge der Stauchung.
Abb. 55
Weitere Zusammenziehung des Kernes
beim Abarbeiten des Mantels.
Abb. 56
Verlängerung des Mantels beim
Ausbohren des Kernes.

Teile in der Längsrichtung abgetrennt werden. Diese verwerfen sich dann mehr
oder weniger; auch können sich verhältnismäßig große Längenänderungen
ergeben[36]).

Der Vorgang des Abkühlens[37]) möge an folgenden Abbildungen veranschaulicht werden; Abb. 52 stelle einen in der Abkühlung begriffenen Rundstahl-
stab dar; der Mantel kühlt schneller ab als der Kern, zieht sich mehr als
dieser zusammen und kann ihn, da er noch wärmer ist, stauchen (Abb. 53).
Ist aber die Abkühlung bis zum Kern fortgeschritten, so wird sich dieser,
da er vorher eine Stauchung erfahren hat, mehr zusammenziehen wollen
als der Mantel (Abb. 54). Ganz kann er diesem Bestreben nicht folgen, weil
er am Mantel haftet. Hieraus ergeben sich Spannungen sowohl im Kern
als auch im Mantel. Als Beweis für die Richtigkeit dieser Annahme möge
die Beobachtung angeführt werden, daß Rundstähle, deren Mantel abgearbeitet wurde, kürzer wurden (Abb. 55). Umgekehrt müßte der Mantel,
wenn der Kern herausgebohrt werden würde, länger werden, weil er vom
innern Zug des Kerns befreit wurde (Abb. 56).

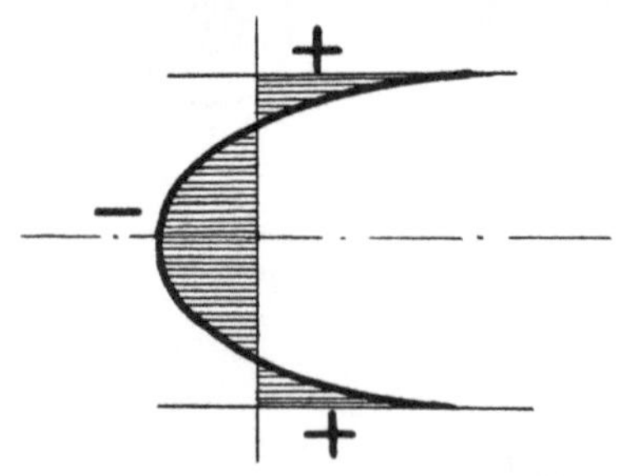

Abb. 57. Spannungsverteilung im Schnitt $a-a$
(Abb. 52) nach der Abkühlung des Stabes

Die in einem beliebigen Schnitt $a-a$ des Stabes nach Abkühlung auftretenden Spannungen lassen sich nach Abb. 57 darstellen, wobei aus Gründen des inneren Gleichgewichtes die +- und —-Flächen einander gleich
sein müssen. Schwieriger ist die Darstellung dieser Eigenspannungen bei
Flach- oder I-Stäben. Allgemein herrscht in einem Körper, der einen starken Temperaturabfall durchge-
macht hat, im Kern „innerer Zug", im Mantel „innerer Druck". Vielleicht
wird es noch einmal möglich, diese Spannungen durch eine Formel annähernd zu ermitteln, in der das Verhältnis der Abmessungen zueinander und
die Schnelligkeit des Temperaturabfalles sowie etwaige sonstige Faktoren,
die von Einfluß sein können, Berücksichtigung finden. Einstweilen müssen
wir uns mit der Erkenntnis begnügen, daß z. B. bei einem Breitflachstahl
an den Rändern Spannungen „inneren Druckes" herrschen, die gleich dem
Zug durch äußere Kräfte das Bestreben haben, den Stab zu verlängern.
Bei gewalzten I-Trägern, bei denen durchweg die Flansche dicker als der
Steg sind, liegt die Zone der Zugspannung um den Schwerpunkt der Flansche
herum. Der Steg steht unter „innerem Druck", d. h. er will sich bei Ab-
trennung der Flansche verlängern[36]). Die Formänderungen nach dem
Schweißen und nach dem Abtrennen der Gurte sind in Tafel V einander
gegenübergestellt:

Hauptträgerabmessungen			Schrumpfungen nach dem Schweißen		Formänderungen nach Abtrennen der Gurte	
Stegblech	Gurtplatten	Nähte $a=$ mm	Steg mm	Gurt mm	im Steg mm	in den Gurten mm
800 × 10	200 × 10	5	1,4	1,8	+ 0,9	— 2,0
800 × 10	200 × 10	9	1,5	2,2	+ 1,2	— 3,0
800 × 10	200 × 40	5	0,5	0,6	+ 0,1	— 0,2
800 × 10	200 × 40	9	0,7	0,8	+ 0,2	— 0,2
I P 42½			—		+ 3,0	— 0,5

Um die inneren Zugspannungen gering zu halten, müssen die Walzerzeugnisse möglichst langsam abkühlen. Will man zur Beseitigung dieser Spannungen. wie auch jener, die sich aus dem Walzvorgang, d. h. durch die gewaltsame Pressung des Baustoffes zu einem bestimmten Querschnitt, ergeben, ein weiteres tun, so bedient man sich des sogenannten „Spannungsfreiglühens", d. h. der nachträglichen Erwärmung auf 600 bis 650° mit anschließender langsamer Abkühlung. Um überhitztem Stahl wieder ein normales, feineres Gefüge zu geben, wendet man das sogenannte „Normalglühen" an. Hierunter versteht man ein nachträgliches Erwärmen der Walzerzeugnisse auf etwa 900°. Dieses Anwärmen geschieht in besonders für diesen Zweck gebauten Öfen, in welchen die Stücke etwa 30 Minuten bei dieser Temperatur durchglühen und dann langsam abkühlen. Für diese nachträgliche Erwärmung, Normalisierung, ist die angegebene Temperatur erforderlich, weil bei ihr (dem sogenannten Ac_3-Punkt, auf den hier nicht näher eingegangen werden soll) eine Umwandlung des Stahlgefüges (Umkörnung) eintritt.
Das Normalglühen wirkt sich bei Stählen, die geschweißt werden sollen, nachweislich recht günstig aus. Es wird jedoch bei größeren Abmessungen zu teuer, wenn nicht praktisch unmöglich. Man hat deshalb auch Versuche mit Erwärmung während des Schweißens und nach dem Schweißen gemacht. Nach *Zeyen* wurden bei Verwendung dicker Profile von St 52 folgende Verfahren zur Vermeidung von Fehlschlägen mit günstigem Erfolg erprobt:

a) Ohne Vorwärmung geschweißt, dann 2 Stunden auf 250° erwärmt, Ofenabkühlung.

b) Ohne Vorwärmung geschweißt, dann 2 Stunden bei 550° geglüht, Luftabkühlung.

c) Bei 250° geschweißt, nachträglich nicht warm behandelt.

Das Schweißen bei 250° stellt natürlich hohe Anforderungen an die Schweißer, weshalb eine Erwärmung — wenn eine solche überhaupt erforderlich erscheint — zweckmäßig nach a) oder b) vorzunehmen wäre. Das Sammeln von Erfahrungen auf diesem Gebiet dürfte noch nicht völlig abgeschlossen sein. —

B. Schrumpfspannungen infolge teilweiser Erwärmung

Nach Vorstehendem kann man sich von den Spannungen, die durch den Schweißvorgang entstehen, ein Bild machen, wenn man sich zunächst ein Blech vorstellt, das an einer Kante durch Bestreichen mit einem Schneid-

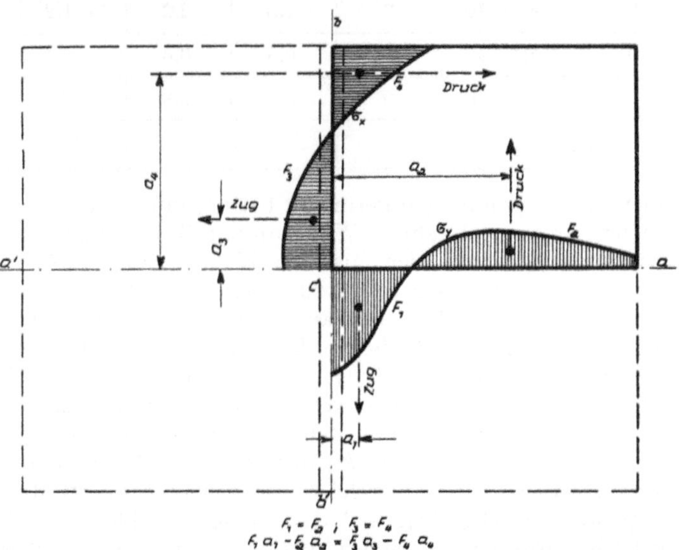

Abb. 58. Zusammenhang zwischen Längs- und Querspannungen auf Grund des inneren Gleichgewichts (nach *Bierett*)

brenner stark erwärmt wird. Die erwärmten Teile wollen sich ausdehnen, werden durch die kälteren daran gehindert, erfahren eine Stauchung, die zur Folge hat, daß die gestauchten Teile sich beim Abkühlen stärker zusammenziehen als die übrigen. Würde man z. B. den *oberen* Gurt eines einseitig eingespannten I-Trägers in einem Querschnitt stark erwärmen, so wird das freie Ende infolge der Ausdehnung sich zunächst senken, nach der Abkühlung aber infolge der Stauchung höher heben, als es vorher war. Auf dieselbe Erscheinung ist auch die Beseitigung von Beulen in Blechen durch Erwärmung zurückzuführen: Es muß zu diesem Zweck nicht etwa die ausgebeulte Seite erwärmt werden, sondern die glatte. Durch die einseitige Erwärmung wird die Ausbeulung zunächst größer, durch die Stauchung nach der Abkühlung aber geringer werden und bei richtigem Vorgehen verschwinden.

60

Es kann also, wenn solche Erwärmung an den Kanten eines Bleches stattfindet, in gewissem Maße ein Ausgleich mit den aus dem Walzvorgang herrührenden Spannungen eintreten. Wird nun statt der Erwärmung durch den Schneidbrenner eine Schweißnaht gezogen, so verstärkt deren Zusammenziehung die vorbeschriebenen Einflüsse.

C. Schrumpfspannungen durch die Nähte selbst

Es wirkt also nach vorstehendem auch das Schweißgut im Sinne eines „inneren Zuges". Aber nicht nur infolge der Längsschrumpfung treten Spannungen auf, sondern auch infolge der Querschrumpfung.
Über den Zusammenhang zwischen Längs- und Querspannungen auf Grund des inneren Gleichgewichts gibt die Abb. 58 Aufschluß[38]).

D. Spannungen aus der Nutzlast

In den vorstehenden Betrachtungen ist von verschiedenen Spannungen, die Schweißnähte und deren Umgebung erfahren, die Rede gewesen; die wichtigsten Spannungen, nämlich jene aus der Nutzlast, sind noch nicht erwähnt worden. Die Erfassung und Darstellung *aller* dieser Spannungen ist eine recht verwickelte und schwierige Angelegenheit. Einen Versuch in dieser Hinsicht zeigt Abb. 59[39]). Bei dieser Darstellung der Spannungen in

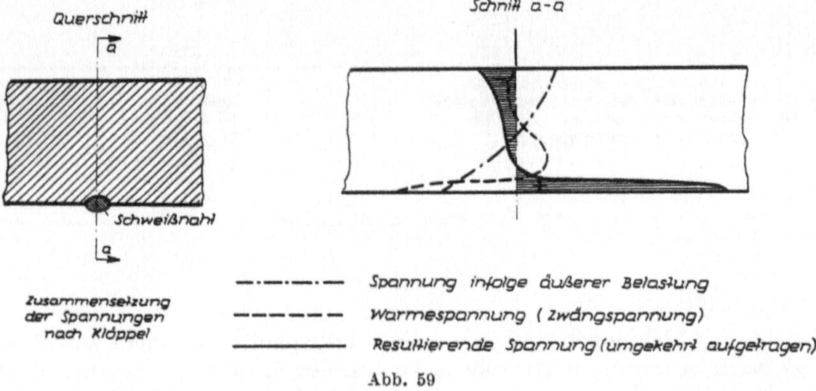

Abb. 59

Schnitt $a-a$ muß man sich jedoch darüber klar sein, daß in benachbarten Schnitten, z. B. $b-b$ oder $c-c$ (Abb. 60), der Spannungsverlauf wesentlich anders ist. Augenscheinlich verlaufen die Linien gleicher Wärmespannung bogenförmig um die Schweißnaht, so daß sich für Schnitte $b-b$ und $c-c$ Spannungsbilder, etwa wie in Abb. 60 dargestellt, ergeben. Hierbei ist angenommen, daß die Spannungsnullinie zwischen Schrumpfzugspannung und Reaktionsdruckspannung etwa auf dem Bogen $m-o-n$ liegt. Für die Schnitte $b-b$ und $c-c$ kann deshalb nicht an jeder Stelle der sonst all-

gemein gültige Grundsatz gelten, daß Zug und Druck einander das Gleichgewicht halten müssen; im vorliegenden Falle gilt dies nur für Radialschnitte, z. B. $d-d$. Aber die Schnitte $b-b$ und $c-c$ lassen deutlich erkennen, daß die Platte selbst unter Reaktionsdruckspannungen steht, wie
Klöppel auch sagt[39]: „. . . bei diesem Biegeversuch steht die Längsnaht
unter beträchtlichen, vor allem längsgerichteten Schrumpfzugspannungen.
Dadurch ist die Platte der späteren Biegung entgegengesetzt vorgespannt".

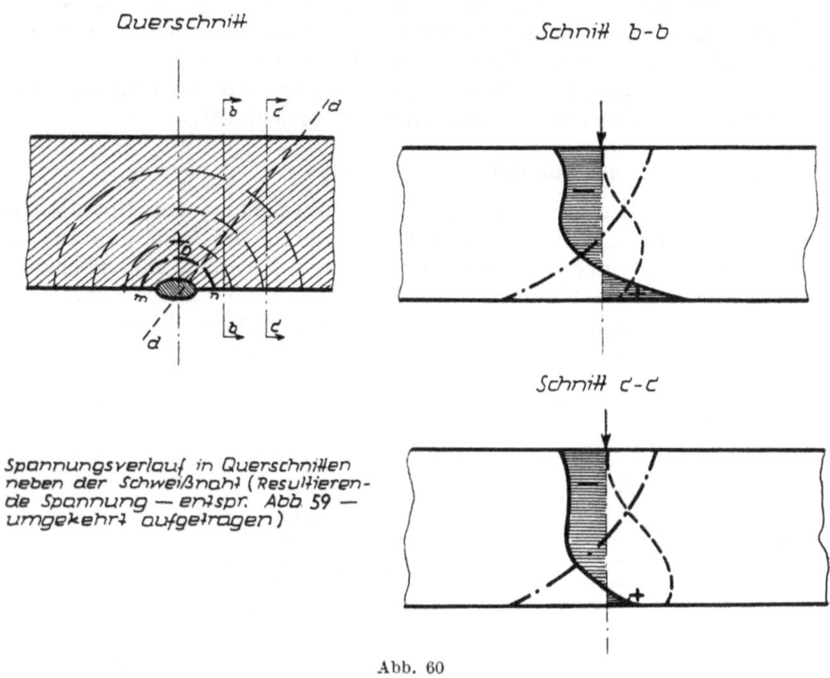

Abb. 60

In obigen Abbildungen sind jedoch die Eigenspannungen nicht berücksichtigt, auch ist nur der mutmaßliche Verlauf der Spannungslinien angedeutet
worden; über die Größe der Spannungen fehlen an dieser Stelle nähere
Angaben. An anderer Stelle derselben Abhandlung führt *Klöppel* ein Beispiel
an, wonach versucht wurde, aus der beim Schweißen sich ergebenden Verformung eines Trägers Rückschlüsse auf die in diesem auftretenden Spannungen zu ziehen. Dabei sei man jedoch auf den ganz unmöglichen Wert
von etwa 400 kg/mm² gekommen.
Wie bereits eingangs dieses Abschnittes erwähnt wurde, dürfte es fraglich
sein, ob man aus den beim Schweißvorgang sich zeigenden Längenänderungen und Verformungen der Bauteile in gleicher Weise wie z. B. bei den

62

Verformungen aus der Belastung auf die Größe der Spannungen schließen
kann. Die angegebene hohe Spannung läßt sich auch kaum durch den bei
Kaltreckung auf Kosten der Dehnung zu erzielenden Spannungszuwachs,
der bei St 37 allenfalls 60 kg/mm² betragen könnte, erklären.

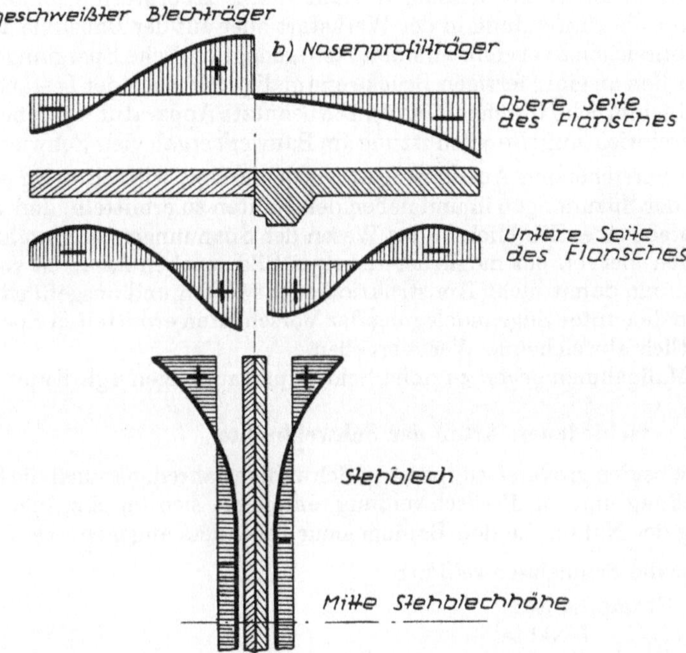

Abb. 61. Längsspannungen in der Oberfläche eines geschweißten Blechträgers
und eines Nasenprofilträgers (schematisch)

Bei solchen Berechnungen dürfte man als beanspruchte Fläche nicht nur
den Nahtquerschnitt ansetzen, sondern auch einen Teil der Gurtplatte, weil
— wie bereits oben unter B) ausgeführt — die den Nähten benachbarten
Teile schon durch die Wärmebehandlung allein eine beträchtliche Schrumpfwirkung erfahren.
Wie sich die Spannungen über den Querschnitt eines geschweißten Trägers
verteilen, hat *Bühler*, Dortmund, in einer Abbildung (Abb. 61) seiner Abhandlung „Beitrag zur Frage der Schweißspannungen"[40]) gezeigt. In dieser
Abbildung sind die Zug- und Druckspannungen eines geschweißten Blechträgers und eines Nasenprofilträgers einander gegenübergestellt. Danach

63

treten an der oberen Seite des Flansches bei einer Gurtplatte aus Flachstahl Zugspannungen auf, bei Verwendung des Nasenprofils jedoch nicht.

Endlich sei noch eines neueren Verfahrens zur Ermittelung der Spannungen gedacht, der sogenannten „Feinstrukturuntersuchung". Diese Arbeitsweise soll ermöglichen, mit Hilfe von Röntgenstrahlen die Veränderung des Kristallgefüges festzustellen und so Schlüsse auf den Spannungszustand zu ziehen, wobei allerdings nur Oberflächenspannungen feststellbar sind[41]). Einstweilen ist dieses Messungsverfahren nur laboratoriumsmäßig ausgebaut, für die Anwendung in der Werkstatt oder auf der Baustelle aber noch nicht hinreichend vervollkommnet. Röntgenographische Spannungsmessungen wurden an einer fertigen Brücke erstmalig 1946 nach der Instandsetzung einer Rheinbrücke durchgeführt[42]). Die benutzte Apparatur war eine Laboratoriumseinrichtung; ihre Benutzung am Bauwerk ergab viele Schwierigkeiten.

In den vorstehenden Ausführungen wurde gezeigt, wie schwierig es ist, die Größe der Spannungen in und neben den Nähten zu ermitteln, und versucht, wenigstens einen Einblick in das Wesen der Spannungen zu gewähren. Daß man sich hiervon ein möglichst richtiges Bild machen kann, ist von großer Bedeutung, damit nicht Konstruktionen entworfen und ausgeführt werden, die von den unter Zugrundelegung der Vorschriften ermittelten Spannungen wesentlich abweichende Werte ergeben.

Über Maßnahmen gegen zu hohe Schrumpfspannungen vgl. Kapitel VI.

7. Die verschiedenen Arten der Schweißnähte

Für die beiden großen Gruppen von Schweißverfahren, nämlich die Schmelzschweißung und die Preßschweißung, empfiehlt sich im einzelnen die Einteilung der Nähte, die den Bauingenieur besonders angehen, wie folgt:

I. Für die Schmelzschweißung

   A. Stumpfnähte:
      I-Nähte,
      V-Nähte,
      X-Nähte,
      U- oder Tulpennähte,
      Doppel-U-Nähte,
      Mossprep-Nähte.

   B. Kehlnähte,
   C. K-Nähte,
   D. Loch- und Schlitznähte.
   E. Bördelnähte.

II. Für die Preßschweißung

   A. Stumpfnähte,
   B. Überlapptnähte.

Zu diesen Nähten ist im einzelnen folgendes auszuführen:

Bei den I-Nähten, die nur für Blechstärken von 2 bis 5 mm in Frage kommen, werden die Endflächen (vgl. DIN 4100, § 7, 6) nicht bearbeitet, Abb. 62. Der Abstand zwischen den Blechkanten beträgt etwa 0,5 bis 1,5 mm. Da im Brückenbau nach den „Grundsätzen für die bauliche Durchbildung

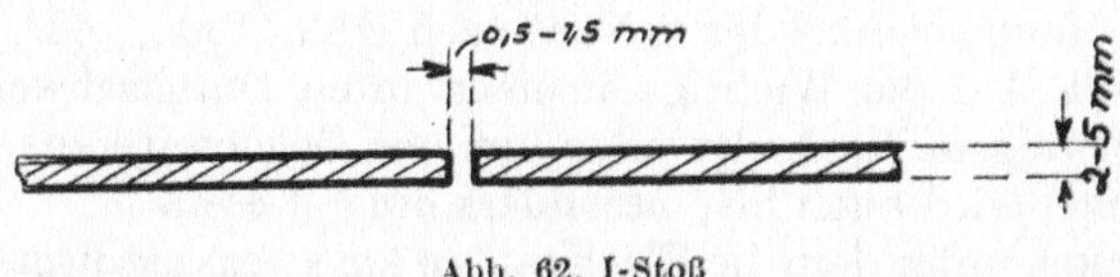

Abb. 62. I-Stoß

stählerner Eisenbahnbrücken (GE)“, § 10, 8 geringere Blechdicken als 8 mm im allgemeinen nicht zulässig sind, kommen diese Nähte bei Brücken nur für untergeordnete Bauteile, z. B. Geländer, in Frage.

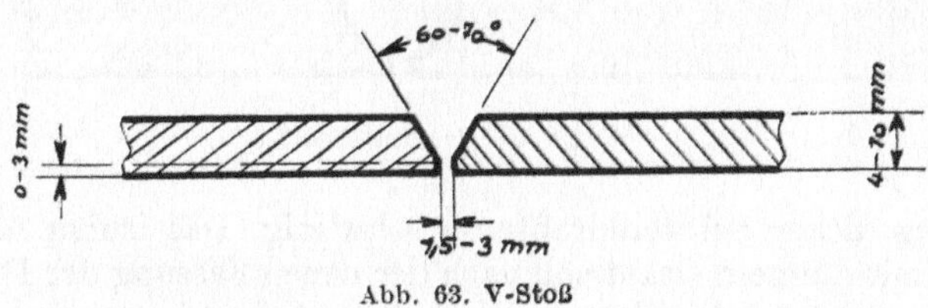

Abb. 63. V-Stoß

Die V-Nähte werden bei Blechstärken von etwa 4 bis 10 mm angewendet. Die Kanten werden in den meisten Fällen bis auf ein kurzes Stück, das winkelrecht zur Grundfläche verbleibt, so abgeschrägt, daß der Winkel

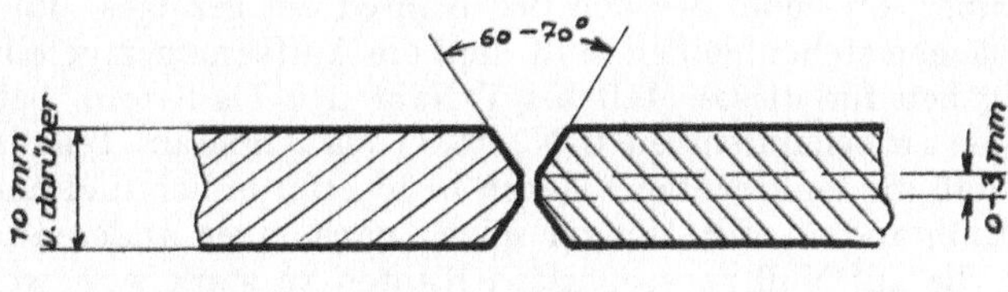

Abb. 64. X-Stoß

der Öffnung etwa 60 bis 70° beträgt, Abb. 63. Das Brechen der Kanten kann mit einem Meißel oder einem Schneidbrenner (von Hand oder besser automatisch geführt) oder durch Abhobeln erfolgen. Die mit dem Schneidbrenner hergestellten Schnittflächen sind bei neueren Geräten so sauber, daß eine weitere Nachbearbeitung nicht erforderlich ist. Entsprechend der größeren Blechstärke werden die Kanten weiter — etwa auf 1,5 bis 3 mm — auseinandergezogen. Die DV 848 besagt im § 6 (9):

„Bei Stumpfnähten müssen die aneinanderstoßenden Kanten der Bleche in zweckmä-
ßigem Abstand gehalten werden. Die Bleche sollen so abgeschrägt werden, daß einwandfrei durchgeschweißt werden kann. Die Kanten können nach Abb. 63 und 64
gebrochen werden. Bei Blechen von mehr als 20 mm Dicke kann auch die U-Form
gewählt werden (Abb. 65)."

Ähnlich äußert sich DIN 4100 im § 7, 6. Der Unterschied ist eigentlich nur
der, daß der Öffnungswinkel der V Naht nach DIN 4100 $\geq 60°$, nach DV848
$\geq 70°$ sein soll. Auf die Wichtigkeit einer guten Durchschweißung in der
Wurzel mit etwaigem Nachschweißen von der Gegenseite aus nach Säuberung der Wurzel wird auch hier besonders hingewiesen.

Über den Winkel, unter dem die Blechkanten am zweckmäßigsten gebrochen
werden, gingen längere Zeit die Ansichten auseinander. Wird der Winkel
zu spitz gewählt, so ist das Schweißen in der Wurzel — namentlich bei

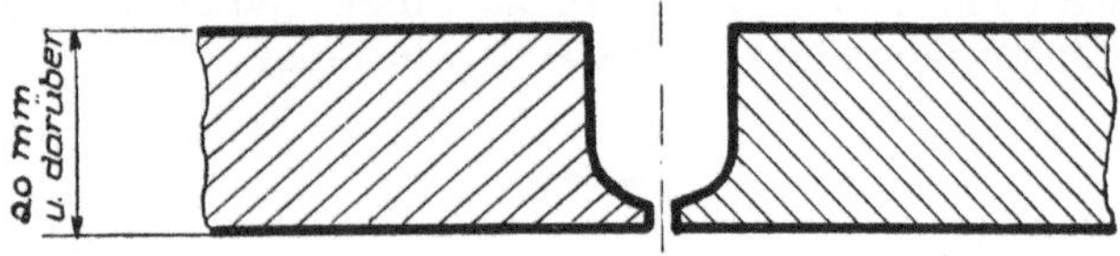

Abb. 65. U- oder Tulpenstoß

Verwendung dicker Schweißdrähte — schwierig. Das früher übliche Vorschweißen mit dünnem Draht soll nach der neuen Fassung der DV 848 nicht
mehr angewendet werden. Ist der Winkel stumpf, so hat man wohl größere
Gewähr für gutes Vorschweißen der Wurzel, die Naht erfordert aber mehr
Schweißgut, und es muß entsprechend mehr Wärme aufgewendet werden,
was sich wieder hinsichtlich der Schrumpfungen, Spannungen usw. nachteilig auswirkt.

Auch darüber, ob beim Brechen der Kanten ein geringes Maß der senkrechten Flächen stehenbleiben muß, sind die Auffassungen geteilt. Die Vorschriften geben für dieses Maß bei V-Nähten 0 bis 3 mm, bei den noch
weiter unten zu behandelnden U-Nähten 1 bis 2 mm an. Teils ist man der
Meinung, daß die senkrechten Flächen nicht erforderlich und nur schädlich
für den Einbrand in der Wurzel seien; nach einer anderen Auffassung
schmelzen die auf Null zugeschärften Kanten zu stark weg, so daß zuviel
Schweißgut durchtropfen und sich so gleichfalls keine gute Wurzel bilden
kann. Man kann wohl sagen, daß bei den im Stahlbau vorkommenden Blechdicken zweckmäßig eine Kante von rund 2 mm stehenbleiben soll.

Nähte, die dicker als 5 bis 6 mm sind, kann man mit Lichtbogen nicht mehr
gut in einer Lage schweißen, sondern muß deren mehrere übereinander-
legen. Da solche Nähte im Stahlbau häufiger vorkommen, soll hier kurz
auf dieses „Schweißen in mehreren Lagen" eingegangen werden. Nach den
Schweißvorschriften (DIN 4100, § 8, 6 und DV 848, § 6, 2) ist, wie auch

bereits zu Abb. 39 erwähnt wurde, die Oberfläche der vorhergehenden Raupe
vor Aufbringen der nächsten von Verunreinigungen, insbesondere Schlacke,
gut zu säubern. Besonders wichtig ist, daß man beim Legen der einzelnen
Raupen in der richtigen Reihenfolge vorgeht; es sind nach Abb. 66 stets
die dem Mutterstoff benachbarten Raupen zunächst und erst dann die mittleren zu ziehen. Ferner ist darauf zu achten, daß die einzelnen Raupen gut
einbinden und daß nicht die Einbrandkerben zweier benachbarter Raupen

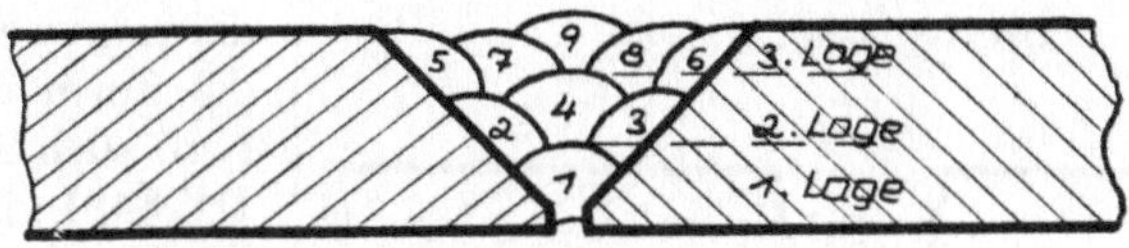

Abb. 66. Anordnung der einzelnen Schweißraupen bei einer
mehrlagigen Schweißnaht

zusammenfallen. Bereits das Schweißen in zwei Lagen bietet den Vorteil,
daß durch die zweite Lage die erste eine Wärmebehandlung erfährt, die
sich auf die Spannungen und das Gefüge in ihr günstig auswirkt.

Die X-Naht haben wir bereits in Abb. 64 kennengelernt. Sie empfiehlt
sich bei Blechstärken von 10 mm und darüber namentlich dann, wenn man
ein Verwerfen der Bleche und — bei Verhinderung des Verwerfens infolge
Einspannung — hohe Schrumpfspannungen vermeiden will. Bei sachgemäßer Ausführung des X-Stoßes gleichen sich die Verformungen annähernd
aus. Früher hat man den Winkel der Öffnung etwa 100° groß gemacht, weil
man mit Rücksicht auf die geringeren zulässigen Schweißspannungen eine

möglichst große Einbrandfläche
für erforderlich hielt. Die Praxis
hat ergeben, daß ein Winkel von
60 bis 70° ausreichend ist und
zudem die Vorteile bietet, daß an
Schweißgut gespart wird und die
Wärmezufuhr geringer ist.

Bei Stößen dickerer Bleche (nach
DV 848, § 6, 9 bei Blechen von
mehr als 20 mm Dicke) und
namentlich dann, wenn nicht

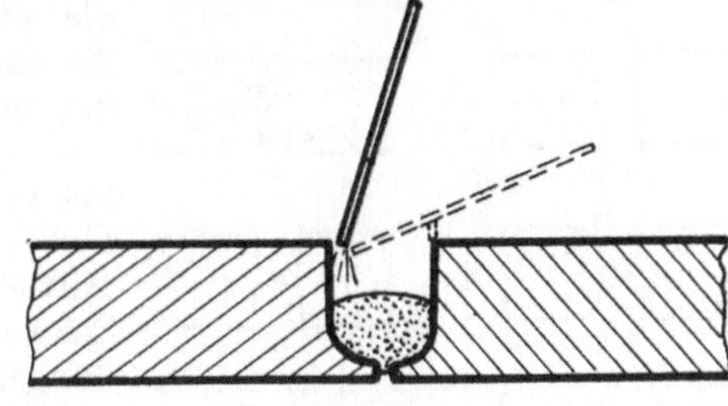

Abb. 67

von beiden Seiten geschweißt werden kann, wird vielfach der U- oder
Tulpenstoß (Abb. 65) angewendet. Hierbei muß besonders darauf geachtet
werden, daß die Naht in den steilen Flächen gut bindet. Dies erfordert
große Geschicklichkeit des Schweißers. Wird der Schweißdraht zu flach
gehalten (wie in Abb. 67 gestrichelt angedeutet), so besteht die Gefahr, daß
Funken nach der gegenüberliegenden Blechkante überspringen. Es soll aber

auch sogar bei senkrechter Haltung des Schweißdrahtes möglich sein, guten Einbrand zu erzielen. Nach DV 848, § 5, 11 sollen die Stumpfnähte in Gurten möglichst zur Gurtschwerlinie symmetrischen Querschnitt – z. B. wie die X-Naht – haben. Ebenso genügt die U-Naht dieser Forderung, wenn man ihr die Form nach Abb. 68 (vgl. auch Abb. 16b der DV 848) gibt.

Die U- oder Tulpennaht kann auch nach Abb. 69 mit schrägen Seitenflächen ausgebildet werden. Zu berücksichtigen

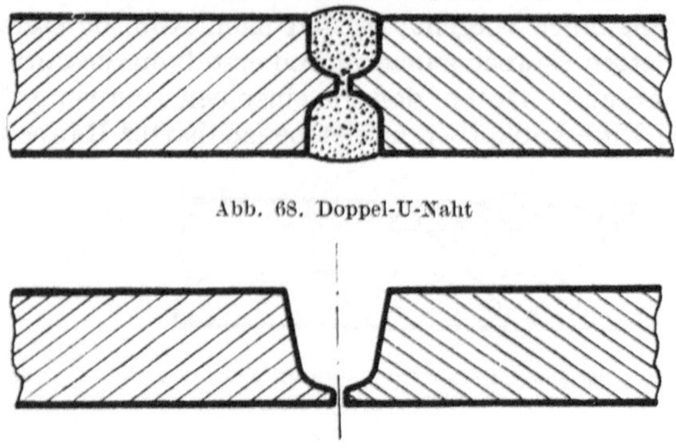

Abb. 68. Doppel-U-Naht

Abb. 69. U-Naht mit schrägen Seitenflächen

ist bei allen U-Nähten, daß die Kanten sich nicht durch Brennschneiden herstellen lassen, vielmehr muß dies durch Hobeln (u. U. mit dem noch weiter unten zu behandelnden „Fugenhobler") erfolgen.

Bei Blechdicken über 30 mm kann die sogenannte Doppel-U-Naht (Abb. 68) angewendet werden.

Für die Stumpfverbindung von Blechen zwischen 25 und 150 mm Dicke wurde von *J. A. Moss* und *A. R. Moss*[43]) die sogenannte „Mossprep"-Schweißflächenvorbereitung vorgeschlagen, bei der möglichst niedrige Bearbeitungskosten und ein möglichst kleiner Schweißgutbedarf angestrebt werden. Dabei werden im allgemeinen in der Mittellinie der nicht abgeschrägten Schweißflächen zunächst Aufschweißungen nach Abb. 70 a bis c vorgenommen, und dann erfolgt die Stumpfschweißung der mit entsprechendem

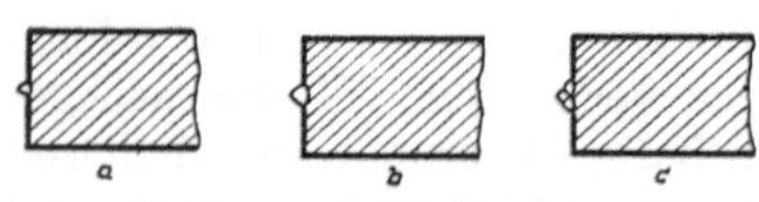

Abb. 70. Mossprep-Schweißflächenvorbereitung für dicke Bleche

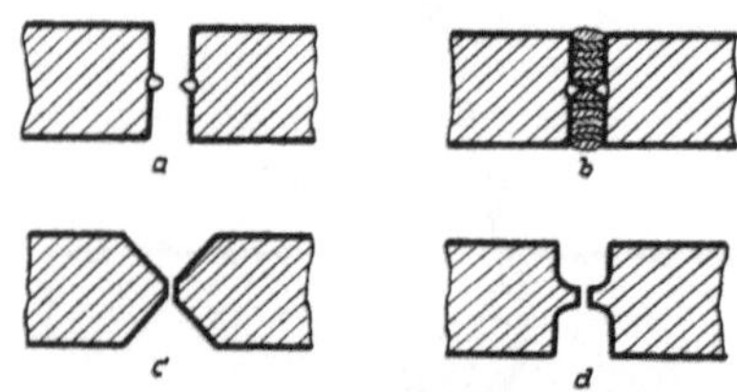

Abb. 71. Schweißgutbedarf bei der Mossprep-Fuge und bei X- und Doppel-U-Nähten

Abstand auseinandergelegten Bleche von beiden Seiten (Abb. 71 a und b). Der wesentlich kleinere Schweißgutbedarf solcher Schweißflächenvorbereitungen geht aus einem Vergleich mit c und d in Abb. 71 (bisher bei Dickblechschweißungen vielfach übliche Fugenausbildungen) hervor. Abb. 72 stellt vergleichsweise die bei Versuchen an 1 m langen Blechen festgestellte praktische Schweißzeit einschließlich der für die Schweißflächenvorbereitung

erforderlichen Zeit dar (Mossprep-Fugen an nicht abgeschrägten Schweißflächen durch Auftragraupen vorbereitet, X-Abschrägungen brenngeschnit-
ten, Doppel-U-Abschrägungen spanabhebend hergestellt). — Der vorstehend
wiedergegebene englische Vorschlag ist
in ähnlicher Weise bereits in den
Jahren 1931 und 1934 im deutschen
Schrifttum[44]) gemacht worden und soll
sich in der Praxis bewährt haben.

Bei den *Kehlnähten* findet im allgemeinen keine Bearbeitung der zu verbindenden Bleche statt; diese Nähte werden
z. B. angewendet, wenn es sich darum
handelt, bei Trägern die Stegbleche mit
den Gurtplatten zu verbinden oder Fachwerkstäbe auf Knotenbleche aufzuschweißen. Im letzteren Falle werden Flankenkehlnähte und Stirnkehlnähte unterschieden (Abb. 73), je nach dem, ob sie
seitlich an den zu verbindenden Blechen
oder vor Kopf angebracht werden. In
statischer Hinsicht wird — nach den

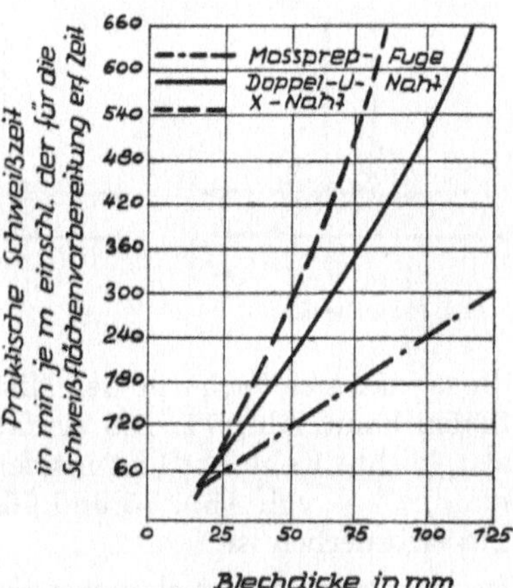

Abb. 72. Vergleich verschiedener Ausführungs-
arten von Dickblechschweißungen

Schweißvorschriften — ein Unterschied zwischen diesen beiden Nahtarten
nicht gemacht. Die Stirnkehlnähte ermöglichen augenscheinlich einen
besseren Kraftfluß als Flankenkehl-
nähte, denn während bei jenen die
Kräfte nur einmal abgelenkt werden,
also in einer Ebene bleiben (Abb. 74),
müssen bei diesen die Kräfte mehrmals
die Richtung ändern, verlaufen mithin
räumlich.

Hingegen kann sich bei Stirnkehlnähten, wenn sie allein die Kräfte übertragen sollen, ein mögliches Moment
ungünstiger auswirken, als wenn auch
Flankenkehlnähte zur Herstellung des
Anschlusses mit herangezogen werden.
Bei den Flankenkehlnähten ist ferner
zu beachten, daß die Beanspruchung

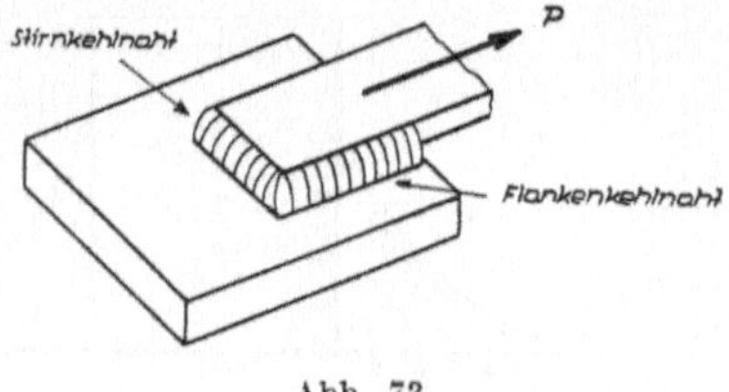

Abb. 73

Abb. 74. Stirnkehlnaht / Flankenkehlnaht

am Anfang und Ende der Naht größer als in der Mitte ist, weil der Anfang
sofort, die übrigen Teile erst nach elastischer Dehnung des anzuschließenden
Stabes zur Kraftübertragung mit herangezogen werden.

Allgemein wurden die Kehlnähte früher als volle Nähte (Abb. 75) ausgeführt; später ist man dazu übergegangen, sogenannte „Hohlkehlnähte"

(Abb. 76) zu ziehen, die einen besseren Kraftfluß ermöglichen sollen und sich auf jeden Fall beim Anschluß des Stegbleches an die Gurtungen bestens bewährt haben. Nach Versuchen von Prof. *Graf* sind bei Stirnkehlnähten mit Anlaufwinkeln von 22° bessere Dauerfestigkeiten erzielt worden als bei gleichschenkligen Nähten. Der hierdurch erzielte allmähliche Übergang ist für den Kraftfluß günstiger als die volle Kehlnaht. Zu berücksichtigen ist bei der Anwendung dieser Nähte aller-

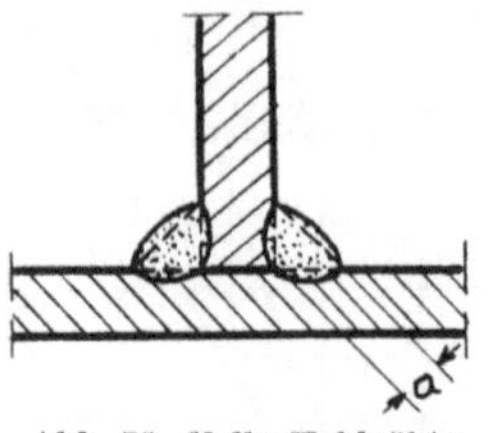

Abb. 75. Volle Kehlnähte

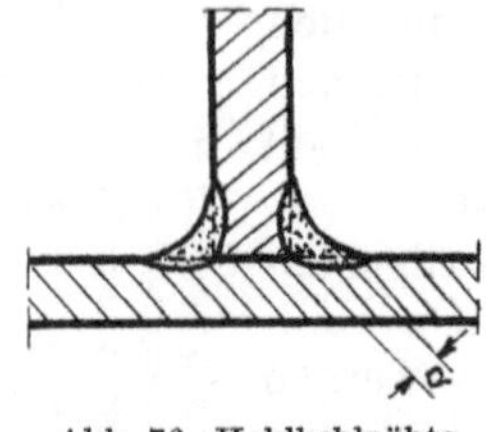

Abb. 76. Hohlkehlnähte

dings, daß sich leicht in der Mitte der Hohlkehle eine Spannungsstauung bilden kann, Abb. 77. Die vielfach gebräuchliche Bezeichnung dieser Naht als „leichte Kehlnaht" ist insofern nicht zutreffend, als bei gleichem Stichmaß „a" — vgl. Abb. 75 und 76 — die annähernd gleiche Menge Schweißgut erforderlich ist.

Im Gegensatz zu den eingangs dieses Abschnittes erwähnten Stumpfnähten, die stets durchlaufend ausgeführt werden, können Kehlnähte auch mit Unterbrechungen hergestellt werden (Abb. 78). Unterbrochene Nähte dürfen aber nur angewendet werden, wenn sie zur Kraftübertragung ausreichen.

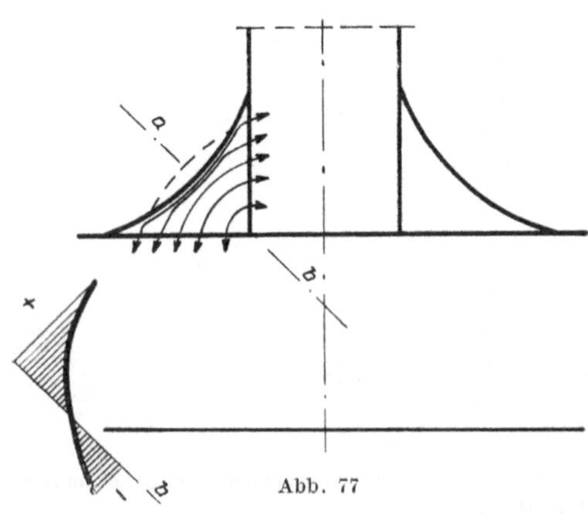

Abb. 77

Im Brückenbau sind sie nicht zulässig (DV 848, § 5, 4). Die Unterbrechungen können einander gegenüber oder versetzt angeordnet werden (Ketten- oder Zickzackschweißung).

Werden die Kanten des Stegbleches eines Trägers beiderseitig gebrochen, etwa wie in Abb. 79 dargestellt, so spricht man von K-Nähten.

Loch- und Schlitznähte sind in den Abbildungen 80 und 81 dargestellt. Diese Nähte können in Frage kommen, wenn die Stirn- und Flankennähte zur Kraftübertragung nicht ausreichen. Im Brückenbau dürfen nach DV 848, § 5, 4 und nach DIN 4101, § 6, 4 Schlitznähte nicht ausgeführt werden.

Die Bördelnähte nach Abb. 82 werden nur bei Blechen bis 2 mm Dicke ausgeführt und finden im Brücken- und Stahlhochbau keine Anwendung.

Eine übersichtliche Zusammenstellung der beim Schmelzschweißen üblichen Schweißnähte geben die DIN-Blätter 1912, Blatt 1 und 2. Es möge an dieser Stelle genügen, die Sinnbilder für die beim Stahlhochbau wichtigsten Schweißnähte nach der Anlage zu DIN 4100 wiederzugeben (Abb. 83). Die Darstellung nach DV 848 für geschweißte, vollwandige Eisenbahnbrücken weicht hiervon nur insofern ab, als die im Brückenbau nicht zulässigen unterbrochenen Kehlnähte und die Schlitznähte nicht mit aufgeführt sind. Dafür sind aber die Sinnbilder für die U- oder Tulpennähte angegeben, Abb. 84.

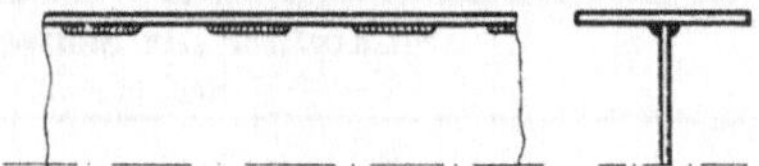

Abb. 78. Unterbrochene Kehlnaht

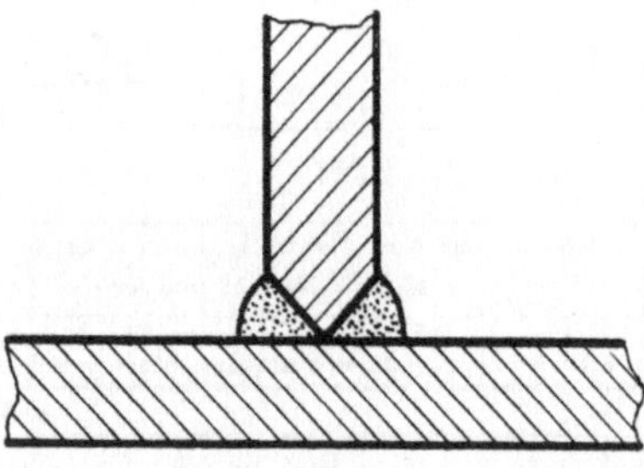

Abb. 79. K-Naht

Von den Preßschweißverfahren sind für den Bauingenieur nur von Belang das Stumpfschweißen und das Überlapptschweißen.

Das Stumpfschweißen wird unterteilt in das Wulststumpfschweißen und das Abbrenn-Stumpfschweißen.

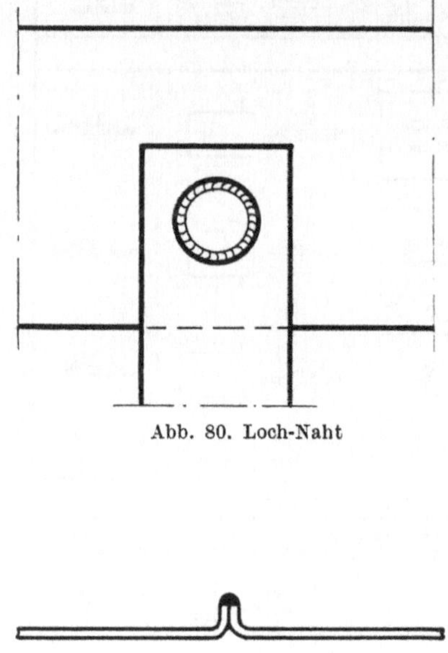

Abb. 80. Loch-Naht

Abb. 82. Bördelnaht

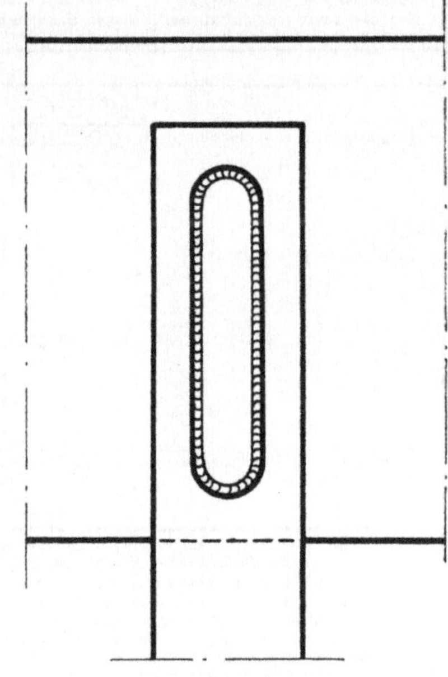

Abb. 81. Schlitz-Naht

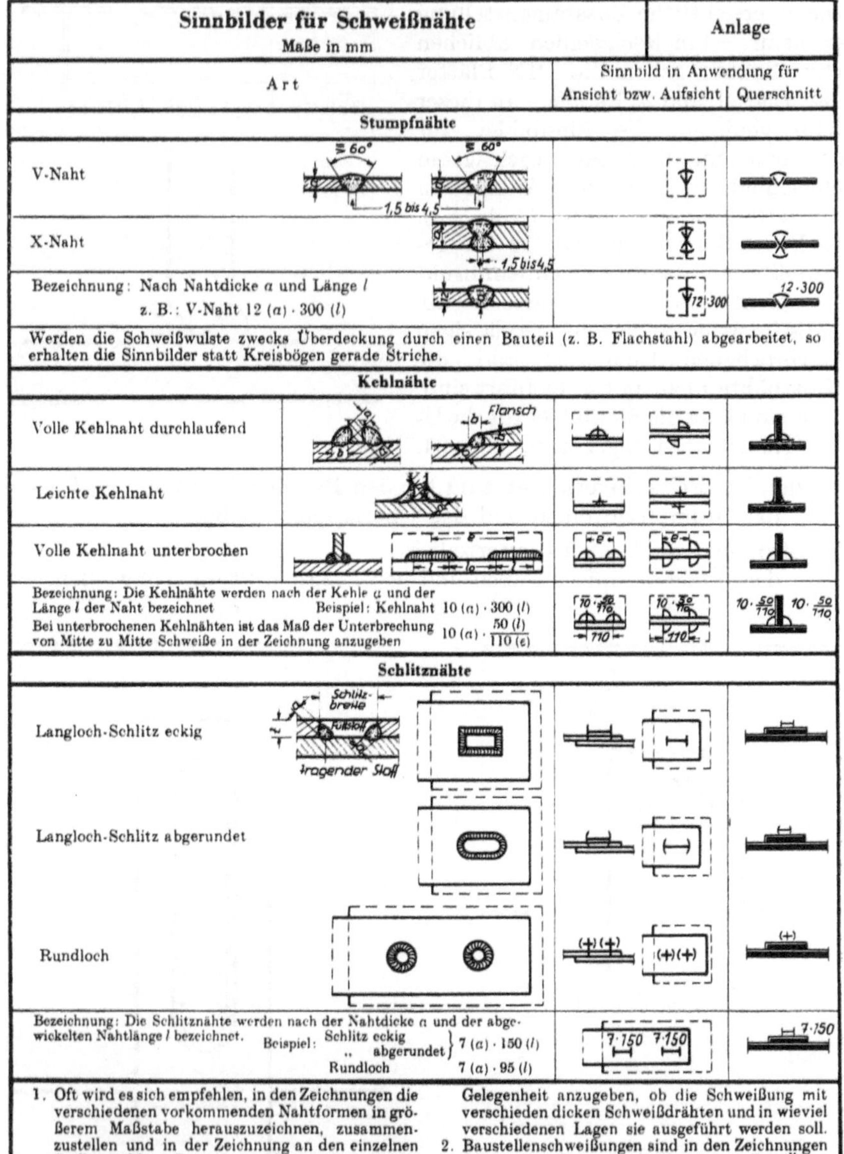

1. Oft wird es sich empfehlen, in den Zeichnungen die verschiedenen vorkommenden Nahtformen in größerem Maßstabe herauszuzeichnen, zusammenzustellen und in der Zeichnung an den einzelnen Stellen auf diese Zusammenstellungen hinzuweisen (Buchstaben $S1$, $S2$ . . .). Bei den in größerem Maßstabe aufgezeichneten Nähten bietet sich auch Gelegenheit anzugeben, ob die Schweißung mit verschieden dicken Schweißdrähten und in wieviel verschiedenen Lagen sie ausgeführt werden soll.

2. Baustellenschweißungen sind in den Zeichnungen durch Hinzufügen des Buchstabens „B", Überkopf-Schweißungen durch „Ü" zu kennzeichnen.

Abb. 83

Ersteres wird so genannt, weil sich beim Stauchen ein Wulst bildet, während beim zweiten Verfahren beim schlagartigen Zusammenpressen der Stücke ein perliger Grat entsteht. Genauere Einzelheiten über diese Verfahren wurden bereits auf Seite 29 gebracht.

Stumpfnaht			
	Art	Sinnbild in Anwendung für	
		Ansicht bzw. Aufsicht	Querschnitt
U- Naht (Tulpe)			

Abb. 84. Sinnbilder für die U- oder Tulpennaht

Das Überlapptschweißen hat in letzter Zeit für den Stahlhochbau an Bedeutung gewonnen durch das Punktschweißen, auf das gleichfalls bereits früher (Seite 32) näher eingegangen wurde.

Die Sinnbilder für vorgenannte Preßschweißverfahren sind im DIN-Blatt 1911 enthalten.

Es muß nun noch kurz auf das bereits mehrfach erwähnte Maß „a" eingegangen werden:

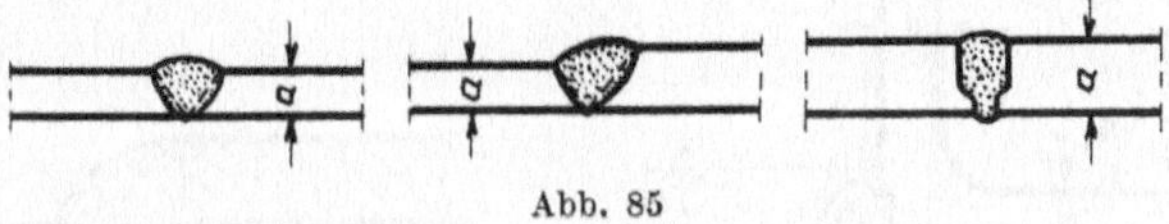

Abb. 85

Bei *Stumpfnähten* ist das Maß „a" nicht die wirkliche Dicke der Naht, sondern die Dicke der zu verbindenden Teile, bei verschiedenen Dicken die kleinere (Abb. 85). Da die wirkliche Dicke der Naht wegen der Schuppenbildung schwankt und in statischen Berechnungen nicht zu günstig ange-

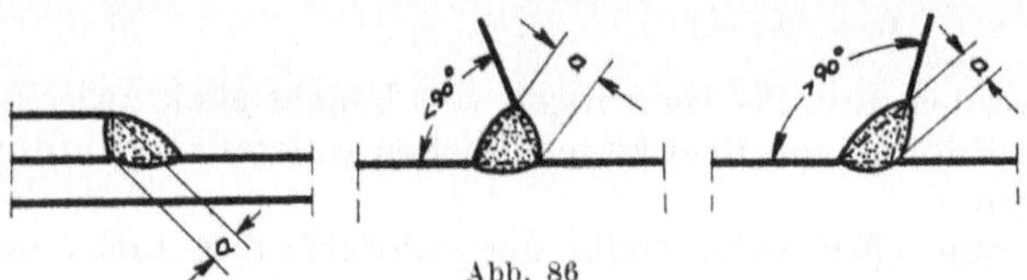

Abb. 86

nommen werden darf, wurde dieses Maß für Stumpfnähte, wie angegeben, festgesetzt.

Bei *Kehlnähten* ist das Maß „a" gleich der Höhe des eingeschriebenen gleichschenkligen Dreiecks (vgl. DIN 4100, § 4, 2 und DV 848, § 4 C, II, 3) Abb. 75, 76 und 86. Die Annahme dieses Maßes setzt voraus, daß der Einbrand in der Wurzel gut ist. Weil das Nachschweißen der Wurzel im Gegensatz zu den Stumpfnähten bei den Kehlnähten nicht möglich ist, muß schon beim Schweißen *gleich auf diesen Punkt besonders geachtet werden.*

Während DIN 4100 im § 7, 7 als Mindestdicke für tragende Kehlnähte 4 mm vorschreiben, sind nach DV 848, § 5, 9 und DIN 4101, § 6, 7 im Brückenbau hierfür 3,5 mm, bei Aussteifungen auch 3,0 mm zugelassen. Kehlnähte von weniger als 3 mm Dicke lassen sich nur schwer ausführen. Nähte von 3 oder weniger mm Dicke können als Dichtungsnähte bei Bauten im Freien an-

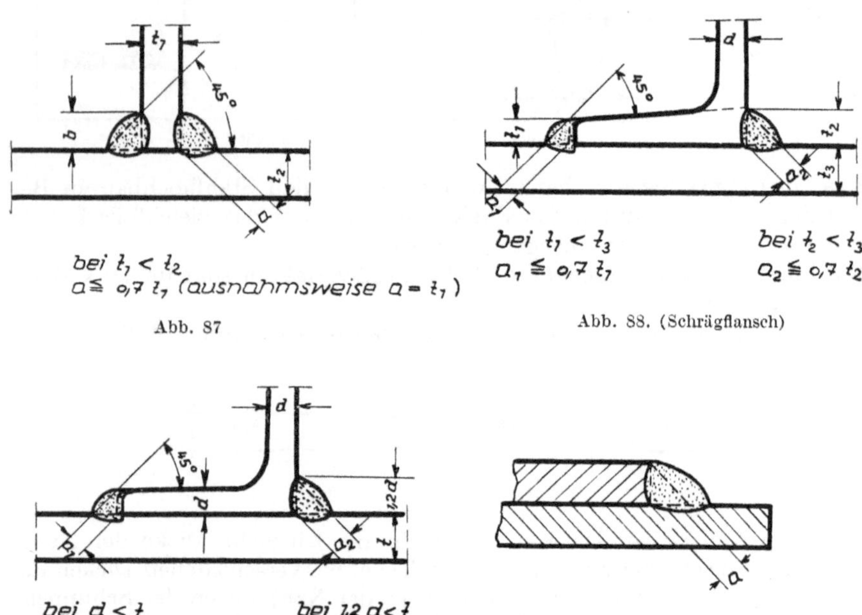

Abb. 87

Abb. 88. (Schrägflansch)

Abb. 89. (Parallelflansch)

Abb. 90

gewendet werden, um das Eindringen von Feuchtigkeit zwischen die Bauteile, wo die Bildung von Rost zu schädlichen Auftreibungen führen könnte, zu verhindern.

Man kann nun aber andererseits die Schweißnähte nicht beliebig dick machen, sondern muß auf die Dicken der anzuschließenden Teile Rücksicht nehmen. Die Vorschriften besagen darüber folgendes (DIN 4100, § 7, 7 — DV 848, § 5, 9 und DIN 4101, § 6, 7):

„Die Nahtdicke bei Kehlnähten soll im allgemeinen nicht größer sein als $a = 0,7\ t_1$, wobei t_1 die Dicke des dünnsten Bleches, Profilflansches oder -schenkels am Anschluß ist (Abb. 87 bis 89). Hiervon darf nur abgewichen werden, wenn auf andere Weise der volle Anschluß nicht erreicht werden kann."

74

DV 848 bringt a. a. O. dieselben Maßvorschriften wie DIN 4100, nur mit dem Unterschied, daß in den Abbildungen hohle Nähte statt der vollen dargestellt sind.

Kehlnähte, deren Nahtschenkel einen kleineren Winkel als 70⁰ bilden, sind in den Festigkeitsberechnungen außer Ansatz zu lassen (DIN 4100, § 4, 7 und

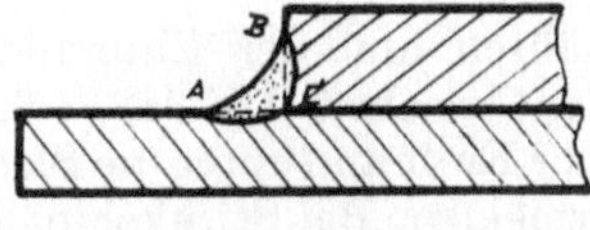

Abb. 91

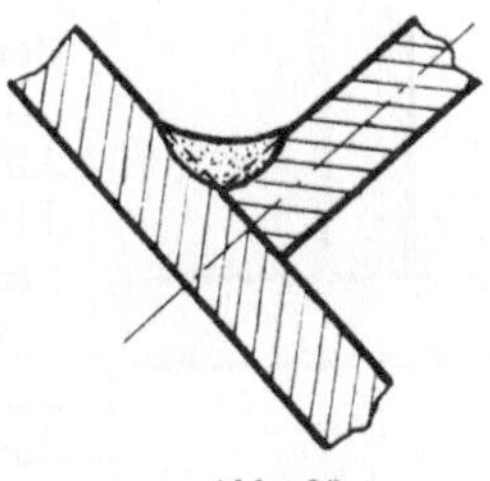

Abb. 92

DV 848, § 4 C, II 2). Würde man den Winkel noch kleiner als 70⁰ machen, so wäre es schwierig, wenn nicht unmöglich, bis in die Wurzel hineinzuschweißen. Der Lichtbogen sucht sich bekanntlich den kürzesten Weg und wird nach den Nahtschenkeln überspringen, nicht aber in die Wurzel. Außerdem wird der Lichtbogen unruhig werden, was auch für die Güte der Naht nachteilig ist.

Abb. 93. Drehvorrichtung

Kehlnähte sollen im allgemeinen gleichschenklig und nicht dicker ausgeführt werden, als die Berechnung erfordert, soweit nicht schweißtechnische Gründe dagegen sprechen. Bei ungleichschenkligen Nähten, wie man sie wegen des besseren Kraftflusses bei dynamisch beanspruchten Bauwerken bevorzugt, ist zu beachten, daß das Maß „a" die Höhe des eingeschriebenen *gleichschenkeligen* Dreiecks ist, Abb. 90.

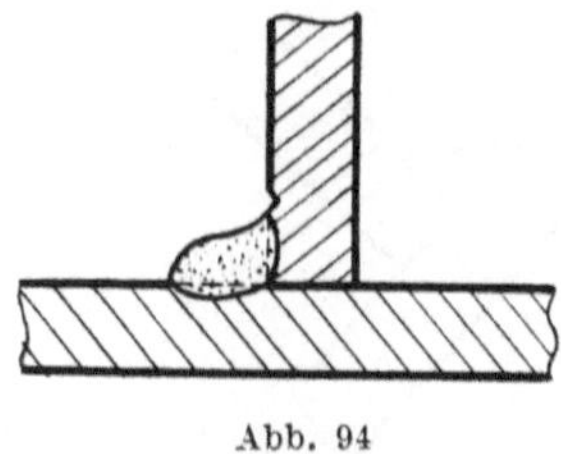
Abb. 94

Bei allen Kehlnähten muß der Einbrand sicher bis in die Wurzel C reichen (DV 848, § 6, 14 — Abb. 91). Zu tiefer Einbrand unter die Blechoberfläche ist zu vermeiden. Bei Stirnkehlnähten ist besonders wichtig, daß der Schweißer die vorgeschriebene Form und die Maße der Schweißraupen genau einhält. Kerben bei A und B (Abb. 91) dürfen unter keinen Umständen geduldet werden.

Um die Kerben nach Möglichkeit zu vermeiden, kann man die Werkstücke so drehen, daß die zu verbindenden Bleche (z. B. Gurtplatten und Stegblech) unter 45° geneigt sind, sogenannte „Wannenschweißung", Abb. 92. Um dieses Drehen der Werkstücke leicht vornehmen zu können, haben die meisten Stahlbauanstalten sich besondere Drehvorrichtungen (Abb. 93) geschaffen. Diese bestehen aus großen kreisförmigen und auf Walzen sich drehenden Scheiben, in die die zu schweißenden Teile eingespannt werden. Wesentlich ist, daß die Scheiben sich gleichmäßig drehen, weil sonst leicht Verwürgungen der zu schweißenden Teile eintreten können, die unzulässig hohe Spannungen, wenn nicht gar Risse in oder neben den Schweißnähten zur Folge haben. Nach DV 848, § 1, 2 und DV 806, § 4, 13 dürfen Hebezeuge, mit deren Hilfe Bauwerksteile angehoben und in anderer Lage abgesetzt werden, hierfür nicht verwendet werden.

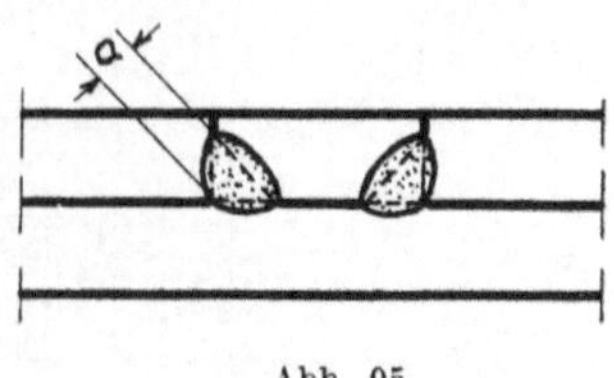

Abb. 95

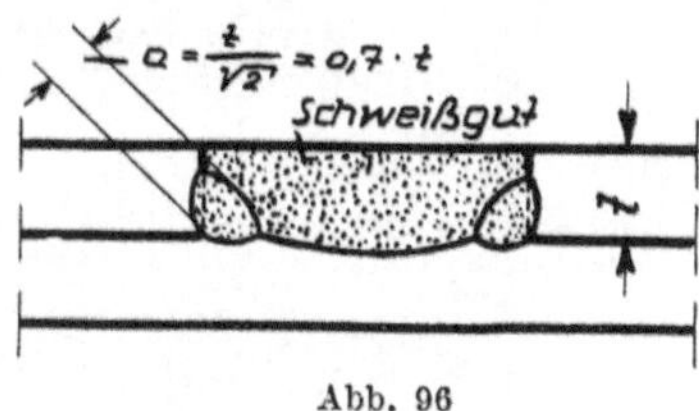

Abb. 96

Besonders bei zu langem Lichtbogen oder zu hoher Spannung des elektrischen Stromes wird sich die Naht leicht nach Abb. 94 gestalten, d. h. im senkrechten Blech gibt es eine starke Kerbe, und die Naht baucht sich aus. Die DV 848 schreiben im § 6,14 vor, daß solche schlechten Stellen durch Nachschweißen oder örtliches Nacharbeiten zu beseitigen sind. Einkerbungen wirken sich besonders bei Dauerbeanspruchungen ungünstig aus.
Bei längs durchlaufenden Stumpf- und Kehlnähten (z. B. bei Gurtnähten)

ist eine Schweißraupenbearbeitung im allgemeinen nicht notwendig (DV 848, § 6, 13).

Bei *Schlitznähten* ist das Maß „*a*" die Höhe des eingeschriebenen gleichschenkeligen Dreiecks (Abb. 95) der in den Ecken gezogenen Kehlnähte. Wird der verbleibende Raum mit Schweißgut ausgefüllt, so darf als Nahtdicke höchstens

$$a = \frac{t}{\sqrt{2}} = 0{,}7\,t$$

gerechnet werden, Abb. 96. Zum Ausfüllen des verbleibenden Raumes nimmt man besser Asphalt, weil das Ausfüllen mit Schweißgut zeitraubend und teuer ist und nach Vorstehendem in statischer Hinsicht keinen nennenswerten Vorteil bietet. Außerdem kann die nicht zu vermeidende starke Wärmezufuhr sich auf die Bauteile ungünstig auswirken.

Nach DIN 4100, § 7,8 muß bei tragenden Schlitznähten die Schlitzbreite $\geqq 3\,a$, mindestens 1,5 t sein, damit die Kehlnähte ringsherum einwandfrei eingeschweißt werden können.

Der kleinste lichte Abstand der Schlitze bei mehrreihigen Schlitznähten soll in der Querrichtung $\geqq 3\,t$ sein.

Der größte lichte Abstand l_0 der Schweißstriche bei unterbrochener Schweißung und der Schlitze bei Schlitzschweißung ist bei Zug- und Druckgliedern nach baulichen Erwägungen und bei Druckstäben außerdem mit Rücksicht auf die Gefahr des Ausbeulens der Einzelbleche zu bemessen.

Die vorstehenden Ausführungen enthalten die wesentlichsten Merkmale zur Unterscheidung der verschiedenen Nahtarten. Zum Verständnis der übrigen in den Vorschriften enthaltenen diesbezüglichen Bestimmungen ist es zweckmäßig, zunächst auf die Berechnungsgrundlagen einzugehen, was im Kapitel „V, Berechnungsgrundlagen nach den Schweißvorschriften", Abschnitt 1 bis 6, geschehen soll.

IV. BAULICHE DURCHBILDUNG GESCHWEISSTER BAUWERKE

1. Schweißprofile

In den ersten Anfängen des Schweißens größerer Stahlkonstruktionen zog man selbstverständlich nur die damals schon vorhandenen und bei der Nietbauweise verwendeten Walzprofile für die Konstruktion heran. Man erzielte damit auch durchaus befriedigende Ergebnisse, nachdem man sich über die Besonderheiten der Konstruktion geschweißter Bauteile klar geworden war. Von der Eigenart der Nietbauweise muß man sich naturgemäß frei machen und sich in die abweichende Formgebung beim Schweißen einarbeiten.

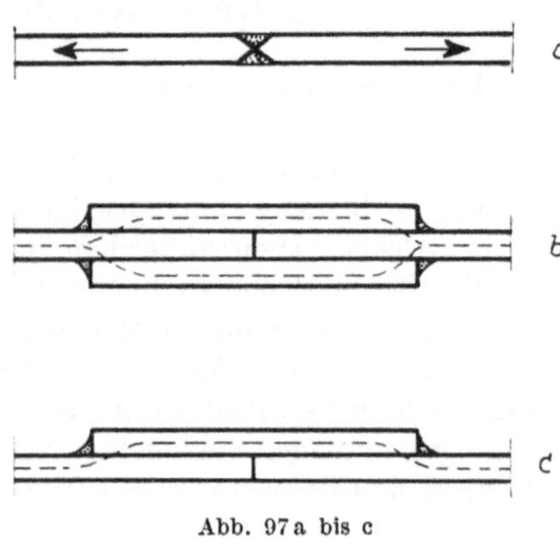

Abb. 97a bis c

Viel mehr als beim Nieten spielen dabei alle Werkstoffeigenschaften sowie die Formgebung unter Berücksichtigung des Kraftflusses und der Kerbfreiheit eine Rolle. Kerben, ganz besonders scharfe Kerben, die auch vom Einbrand der Naht herrühren können — auch Nahtenden sind zu beachten — sollen unbedingt vermieden und durch eine sanfte Ausrundung ersetzt werden. Bei der Entwicklung der Einzelteile ist auf den Verlauf der inneren Kräfte zu achten, die möglichst unbehindert ohne unnötige Umwege weiterzuleiten sind. Stöße und Anschlüsse sind unter diesen Gesichtspunkten besonders sorgfältig durchzuarbeiten. Die oben genannten Richtlinien müssen bei Bauteilen mit Dauerbeanspruchung bevorzugt berücksichtigt werden — also bei Brückenbauten oder Krantragwerken —, weniger bei Hochbauten mit ruhenden Belastungen.

Eines der markantesten Beispiele dafür ist wohl der Normalstoß zweier Flachbleche.

Die normale Stumpfnaht (s. Abb. 97a) zeigt Dauerfestigkeitswerte, die nahe an die Streckgrenze des Grundwerkstoffes heranreichen. Schlechter ist der Stoß mit 2 Decklaschen nach Abb. 97b. Die Dauerfestigkeit fällt noch weiter ab bei einseitigen Decklaschen, die jede Symmetrie vermissen lassen, (s. Abb. 97c). Bei ruhender Belastung kann ein Stoß nach Abb. 97b dem nach Abb. 97a durchaus gleichwertig sein.

Für die Nahtform selbst ist der richtige Kraftfluß zu beachten. Bei Stößen von Stegblechen und Gurtplatten wird man immer zur Stumpfnaht greifen und zwar je nach der Dicke zur V- oder X- oder Tulpen-Naht. Abbildung 97a zeigt, daß in diesem Fall die Fortleitung des Kraftflusses ungestört und ungehindert erfolgen kann. Bei Dauerversuchen ist eine saubere, abgerundete Naht — das sauber bezieht sich auch auf das Nahtäußere — am günstigsten. Überstehende Nähte oder Wülste sind ungünstig (s. Abb. 97d). Die Naht soll so bearbeitet werden, daß die Arbeitsriefen in Kraftrichtung verlaufen. Auch tiefe Einbrandkerben beim Übergang von der Naht zum Grundwerkstoff sind schädlich (s. Abb. 97e). Es ist wohl klar ersichtlich, daß diese den ungestörten Verlauf der Kraftlinie behindern.

Bei den Kehlnähten gibt es Unterschiede bezüglich der Dauerfestigkeit zwischen den vollen und den hohlen Kehlnähten. Bei einem Kraftlinienverlauf senkrecht zur Nahtrichtung ist die hohle Kehlnaht der vollen Kehlnaht überlegen. Bei Abb. 98a ist deutlich der ungestörte Verlauf gegenüber Abb. 98b zu erkennen. Anders ist es bei Kehlnähten, die auf Schub in ihrer Längsrichtung beansprucht werden, was bei zusätzlichen Lamellen an I-Trägern vorkommt. Hier ist zwischen den beiden Kehlnahtsorten kein Unterschied zu bemerken, und man kann ohne weiteres die volle Kehlnaht anwenden.

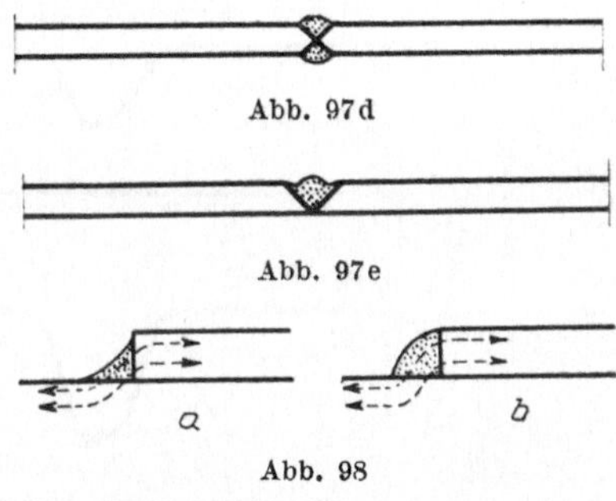

Abb. 97d

Abb. 97e

Abb. 98

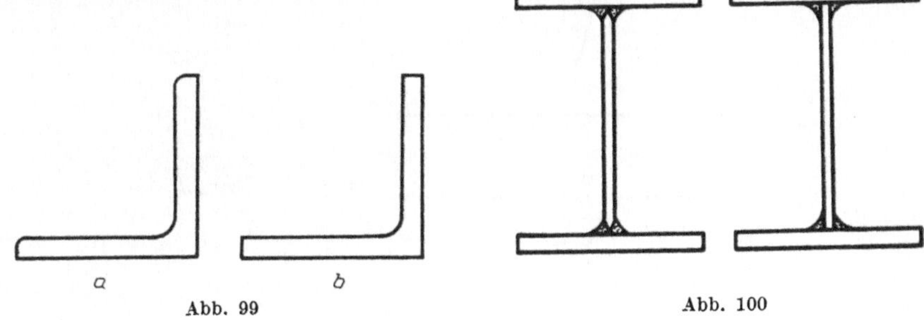

Abb. 99

Abb. 100

Winkelstähle sind wohl bei Schweißkonstruktionen nicht allzu oft vorzufinden und werden weitgehend durch Breitflachstähle ersetzt, die sowohl gewichtliche als auch konstruktive Vorteile bieten. Werden doch Winkel verwendet, so ist der scharfkantige beim Ziehen von Kehlnähten vorzuziehen, obwohl er teurer als der übliche ist, da das Schweißen bei diesem durch den Ausrundungsradius an der Kante behindert wird (s. Abb. 99).

Dornen - Profil
Nasen - Profil
A
B
C
Krupp - St - Profil
Lavis - Profil
>70°
Buck - Profil

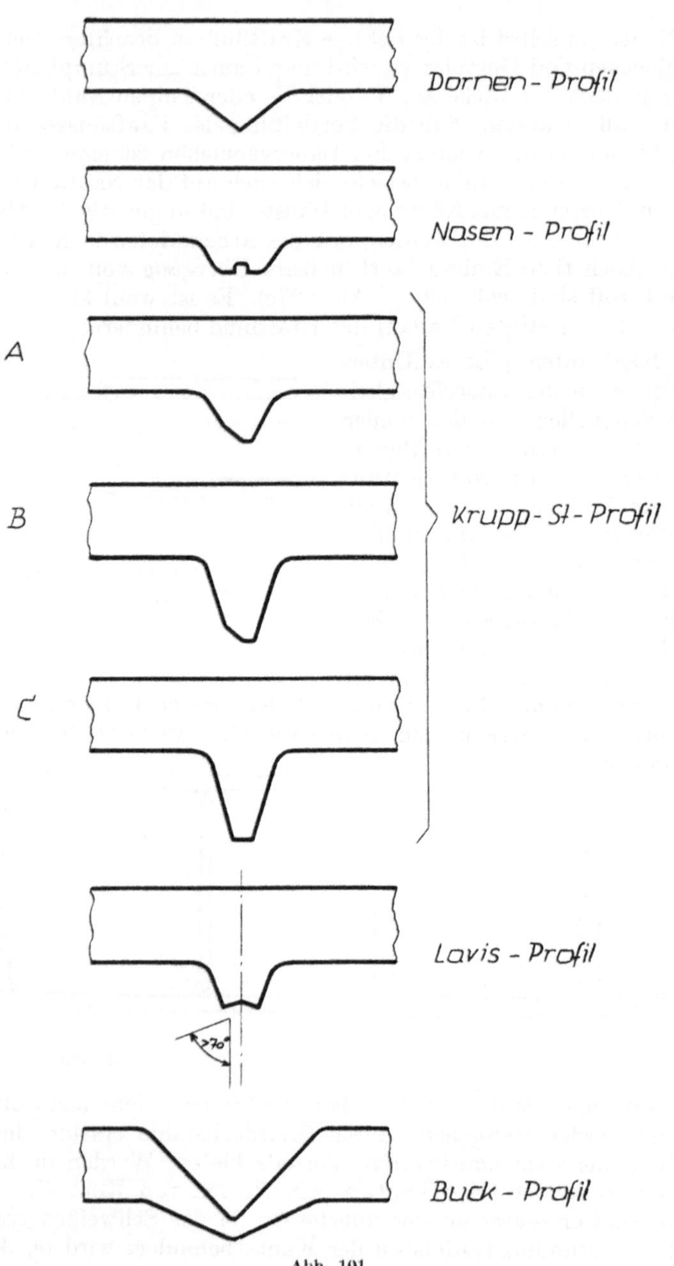

Abb. 101

Das Hauptanwendungsgebiet der Schweißung ist wohl auch heute noch der Trägerbau. Ursprünglich begann man mit dem Zusammensetzen von I-Profilen durch Verbinden von Blechen für die Stege und Breitflachstählen für die Gurte mittels Kehl- oder K-Nähten (s. Abb. 100).

Aus konstruktiven und werkstattechnischen Belangen heraus entwickelte man Sonderprofile, wie das Wulstflachstahl-Profil nach *Dörnen*, das Nasenprofil des Dortmund-Hörder-Hüttenvereins und das Krupp-St-Profil (Abb. 101). Später zeigte es sich jedoch, daß außer konstruktiven Gesichtspunkten noch metallurgische und schweißtechnische beachtet werden müssen und besonders beim St 52 noch Gesichtspunkte, wie sie unter Schweißempfindlichkeit (vgl. Abschnitt II, 5) beschrieben sind. Da beim Dörnenprofil die Naht allzu nahe an den Breitflachstahl – also an die Masse des Stahles — zu liegen

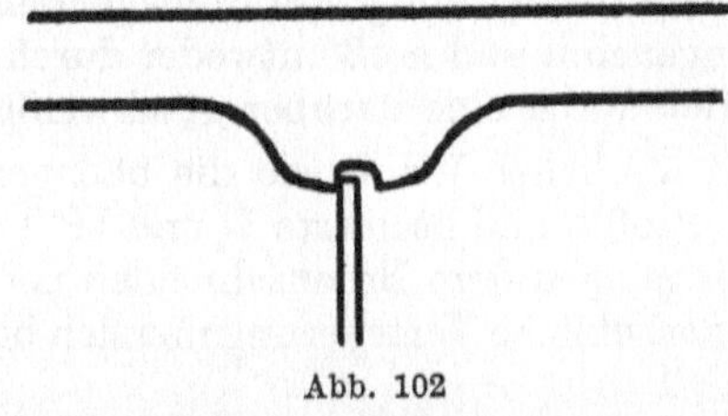

Abb. 102

kommt, haben sich die Erscheinungen der Schweißempfindlichkeit, wie man sie beim Breitflachstahl ohne Nase beobachten konnte, auch hier gezeigt.

Günstig sind hier das Nasen- und Krupp-Profil, da die Naht, also auch der Ort der Wärmezufuhr, weiter von der Masse des Breitflachstahles entfernt ist und diese daher auf die hoch erhitzte Übergangszone nicht abschreckend wirken kann. Die schmale Nase, bzw. der Steg des Krupp-Profiles, wirkt wie ein Wärmepolster, das ein übertrieben rasches Abfließen der Wärme verhindert. Dauerversuche haben die qualitativen Vorzüge dieser Profile erwiesen. Die Beliebtheit des Nasenprofiles resultiert auch zu einem großen Teil aus der einfachen Art des Zusammenbaues in der Werkstatt, da das Stegblech ohne Schwierigkeiten und große Vorrichtungen eingeführt werden kann. Es kommt allerdings auch vor, daß der Schlitz zum Einführen des Stegbleches zu groß ausfällt und daher zwischen der Innenkante der Nase und dem Stegblech ein zum Schweißen der Kehlnaht unangenehm großer Spalt übrig bleibt (s. Abb. 102).

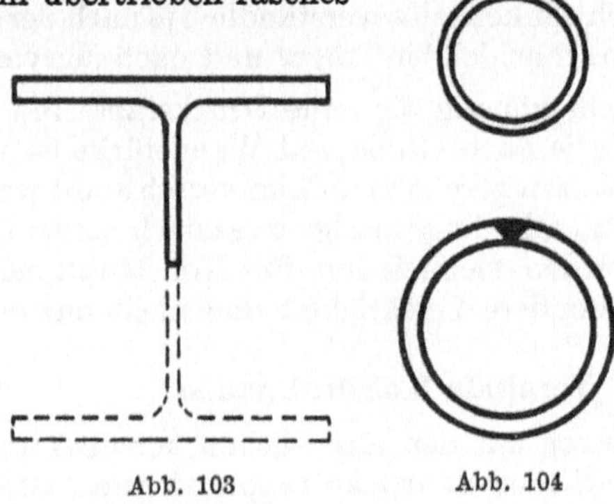

Abb. 103　　　　Abb. 104

Konstruktiv zeigt es wohl durch den Spalt, der eine Unstetigkeit im Kraftfluß mit sich bringt, einen Mangel.

Als Weiterentwicklung der eben beschriebenen Profile kam man zum Lavis-Profil (Abb. 101). Dieses zeigt durch seine einspringende Ecke beim Stegblechansatz ähnliche Vorteile wie das Nasenprofil, vermeidet aber die unangenehmen Erscheinungen beim Anschluß dünner Stegbleche an einen zu weiten Schlitz (Abb. 102).

Einen etwas anderen Weg beschreitet das Buck-Profil, um Abschrecken der Naht und Anschneiden des Seigerungsgebietes beim Breitflachstahl zu vermeiden[45]. Die Verringerung des Materialquerschnittes in der Gegend der Verbindungsnaht mit dem Stegblech und die dünnen Flächen beim Übergang zum Gurtplattenquerschnitt verhindern den Wärmeabfluß und die Abschreckwirkung. Bei freiliegendem Obergurt ist natürlich die Furche unangenehm und muß entweder durch ein nachträglich eingeschweißtes Blech oder durch eine darüber geschweißte Gurtplatte abgedeckt werden.

In ähnlicher Weise wie die obengenannten Sonderprofile wirken normale T-Profile und halbierte I- und IP-Träger (Abb. 103). Letztere müssen allerdings nach dem Brennschneiden noch nachgerichtet werden, was eine nicht unerhebliche Verteuerung mit sich bringt. Die Kosten für Autogenschneiden,

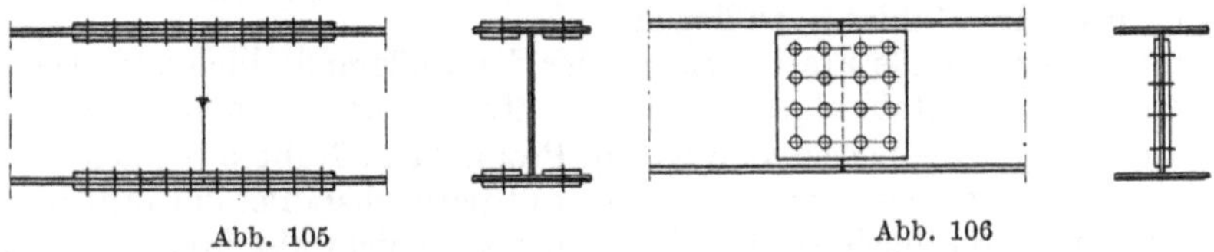

Abb. 105   Abb. 106

Richten und Hobeln kann man mit rund 14,— DM je Tonne ansetzen. Sie schwanken selbstverständlich je nach der Profilgröße, der Länge der einzelnen zu schneidenden Träger und nach den vorhandenen Werkstatteinrichtungen.

Sehr günstig für reine Druckstäbe sind außerdem noch Rohre (Abb. 104), die je nach Größe und Wandstärke entweder nahtlos gezogen oder mittels Walzen gerollt und dann verschweißt werden. Die nahtlos gezogenen Rohre sind allerdings infolge ihres noch hohen Preises nicht überall anwendbar und werden vielfach nur für Konstruktionen herangezogen, bei denen es auf besondere Leichtigkeit und nicht auf billige Preise ankommt.

2. Veraltete Konstruktionen

Bevor mit den eigentlichen konstruktiven Einzelheiten geschweißter neuzeitlicher Bauwerke begonnen wird, ist es nicht uninteressant, einen Blick auf jene Ausbildungen zu werfen, die früher als gut angesehen und durch die Entwicklung überholt wurden. Bei der Arbeit im Konstruktionsbüro können Fragen auftauchen, die sich mit den üblichen Mitteln nur schwierig klären lassen, und bei der Suche nach dafür geeigneten Lösungen kann es vorkommen, schon vorhandene und bereits verlassene Möglichkeiten anwenden zu wollen. Um dies zu verhindern, soll dieser einleitende Absatz vorangestellt werden.

Möglichst zu vermeiden sind gemischte Verbindungen zwischen Niet- und Schweißkonstruktion. Im Gegensatz zur verhältnismäßig steifen Schweißverbindung führen alle genieteten Verbindungen bei Belastung geringe Bewegungen aus, den Nietschlupf. Dieser entsteht dadurch, daß bei Anordnung einer Vielzahl von Nieten diese nicht alle gleichmäßig anliegen, bei Beanspruchung die satt anliegenden Niete überbeansprucht und plastisch verformt werden und so ihre Kraft zum Teil an weniger beanspruchte Niete abgeben. Die Belastungsprobe vor der Übernahme eines genieteten Bauwerkes hat neben der Kontrolle der Durchbiegungen und Schwingungen auch den Zweck, den Nietschlupf auszulösen und alle Verbindungsmittel gleichmäßig zum Tragen zu bringen. Durch den Nietschlupf treten bei gemischten Konstruktionen geringe Dehnungen dieser Verbindungen auf, die natürlich zu Mehrbeanspruchungen der Schweißnaht führen. Bei einer Stoßverbindung mittels roher Schrauben tritt diese Erscheinung in noch vergrößertem Maße auf. Abb. 105 zeigt den Stoß eines I-Trägers, bei welchem der Steg geschweißt und der Flansch genietet oder geschraubt wird. Bei Belastung dieses Trägers wird die genietete oder geschraubte Verbin-

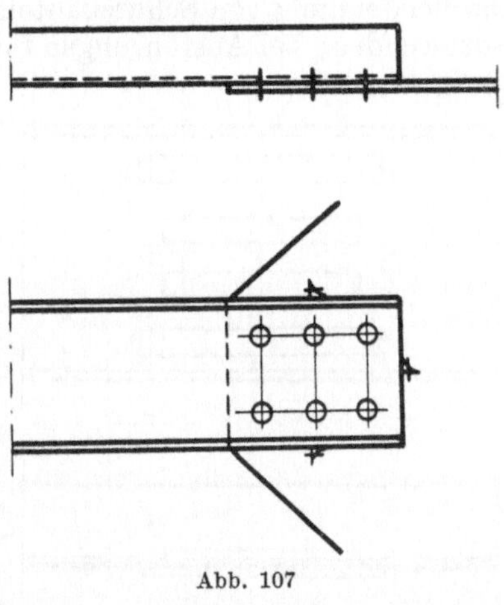

Abb. 107

dung Verschiebungen zulassen, so daß die inneren Spannungen sich in der weitaus weniger dehnfähigen Schweißnaht konzentrieren und Risse an der Zugzone im Stegblech eintreten können, die die Stoßverbindung zerstören.

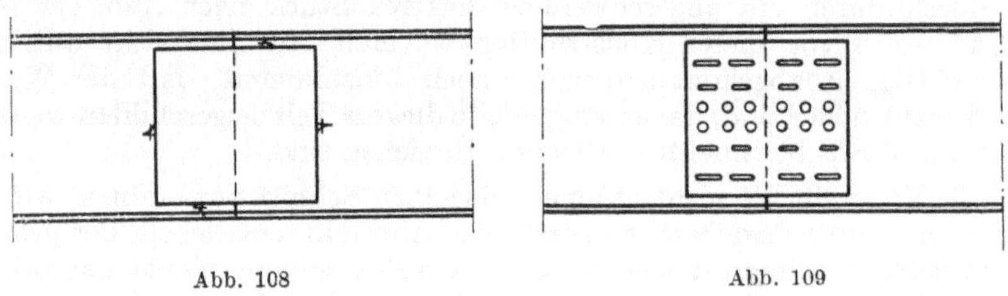

Abb. 108

Abb. 109

Ähnliches liegt bei Abb. 106 vor, wenn die Gurtplatte geschweißt und das Stegblech durch Nieten oder Schrauben verbunden wird. Bei Normalkraft wird infolge der geringen Dehnbarkeit der Schweißnaht die Gurtplatte das ganze Moment aufnehmen. Da der Anteil des Stegbleches am Widerstandsmoment gering ist, dürfte die Überbeanspruchung in erträglichen Grenzen

6*

bleiben. Querkräfte werden allerdings infolge des Schlupfes der Stegblechniete auch auf die Gurtnaht übertragen, so daß diese auch hier überbeansprucht wird und reißen kann. Einen weiteren Fall zeigt Abb. 107 und zwar den Anschluß eines Fachwerkstabes mittels Nietung und Schweißung an ein Knotenblech. Hier wird die Schweißnaht allein zum Tragen kommen und reißen, bevor die Niete infolge des Schlupfes mitwirken.

Auch geschweißte Stegblechstöße in der Form der der Nietkonstruktion entlehnten Decklaschen nach Abb. 108 sind zu verwerfen. Desgleichen ist die Verwendung von Schlitznähten, wie es Abb. 109 zeigt, heute nicht mehr anzuwenden; bei Ausführungen für die Deutsche Bundesbahn sind Schlitznähte ohnehin unzulässig. Hier werden in die ähnlich der Nietkonstruktion ausgeführten Stoßlaschen Schlitze eingebrannt und in diese Nähte gelegt. Die Schlitze sind in der Mitte kürzer und nehmen entsprechend der Spannungszunahme aus dem Moment an Länge zu.

Desgleichen nicht mehr anzuwenden sind die Stegblechstöße, deren Naht zwar stumpf geschweißt, die aber noch durch aufgeschweißte Lappen entsprechend Abb. 110 verstärkt werden.

Der Stumpfstoß als Kreuzstoß wird lediglich noch ab und zu bei nur ruhend beanspruchten Trägern verwandt, siehe dazu Abb. 111. Vielfach wurde früher, um das durch den α-Wert verminderte Trägheitsmoment auszugleichen, das

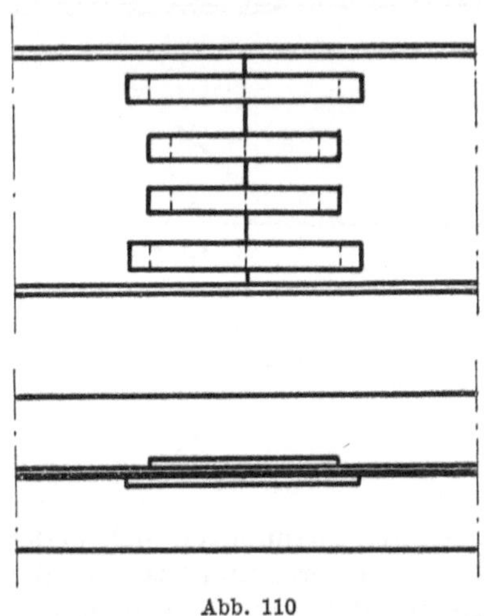

Abb. 110

Stegblech durch ein angeschweißtes dickeres Stück nach Abb. 112 verstärkt. Auch von dieser Konstruktion ist man mit Rücksicht auf die Dauerfestigkeit abgekommen, wobei noch hinzukommt, daß die Werkstattkosten höher sind, da der eingesetzte dickere Teil beigeschliffen werden muß und 2 Stegblechnähte statt einer zu ziehen sind.

Um die Schweißnaht nicht in einem einzelnen Schnitt anzuordnen, wurde der sogenannte Schwalbenschwanzstoß (s. Abb. 113) entwickelt, der jedoch bei Dauerfestigkeitsprüfungen den gestellten Erwartungen nicht entsprochen hat und auch fertigungsmäßig beträchtliche Schwierigkeiten mit sich brachte. Hier wurden dreieckförmige Teile von der Dicke des Stegbleches in dieses eingesetzt.

Das einzig Richtige in diesem Fall ist die Stumpfnaht des Stegbleches, oder wenn diese aus irgendwelchen Gründen nicht anwendbar ist, der genietete oder geschraubte Stoß.

84

Allgemein soll man alle Verbindungen, die Nietkonstruktionen nachahmen, nicht anwenden und immer die dem Schweißen entsprechende Ausführung wählen.

Auch bei Gurtplattenstößen soll jede Anlehnung an genietete Ausbildung vermieden werden.

Anordnungen mit darüber geschweißten Stoßlaschen nach Abb. 114 oder mit sogenannten Briefmarken nach Abb. 115 können zwar bei ruhender

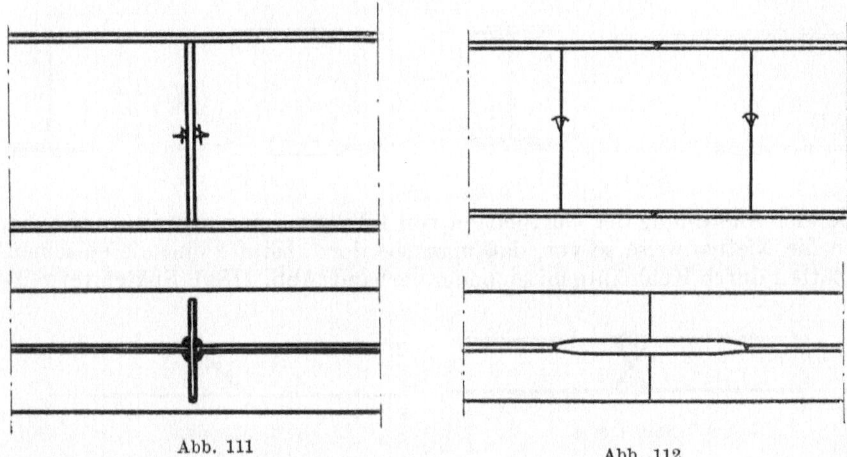

Abb. 111

Abb. 112

Belastung durchaus einwandfreie Ergebnisse zeitigen, sind jedoch bei dauerbeanspruchten Teilen unbedingt zu vermeiden. Diese seitlich angebrachten Verstärkungen sollen den durch den Abminderungsfaktor hervorgerufenen Verlust an Widerstandsmoment ausgleichen. Dies kann, wie erwähnt, bei ruhender Belastung günstige Ergebnisse zeigen, wird jedoch bei dauerbeanspruchten Verbindungen nicht angewendet, da eine Verringerung der Dauerfestigkeit eintritt.

Man hat auch versucht, der Abminderung der Tragkraft einer geschweißten Stumpfnaht durch Anwendung hochwertiger Elektroden zu begegnen. Man glaubte beispielsweise bei Verbindung

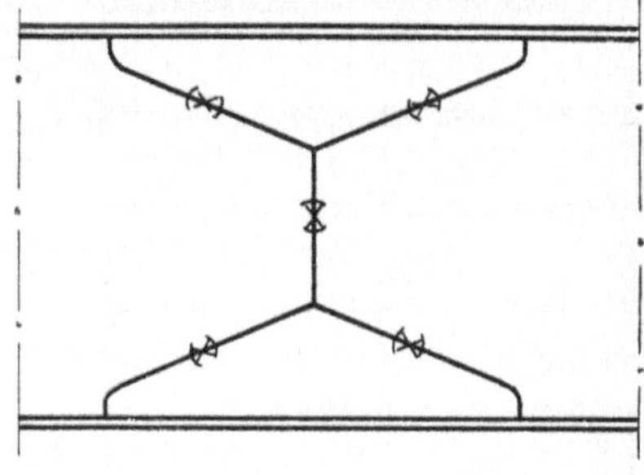

Abb. 113

von St 37 die Tragkraftverminderung vermeiden zu können, wenn man für St 52 vorgesehene Elektroden verschweißt. Auch eine Überhöhung der Naht nach Abb. 116 wurde erwogen, bei der man durch Vergrößerung des Nahtquerschnittes eine größere Tragkraft erwartete. Dies beruht jedoch auf einem Trugschluß, da in der Übergangszone der Mutterwerkstoff mit unverändertem Querschnitt vorhanden ist. Auch von dem unter 45° geneigten Gurtstoß nach Abb. 117 ist man abgekommen.

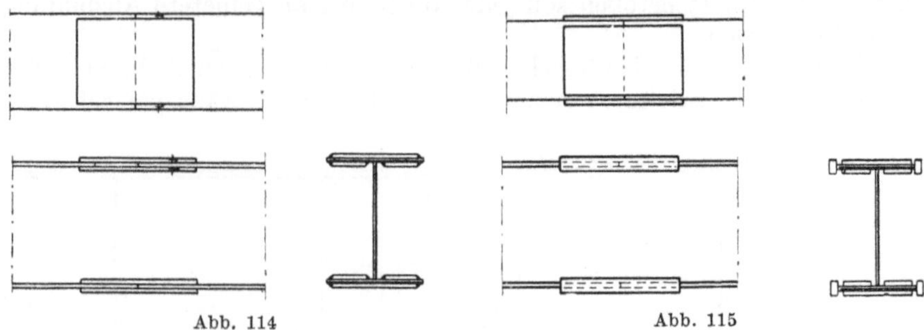

Abb. 114   Abb. 115

Bei der Anordnung der Gurtplatten von I-Trägern ging man in Anlehnung an die Nietbauweise so vor, daß man wie dort abstufte und die einzelnen Platten durch Kehlnähte miteinander verband (Abb. 118a). Später verwen-

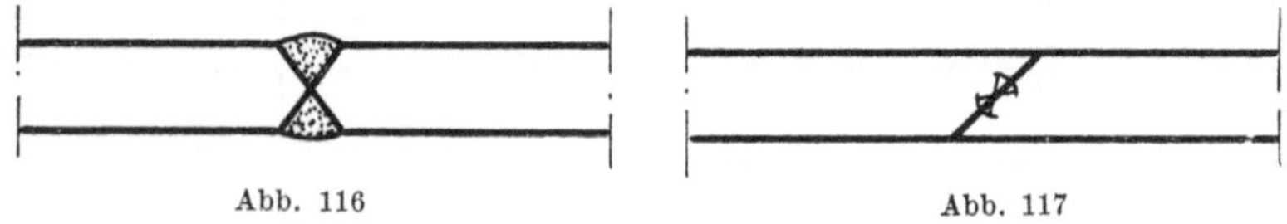

Abb. 116   Abb. 117

dete man zur Vermeidung durchlaufender Nähte verschieden dicke Gurtplatten, die durch Stumpfnähte miteinander verbunden wurden. Dabei konnte man durch Ausnehmen der Stegbleche die Außenkante der Träger ohne Abstufung durchlaufen lassen (s. Abb. 118b).

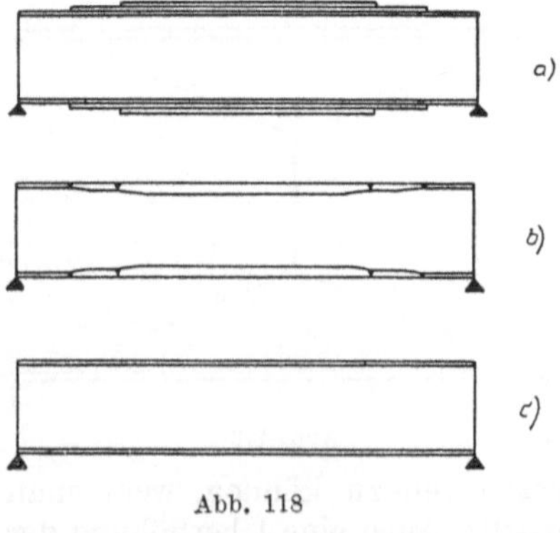

Abb. 118

In weiterer Entwicklung war man bestrebt, die Anzahl der Gurtplattenstöße gering zu halten, da die Träger durch die aufgewendete Schweißarbeit und das anschließende Durchleuchten teuer wurden. Auch machte sich die Abminderung der zulässigen Spannung an den Stoßstellen unliebsam bemerkbar. Aus diesem Grunde hat man die Gurtplatten dem Größtmoment entsprechend vielfach in einer Stärke über den ganzen Träger durchgeführt (s. Abb. 118c). Dies brachte natürlich Mehrgewicht mit sich, was sich bei den neuerlich erhöhten Materialpreisen unangenehm auf den Endpreis auswirkt. Andererseits entsteht durch die dicke Gurtplatte, die auf das Größtmoment bemessen werden muß, der besonders bei hochwertigen Stahlsorten gefürchtete mehrachsige Spannungszustand, so daß man hier zur Verwendung mehrerer dünner Gurtplatten schritt, die durch Kehlnähte verbunden wurden. Es ergibt sich also wieder ein Träger nach Abb. 118a, zu dem man auf anderem Wege wieder zurückfand.

Bei den Stützen läßt sich auch die Entwicklung von der der Nietkonstruktion entlehnten Weise zur schweißgerechten Ausbildung verfolgen. Ursprünglich sind die gleichen Profile gewählt und nur statt Vernietung die Verschweißung angewendet worden (s. Abb. 119). Auch die Bindebleche

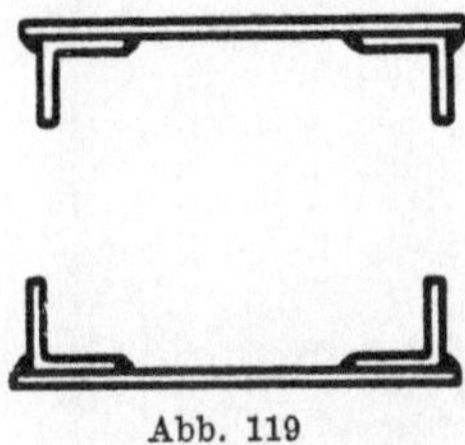

Abb. 119

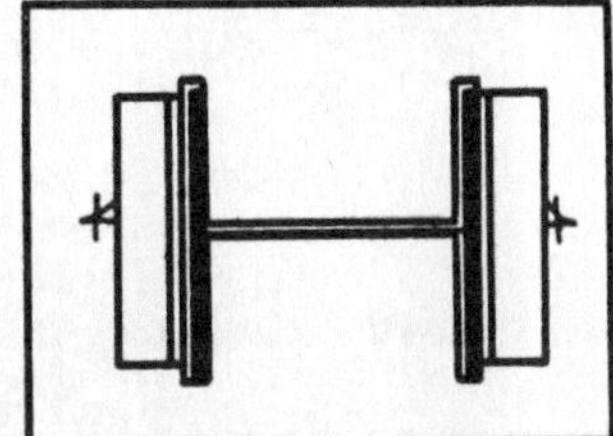

wurden in üblicher Form durchgebildet und aufgeschweißt. Diese Art ist zu vermeiden und durch die der Abb. 214 entsprechende zu ersetzen.

Stützenfüße bildet man am besten durch aufgeschweißte Fußbleche aus und nicht mehr, wie es öfter noch vorkommt, durch angesetzte und verschweißte Winkel (s. Abb. 120).

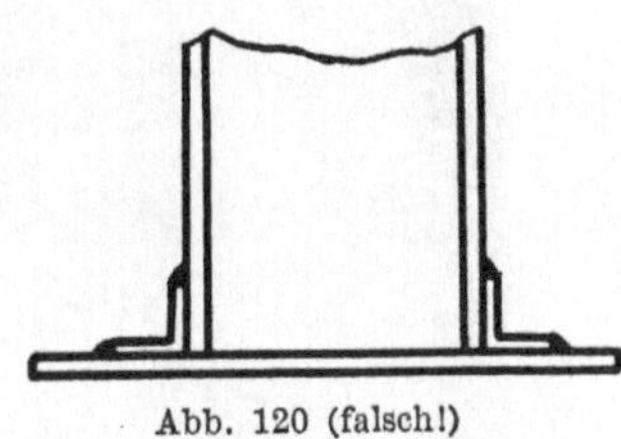

Abb. 120 (falsch!)

Ein Beispiel, wie eine genietete Konstruktion nicht durch Aufschweißen verstärkt werden soll, zeigt das in Abb. 121 wiedergegebene Lichtbild eines genieteten Stoßes, bei dem sowohl die Nietung als auch die Schweißung zur Kraftübertragung herangezogen werden. Zur Zeit der Ausführung (etwa im Jahre 1933) war man sich über das Zusammenwirken von Nietung und Schweißung noch nicht so im klaren, wie man es nach den neueren Erkenntnissen heute ist.

3. Der heutige Stand der Bauweisen

Am besten geklärt und am meisten durchforscht ist wohl hinsichtlich der schweißtechnischen Verhältnisse das Gebiet des Trägerbaues.

Als einfachster Fall, wie schon bei Abb. 100 erläutert, werden hier 2 Breitflachstähle mit einem Stegblech zu einem Träger verschweißt. Die Verbindung der einzelnen Elemente erfolgt durch Kehlnähte. Bei einfachen Ausführungen, z. B. bei nicht dauerbeanspruchten Bauteilen, nicht zu dicken Gurtplatten (etwa bis 20 mm) ist diese Art durchaus brauchbar.

Um den Spalt zwischen Steg und Gurt zu vermeiden, der immerhin eine Ablenkung der Kraftlinien verursacht, wird das Stegblech angeschärft und

Abb. 121 (falsch)

durch eine sogenannte K-Naht mit dem Gurt verbunden. Abb. 100 zeigt rechts auch diese Ausführung. Allerdings bedingt die zweite Ausführungsart einen Mehrverbrauch an Schweißgut, der außerdem noch eine größere Wärmezufuhr und damit größere Verformung der Gurtplatten nach sich zieht. Bei legierten Baustählen kann hier eine unerwünschte Aufhärtung des Grundstoffes durch den raschen Wärmeabfluß eintreten.

Mit dem weiteren Fortschreiten der Forschung sind die unter Abb. 101 gezeigten Sonderprofile entwickelt worden. Durch Verlegen der Verbindungsnaht zwischen Gurt und Steg mehr zur Mitte des Trägers hin (vgl. auch Abb. 122), haben sich bedeutend günstigere Dauerfestigkeitswerte ergeben, und es wird auch das gefürchtete Durchschlagen der Gurtplatte

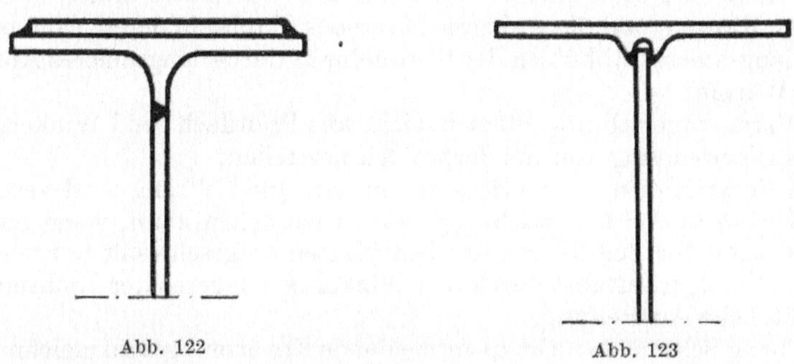

Abb. 122   Abb. 123

(verformungsloser Bruch) vermieden. Erklärt wird dies durch geringere Abkühlgeschwindigkeit beim Erkalten der Naht, da der schmale Übergang des Stegansatzes einen Wärmestau hervorruft, der dem Abfluß der zugeführten Wärme hemmend entgegenwirkt. Andererseits wird im allgemeinen bei etwa gleichbleibender Schubspannung die Normalspannung abnehmen und in der Zusammensetzung günstigere Werte ergeben. Ein Hauptgrund dürfte allerdings das Vermeiden des mehrdimensionalen Spannungszustandes in der Gurtplatte sein, der durch die Nähe der Naht und deren Abkühlung entsteht.

Das Nasenprofil nach Abb. 101 verlegt in ähnlicher Weise die Schweißnaht zur Trägermitte und erzielt durch die nasenartigen Wülste auch einen das Abschrecken vermindernden Wärmestau (siehe dazu Abb. 123). Obwohl der Spalt eine Unstetigkeit des Kraftflusses bedingt, läßt sich die Beliebtheit dieses Profiles durch den einfachen Zusammenbau erklären.

In anderer Form kann man sich gegen den Sprödbruch durch Verlegen der Naht aus der Mitte der Gurtplatte zu den Rändern hin helfen. Nach

Abb. 124

Wasmuth[46]) haben Schweißraupenbiegeversuche ergeben, daß der Ausfall der Versuche weitgehend von der Lage der Schweißraupe abhängt und daß die Biegewinkel erheblich günstiger ausfallen, wenn die Schweißraupen an den Kanten der Versuchsstücke liegen. Dieser Umstand führte zu einer Bauweise, die — wie in Abb. 124 dargestellt — die Verbindung zwischen Steg-

blech und Gurtplatte durch Zwischenschaltung eines Winkels herstellt.
Diese Lösung ist von der Stahlbauanstalt *Dörnen*, Dortmund-Derne, entwickelt und zum Patent angemeldet worden; auf den gleichen Gedanken
ist später völlig unabhängig auch der Mitverfasser, *Sahling*[47]), gekommen.
Letzterer beschreibt die Vorteile dieses Trägerquerschnittes wie folgt:

1. An Stelle der Halsnaht in der Mitte der Gurtplatte treten Nähte an
   deren Kanten, und die geringere Masse des Stahles in deren Nähe bedingt
   ein langsameres Abkühlen der Schweißnaht durch langsameres Abfließen
   der Wärme.
2. Der Trägerquerschnitt läßt sich leicht aus Breitflach- und Winkelstählen
   ohne Verwendung von Sonderprofilen herstellen.
3. Das Verkrümmen der Gurtplatten in der Querrichtung wird vermieden
   und auch in der Längsrichtung, wie es entstehen kann, wenn die Aussteifungen vor Befestigung der Gurtplatten aufgeschweißt werden.
4. Der Druckgurt erfährt durch den Winkel in waagerechter Richtung eine
   zusätzliche Aussteifung.
5. Die beim Schweißen nicht zu vermeidende Erwärmung wird gleichmäßiger
   über den Gurtquerschnitt verteilt.
6. Das Aussehen dieser Träger kann nur als befriedigend bezeichnet werden.
7. Die Ausführung in der Werkstatt bereitet keine besonderen Schwierigkeiten.

Entgegen steht dem jedoch, daß die Schweißnähte an der Wurzel des Winkels angeordnet werden, bei welcher in erhöhtem Maße Seigerungen auftreten können.

Dauerfestigkeitsversuche ergaben für diesen Fall gleichfalls günstige Werte.

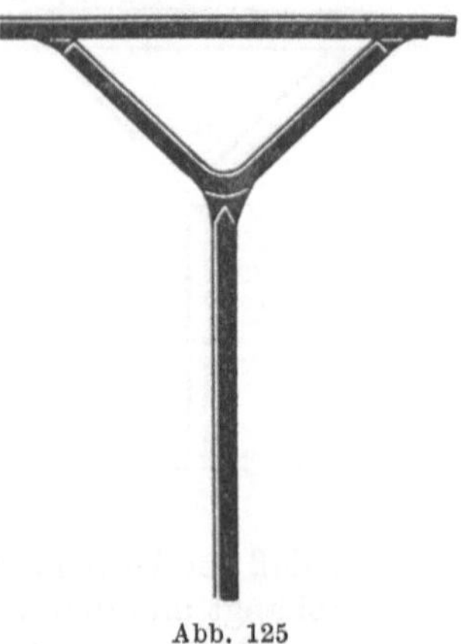

Abb. 125

Der Innenraum des Winkels kann nach der
Fertigstellung des Trägers nicht mehr untersucht bzw. gestrichen werden. Es ist daher
wichtig, diese unzugänglichen Räume auch
tatsächlich luftdicht zu schließen und damit
ein Rosten zu verhindern.

Den gewalzten Winkel der üblichen Form hat
man auch durch einen aus einem Breitflachstahl hergestellten Winkel ersetzt (Abb. 125).
Dieses Profil wurde zwar warm gewalzt, anschließend aber längs und quer kalt gerichtet.
Auf diese nachträgliche Bearbeitung führte
man die nach der Fertigstellung aufgetretenen
verformungslosen Querrisse im Grundquer-
schnitt ähnlich dem Bauwerk Rüdersdorf
zurück. Begründet wird diese Annahme durch
den Ausfall der nachträglich durchgeführten Proben, die einen deutlichen
Abfall der Dehnung und Kerbschlagzähigkeit im Gebiet der verformten

Ecke gegenüber dem unverformten Schenkel zeigen. Als Material wurde St 37 in Thomasgüte verwendet.

Selbstverständlich müssen trotz dieser konstruktiven Maßnahmen auch alle Sonderprofile dieser Art in Schweißgüte bestellt werden.

Als Ersatz für die verhältnismäßig teuren Sonderprofile hat man vielfach normale I- oder IP-Profile halbiert. Hier treten jedoch Mehrkosten infolge des Schneidens und darauf folgenden Richtens ein, die im allgemeinen höher sind als die Aufpreise der Sonderprofile. Das nachfolgende Richten läßt sich nie vermeiden, weil durch das Längsaufschneiden innere Walzspannungen ausgelöst werden, die zu Verformungen des Trägers führen.

In weiterer Verfolgung dieser Möglichkeit kann man auch durch schräges Schneiden eines I- oder IP-Profiles und neuerliches Zusammensetzen der

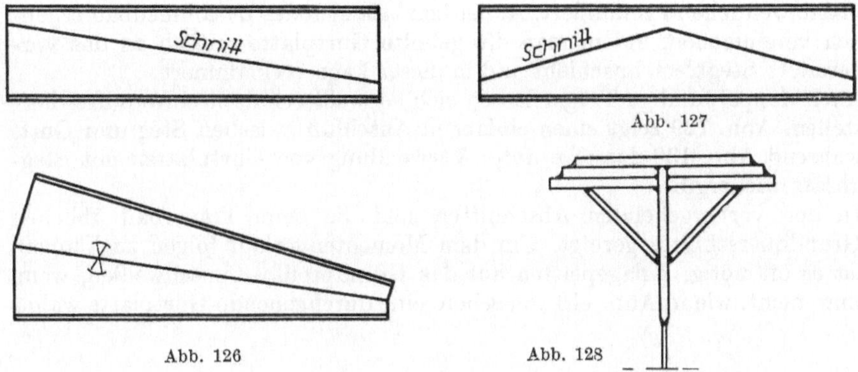

Abb. 127

Abb. 126

Abb. 128

beiden Teile nach der Drehung einer Hälfte um 180° einen Träger mit wachsender Höhe und damit wachsendem Trägheitsmoment erzielen. Siehe dazu Abb. 126. Es bleiben natürlich die eben erwähnten Mehrkosten durch Richten der Teile nach dem Brennschneiden bestehen. Wird dieser Schnitt nach Abb. 127 zweiseitig geneigt ausgeführt, so kann man dachförmige Träger erzielen. Selbstverständlich läßt sich auch eine Trägerhälfte durch eine Gurtplatte allein ersetzen.

Dörnen gibt für schwere Vollwandträger die in Abb. 128 dargestellte Konstruktion an. Die Schrägbleche ermöglichen eine günstigere Verteilung und bessere Übertragung der Schubkräfte zwischen Gurt und Steg durch die mehrfache Verbindung dieser beiden Bauelemente. Auch der unzugängliche, dreieckförmige Raum zwischen Gurt, Steg und Schrägstab gibt zu keinen Bedenken Anlaß, da er luftdicht geschlossen wird und ein Weiterrosten nach Bindung der in diesem Raum vorhandenen Luftfeuchtigkeit nicht mehr eintritt. Es muß nur darauf geachtet werden, diesen Raum auch tatsächlich luftdicht zu schließen. Schweißtechnisch dürften sich Schwierig-

keiten beim genauen Vorknicken der innersten Gurtplatte ergeben, womit die
Verformungen aus Schrumpfen der Verbindungsnaht ausgeglichen werden
sollen. Bei dieser Art des Anschlusses verschiebt sich die Verbindungsnaht
zwischen Stegblech und Gurt von der Gurtplattenmitte in die günstigeren
Randzonen. Dadurch wird die Gefahr des Anschneidens von Seigerungen
durch die Schweißnaht und auch von verformungslosen Brüchen der Gurt-

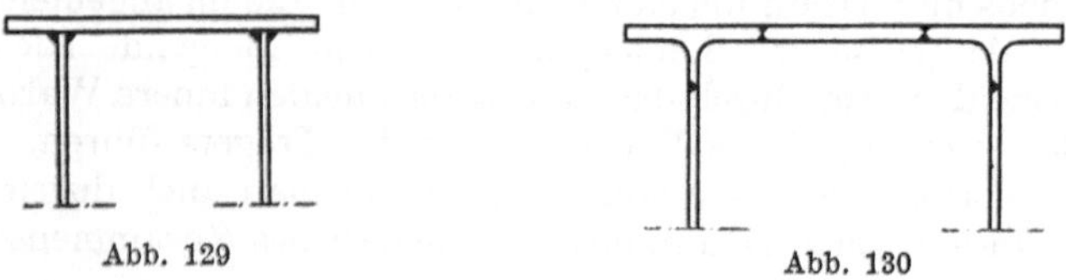

Abb. 129   Abb. 130

platte weitgehend gemindert. Außerdem läßt sich der Zusammenbau erheblich vereinfachen, indem man die geteilte Gurtplatte seitlich an das vor-
bereitete Stegblech anschiebt und in dieser Lage verklammert.

Auch doppelwandige Träger lassen sich schweißtechnisch einwandfrei herstellen. Abb. 129 zeigt einen einfachen Anschluß zwischen Steg und Gurt,
während Abb. 130 dasselbe unter Verwendung von Gurtplatten mit Stegansatz wiedergibt.

In den vorhergehenden Abschnitten sind die beim Trägerbau üblichen
Grundquerschnitte gezeigt. Um dem Momentenverlauf folgen zu können,
ist es oft nötig, Zulageplatten auf das Grundprofil aufzuschweißen, wenn
man nicht, wie in Abb. 118c zu sehen, eine durchgehende Gurtplatte wählt.

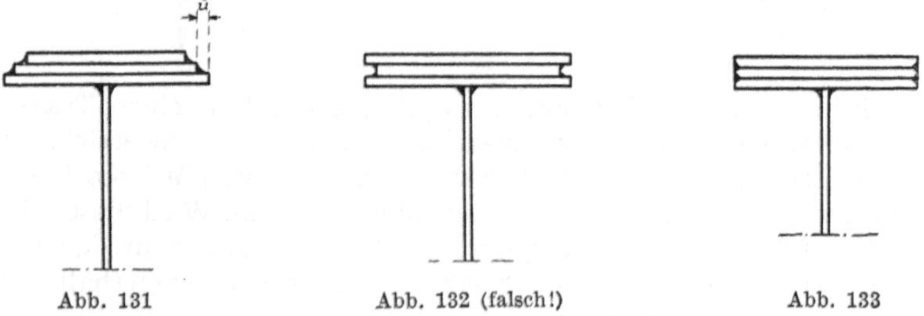

Abb. 131   Abb. 132 (falsch!)   Abb. 133

Die derzeit übliche Ausbildung durch Aufschweißen von Beilageplatten
zeigt die Abb. 118a mit dem dazugehörigen Querschnitt nach Abb. 131.
Angaben über den Überstand „$ü$“ gibt Abb. 139 mit den entsprechenden
Erläuterungen.

Ganz falsch ist bei mehreren Gurtplatten eine Ausbildung nach Abb. 132,
da durch die einspringenden Gurtplatten Schmutzecken entstehen, Rostbildung erleichtert, der Anstrich erschwert wird und auch die Schweißung
fast unmöglich ist. Wenn schon eine Ausbildung nach Abb. 131 nicht möglich ist, dann soll man besser nach Abb. 133 gestalten. Es werden dann an

einer Seite die Gurtplatten in der Längsrichtung aneinandergelegt, an der anderen gehobelt und anschließend die beiderseitigen Kanten zur Aufnahme der Schweißnaht durch Hobeln gebrochen. Die Kosten sind dadurch aller-

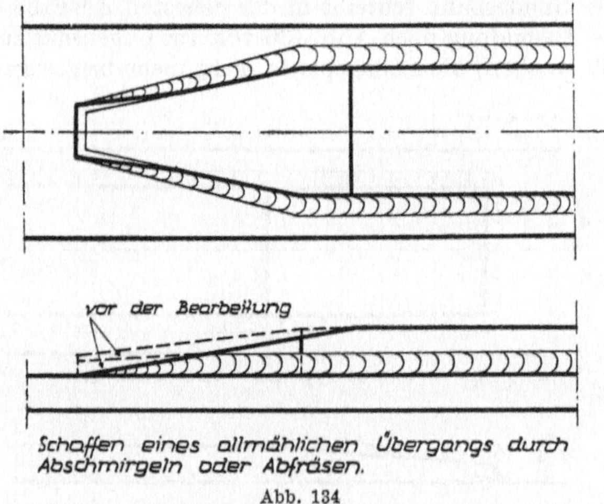

Abb. 134

dings höher als bei der üblichen Gestaltung, wie sie Abb. 131 zeigt, so daß diese Art nur in Ausnahmefällen zur Anwendung kommt.

Nach älteren Angaben und auch den ersten Ausgaben der DV 848 sollte die Beilageplatte an ihren Enden allmählich nach Abb. 134 abgearbeitet

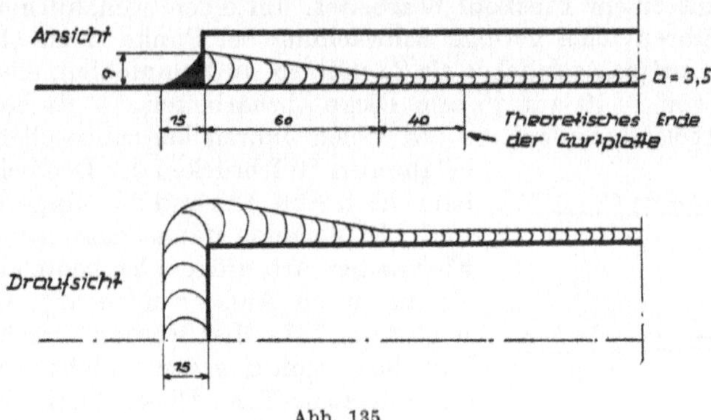

Abb. 135

werden. Davon ist man auf Grund neuerer Untersuchung abgewichen, da es sich gezeigt hat, daß ein kräftiger Anschluß am Beginn und am Ende jeder Gurtplatte günstig ist. Versuche haben eine stärkere Beanspruchung der Nahtenden gegenüber der Mitte gezeigt. Ähnliches ist von Nietanschlüssen mit einer größeren Nietanzahl hintereinander bekannt, bei welchen auch die Niete an den Enden mehr beansprucht werden. Ein Beispiel für diese Art des Anschlusses zeigt Abb. 135.

Die Deutsche Bundesbahn schreibt in der neuesten Ausgabe der DV 848, § 6 (15), eine Ausbildung nach Abb. 136 vor. Im Gegensatz zu früher wird (im Grundriß gesehen) die Beilageplatte nicht mehr beigezogen. Das Ende

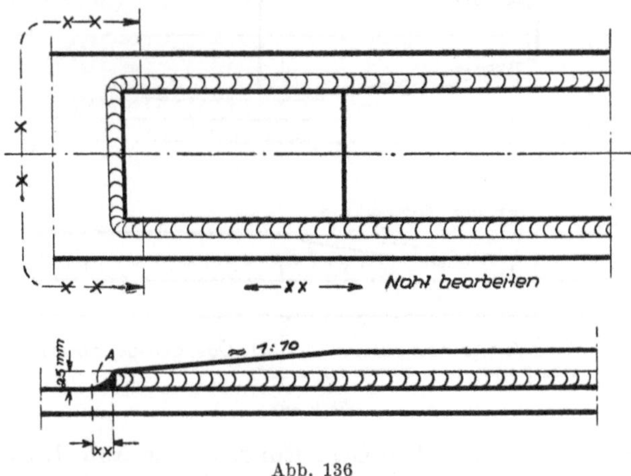

Abb. 136

wird mit einem senkrechten Sägeschnitt abgelängt und die Naht herumgezogen. Die Quernaht und etwa 60 mm der Längsnaht vom Ende her werden mit einem Fräskopf bearbeitet, um einen allmählichen Übergang herbeizuführen; eine geringe Schwächung bei Punkt A ist ohne Belang. Sind die Gurtplatten dicker als 25 mm, so wird empfohlen, diese mit einer Neigung von 1 : 10 auf 25 mm Dicke abzuarbeiten. — Es haben freilich auch Gurtplattenenden, die vor vielen Jahren bei zahlreichen und stark befahrenen Hilfsbrücken der Deutschen Bundesbahn nach Abb. 134 und 251 ausgeführt worden sind, bislang keine Mängel gezeigt.

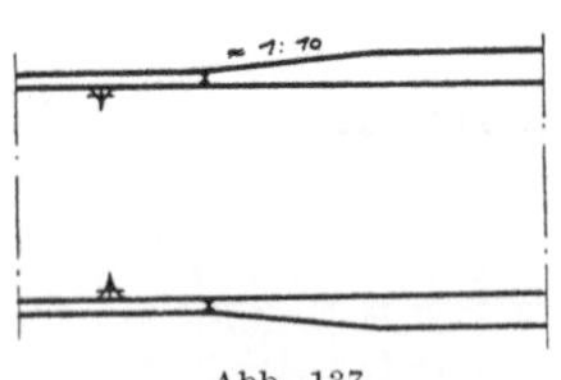

Abb. 137

Eine andere Art, größere Momente aufzunehmen als die durch Aufschweißen von Gurtplatten, zeigt Abb. 137. Hier werden verschieden dicke Lamellen stumpf gegeneinander gestoßen und die unterschiedliche Dicke durch einen allmählichen Übergang mit der Neigung 1 : 10 ausgeglichen. Manchmal ist es erwünscht, die Außenkante des Trägers in einer Flucht durchlaufen zu lassen, was durch Verlegen des Überganges auf die Stegblechseite möglich ist. Allerdings verursacht dies durch Ausarbeiten des Stegbleches Mehrarbeit und größeren Verschnitt (Abb. 138). Beilagen können natürlich auch auf die Innenseite der Flanschen gelegt werden (Abb. 139). Dabei ist immer darauf zu achten, daß nicht nur bei A, sondern auch bei B genügend Platz zum Legen einer Kehlnaht vorhanden ist. Für das Zurückspringen der Gurtplatten kann man etwa folgendes annehmen:

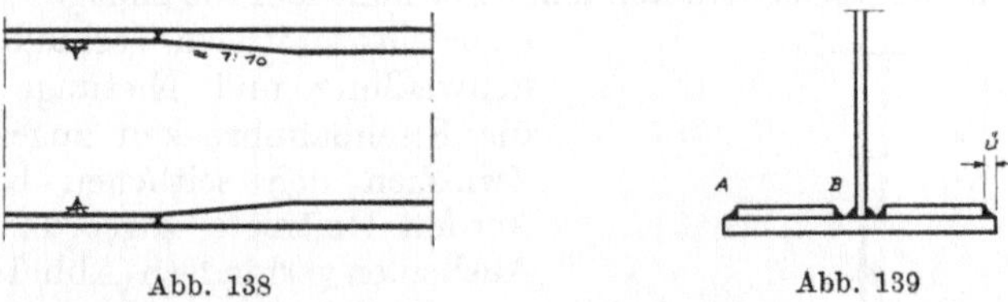

Abb. 138　　　　　　　　　　　　　Abb. 139

Bei einer Nahtstärke „a" ergibt sich das nötige Maß des Überstandes „$\ddot{u}$" zu (vgl. Abb. 140):

$$\ddot{u} = 2{,}4 \cdot a + \sim 5 \text{ mm}.$$

Dabei ist dies als ein Mindestmaß anzusehen, das nicht unterschritten werden soll. Wird die Kehlnaht zu nahe an die Ecke herangebracht, dann kann diese möglicherweise eingeschmolzen und abgerundet werden. Es entstehen dabei Spannungsspitzen durch das Zusammenwirken von Normalspannungen und jenen Schubspannungen, die durch die Kehlnaht übertragen werden. Die Angaben der Abb. 140 beziehen sich natürlich auf außen- und innenliegende Beilageplatten, wobei bei letzteren besonders darauf zu achten ist, daß man bei Punkt B (Abb. 139) genügend Platz für die Elektrode hat,

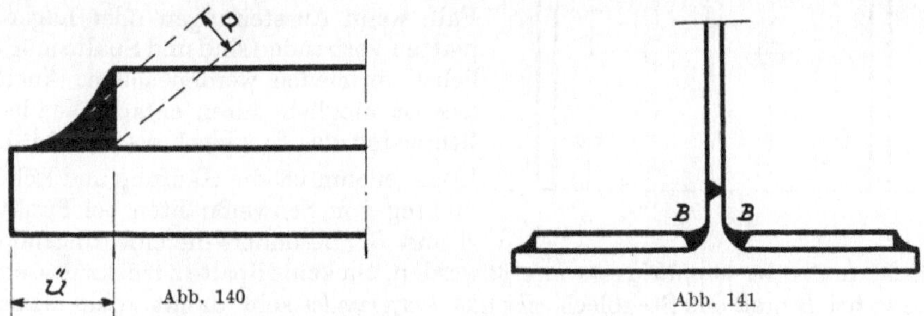

Abb. 140　　　　　　　　　　　　　Abb. 141

um die Kehlnaht zwischen den beiden Gurtplatten einwandfrei ziehen zu können. Das Maß hängt natürlich von der Stegblechhöhe und der Dicke der inneren Beilageplatte ab. Es soll nie zu klein und möglichst nicht unter 40 mm gewählt werden. Bei freiliegenden Trägern ist diese Art der Verstärkung oft nicht günstig, da in der Rinne bei B Wasser stehen bleibt und zu einer Rostbildung führen kann.

Wird als Grundplatte eines der Sonderprofile gewählt, so besteht die Möglichkeit, eine innenliegende Beilageplatte bis zum Stegansatz heranzuziehen.

Eine derartige Ausführung zeigt Abb. 141. Es muß die Beilageplatte dann auf der Innenseite entsprechend abgeschrägt werden, um die Naht bei *B* unterbringen zu können.

Liegen auf einer Grundplatte besonders breite und dünne Gurtplatten, die unter Umständen ausbeulen können, so besteht hier die einzige Möglichkeit einer einwandfreien Verbindung durch Schweißung und Nietung, die auch für Eisenbahnbrücken zugelassen ist. Zwischen den seitlichen Kehlnähten werden Heftniete angeordnet, die ein Ausbeulen verhindern (Abb. 142). Wann eine Zwischennietung angebracht ist, läßt sich durch eine Beulberechnung ermitteln, evtl. nach den amtlichen Beulvorschriften. Die eben genannte Ausführung, durch Zwischenlegen von Nieten der Beulgefahr zu begegnen, läßt sich natürlich auch bei anderen Beilageplatten und nicht nur bei I-Querschnitten anwenden.

Vielfach kann es auch erwünscht sein, die Beilageplatten über die ganze Breite durchgehend auf der Innenseite des Gurtes zu befestigen. Meist ist das der Fall, wenn Aussteifungen oder Lagerplatten vorhanden sind und Spalte möglichst vermieden werden sollen. Auch das ist möglich durch entsprechendes Schneiden des Stegbleches (Abb. 143). Unangenehm ist die Häufung und Eckbildung von Schweißnähten bei Punkt *A* und *B*. Besonders die einspringende

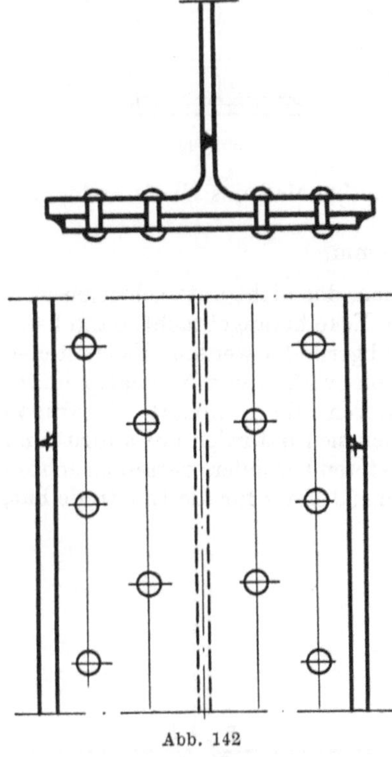
Abb. 142

Ecke muß sehr *sorgfältig verschweißt* werden, um keine Spalte zurückzulassen bzw. bei *B* muß das Stegblech *sehr gut ausgerundet* sein, damit keine Risse von hier ausgehen können. Über den Wert einer Quernaht *C* kann man verschiedener Meinung sein. Liegt die Naht geschützt, beispielsweise innerhalb eines Kastenträgers, so kann man sie wohl fortlassen, da sich

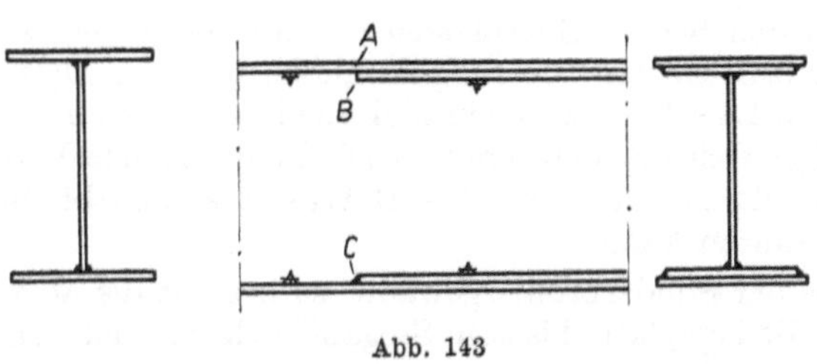

Abb. 143

diese Quernaht beim Zusammentreffen mit einer Halsnaht (zur Verbindung von Steg und innerer Gurtplatte) sehr unangenehm schweißen läßt. Liegen die Träger dagegen frei, so daß sich in einem evtl. Spalt Wasser absetzen kann und dadurch Rostbildung fördert, so wird man den Spalt am besten schließen. Wenn eine Naht nach Abb. 135 nicht durchführbar ist, dann soll man zumindest eine Dichtungsnaht vorsehen. Immer ist aber die einspringende (räumliche) Ecke unangenehm durch Schweißung zu schließen, weil der Lichtbogen schwer hineinkommt. Über die nach den Vorschriften zulässigen Gurtplattendicken gibt Tafel VI Auskunft. Die Dickenbegrenzung auf höchstens 50 mm dürfte wohl bald entfallen.

Tafel VI. Zulässige Dicken von geschweißten Profilen nach den Vorschriften der Deutschen Bundesbahn

Materialgüte / Profil	Thomasstahl	St 37 / S-M-Stahl	St 52 / S-M- u. Feinkornstahl	
Bleche	t ≦ 20 mm normalgeglüht	t > 20 mm ≦ 50 mm normalgeglüht, über 30 mm Aufschweißbiegeprobe	t < 30 mm	Aufschweißbiegeprobe
Bleche	t ≦ 20 mm normalgeglüht	t > 20 mm ≦ 50 mm normalgeglüht, über 30 mm Aufschweißbiegeprobe	t ≧ 30 mm ≦ 50 mm normalgeglüht	Aufschweißbiegeprobe
Formstahl, Stabstahl, Breitflachstahl, (Gurtplatten mit Mittelnahtanschluß bei der Deutschen Bundesbahn nur bis 20 mm st.)	t ≦ 25 mm	t ≦ 30 mm	t < 30 mm	Aufschweißbiegeprobe
Formstahl, Stabstahl, Breitflachstahl, (Gurtplatten mit Mittelnahtanschluß bei der Deutschen Bundesbahn nur bis 20 mm st.)	t ≦ 25 mm	t > 30 mm ≦ 50 mm Aufschweißbiegeprobe	t ≧ 30 mm ≦ 50 mm normalgeglüht	Aufschweißbiegeprobe
Breitflachstähle mit 40 mm hohem Stegansatz, Nasenprofile, Breitflachstähle mit nur seitlichen Flankenkehlnähten	t ≦ 25 mm	t ≦ 30 mm	t ≦ 40 mm Nach Vereinbarung Normalglühen unnötig	Aufschweißbiegeprobe
Breitflachstähle mit 40 mm hohem Stegansatz, Nasenprofile, Breitflachstähle mit nur seitlichen Flankenkehlnähten	t ≦ 25 mm	t ≧ 30 mm ≦ 50 mm Aufschweißbiegeprobe	t > 40 mm ≦ 50 mm normalgeglüht	Aufschweißbiegeprobe

Die zulässigen Streckgrenzen für die entsprechenden Dicken bei St 52 sind folgende:

Dicke [mm]	Streckgrenze = [kg/mm²]
≦ 18	36
> 18 ≦ 30	35
> 30 ≦ 50	34

7 Sahling-Latzin, Schweißtechnik

Ein wichtiger Punkt bei der Durchbildung von geschweißten I-Trägern ist auch die einwandfreie Anordnung der Aussteifungen. Am einfachsten ist es, normale Flacheisen nach Abb. 144 an den Steg anzuschweißen. Da es sich aber in vielen Fällen als nötig erweist, Aussteifungen gegenübersitzend anzuordnen, ist auch diese Form zu klären. Einige allgemeine Anordnungen

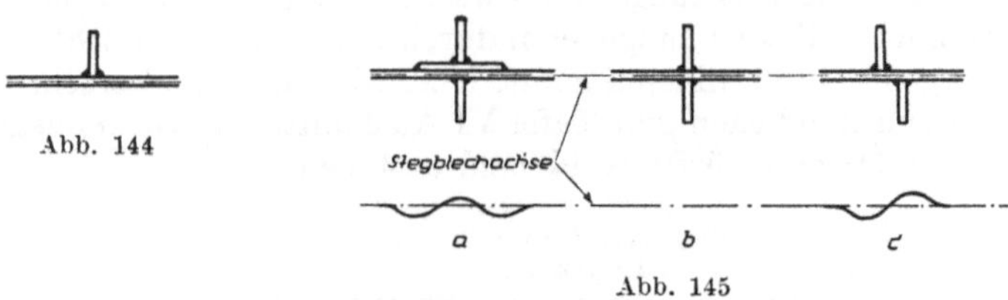

Abb. 144

Abb. 145

zeigt Abb. 145. Darunter ist, nur als Biegelinie, die Verformung nach dem Schrumpfen des Stegbleches durch die Anschlußnähte angedeutet, wobei dies der Deutlichkeit halber verzerrt gezeichnet ist.

Ausführung *a* ist wohl die beste, da die Schweißnähte nicht gegenübersitzen, der Einbrand also nicht von beiden gegenüberliegenden Seiten gleichzeitig auftritt, wie dies bei Ausführung *b* der Fall ist. Hier tritt allerdings bei gleichmäßiger Schweißung fast gar keine Verformung auf. Daß die Ausführung *a* teurer ist, begründet sich natürlich einerseits durch das zusätzliche Gewicht des am Stegblech anliegenden Flacheisens und infolge der beiden zusätzlichen Schweißnähte. Nicht zu empfehlen ist Ausführung *c* infolge ungünstiger unsymmetrischer Verformung des Stegbleches.

Zur Vergrößerung der Steifigkeit, die durch ein erhöhtes Trägheitsmoment des Aussteifungsquerschnittes in bezug auf die Stegblechachse erzielt wird, kann man auch die in Abb. 146 gezeigten Formen wählen. Ausführung *a* zeigt ein an das Stegblech angeschweißtes T-Profil (oder ein halbiertes I-Profil). Ausführung *b* wird durch einen Winkel und Ausführung *c* durch ein Wulstprofil gekennzeichnet. Natürlich kann man auch ein normales I-oder U-Profil ansetzen. Welche der genannten Formen in Betracht kommt, hängt von den gewählten Erfordernissen ab.

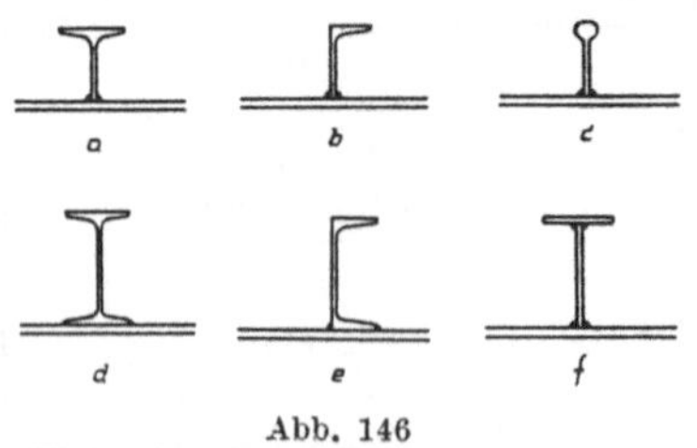

Abb. 146

Die Ausführungen *b* und *e* zeigen eine Unsymmetrie in der Aussteifungsachse, die jedoch bei reinen Beulsteifen ohne Belang ist. Im allgemeinen wird man das Flacheisen der Aussteifung zu beiden Gurten hin laufen lassen und dort durch eine Kehlnaht anschweißen (Abb. 147).

Um eine Häufung von Nähten beim Zusammentreffen mit den Halsnähten zu vermeiden, wird das Flacheisen abgeschrägt oder ausgerundet (Abb. 148).

98

Das Maß dieser Ausnehmung wird bei Eisenbahnbrücken auch nach der Größe der im Stegblech vorhandenen Spannung bestimmt. Näheres ist bei den Rechenbeispielen bzw. in der DV 848 § 4, Absatz 9, zu finden.
Bei der Ausführung nach Abb. 148b läßt sich die Verbindungsnaht zwischen Aussteifung und Gurt bis an den Rand ziehen, da die Ausnehmung der Aussteifung senkrecht zum Gurt endet. Anders ist es dagegen bei einer

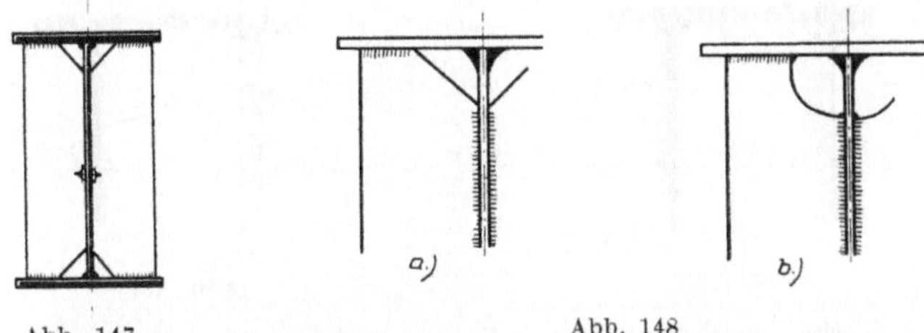

Abb. 147   Abb. 148

Aussteifung nach Abb. 148a. Hier läuft die Ausnehmung schräg gegen den Gurt, und man wird mit der Naht vor der Schräge enden, da sie sich schwierig herumführen läßt. Der geringe Spalt zwischen Flacheisen und Gurt kann unberücksichtigt bleiben, weil er durch den Anstrich verschmiert und beide Teile durch das Schrumpfen der Naht aneinandergepreßt werden. Die Aussteifung wird natürlich möglichst weit zum Rand der Gurtplatte gezogen, damit diese ausreichend ausgesteift und gehalten wird.
In manchen Fällen ist eine Quernaht am Gurt nicht angebracht, da die Abminderung der zulässigen Spannungen an dieser Stelle untragbar ist. Besonders ist dies bei Zuggurten nach den Vorschriften der Deutschen Bundesbahn zu beachten. Dort wird empfohlen, ein zwischengelegtes Plättchen, dicker als 30 mm, nach dem Ziehen der Halsnaht scharf einzupassen

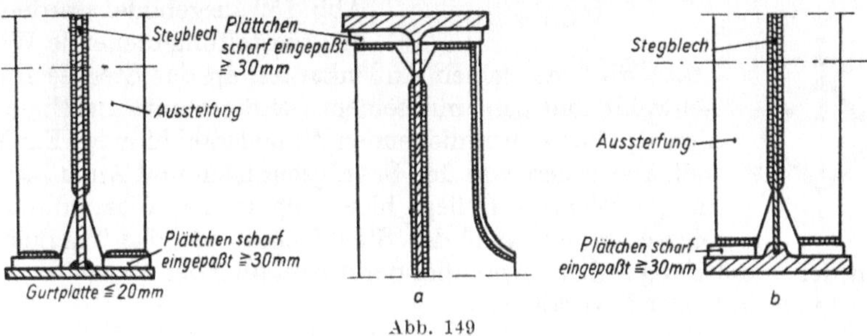

Abb. 149

und nur mit der Aussteifung zu verschweißen. Die genannte Dicke soll das Plättchen deshalb haben, um sich beim Schweißen der Verbindungsnaht nicht zu verwerfen (Abb. 149). Eine andere empfehlenswerte Art, die bei allen Ausführungen ähnlich Abb. 146 a, b, d, e und f angebracht ist, zeigt

7*

Abb. 150. Hier wird nur das in Richtung der Gurte liegende Flacheisen a mit diesen verbunden, nicht dagegen das am Steg angeschweißte. So erhält der Gurt nur unschädliche Längsnähte, die unbedenklich sind, da sie außerdem außen, also vom Stegblechanschluß bzw. der Gurtplattenmitte entfernt, liegen. Will man, um Stahl zu sparen, das Flacheisen a nicht ausführen (sofern es statisch nicht nötig ist), so kann der Anschluß nach Abb. 151

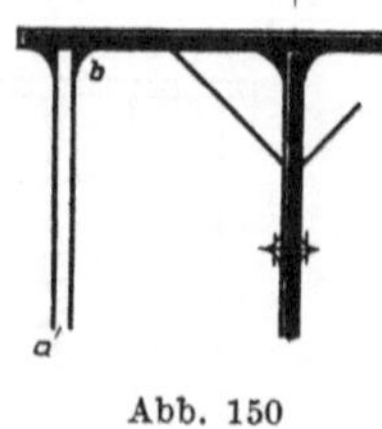

Abb. 150

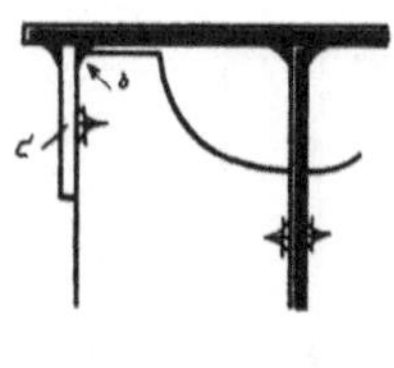

Abb. 151

ausgeführt werden. Hier entfällt das teure Einpassen der Aussteifung; sie kann mit etwas Luft zwischen die Gurte gebracht und mit dem Steg verbunden werden. Anschließend wird die außenliegende Platte so angesetzt, daß sie satt auf der Gurtplatte aufsitzt und mit dieser und dem Austeifungs-

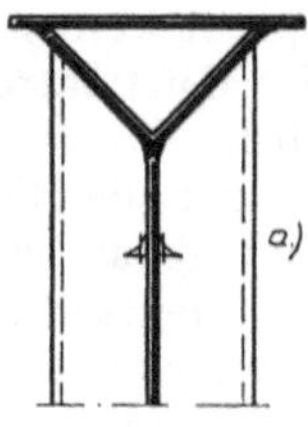

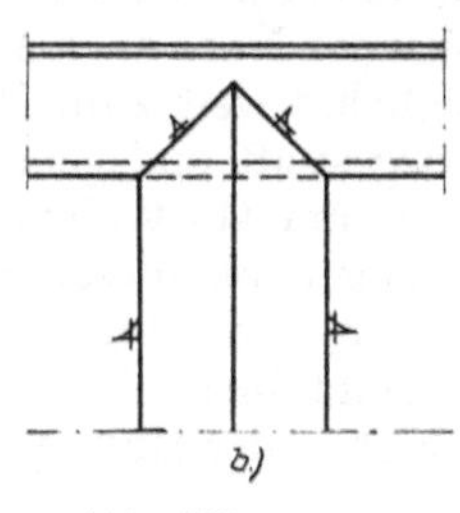

Abb. 152

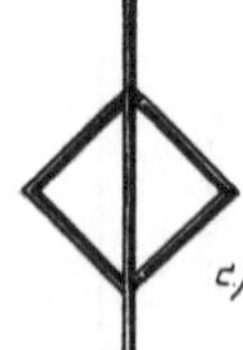

flacheisen verbunden ist. Wenn bei beiden Fällen die Innennaht b allzu schwierig zu ziehen ist, kann sie auch weggelassen werden.

Bei der Gurtausbildung nach Abb. 124 kann die Aussteifung selbst, sofern sie nicht für Querträger- oder Rahmenanschlüsse verwendet werden soll, auch nach Abb. 152 ausgebildet werden. Der als Aussteifung dienende Winkelstahl wird mit seinen Außenkanten an das Stegblech angeschweißt und geht mit seinem Schrägschnitt am Ende über den als Gurtwinkel dienenden Winkelstahl hinweg. Ein Nachteil, abgesehen von den Schrägschnitten und Anpaßarbeiten in der Werkstatt, liegt hier auch in der Ansammlung von Masse in der Nähe des Stegbleches, was das Trägheitsmoment der Aussteifung selbst, gegenüber der Ausbildung der Aussteifung nach Abb. 146 a, b, c oder f, verkleinert.

Vielfach verwendet man, um die Beulfelder kleiner zu halten, waagerechte Aussteifungen. Diese können in ähnlicher Form wie die lotrechten ausgebildet und zwischen diesen angeordnet werden. Wenn sie nicht gleichzeitig als Teil des Hauptträgerquerschnittes angesehen werden, ist es nicht nötig, sie beim Zusammentreffen mit den lotrechten Steifen über diese hinweg an

die nächste waagerechte anzuschließen, sie also mit einem vollen Stoß zu
verbinden. Nur zum Zwecke der Aussteifung, also zur Beulverhinderung,
genügt es, sie lediglich aus konstruktiven Gründen mit den lotrechten zu
verbinden.

Bei Stößen geschweißter Träger muß man unterscheiden, ob sie in der Werkstatt oder auf der Baustelle geschlossen werden. Während Werkstattstöße
wohl immer geschweißt werden, können Baustellenstöße oft mit Rücksicht
auf ungünstige Witterungsverhältnisse, die auf der Baustelle nicht aus-
geschaltet werden können, oder auf fehlende Drehvorrichtungen oder überhaupt auf billigere Ausführbarkeit auch vielfach genietet oder geschraubt
werden*).

Geschweißte Stegbleche und Gurtplatten werden bei Stößen heute am einfachsten und sichersten stumpf miteinander verbunden. Versuche haben gezeigt, daß zum Abfangen der in den Vorschriften angesetzten Abminderungs-
faktoren der geschweißten Stöße darübergesetzte Laschen bei dauerbeanspruchten Trägern keine Verbesserung bedeuten. Bei ruhender Belastung
kann dies jedoch durchaus am Platze sein. Bei Stegblechstößen werden
Zulageplatten überhaupt nicht mehr vorgesehen.

Die früher als gut befundene Ausführung der Schweißnaht unter 45⁰ wird
heute nicht mehr angewendet (Abb. 153), sondern durch eine senkrecht
zur Gurtplattenachse verlaufende Naht ersetzt.

Wie oben angedeutet, geht man bei Baustellenstößen unter Umständen
dazu über, auch bei geschweißten Bauwerken die Stöße zu nieten oder zu
schrauben. Unter gewissen Umständen kann es vorkommen, auch Werk-

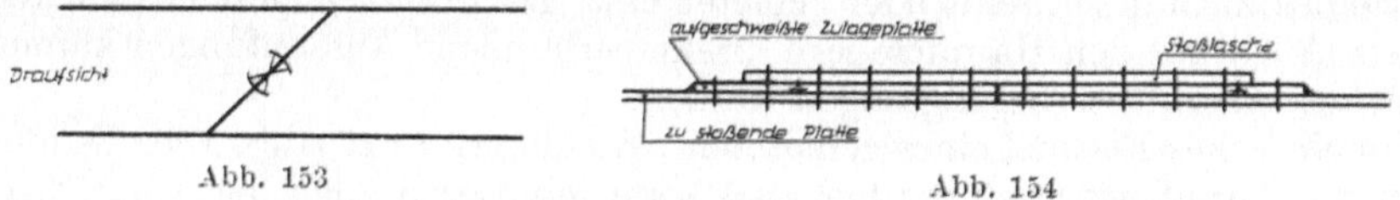

Abb. 153

Abb. 154

stattstöße geschweißter Bauwerke zu nieten. Die Gründe sind vielfach in
einer gewissen Verbilligung der Bearbeitungskosten zu suchen oder auch
im Fehlen von Röntgenapparaten, weil tragende Nähte laut Vorschrift in
den meisten Fällen durchleuchtet werden müssen.

Unangenehm macht sich bei Nietstößen der Nietabzug im Zuggurt bemerkbar. Er kann durch Aufschweißen einer Zulageplatte, die, wie Abb. 154
zeigt, vor die letzten Niete vorgezogen wird, gedeckt werden. Die Stoßlasche kann natürlich ohne weiteres auch beidseitig sein, um Zweischnittig-
keit der Niete zu erreichen. Im übrigen werden diese Stöße genau so wie
bei der Nietkonstruktion ausgebildet.

Aus rein ästhetischen Gründen kann man die sichtbaren, also außen liegenden Nietköpfe versenken. Die Decklasche selbst ist dann weiter nicht beson-

---

*) Bei dauerbeanspruchten Bauwerken sind Schrauben möglichst zu vermeiden.

ders auffällig und störend. Einseitig versenkte Niete brauchen in ihren zulässigen Beanspruchungen nicht niedriger gehalten zu werden als die üblichen mit Halbrundköpfen versehenen Brückenniete.

Liegen mehrere Gurtplatten übereinander, so werden ihre Stöße fast immer vor dem Aufschweißen auf das Stegblech bzw. auf die innere Gurtplatte geschlossen. Man erhält dann jede Lamelle in der gewünschten Länge in einem Stück. Es kann jedoch trotzdem vorkommen, erst auf der Baustelle mehrere übereinanderliegende Lamellen zu stoßen und somit einen Baustellenstoß durch mehrere Platten zu erhalten. Er wird dann in der Form gemäß Abb. 155 ausgeführt. Zuerst werden die Spalte zwischen den beiden

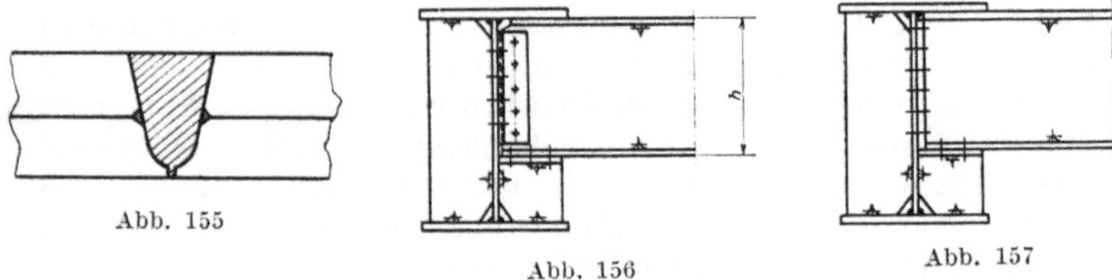

Abb. 155

Abb. 156

Abb. 157

Platten nach vorheriger Herstellung der Nahtform durch eine kleine V-Naht geschlossen. Man bezweckt damit ein Verbinden beider Elemente, um Kerbwirkungen des Spaltes gegenüber der Naht auszuschalten. Erst dann werden die Stöße wie für eine Gurtplatte üblich verschweißt.

Anschlüsse der Querträger oder überhaupt senkrecht oder unter einem spitzen Winkel von den Hauptträgern abweichende Nebenträger können grundsätzlich geschweißt oder genietet bzw. geschraubt angeschlossen werden. Auch mit den Hauptträgern direkt verbundene Aussteifungen können für die Anschlüsse herangezogen werden.

Ein einfaches Beispiel eines genieteten Anschlusses zeigt Abb. 156. Es muß immer darauf geachtet werden, daß beim Montieren auch der Querträger selbst zwischen die Obergurtplatte und die untenliegenden Aussteifungen eingeführt werden kann. Deshalb ist es zweckmäßig, das Maß „h“ für den Querträger 2 mm kleiner auszuführen, als die entsprechende Entfernung beim Hauptträgeranschluß beträgt. Der übrigbleibende Spalt wird durch ein Futterblech auf der Baustelle oder beim Zusammenbau ausgefüllt. Will man das vermeiden, kann man auch durch Angabe auf den Zeichnungen für die Werkstatt vorschreiben, das Maß „h“ beim Querträger mit Minus-Toleranz und beim Hauptträger mit Plus-Toleranz auszuführen. Trotzdem werden sich Futter wohl nicht ganz ausschalten lassen.

Statt der Winkel ist es möglich, auch einen vorgeschweißten Breitflachstahl nach Abb. 157 anzusetzen.

An eine Verbindung des Querträgerobergurtes mit dem Hauptträgerobergurt ist dabei nicht gedacht. Auch nicht an eine Kraftübertragung benachbarter Querträger über den Hauptträgerobergurt hinweg.

Eine bessere Art des Anschlusses, wenn auf der Baustelle nicht geschweißt werden soll, zeigt Abb. 158. Hier wird ein Stumpf in Form des anzuschließenden Querträgers an den Hauptträger angeschweißt und dann durch einen wie üblich genieteten Stoß mit dem Querträger verbunden.

In anderer Form läßt sich dies nach Abb. 159 erzielen, wenn die rahmenartig ausgebildeten Querträgeranschlüsse hochgezogen werden. Etwas ver-

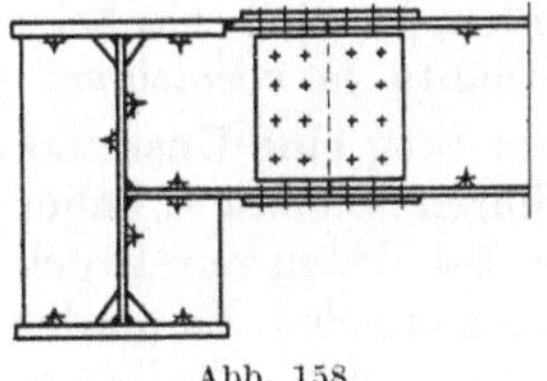

Abb. 158

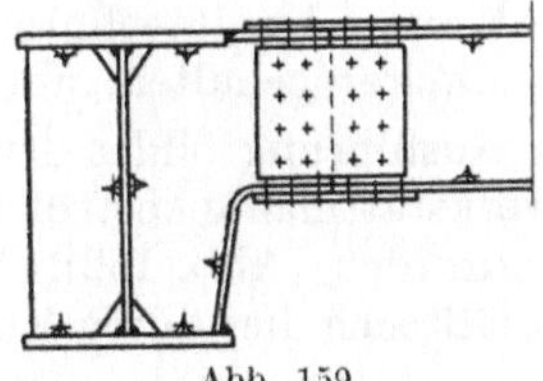

Abb. 159

teuert wird dieser Anschluß durch die gebogenen Untergurtlamellen, da Schmiedearbeit immer kostspieliger ist, besonders wenn warm gebogen werden muß. Dasselbe kann in umgekehrter Form auch für eine Trogbrücke Anwendung finden.

Es ist möglich, den Anschluß sofort ganz geschweißt auszubilden. Wenn also auch auf der Baustelle geschweißt werden kann, wird wohl eine Ausführung nach Abb. 160 zu empfehlen sein. Um die Abtriftkräfte aufnehmen zu können, soll man unbedingt im Bereich der Krümmung der Gurtplatte Aussteifungen anordnen. Hier wird also der gesamte Querträger einschließlich des Anschlußkopfes in der Werkstatt fertig gemacht und dann mit dem Hauptträger auf der Baustelle verbunden.

Am meisten kommen derartige Anschlüsse bei Rostträgerbrücken zur Verbindung von Hauptträgern mit lastverteilenden Querträgern vor. Hier wird ein Querträgerstrang über den Hauptträger hinweg mit dem nächsten ver-

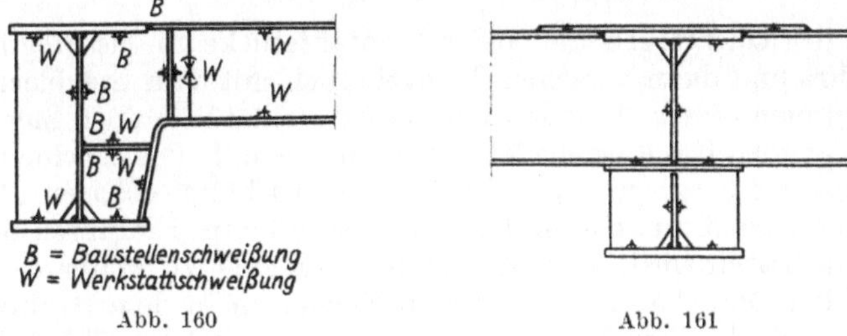

Abb. 160

Abb. 161

bunden. Ein übliches Beispiel zeigt Abb. 161. Die Zuglasche, die die Querträgerobergurte über den Gurt des Hauptträgers hinweg verbindet, wird etwas schmaler als der Gurt des Querträgers gehalten, um die Anschlußnaht von oben her ungehindert schweißen zu können. Es ergibt sich allerdings auf der Hauptträgergurtplatte eine Quernaht. Die obere Decklasche läßt sich vermeiden, wenn man die Anschlußnaht an der Seite der Hauptträgergurtplatte zum Tragen heranzieht. Man muß dann allerdings den hier auftretenden mehrachsigen Spannungszustand, entstanden durch die Hauptträgerspannungen und die nun hinzukommenden Querträgerspannungen, nachweisen. Die untere Gurtplatte wird mittels einer Decklasche, die durch einen Schlitz im Stegblech durchgesteckt wird, gestoßen und die Stoßlasche wird aus schweißtechnischen Gründen, ähnlich wie bei der Obergurtplatte, breiter gehalten, um Überkopfnähte zu vermeiden.

Bei dieser Ausführung bildet der Schlitz im Steg eine Unstetigkeitsstelle, die auch werkstattmäßig kostspielig auszuführen ist. Man ist daher bestrebt, dies zu vermeiden (Abb. 162). An Stellen, bei denen nur Druck zu übertragen ist, läßt sich dies durch Kontaktplatten erzielen. Es werden mit dem

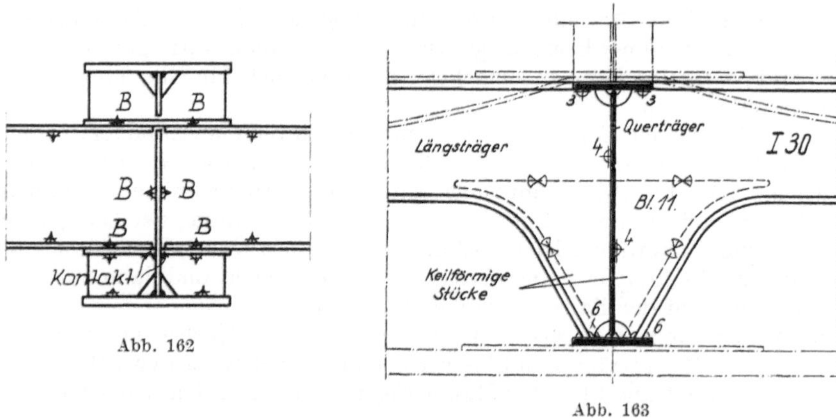

Abb. 162

Abb. 163

Einführen des Querträgers die beiden Kontaktstücke an das Stegblech satt herangeführt und dann verschweißt, evtl. auch mit dem Stegblech. Durch das Schrumpfen dieser Naht werden die Kontaktstücke noch mehr an das Stegblech angepreßt. Anschließend werden die mit B bezeichneten Baustellennähte der Stegblech- und Gurtplattenanschlüsse gezogen. Besonders ist natürlich darauf zu achten, daß der Abstand zum Einführen des Querträgers eingehalten wird. Sowohl Klemmen als auch zu weiter Abstand ist zu vermeiden. Man hat einen gewissen Spielraum in dem Schlitz für die oben durchgesteckte Lasche, wenn diese erst nach dem Einführen des Querträgers hindurchgesteckt und angeschweißt wird. Immer muß man bestrebt bleiben, die Entfernung zwischen Hauptträger, Gurtplatte und Kontakt- bzw. Durchstecklasche groß zu halten, um die innen liegenden Teile untersuchen und streichen zu können.

Anders kann man rahmenartige Querträgeranschlüsse nach Abb. 163 ausbilden und zwar durch Schlitzen eines Walzprofils (I- oder IP-Profil) und
Herunterbiegen eines Flansches. Der dadurch entstehende Zwickel wird
durch ein Stegblech ausgefüllt, wobei dieses mit Rücksicht auf das Schrumpfen der Anschlußnähte groß, eventuell bombiert (seitlich vorgekrümmt) gehalten werden muß, da sonst die
Schlußnaht ausreißt. Die Ausbildung ist jedoch teurer und erfordert sehr viel Richtarbeit.

Einen Querschnitt durch eine ge-
schweißte Eisenbahnbrücke zeigt
Abb. 164. Hier sind auch die
Buckelbleche auf den Längs- und
Querträgern angeschweißt.

Um die vielen Anschlußnähte von
Querträgeruntergurten zu vermeiden, hat man diese auch schon in
einem Stück durch mehrere Hauptträger hindurchgeführt (Abb. 165).
Es werden erst die Hauptträger a,

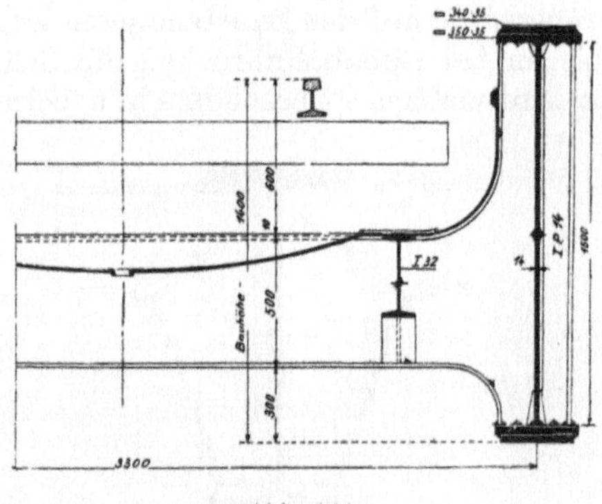

Abb. 164

b und c verlegt, dann seitlich die durchgehende Untergurtlasche des Querträgers eingeführt, der Hauptträger d von außen herangelegt und schließlich
die Verbindungsnähte gezogen. Die Schwäche dieser Ausbildung, die rein
konstruktiv sehr schön ist, liegt in der umständlichen Montage, da seitlich
viel Platz und sogar Gerüst benötigt werden, um die Querträgeruntergurt-
platte ungehindert einschieben zu können. Auch müssen die gesamten Hals-
und Anschlußnähte der Querträger auf der Baustelle geschweißt werden.

Eine weitere Möglichkeit des Anschlusses bringt Abb. 166, bei der der Obergurt des Querträgers unter den Hauptträgerobergurt eingeführt und angeschweißt wird. Der Untergurt des Querträgers wird abgebogen und mittels

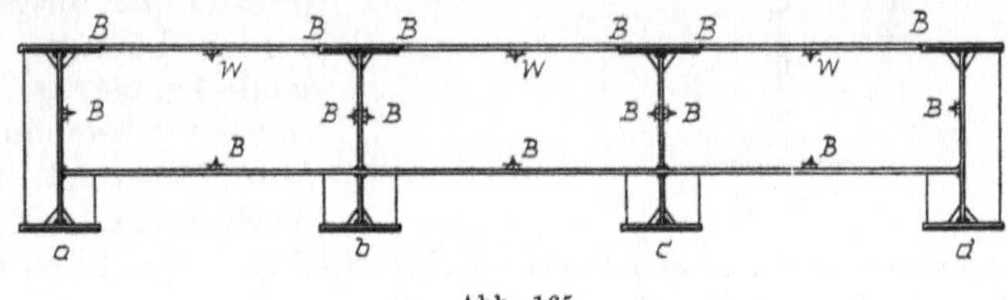

Abb. 165

Plättchen mit dem Hauptträgeruntergurt verbunden. Auch hier verteuert
die Schmiedearbeit durch Biegen der Gurtplatten die ganze Ausführung.

Ein Beispiel für die Anbringung von Buckelplatten, die auf der Baustelle
angeschweißt werden, und eines Querträgeranschlusses unter Vermeidung

von Schmiedearbeit zeigt Abb. 167. Beim Aufschweißen der Buckelbleche ist immer die Überhöhung des Trägers zu kontrollieren, da durch das Schrumpfen der Nähte auf dem Obergurt der gesamte Träger sich verformt und oben eine hohle Wölbung (konkav) erhält. Man wird daher schon möglichst vorher eine Gegenkrümmung vorsehen.

Ein weiteres Beispiel eines Anschlusses bringt Abb. 168, wobei die Querträgerstöße auf der Baustelle genietet werden.

Liegen bei Eisenbahnbrücken die Schwellen direkt auf Längsträgern auf, so wird vielfach — besonders in nebelreichen Gebieten oder über Flüssen —

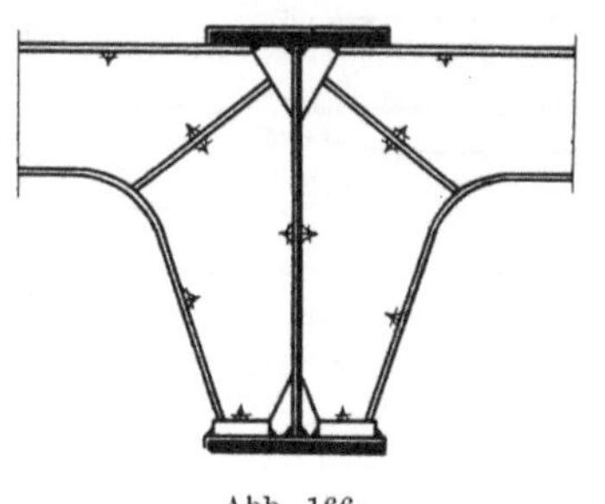

Abb. 166

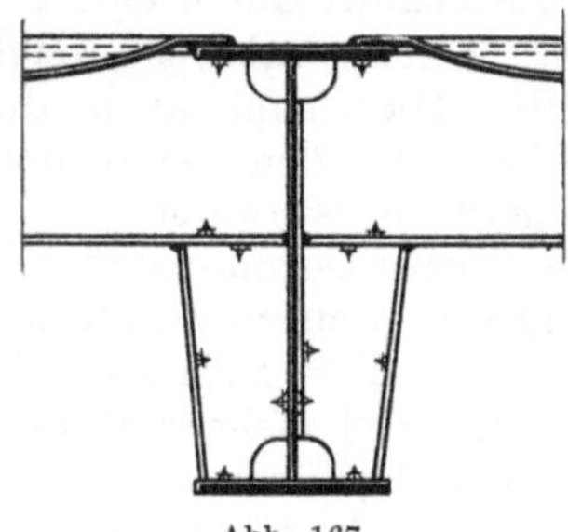

Abb. 167

unter den Auflagerstellen der Holzschwellen zwischen diesen und dem Stahlträger Feuchtigkeit stehen bleiben und ein Abrosten des oberen Flansches nach sich ziehen. Dies hat natürlich eine unzulässige Schwächung des tragenden Profiles zur Folge. Um dies zu vermeiden, wird man daher vorteilhaft von vornherein Platten auf dem Obergurt aufschweißen, die nach Jahren, sofern sie abgerostet sind, ausgewechselt werden können. Der tragende Längsträger wird davon nicht beeinflußt. Wie Abb. 169 zeigt, wird das Blech etwas breiter als der

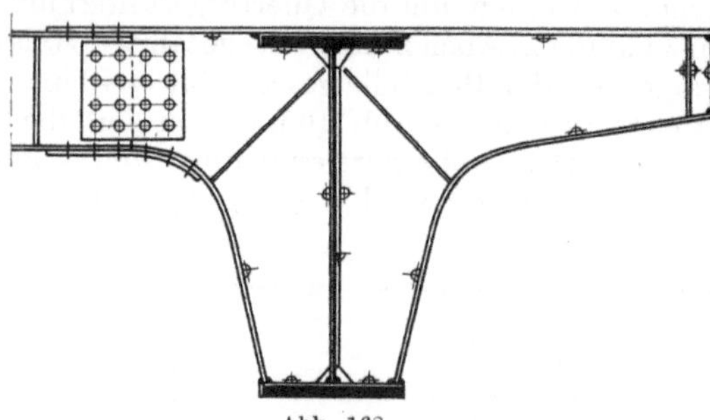

Abb. 168

Flansch gehalten und durch Überkopfnähte seitlich angeschlossen (sofern diese Arbeit nachträglich auf der Baustelle ausgeführt werden muß). Da dies keine tragende Naht ist, bestehen gegenüber der Überkopfschweißung keine Bedenken. Zur Verbindung genügen nur Längsnähte, da durch das Schrumpfen der Naht die Unterlagsplatte auf den Träger aufgepreßt und die Fuge durch Farbe verschmiert wird. Platten, schmaler als der Flansch, sind zu verwerfen, da sich sonst unzugängliche Spalte bilden.

Abb. 170 bringt den Anschluß eines leichten Zwischenquerträgers, der aus
gebogenen ⊥-Profilen gebildet wird. Auf dem Obergurt befindet sich ein
Flachblech, das als Schalung für den Beton vorgesehen wird und gleichzeitig den Gurt des Querträgers bildet.
Auch Stabbogenträger werden vielfach geschweißt, wobei eine beachtliche
Verbilligung gegenüber der genieteten Ausführung erzielt werden kann.
Der Versteifungsträger selbst wird in derselben Form, wie vorher für die
Vollwandträger beschrieben, gestaltet.
Der meist darüber liegende Bogenstab
zeigt einige Besonderheiten, deren Ursache
in den statischen und konstruktiven Ge-
gebenheiten zu suchen ist. In Abb. 171
ist eine übliche Ausführung in Hut-
form dargestellt. Die unten liegenden
Flachstähle dienen hauptsächlich dazu,

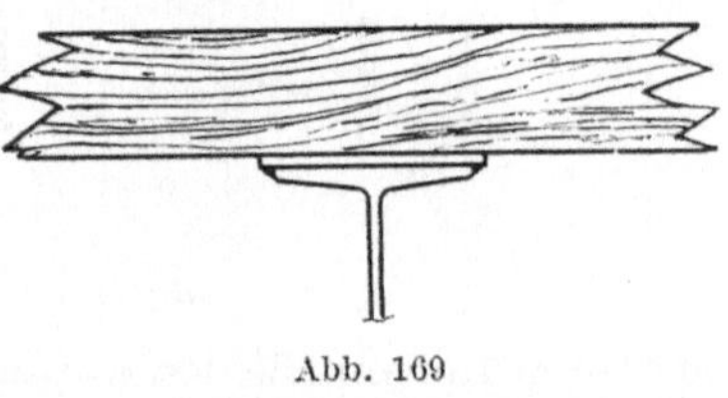

Abb. 169

ein Beulen der lotrecht stehenden Stegbleche auszuschalten, und werden
außerdem zum tragenden Querschnitt hinzugerechnet. Vielfach hat man
Vierkantstähle anstatt der Flachstähle herangezogen, deren Stöße sich
jedoch sowohl geschweißt als auch genietet schwierig ausbilden lassen, weshalb man diese Ausführung wieder verlassen hat. Die Nähte zum Verbinden
der einzelnen Teile werden nur in ihrer Längsrichtung mit der im Bogenstab
wirkenden Druckkraft beansprucht und für die Berechnung der Querschnittsfläche nicht herangezogen; da die Drucküberragung in der Längsrichtung erfolgt, ist es selbstverständlich nicht am Platze, die zulässige
Spannung durch irgendeinen Faktor „α" der Vorschriften abzumindern.

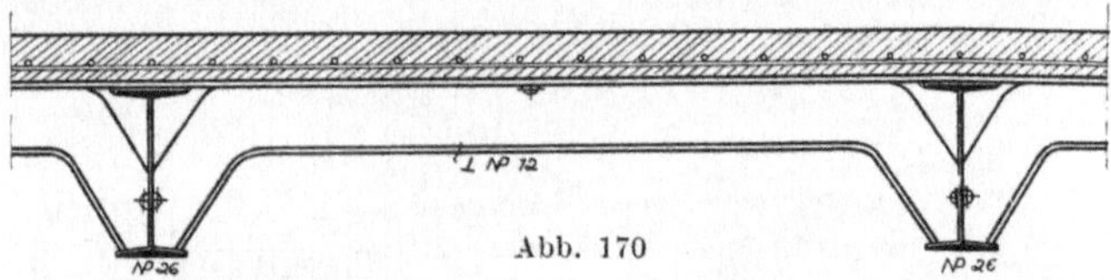

Abb. 170

Immer muß die untere Öffnung, die durch Bindebleche unterbrochen wird,
so breit sein, daß man die innen liegenden Kehlnähte der Kopfplatte ziehen
kann. Ein Maß von 200 mm dürfte wohl die unterste Grenze darstellen.
Die Bindebleche werden am besten, wie in Abb. 171 im Querschnitt gestrichelt angedeutet, zwischen die unteren Flachstähle eingeschweißt. Um die
Form des Hutquerschnittes bei Belastung zu sichern, werden nicht nur bei
den Hängestangen, sondern auch im Feld Schotten angeordnet.
Bestehen die Hängestangen aus Rundeisen, so werden sie, wie Abb. 171
zeigt, durch Keile, die auf Schotten aufsitzen, getragen. Die Keile dienen
dazu, die unvermeidlichen Längenungenauigkeiten der Hängestangen aus
Schmiedestahl auszugleichen.

Hängestangen aus gewalzten oder geschweißten Profilen werden am besten direkt bis in das Hutprofil des Bogenstabes eingeführt und an den Stegblechen angenietet oder angeschweißt. Da die Breite der Hängestangen und

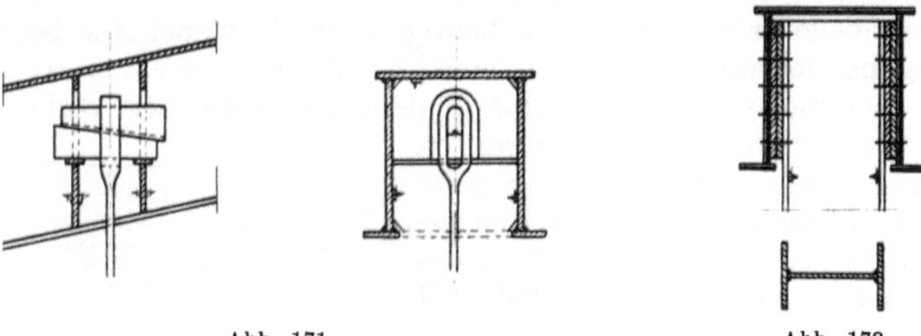

Abb. 171

Abb. 172

die lichten Innenmaße des Hutquerschnittes schwer genau einzuhalten sind, müssen reichlich Futter zum Ausgleich vorgesehen werden, wie dies in Abb. 172 angedeutet ist.

Rundeisen-Hängestangen haben den Vorteil einer freieren Sicht beim Befahren der Brücke, hingegen bringen die Profileisen eine größere Steifigkeit in das Bauwerk, besonders hinsichtlich des seitlichen Ausknickens des gedrückten Bogenstabes.

Abb. 173. Geschweißte Stabbogenbrücke

Eine geschweißte Stabbogenbrücke zeigt Abb. 173, bei der jedoch die Stöße genietet sind. Den Anschluß des Bogens an den Versteifungsträger bringt Abb. 174 beim Zusammenbau in der Werkstätte auf der Zulage und zeigt den Kopf des Versteifungsträgers waagerecht ausgelegt. Da hier knapp nach

Kriegschluß lediglich vorhandenes Lagermaterial verwendet werden konnte, sind die Stegbleche des Bogenstabes zwar der Druckkraft angemessen, jedoch etwas dicker als üblich, so daß eine untere Versteifung gegen Beulen durch Flachstähle überflüssig ist, wie es die Innenansicht zeigt.

Abb. 174. Anschluß des Bogens an den Versteifungsträger

Der Kopf des Stabbogens, ganz geschweißt, wird wohl heute meist dadurch hergestellt, daß man das Stegblech des Versteifungsträgers durch einen Schlitz in der Obergurtplatte hindurchsteckt und mit dem Bogenstab verbindet (Abb. 175). Das Material zu diesen Teilen ist besonders gut auszuwählen, und es ist auf vollkommen einwandfreie Schweißbarkeit zu achten, da die Enden des Schlitzes immer eine schwache Stelle darstellen, die bei nicht sachgemäßer Schweißung und nicht genügender Ausrundung der Ecken die Ursache von Rißbildungen in der Obergurtplatte sein kann. Man wird den Ansatz des Bogenstabes am besten schon in der Werkstatt fertigmachen und auf der Baustelle lediglich den Stoß oberhalb des Ansatzpunktes schließen. Für die Konstruktion ist es dann gleichgültig, ob dieser Stoß geschweißt oder genietet wird. Natürlich wird man ihn nicht allzu

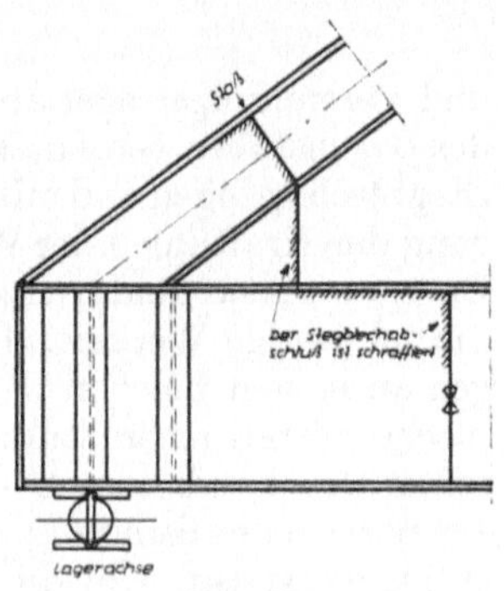

Abb. 175

weit hinausziehen, um den Verschnitt des Endstegbleches klein zu halten und außerdem nicht das zulässige Höhenmaß für den Transport zur Baustelle zu überschreiten. Auch muß der Kopf sehr gut ausgesteift werden, in unserem

Falle durch geschweißte ⊥-Profile. Der zum Steg parallel laufende Flachstahl der Aussteifung hat auch den Zweck, die Druckkraft der Wangen des Bogenstabes über den Steg der Aussteifung in den Steg des Versteifungsträgers zu bringen. Die äußere Form des Kopfes wird durch die breiten Aussteifungen gefällig gestaltet.

In neuerer Zeit ist man auch dazu übergegangen — wie bei den Fachwerkausbildungen noch näher gezeigt —, vollständig geschlossene Querschnitte für Druckstäbe heranzuziehen. Abb. 176 (am Schluß des Buches) bringt eine weitere interessante Einzelheit, wie die schwierige Verbindung von Bogenstab

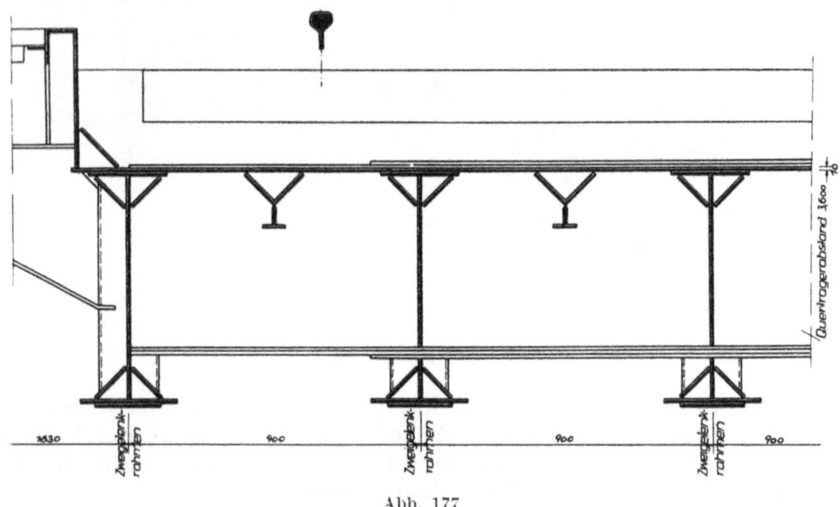

Abb. 177

und Versteifungsträger ansprechend gelöst werden kann. Die Wangenbleche des Bogenstabes werden, wie der Schnitt $B-B$ zeigt, in sanfter Rundung zum Stegblech gezogen und mit diesem verschweißt, um einen einwandfreien Übergang der Kraftlinien der Wangen in das verstärkte und durch die geschlitzte Obergurtplatte hindurchgesteckte Stegblech zu erzielen. Mit Rücksicht auf die schwierige Werkstattbearbeitung vermeidet man möglichst Krümmungen an langen Blechen. Hier wird dies durch Ansetzen der gebogenen Endbleche mittels einer Stumpfnaht an das Stegblech des Bogens erreicht. Als reiner Druckstab braucht die Naht rechnerisch nicht abgemindert zu werden. Im Bereich der Rundung werden die Wangenbleche durch aufgesetzte Flachstähle verstärkt. Um die Niete schlagen bzw. den Gegenhalter einbringen zu können, wird die untere Gurtplatte des Bogenstabes im Bereich des Stoßes mit einer Öffnung versehen. Den dadurch entstehenden Querschnittsverlust gleicht eine Dickenvergrößerung der Untergurtplatte von 15 mm auf 30 mm wieder aus. Genügend Aussteifungen des Stabes und auch des

110

Versteifungsträgers sichern einen einwandfreien Verlauf der Kraftlinien
beim Übergang zwischen Bogen und Vollwandträger. Die Dicke des Ver-
steifungsträgerstegbleches wird im Bereich des Kopfes von 10 mm auf
20 mm und für den Bogenanschluß in der oberen Stegblechhälfte auf 30 mm
erhöht. Die Gurtplatten und deren Enden sind in der Abb. 176 angedeutet.
Stahlgußteile zur Verbindung von Bogenstab und Versteifungsträger werden

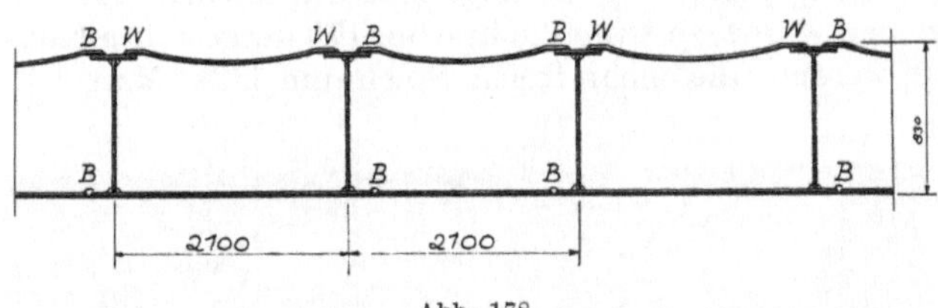

Abb. 178

ihres hohen Preises und Gewichtes wegen wohl kaum noch angewendet,
obwohl sie rein konstruktiv manchen Vorteil bieten und das unangenehme
Schlitzen der Obergurtplatte entfallen könnte.
In der Abb. 177 ist eine geschweißte Eisenbahnbrücke mit einem Trog
aus Flachblech für das Schotterbett dargestellt. Mehrere Zweigelenkrahmen
im Abstand von 900 mm tragen die 3,60 m voneinander entfernten Querträger. Auf den Haupt- und Querträgern liegt das 10 mm dicke Flachblech,
das durch darunter geschweißte Winkel mit einem $\bot$-Stahlansatz ausgesteift ist. Diese Aussteifungen sind durch Schweißung mit dem Querträger-
stegblech verbunden, so daß durch die reichlichen steifen Verbindungen

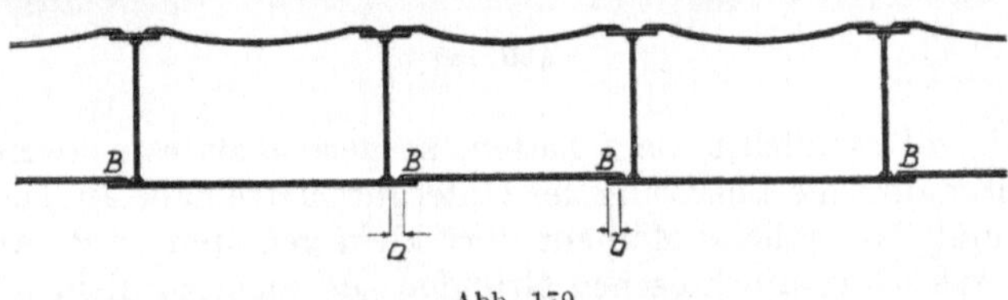

Abb. 179

zwischen den einzelnen Bauteilen eine räumliche Wirkung des ganzen Bauwerkes erreicht wird. Der Hauptträger als Zweigelenkrahmen ist ähnlich
Abb. 152a ausgebildet, wobei jedoch keine Winkel, sondern nur angesetzte
Schrägbleche verwendet wurden. Eine ähnliche Ausführung des Hauptträgers ist auch bei Abb. 128 beschrieben.
Ein interessantes Bauwerk, einen geschlossenen Kasten für eine Eisenbahnbrücke, zeigt Abb. 178. Über den Tonnenblechen befindet sich erst eine
Isolierschicht, dann der Ausgleichsbeton und darüber das Schotterbett mit
den Gleisen. In der Werkstatt wird ein geschlossener Kasten hergestellt
und auf die Baustelle geschafft. Dort werden die mit „B" bezeichneten Bau-

stellennähte gezogen, so daß schließlich ein torsionssteifes Gebilde von 20
nebeneinander liegenden Kästen entsteht, die durch ihre eigene Steifigkeit
weitgehend Lasten übertragen, wobei natürlich eine genügende Anzahl von
Quersteifen erforderlich ist, die die Beibehaltung der Form der Kästen
sichern müssen. Sollte es nicht möglich sein, die Form und Breite der
zwischengelegten Untergurtbleche den vorher fertig gestellten Kästen genügend genau anzupassen, was umfangreiche Nacharbeit auf der Baustelle
nach sich ziehen würde, so kann die in Abb. 179 dargestellte Konstruktions-
art gewählt werden, die mehr freien Spielraum läßt. Man soll dann den

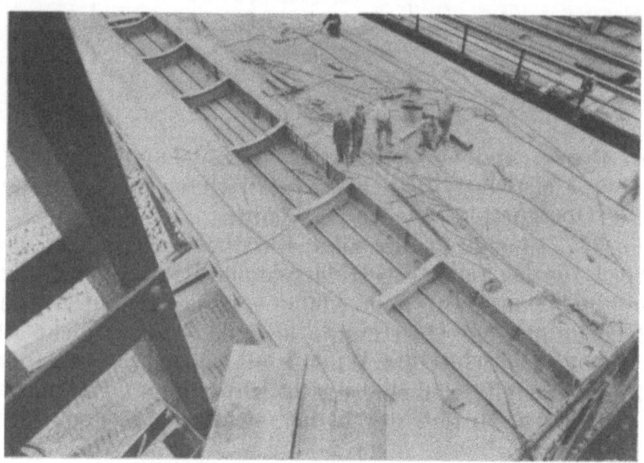

Abb. 180

Überstand „a" möglichst klein halten, so gering als es schweißtechnisch
möglich ist, damit die Belastung der Untergurtplatte nahe an das Stegblech
gebracht und das örtliche Moment dort klein gehalten wird. Andererseits
wird man aus schweißtechnischen Gründen „a" nicht zu klein wählen, weil
man genügend Platz haben muß, um die Nähte zu ziehen; auch soll man,
wie vorher schon erwähnt, die Nähte von den Stegblechanschlüssen möglichst weit entfernt anordnen. Das Maß des Übergreifens „b" soll klein sein,
damit sich das obere Blech durch Schrumpfen der Kehlnaht an das untere
Blech anpaßt und kein klaffender Spalt entsteht. Die dort entstehende Fuge
als solche kann schließlich durch den Anstrich verschmiert werden. Läßt
sich dies nicht erzwingen und liegen besonders ungünstige Fälle vor (wenn
unter der Brücke Nebel von Flüssen oder Rauchgase von Lokomotiven auf-
steigen), so wird man noch eine unten liegende Überkopfnaht ziehen müssen.
All dies wird jedoch durch die Ausführung nach Abb. 178 vermieden, wobei
auch beachtet werden kann, daß die untenliegenden Blechnähte „B" nur

112

Längskraft und Schub erhalten und daher nicht als Nähte erster Güte anzusehen sind. Ein Gegenschweißen ist also unnötig, und lediglich die Naht

Abb. 181

muß des Aussehens wegen gesäubert werden. Abb. 180 zeigt eine Draufsicht
an der Baustelle. Links von dem noch offenen Kasten sind die Tonnenbleche
zum Schweißen vorbereitet, und rechts
sieht man drei schon fertiggeschweißte
Kästen. Die offenen Kästen zeigen auch
die Aussteifungen des unteren Bleches,
die zum tragenden Querschnitt mitgerechnet sind und außerdem gegen
Beulen schützen sollen. Über der Stütze
im Bereich der Druckzone werden sie
vermehrt. Abb. 181 zeigt das Einlegen
eines gesamten Kastens im Gewicht
von 15 t mit einem Schwenkmast. Zu
beachten ist, bei den Stößen immer
genügend Breite zuzugeben, damit
durch die Schrumpfung der Nähte im
Untergurt nicht eine ein bis mehrere
Zentimeter betragende Querverkürzung
des ganzen Bauwerkes eintritt.

Links auf Abb. 182 ist noch ein Kasten
des eben geschilderten Bauwerkes zu
sehen und rechts eine Straßenbrücke
im Verbund dargestellt, bestehend aus

Abb. 182

vier Hauptträgern. Zur Verbindung von Betonplatte (als Obergurt des Hauptträgers mitwirkend) und Stahlträger sind auf dessen Obergurt Dübel aufgeschweißt; diese dienen zur Übertragung der Schubkräfte. Eine Aus-

Abb. 183   Abb. 184

führungsart solcher Dübel bringt Abb. 183, die auch auf Abb. 184 einer anderen Brücke zu sehen sind. Unangenehm sind dabei die Quernähte, die zu beachtlichen Verformungen des Obergurtes und kostspieligen anschließenden Richtarbeiten führten. Eine Form, die sich nur mit Längsnähten ausführen läßt, zeigt Abb. 185. Aus einem Flachstahl werden die durch verschiedene Schraffierung gezeigten Formen herausgeschnitten und an ihren Längskanten mit dem Obergurt verschweißt. Quernähte brauchen nicht gezogen zu werden, da die Dübel durch den sie umgebenden Beton vor dem Rosten in der Fuge

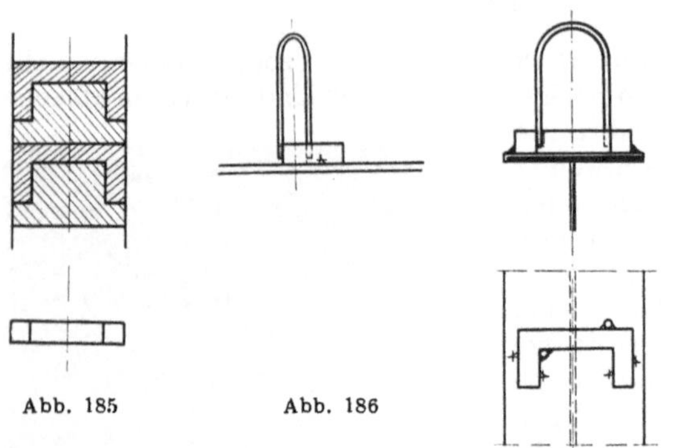

Abb. 185   Abb. 186

geschützt sind. Durch die ineinandergreifende Form der Dübel vermeidet man Verschnitt und erhält also zwei verschiedene Grundformen, auf die, ähnlich wie in Abb. 183, das Rundeisen befestigt wird. Einen fertig aufgeschweißten Dübel bringt Abb. 186.

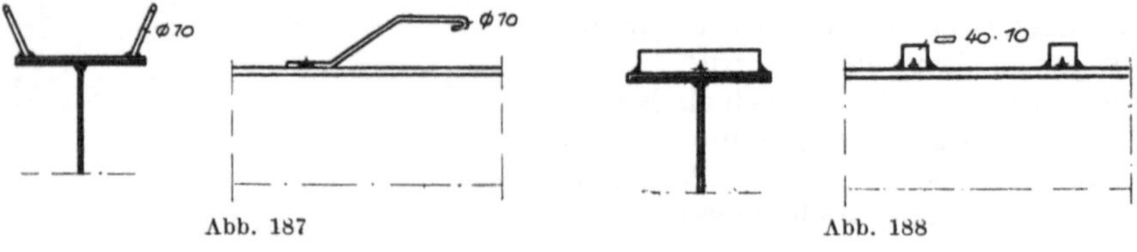

Abb. 187   Abb. 188

114

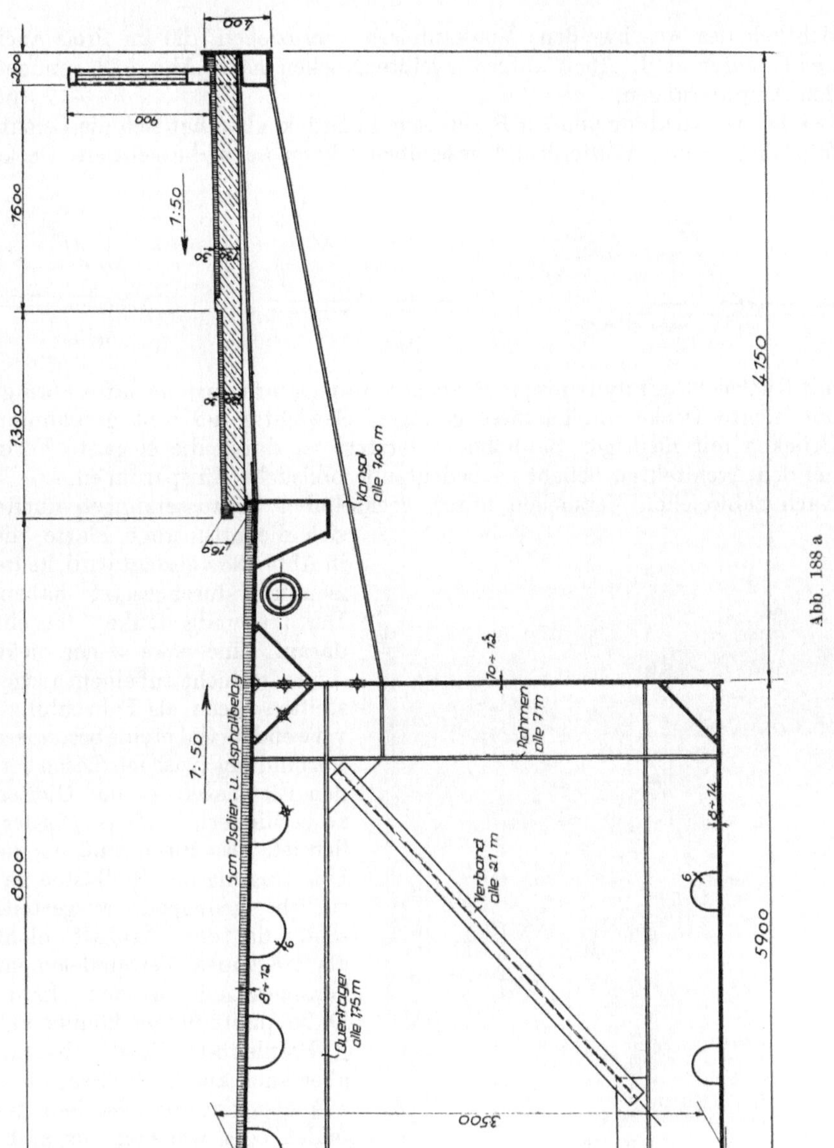

Abb. 188 a

Bei Hochbauten wird man das Zusammenwirken von Stahlträger und Betonplatte mit einfacheren Mitteln erzwingen können. Es genügen hier aufgeschweißte Rundeisen nach der Abb. 187. Statt der Rundeisen sind hin-

8*

sichtlich des Anschweißens Vierkanteisen vorzuziehen, die im Preis auch nicht teurer sind. Auch aufgeschweißte Nocken nach Abb. 188 genügen den Anforderungen.

Bei der Entwicklung neuerer Bauweisen im Brückenbau hat sich die Leichtfahrbahn in den Vordergrund geschoben. Wenn auch die schwere Decke

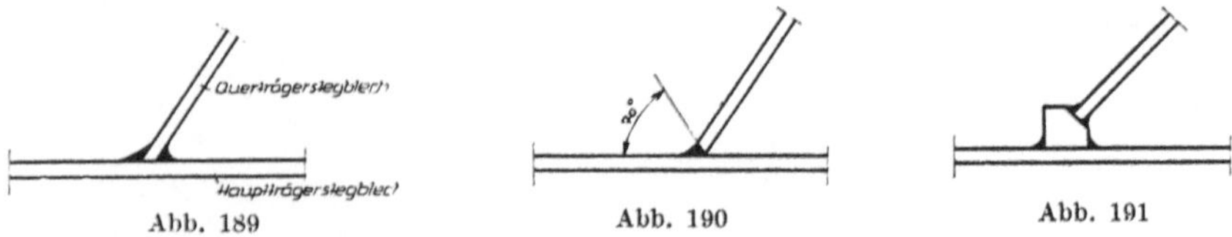

Abb. 189   Abb. 190   Abb. 191

mit Rücksicht auf dynamische Beanspruchungen ihre Vorteile hat, so bringt die leichte Decke infolge ihres geringen Gewichtes bei weit gespannten Brücken mit niedriger Bauhöhe — letztere ist durch die elegante Form bei den Architekten beliebt — bedeutende preisliche Einsparungen.

Nach zahlreichen Versuchen unter wechselnden Voraussetzungen dürfte sich die orthotrope Platte, die in Abb. 188a gezeigt wird, heute ziemlich durchgesetzt haben. Der Grundgedanke beruht darauf, eine etwa 5 cm dicke Asphaltschicht auf einem ausgesteiften Blech als Fahrbahn zu verwenden, wobei eine besondere Verbindung zwischen diesen beiden Elementen — um Gleiten zu verhindern — nicht erforderlich ist. Das Blech muß für die Übertragung der Radlasten natürlich genügend ausgesteift sein, da der Asphalt nicht als tragendes Verbundelement herangezogen werden kann. Diese Aussteifungen können aus $\bot$-Profilen oder Wulstflachstahl, aber auch aus U-Profilen, diese aus abgekanteten Blechen gebildet, oder wie hier aus halbrundgewalzten Blechen hergestellt werden. Die innen unzugänglichen Räume sind durch Rost nicht gefährdet, wenn sie luftdicht abgeschlossen und gut unterhalten werden. Beim Obergurt entsteht durch das Zusammenwirken als Teil des Haupt-

Abb. 192

träger- und Querträgerobergurtes und auch als Platte ein zweiachsiger
Spannungszustand, weshalb hier auf ein besonders gutes und schweißtechnisch einwandfreies Material geachtet werden muß. Bei der Werkstattbearbeitung ist besonders auf richtige Formgebung der Platte vor der
Schweißung zu achten, weil durch die Wärmezufuhr beim Anschweißen
der Aussteifungen beträchtliche Verformungen eintreten, die zu einer Ver-
wölbung mit einem Stich von mehreren Zentimetern führen können.
Daß man gekrümmte Brücken mit besonderen Vorteilen geschweißt ausbilden kann, ergibt sich aus der Möglichkeit, Anschlüsse ohne besondere

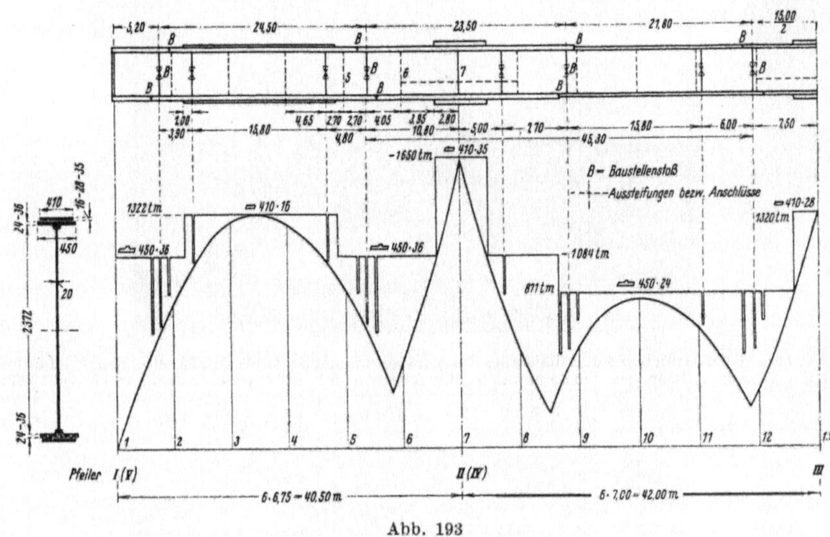

Abb. 193

Schwierigkeiten unter beliebigen Winkeln ausführen zu können. Will man
die Stegbleche der schiefen Querträger bei besonders spitzen Winkeln nicht
einfach, wie üblich nach Abb. 189, ansetzen, so kann man dies auch durch
eine V-Naht nach Abb. 190 oder auch durch ein dazwischen gelegtes, ab-
geschrägtes Vierkanteisen nach Abb. 191 erreichen.
Eine gekrümmte Brücke zeigt Abb. 192. Die Obergurtplatten sind, da die
Krümmung nicht übermäßig war, gerade bestellt und nachträglich auf
einer Presse in ihre endgültige Form gedrückt worden. Auch durch keil-
förmiges Anwärmen an der Innenseite der Krümmung und Schrumpfen-
lassen läßt sich dies erzielen. Um in bezug auf Alterung kritische Verformungen zu vermeiden, kann dieses Verfahren nur bis zu gewissen Grenzen
angewendet werden.
In Abb. 193 ist die für die Bemessung und konstruktive Ausbildung eines
durchlaufenden Vollwandträgers nötige Momentenlinie und die sie deckende

Linie der Widerstandsmomente eingetragen. In letzterer sind die Abminde-
rungen der Tragfähigkeit auf Grund der α-Werte der Tafel VIII (S. 148) als
Vertiefungen ersichtlich und zeigen, daß man Stöße immer in Gebiete von Mo-
mententiefpunkten verlegte, um nicht durchgehend überbemessen zu müssen.

Abb. 194a. Über 8 Öffnungen durchlaufende Hauptträger der geschweißten Brücke über den St.-Maurice-
Strom, Canada. 2 Öffnungen von 45 m und 6 Öffnungen von 55 m Stützweite. Gesamtgewicht ~ 1300 t.

Abb. 194b. Innenansicht der in Abb. 194a dargestellten Brücke.
12,5 m Fahrbahnbreite, 2 Fußwege je 1,50 m breit.

Die Abb. 194a und 194b bringen eine in den USA. fertiggestellte Straßenbrücke während der Montage[48]). Aussteifungen zum Verhindern der Steg-

Abb. 195. Eingleisige Eisenbannbrücke zu Joncherolles bei Paris, Spannweite 40 m

blechbeulung des Hauptträgers sind vorwiegend an der Innenseite angebracht und werden nicht bis zum Obergurt durchgezogen, um Auflagefläche für die Querträger zu erzielen.

Abb. 195 zeigt eine in Frankreich geschweißte Fachwerkbrücke für eine Eisenbahn[48]). Die mittleren Diagonalen, deren Kräfte geringer sind, jedoch mit Rücksicht auf die Anschlußmöglichkeit breit gehalten werden müssen, werden aus I-Profilen durch zickzackförmiges Ausbrennen des Steges gebildet. Nach Abb. 196a werden die Stege sägeförmig ausgeschnitten, dann, allerdings nach dem unvermeidlichen Richten der beiden Teile, in der neuen in Abb. 196b gezeigten Lage wieder zusammengeschweißt. Auf der Abb. 195 ist allerdings aus Steifigkeitsgründen beim Zusammentreffen der beiden Hälften noch ein Zwischenglied in Form eines I-Profiles, wie in Abb. 196c gezeichnet, eingesetzt.

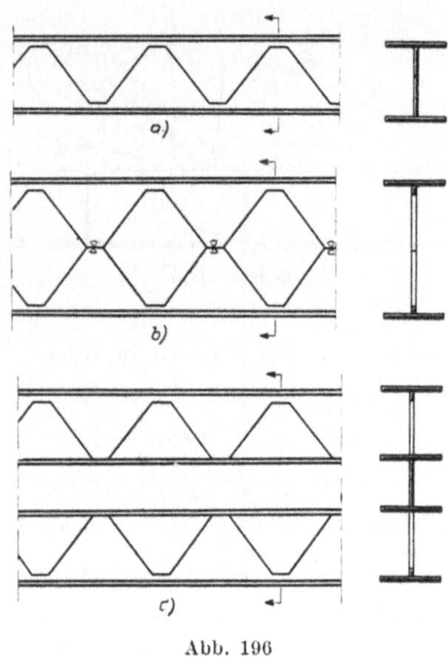

Abb. 196

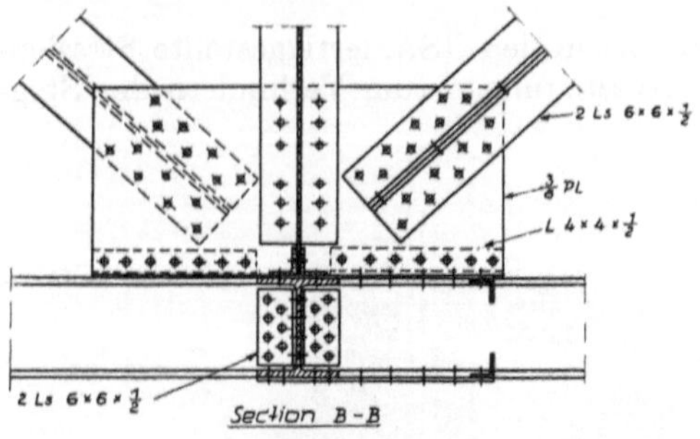

Abb. 197. Genieteter Knotenpunkt
einer amerikanischen Brücke

<u>*Riveted*</u>
<u>*Design*</u>

All rivets ⅞

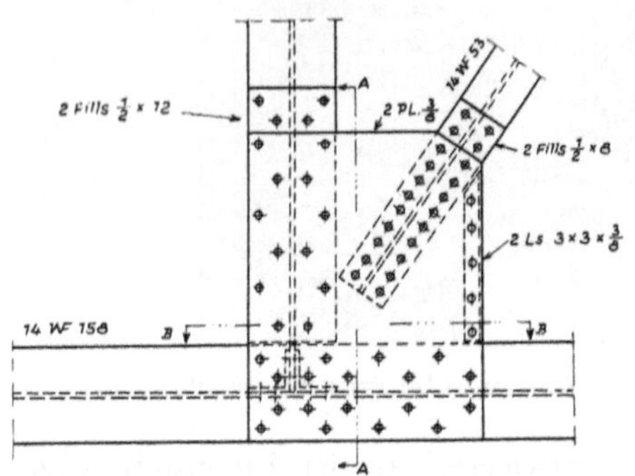

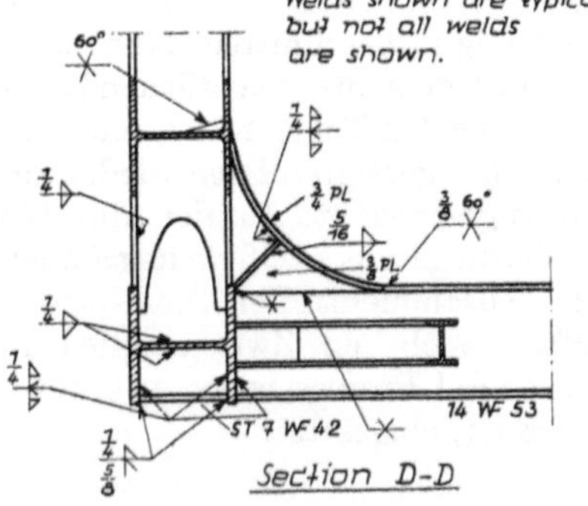

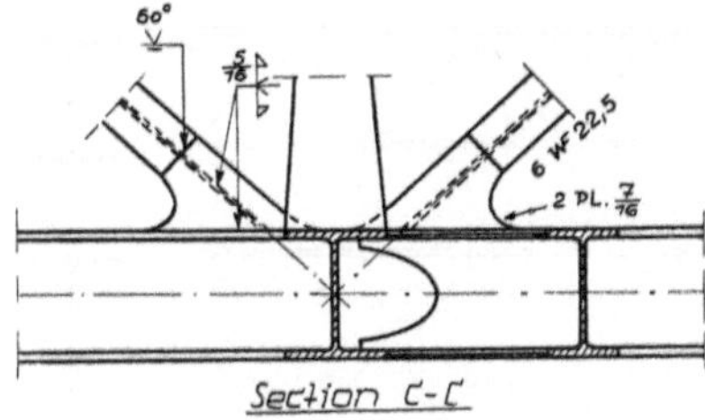

Abb. 198. Der genietete Knotenpunkt nach
Abb. 197 in geschweißter Ausführung

<u>*Streamlined*</u>
<u>*welded*</u>
<u>*design*</u>

Welds shown are typical
but not all welds
are shown.

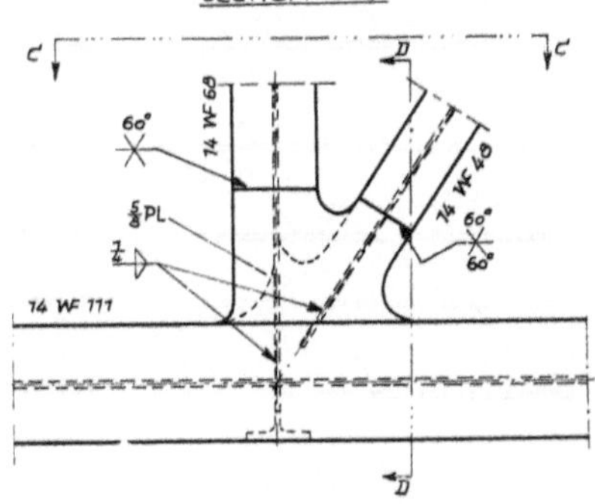

Eine Gegenüberstellung von Schweiß- und Nietkonstruktion eines rahmen-
artigen Querträgeranschlusses einer Brücke — auch aus den USA. —
bringen die Abb. 197 und 198[49]). Das Knotenblech zur Verbindung der
Fachwerkstäbe ist stumpf gegen die Flansche geschweißt. Zu beachten ist
die von der deutschen Art abweichende Bezeichnungsweise und auch, daß

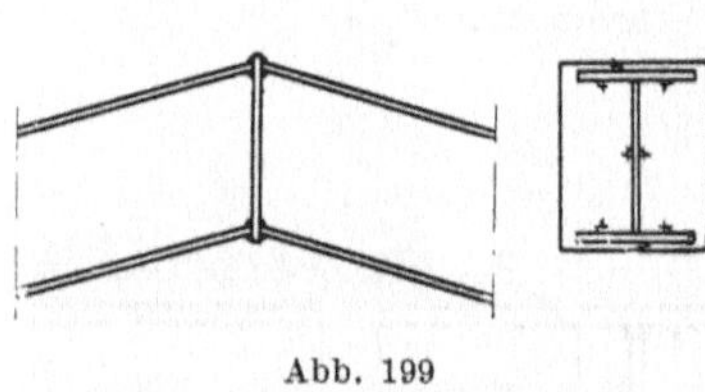

Abb. 199

nicht alle Schweißnähte eingetragen sind, um das Bild übersichtlicher zu halten. Siehe dazu
auch S. 130.
Bei nicht dauerbeanspruchten
Bauten, wohl hauptsächlich bei
Hochbauten mit ruhender, nicht
schwingender Belastung, kann
man im allgemeinen gewisse Erleichterungen konstruktiver Art
zulassen. Auch das Abschleifen
der Schweißnaht bis zur Dicke
des Grundwerkstoffes, wobei
Arbeitsriefen nur in Richtung
der Kraftlinie erscheinen dürfen,
kann unterbleiben. Hier dürfen
auch ohne weiteres, um die Werkstattarbeit zu verringern, unter-

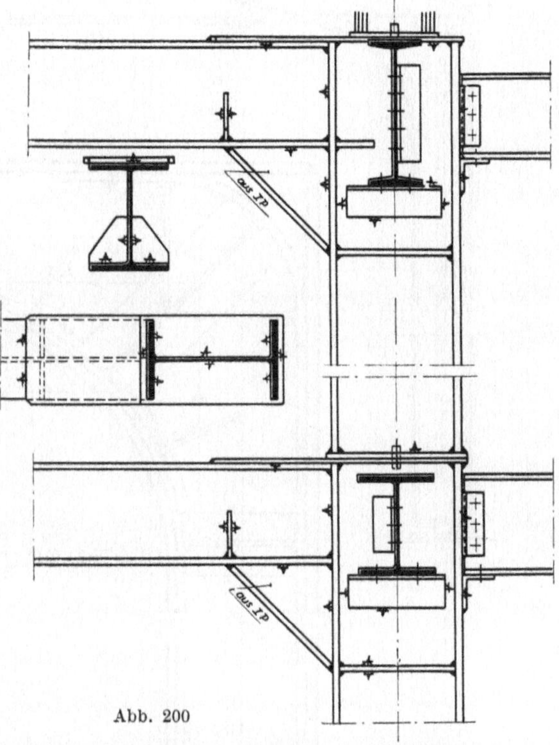

Abb. 200

brochene Nähte Anwendung finden, wenn sie statisch zulässig sind und
wenn nicht bei freiliegenden Trägern Rostgefahr in den Fugen entsteht.
Stöße einfacher Art kann man in Form eines Kreuzstoßes ausbilden. Eine
derartige Ausbildung für den First eines Dachbinders zeigt Abb. 199. Es
brauchen in diesem Falle nur Kehlnähte, die in ihrer Ausführung billiger
und bequemer zu legen sind, gezogen zu werden.
Bei der Abb. 200 ist ein geschweißtes Detail eines Stockwerkrahmens zu
sehen. Man soll dabei nicht vergessen, die Druck- oder Zugkräfte, die durch
den Flansch des Riegels bzw. durch die Rahmenecke in den Stiel gebracht
werden, durch innenliegende Aussteifungen zu übernehmen und auf den
Steg überzuleiten, sonst sind unangenehme Verformungen der Flansche des

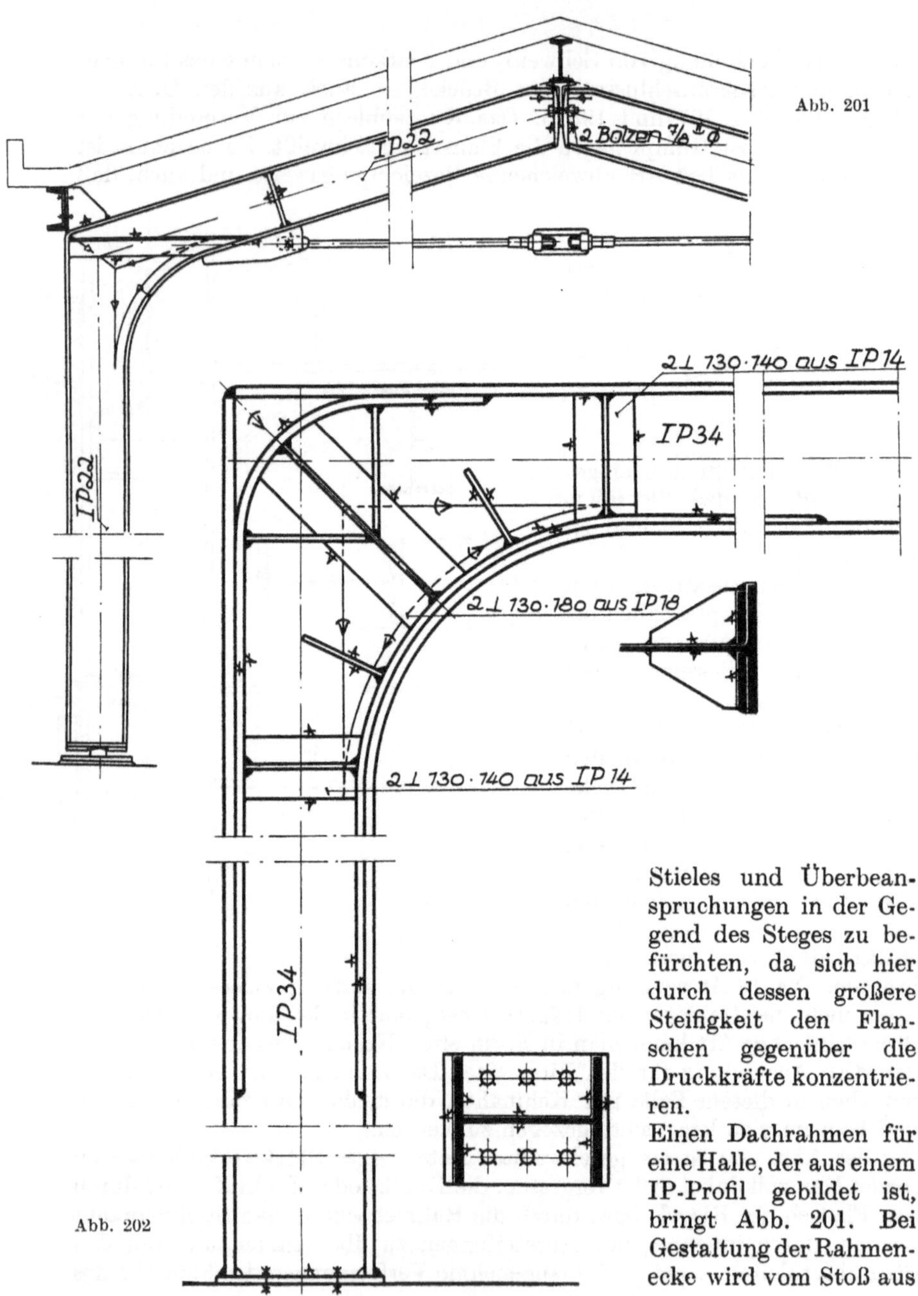

Stieles und Überbeanspruchungen in der Gegend des Steges zu befürchten, da sich hier durch dessen größere Steifigkeit den Flanschen gegenüber die Druckkräfte konzentrieren.

Einen Dachrahmen für eine Halle, der aus einem IP-Profil gebildet ist, bringt Abb. 201. Bei Gestaltung der Rahmenecke wird vom Stoß aus

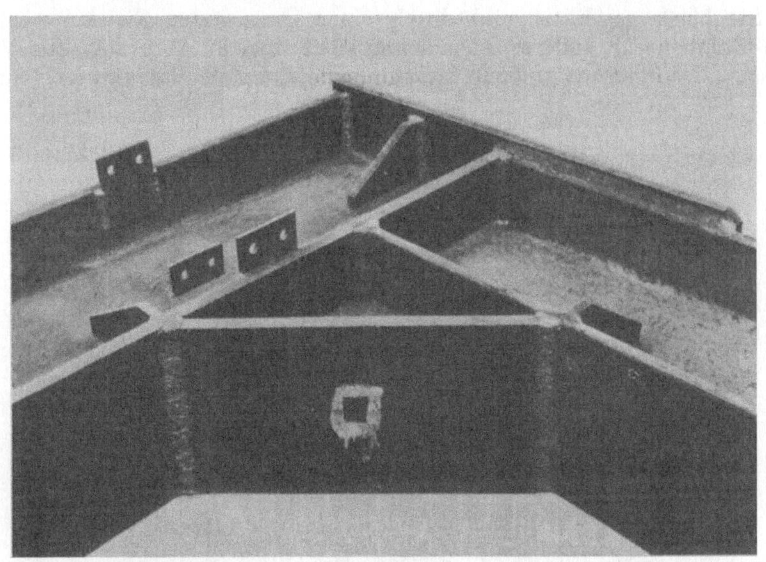

Abb. 203

Abb. 204

das Stegblech geschlitzt und durch einen eingesetzten Zwickel ersetzt. Eine Rahmenecke anderer Ausführung sieht man in Abb. 202. Zur Verstärkung der Flansche und zur Aufnahme der Eckmomente wird eine Gurt-

Abb. 205. Geschweißter Stahlskelettbau (Amerika)

platte innen eingelegt. An der Außenseite der Rahmenecke liegt ein gekrümmter Flachstahl, entsprechend der Linie des Kraftverlaufes, und wird durch kräftige Aussteifungen bei der Kraftumlenkung unterstützt.
Eine Photographie einer Rahmenecke, bei der allerdings die Aussteifungen beim Anschluß der Flansche klein gehalten sind, zeigt Abb. 203.

In Abb. 204 ist die Ausführung eines geschweißten mehrgliedrigen Eckpunktes gleichfalls aus den USA. dargestellt[49]).

Abb. 205 bringt ebenfalls eine amerikanische Ausführung eines vollkommen geschweißten Stahlskelettbaues. In Abb. 206 ist ein Anschluß daraus zu

Abb. 206

ersehen, bei welchem die Verschraubung der Windverbandstäbe mit einer einzelnen Schraube aus Montagegründen vor der Verschweißung zu erkennen ist. Um für das Ziehen der Anschlußschweißnähte einen Halt zu haben, wird die Verbindung durch eine Montageschraube provisorisch hergestellt. Abb. 207 erläutert gleichfalls eine amerikanische Ausführung eines Wind-

verbandknotenpunktes[50]). Zur besseren Kenntlichmachung der Anschlüsse
ist der rechte Flansch des Breitflanschträgers in Abb. 207a fortgelassen.
Um die Kräfte des Knotenbleches der Verbandstäbe nahe an die Flanschen
heranzubringen, sind an den Stegen Verteilungsflachstähle angeschweißt,
wie aus der Abb. 207b zu ersehen.

Auch im Zechenbau hat die Schweißtechnik weitgehend Eingang gefunden.
Ein bis auf die Montagestöße vollkommen geschweißtes Fördergerüst während der Montage zeigt Abb. 208.

Wie schon im Abschnitt über veraltete Konstruktion angedeutet, wurden geschweißte Stützen ursprünglich unter den gleichen Voraussetzungen ausgebildet, wie genietete. Abb. 119 bringt eine dieser vielen Arten. Nach *Dörnen* kann man durch sauber durchgearbeitete schweißgerechte Konstruktion bei reinen Druckstäben bis zu 14% an Gewicht sparen, abgesehen von der Vereinfachung der Werkstattarbeit.

Als Stützenprofil im allgemeinen kommen die in Abb.209 gezeigten Querschnitte in Betracht, die je nach ihrem Verwendungszweck entsprechend gewählt werden müssen.

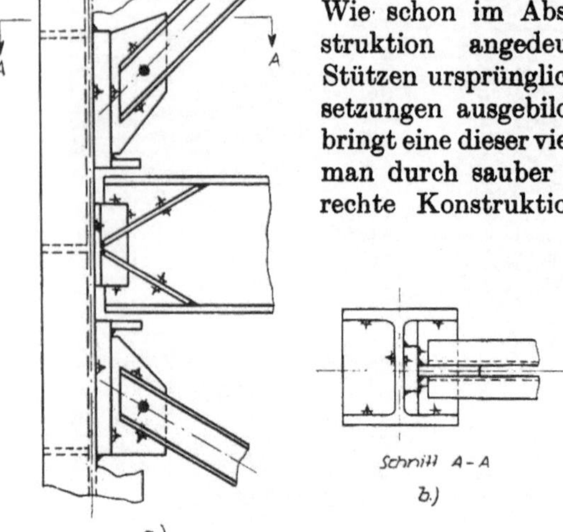

Abb. 207

In Abb. 209a werden 2 U-Stähle zusammengeschweißt. Mit 2 Winkelstählen
ist dasselbe in Abb. 209d gezeigt. Einen geschlossenen Kasten aus 4 Breitflachstählen bringt Abb. 209b mit vollkommen glatten Wänden; Abb. 209c
zeigt dagegen eine gewisse Profilierung, die mit Rücksicht auf die Schattenwirkung oft vorgezogen wird. Für Fachwerkstäbe ist eine günstige Anschlußmöglichkeit oft erwünscht, die durch Zusammenziehen zweier Wände aus
Abb. 209c nach Abb. 210 erreicht werden kann. Die Schräge der beigezogenen Platten soll zwecks einer möglichst gleichmäßigen und allmählichen
Kraftüberleitung sanft sein. Zum Sicherstellen der Formen der Stützen
wird man ab und zu Schotten einschweißen, bei denen es genügt, wenn
sie nur an 3 Seiten mit den Flachstählen verschweißt werden. Die zuletzt
an die Stützen gesetzte Außenplatte kann dann mit den Schotten unverbunden bleiben.

Stöße werden am besten[51]) stumpf geschweißt.

Profilverschwächungen beim Übergang eines Stockwerkes zum anderen können entweder durch Zwischenschalten einer kräftigen Platte, auf die die gefrästen Stützenenden aufgesetzt werden — wobei natürlich die Platte rechnerisch nachgewiesen werden muß — oder nach Abb. 211 durch Aus-

Abb. 208. Geschweißtes Fördergerüst

einanderziehen der Flanschen und Zwischensetzen eines Stegblechkeiles hergestellt werden.

Die Ausbildung des Stützenfußes wird vorwiegend — sowohl im Brücken- als auch im Hoch- und Kranbau — durch vorgeschweißte Platten erreicht. Bei größeren Abmessungen wird man Zusatzaussteifungen einsetzen müssen. wie es Abb. 212 zeigt.

Abb. 213 bringt eine Rahmenstütze einer Straßenbrücke, Abb. 214 eine unten eingespannte Stütze einer Eisenbahnbrücke und Abb. 215 eine aus eingespannten Stützen mit Kragarmen hergestellte Bahnhofshalle.

Bei Stützen von Brücken, die auf einen seitlichen Stoß zu berechnen sind, der vorwiegend unten angreift, so daß also die Querkraft im unteren Teil größer als im oberen ist, können ohne weiteres die Halsnähte entsprechend der Querkraft abgesetzt werden. Der Übergang ist sanft auszubilden. Man wird natürlich

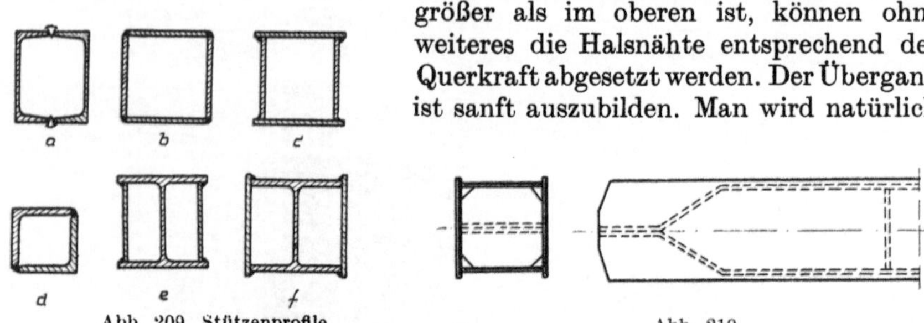

Abb. 209. Stützenprofile

Abb. 210

immer danach trachten, aus Ersparnisgründen möglichst dünne Schweißnähte zu ziehen. Eine derartige Ausbildung ist bei den Rechenbeispielen zu finden, S. 176.

Rahmen oder Stützen tragen vielfach Kranbahnen an Konsolen. Abb. 216 zeigt ein Beispiel mit einem eingesetzten Stegblech, das durch Schlitze der Gurtplatten hindurchgesteckt wird. Auf dem Kragarm sind dann Gurtplatten zur Aufnahme der Momente angesetzt, die innerhalb des Trägers als Aussteifungen ihre Fortsetzung finden.

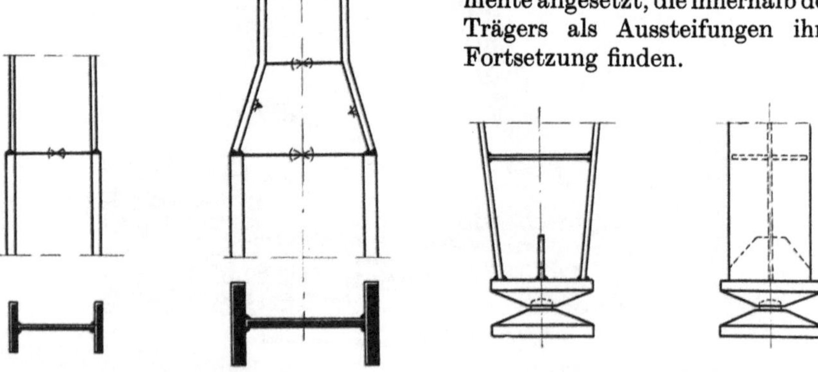

Abb. 211. Stützenstöße

Abb. 212. Stützenfuß

Anders kann man aus Resten von I- oder IP-Trägern Konsolen ganz geschweißt ansetzen. Der Kranbahnträger kann dann entweder auf die Konsolen aufgesetzt oder eingeführt werden. Ein Beispiel dazu zeigt Abb. 217. Das Schweißen von Fachwerken hat sich bisher noch nicht in dem Maße durchsetzen können, wie es beispielsweise bei vollwandigen Bauwerken der

128

Fall ist. Zurückzuführen ist dies hauptsächlich auf die Schwierigkeit, die
Frage der Anschlüsse einwandfrei, schweißtechnisch richtig und auch billig
zu lösen. Schweißtechnisch richtige Lösungen, die dem Kraftfluß folgen,
saubere und klare Verhältnisse schaffen, sind zwar schon des öfteren entwickelt worden; diese Konstruktionen waren jedoch teuer und ergaben
infolge der Schrumpfverformungen Ungenauigkeiten und dadurch Unan-
nehmlichkeiten bei den Baustellenanschlüssen. Vielfach ist man daher dazu

Abb. 213. Rahmenstütze einer Straßenbrücke

Abb. 214. Stütze einer Eisenbahnbrücke

übergegangen, die Fachwerkstäbe selbst zwar aus geschweißten Profilen
nach den schon vorher gezeigten Beispielen zu gestalten, die Anschlüsse
jedoch in Nietkonstruktion durchzuführen.

Begonnen hat man mit dem Schweißen von Fachwerkstäben bei Wind-
verbänden, bei denen man auch bei Nietkonstruktionen von vornherein
schon eine Exzentrizität des Anschlusses in Kauf nimmt. Abb. 218 zeigt
ein derartiges Beispiel, bei dem ein einfacher Winkelstahl auf ein Knotenblech aufgeschweißt wird. Hier ist man bestrebt, die Schwerlinie der Anschlußnähte in die Schwerlinie der Stäbe zu legen, was durch Verlängerung
der Schweißnähte an der Seite des vom Knotenblech abstehenden Schenkels
ermöglicht wird. Ein Zahlenbeispiel dazu ist bei den Rechenbeispielen zu
finden, vergl. S. 169.

Einseitige Stabanschlüsse eines Winkelstahles können auch nach Abb. 219
ausgebildet werden, indem der in der Knotenblech- bzw. Stegblechebene

Abb. 215. Geschweißte Bahnhofshalle

gelegene Schenkel ausgeklinkt und durch eine Stumpfnaht an das Blech
angeschlossen wird. Der abstehende Schenkel wird jedoch über das Knoten

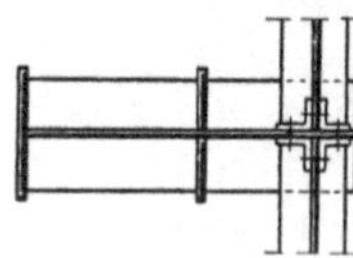

blech gezogen und durch Kehlnähte angeschlossen.
Einen geschweißten Fachwerkstabanschluß bei einer
nordamerikanischen Brücke stellt Abb. 198 dar. Der
größeren Deutlichkeit halber ist ein Teil der Schweißnähte beider Wiedergabe fortgelassen worden. Die
abgerundeten Knotenbleche können auch durch gerade
Schnitte begrenzt werden. Die
Flansche sind im Bereich der
Knotenbleche weitgehend ausgeklinkt, stumpf gegen die Knotenbleche gestoßen und diese mit den
stehengebliebenen Stegblechen
des Stabes verschweißt. Die Konstruktion ist sehr klar und sauber,
jedoch in ihrer Werkstattarbeit
mit Rücksicht auf die viele Ausklinkarbeit und Beachtung der
Schrumpfmaße teuer.

Abb. 216

Abb. 217

Bei genieteten Anschlüssen werden bei Fachwerkstäben oft Beiwinkel angeordnet, um die der Kraft entsprechenden Niete unterbringen zu können.
Abb. 220a zeigt die Entwicklung vom üblichen angenieteten Beiwinkel bis
zum geschweißten, der durch die Steifigkeit der Schweißnähte am besten
die Forderung nach einem starr mit dem Stab verbundenen Anschlußelement
erfüllt. Bei rein genieteten Konstruktionen mit Beiwinkel soll das durch

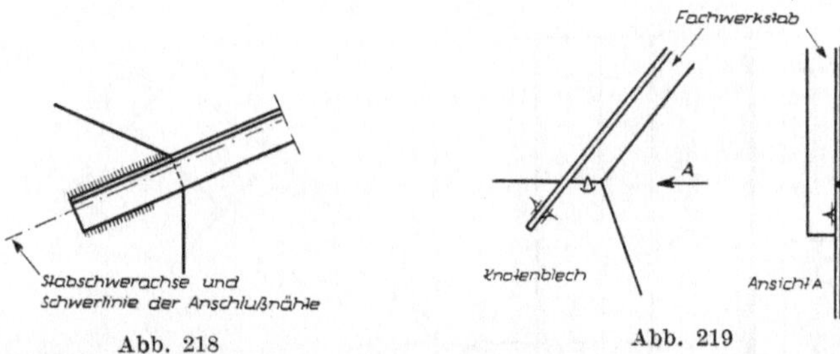

Abb. 218   Abb. 219

die Erhöhung der Nietzahl des am Stab anliegenden Schenkels erzielt
werden. Statt nun den Beiwinkel an die Flansche des U-Stahles durch
Niete anzuschließen, wird ein Flacheisen stumpf mit dem Steg des U-Stahles
verschweißt (Abb. 220b).
In den Abb. 221a und 221b sind weitere interessante Knotenpunkte
einer geschweißten Fachwerkbrücke für eine Eisenbahn dargestellt. Der

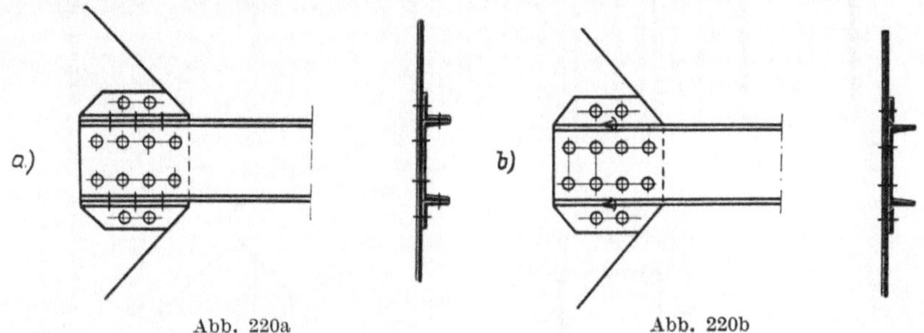

Abb. 220a   Abb. 220b

Obergurt wird aus einem geschlossenen Kasten gebildet. Eine Öffnung in
der unteren Gurtplatte ermöglicht die Schließung der genieteten Stöße, und
um den dadurch entstehenden Querschnittsverlust auszugleichen, wird im
Bereich dieser Öffnung die Gurtplattendicke vergrößert. Beidseitig der
Handöffnung dicht eingeschweißte Schotten schließen den Innenraum des
Gurtes ab und verhindern eine unerwünschte Rostbildung.
Bei kleineren Kräften kann man die Knotenbleche stumpf gegen die Stegbleche der Gurte stoßen lassen und durch eine Stumpfnaht miteinander
verbinden, wie es die Einzelheit auf Abb. 221a andeutet.

9*

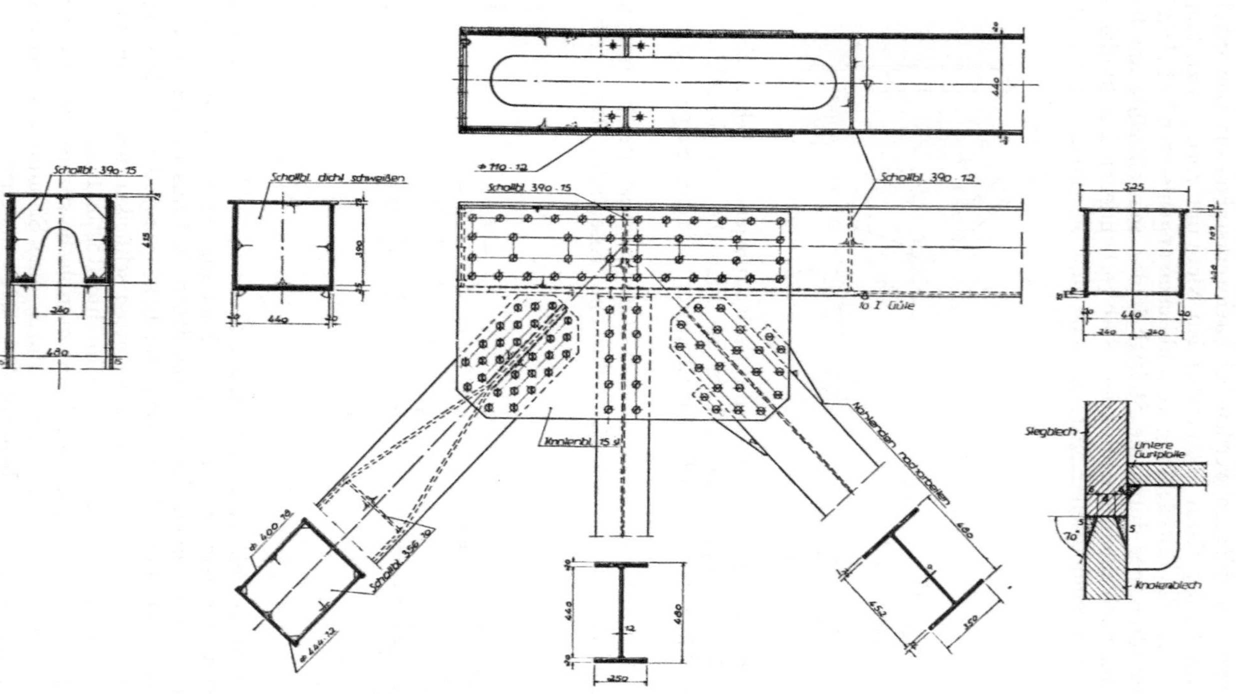

Abb. 221a. Obergurt-Endknotenpunkt einer Eisenbahn-Fachwerkbrücke

Die Enddiagonale wird gleichfalls durch ein geschlossenes Profil hergestellt, jedoch wird hier der genietete Anschluß durch ein Zusammenziehen der Stegbleche an den Stabenden ermöglicht. Die unverändert weiter laufende Gurtplatte wird für den Anschluß an die Knotenbleche herangezogen. Die I-Querschnitte der anderen Diagonalen können in der üblichen Weise genietet angeschlossen werden. Der Untergurt besteht aus einem unten offenen Kastenquerschnitt, dessen Form durch stumpf zwischen die untere Gurtplatte eingeschweißte Bindebleche gewahrt bleibt.

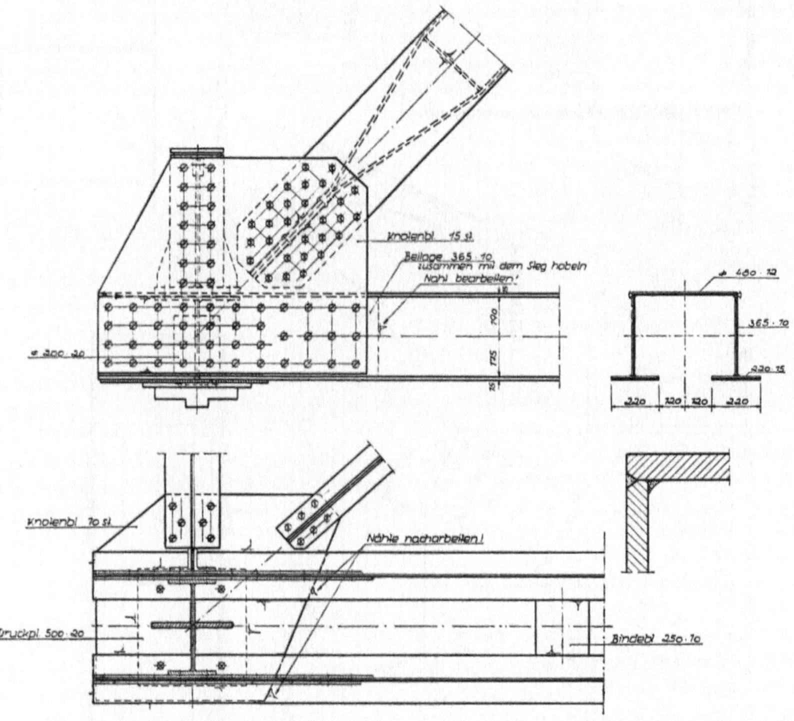

Abb. 221b. Untergurt-Endknotenpunkt einer Eisenbahn-Fachwerkbrücke

In neuester Zeit ist eine teilweise geschweißte Fachwerkbrücke aus St 5 2 für eine Eisenbahn- und Straßenüberführung bei Lauenburg über die Elbe zur Ausführung gekommen[51], [52]), Abb. 221c. Auch hier hat man lediglich die Einzelfachwerkstäbe geschweißt ausgeführt, während für Baustellenstöße und Anschlüsse die Nietbauweise zur Anwendung kam. Die Druckstäbe sind geschlossene Profile, die im Bereich der Fachwerkknoten durch Mannlöcher für die Nietung zugänglich gemacht wurden. Eingeschweißte Schotte neben den Mannlöchern haben die Stäbe zu geschlossenen Hohlkörpern verwandelt.

133

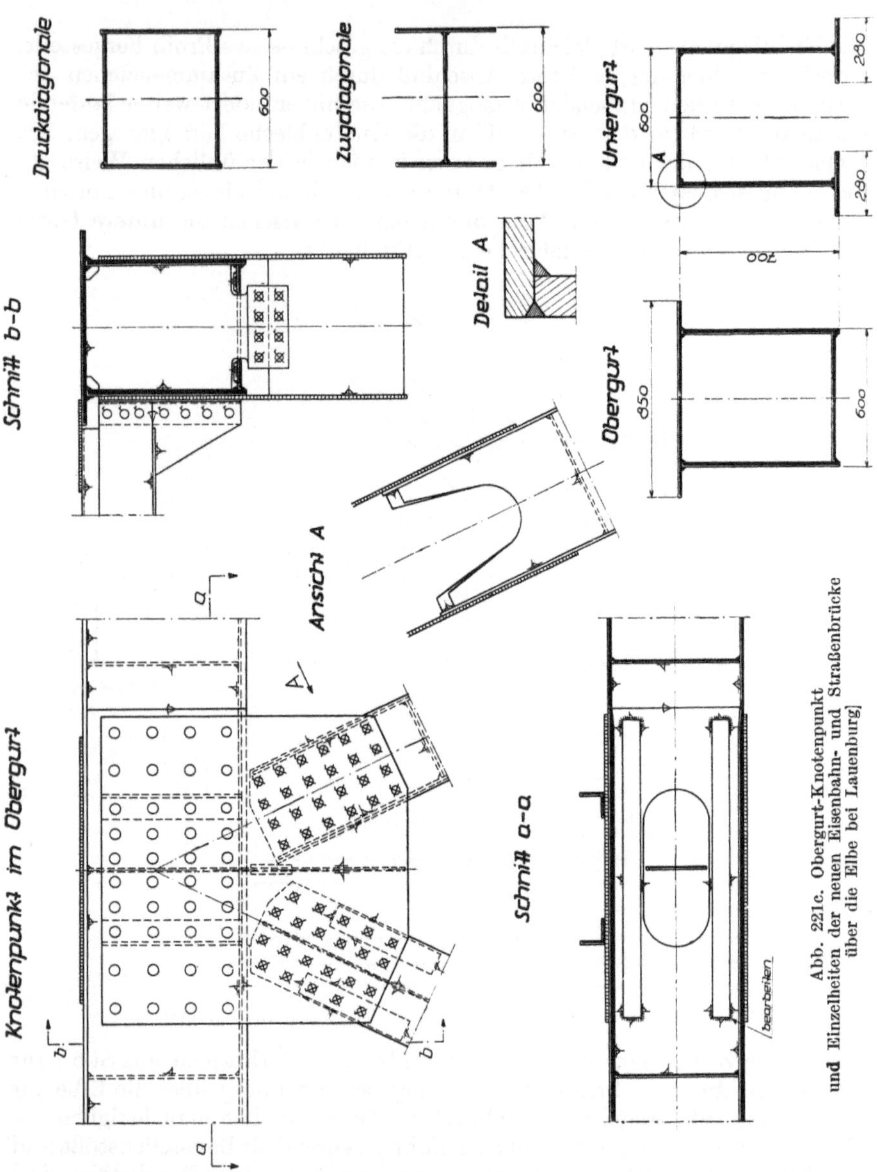

Abb. 221c. Obergurt-Knotenpunkt und Einzelheiten der neuen Eisenbahn- und Straßenbrücke über die Elbe bei Lauenburg]

Die unzugängliche Innenseite wird mit einem einmaligen Bleimennige-anstrich versehen; nur im Bereich der Wärmezone nachträglich zu zie-hender Schweißnähte bleibt ein Streifen farbfrei, um ein Verdampfen während des Schweißens zu vermeiden. Einige Einzelheiten darüber zeigt Abb. 221c.

Mit diesen Grundlagen ist es möglich, auch einfache, geschweißte Fachwerkträger auszuführen.

Durch die Schweißtechnik ist es möglich geworden, ein statisch ausgezeichnet wirkendes Profil, das Rohr, weitgehend in den Stahlbau einzuschalten.

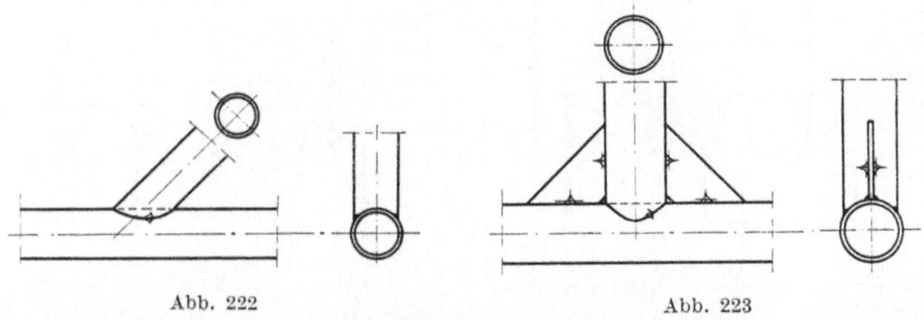

Abb. 222   Abb. 223

Bei Nietkonstruktionen waren die Anschlüsse der Rohre schwierig und fast nie statisch einwandfrei auszubilden.

Am einfachsten ist es natürlich, nach Abb. 222 das anzuschließende Rohr entsprechend der Form des Anschlusses abzulängen und stumpf zu verschweißen. Derartige Anschlüsse lassen sich bei den verschiedensten Nei-

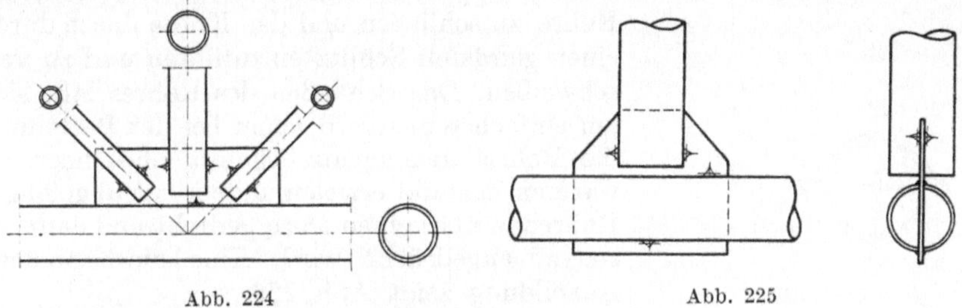

Abb. 224   Abb. 225

gungen der Rohre gegeneinander ohne Schwierigkeiten ausführen. Allerdings ist es nur bei Rohren möglich, die bei Druck oder Zug nicht die Gefahr des Ausbeulens der Rohrwandung aufweisen, der Durchmesser also nicht zu groß bzw. die Wandstärken nicht zu dünn sind. Sollte dies der Fall sein, so wird man eine Aussteifung des durchlaufenden Rohrstückes vornehmen müssen, beispielsweise nach Abb. 223.

Zieht man es vor, die Rohrverbindung durch ein Knotenblech durchzuführen, so kann man dieses stumpf anschweißen, die anzuschließenden Rohre schlitzen — was mittels eines Fräskopfes möglich ist — und auf dem Knotenblech anschweißen. Eine derartige Ausbildung zeigt Abb. 224.

Wünscht man bei Beulgefahr des durchlaufenden Rohres dessen Aussteifung,
so kann man den Schlitz durch das Rohr fräsen, das Knotenblech hindurch-
ziehen und oben und unten anschweißen, wie es Abb. 225 zeigt. Sollen

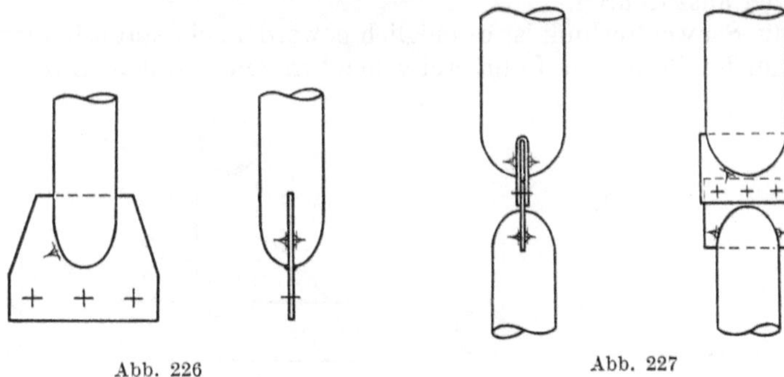

Abb. 226   Abb. 227

größere Fachwerkbinder erstellt werden, die nicht mehr im ganzen trans-
portiert werden können, und will man Baustellenschweißung vermeiden,
so wird man beidseitig Knotenbleche anbringen und diese vernieten oder

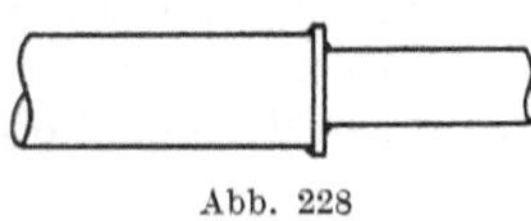

Abb. 228

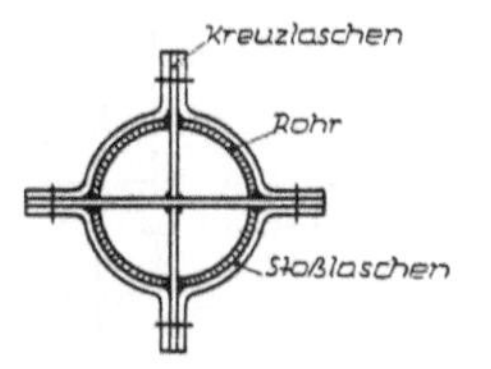

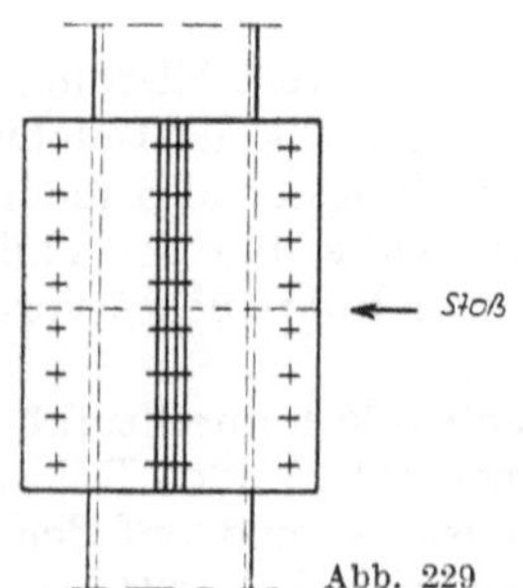

Abb. 229

verschrauben. Die Verbindung der Knotenbleche
mit den einzelnen Rohrstücken kann natürlich
geschweißt werden. Vielfach ist es erwünscht, um
Rostbildung im Rohrinnern zu vermeiden, die
Rohre zu schließen und das Knotenblech durch
einen gefrästen Schlitz einzuführen und zu verschweißen. Das Schließen des Rohres läßt sich
am einfachsten, sofern schon bei der Bestellung
die Rohrlängen genau bekannt sind, noch im
warmen Zustand erzielen, indem das abgelängte
Rohrende über einen Dorn gedreht und dadurch
zusammengedrückt wird. Eine diesbezügliche
Ausbildung zeigt Abb. 226.

Sofern man nicht einen einseitigen Anschluß der
beiden Knotenbleche zuläßt, muß eines der beiden Knotenbleche doppelt ausgebildet werden.
Auch dies kann man in einer ähnlichen Form
durch Schlitzen und Einführen eines gefalteten
Knotenbleches erreichen. Die Faltung erhält man
am einfachsten im warmen Zustand, indem man
das Blech in der Presse über einen Stempel drückt.
Ein doppeltes Knotenblech des oberen Stabes wird
in Abb. 227 dargestellt. Im Bauwerk selbst ist bei
Druckstäben eine einwandfreie seitliche Halte-

rung gegen Verschiebungen derartig ausgebildeter Stabanschlüsse zu beachten. Im allgemeinen wird man Stumpfstöße von Rohren schweißen, und zwar,

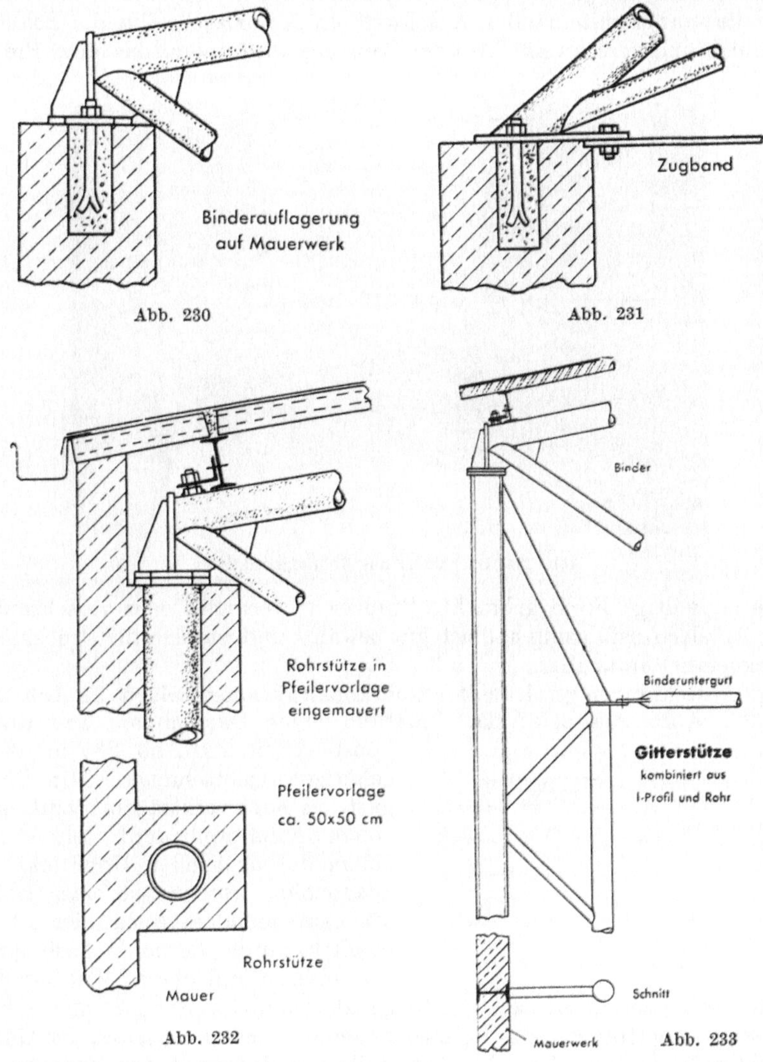

Abb. 230

Abb. 231

Abb. 232

Abb. 233

wenn die Durchmesser gleich groß sind, durch einen normalen Stumpfstoß. Beim Stoßen von Rohren verschiedener Durchmesser wird man wohl am vorteilhaftesten eine kräftige Platte entsprechend Abb. 228 zwischenschalten.

Eine interessante Ausbildung nach Abb. 229 wurde bei einem zerlegbaren Gerät entwickelt. Die beiden zu stoßenden Rohre mit gleichem Durchmesser werden, um je 90° versetzt, viermal in der Längsrichtung angefräst, dann die vorher miteinander verschweißten Kreuzlaschen in die Schlitze eingeführt und verschweißt. Auf der Baustelle wird die mittels einer Presse

Abb. 234. Dachbinder aus Rohrkonstruktion

in die endgültige Form gebrachte Stoßlasche vernietet oder verschraubt. Diese Art der Ausführung hat sich gut bewährt und ist auch für Druckstäbe (Knickgefahr) brauchbar.
Einige Ausbildungen geschweißter Rohrkonstruktionen zeigen die Abb. 230 bis 233. Abb. 234 zeigt das Lichtbild eines Dachbinders aus Rohr-

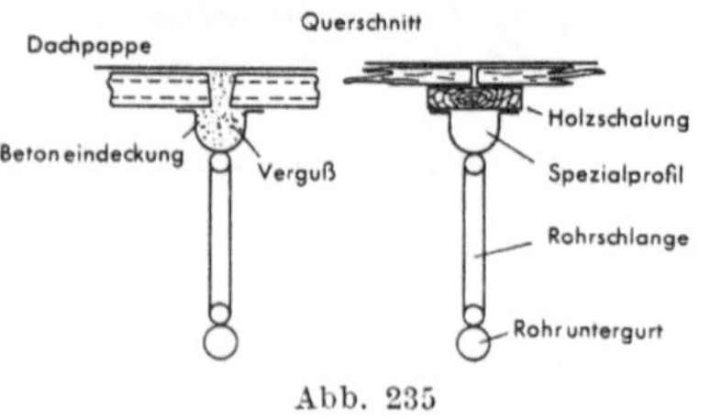

Abb. 235

konstruktion und Abb. 235 die dazu gehörigen Querschnitte. Der Obergurt des Fachwerkträgers wird aus einem Spezialprofil, der Untergurt aus einem durchgehenden Rohr und die Diagonalen werden aus einer Rohrschlange gebildet. Auch hier ist es möglich, durch die runde Ausbildung der unteren und oberen Knickstellen der Rohrschlange die Achsen von Diagonalen und Gurten zusammentreffen zu lassen und trotzdem die Rohrschlangen auf den Innenseiten der Gurte anzuschweißen. Abb. 236 zeigt eine Halle aus Rohren in der Montage.
Im Behälterbau entstehen durch die dort auftretenden Druckverhältnisse größere Verformungen, und da die Schweißnaht infolge ihrer größeren Sprödigkeit diesen Verformungen nicht in demselben Maße folgen kann, muß

138

dieses Verhalten schon bei der Konstruktion beachtet werden. Eine typische Konstruktionsform ist der Anschluß von Böden bei runden Kesseln. Hier soll man keinesfalls bei Behältern mit Innen- oder Außendruck die Schweißnähte in die Ecken legen, wie es Abb. 237 andeutet, vielmehr werden durch vorgewölbte Kesselböden und Verschiebung der Verbindungsnaht zwischen

Abb. 236. Halle aus Rohren in der Montage

Wandung und Boden in die Wand hinein weit bessere Ergebnisse erreicht. Durch Pressen werden im warmen Zustand die Behälterböden in die gezeichnete Form mit Wandansatz gedrückt und dann durch eine einfache V-Naht oder X-Naht verschweißt, wobei die Verwendung von Schweißautomaten bei

dieser Anordnung der Naht kostenermäßigend wirkt. Eine derartige Ausbildung deutet Abb. 238 an. Das Kümpeln des Behälterbodens bietet eine Reserve gegen unzulässige Verformungen der Schweißnaht.

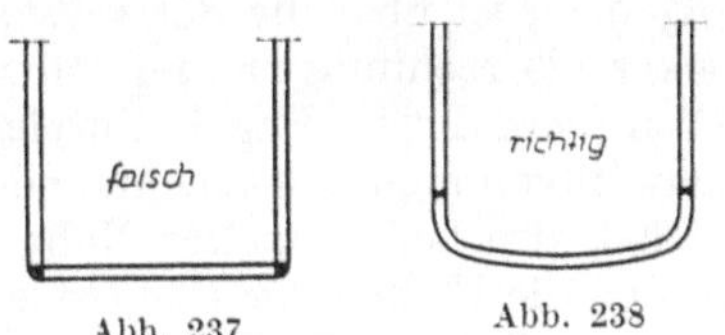

Abb. 237   Abb. 238

Auch Behälterstutzen wird man möglichst so ansetzen, daß nicht direkt im Knickpunkt eine Naht gezogen, sondern diese möglichst in die Wand verlegt wird. Beispiele dazu zeigen die Abb. 239 und 240. Welche Ausführungsart gewählt wird, hängt von der Form und Größe sowohl der Behälter als auch der Stutzen ab. Die durch die Stutzenöffnung in der Behälterwand fehlende Fläche wird gewöhnlich durch aufgeschweißte Ringe ersetzt.

Rohre größeren Durchmessers, die aus geschweißten Blechen hergestellt werden und auf Lagern aufliegen, wird man nicht auf ein einfaches Sattellager auflegen, da hier immer die Gefahr einer Beulung der Blechwandung besteht. Besser ist es, einen Ring um das ganze Rohr herumzuziehen und sozusagen eine Verlängerung des Auflagers über die ganze Rohrwandung zu erzielen. Ein flach an der Rohrwandung anliegender Flachstahlstreifen „a" führt eine Verbreiterung dieser Auflagerung herbei. Abb. 241 veranschaulicht eine solche Ausführung. Dieser so gebildete T-Rahmen kann dann auf den üblichen Rohrlagern aufgesetzt werden.

Abb. 239   Abb. 240

Bei verhältnismäßig dickwandigen Rohren, also bei selbsttragenden Rohren größerer Stützweiten mit kleinem Durchmesser, kann evtl. diese Rohrversteifung entfallen. Wann nun versteift werden muß und wann nicht, hängt von den vorliegenden Verhältnissen ab und muß jeweils rechnerisch ermittelt werden.

Auch Schienen werden auf Brücken jetzt vielfach miteinander verschweißt, um die Stöße möglichst gering zu halten. Die Verbindung der einzelnen Schienenlängen wird durch Thermitschweißung hergestellt. Konstruktiv ist dabei zu beachten, daß unterhalb des Fußes genügend Platz für die Form bleibt, die zum Gießen des Thermiteisens erforderlich ist. Man rechnet im allgemeinen 4 bis 5 cm dafür.

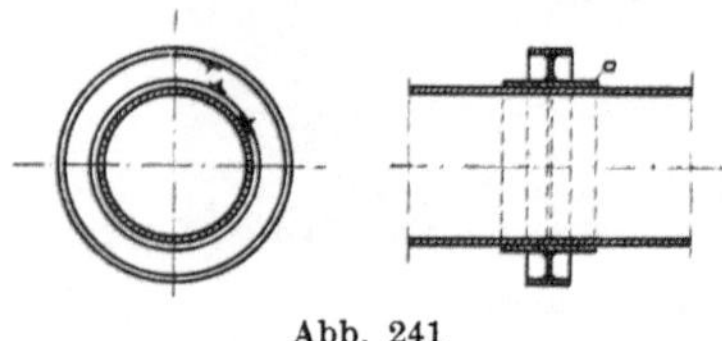

Abb. 241

Es ist unbedingt zu vermeiden, an die meist hochgekohlten Schienen andere Bauteile, wie Schienenentwässerungskasten, anzuschweißen, da diese Stellen infolge der dort auftretenden Aufhärtungen und Unstetigkeiten zu Schienenbrüchen neigen.

Allgemein ist über die Schweißnahtstärke zu bemerken, daß man diese nie dicker als rechnungsmäßig erforderlich ausführen und nur in Ausnahmefällen von dieser Regel abweichen soll. Wie bekannt, erhöht sich das Schweißvolumen mit zunehmender Nahtstärke im quadratischen Verhältnis, wächst also bei doppelter Nahtstärke „a" auf das Vierfache an. Dadurch werden die Kosten der Elektroden vervierfacht und auch die Schweißarbeit steigt, weil dann die Lagenanzahl vervielfacht werden muß und durch die größere Wärmezufuhr erhöhte Verformungen und damit erhöhte Richtarbeit anfällt. Andererseits darf natürlich eine Mindeststärke nicht unterschritten werden, wofür die DV 848 für tragende Nähte $a = 3{,}5$ mm und für untergeordnete Nähte (Anschlüsse von Aussteifungen) $a = 3{,}0$ mm vorschreibt.

V. BERECHNUNGSGRUNDLAGEN NACH DEN SCHWEISSVORSCHRIFTEN

1. Allgemeines

Abgesehen von den im Kapitel IV erwähnten baulichen Unterschieden zwischen genieteter und geschweißter Bauweise ist auch die Berechnungsweise geschweißter Bauwerke anders als die genieteter, weil an Stelle der Nietschaftquerschnitte, des Lochleibungsdruckes usw. nunmehr die Nutzflächen der Schweißnähte treten und weil die zulässigen Spannungen andere sind.

Die Nutzfläche einer Schweißnaht ergibt sich aus der nutzbaren Breite, nämlich dem bereits am Schluß des Kapitels III ausführlich behandelten Maß „a", und der nutzbaren Länge der Naht, d. h. der Länge ohne Endkrater, „l". Hinsichtlich des Maßes „a" sei nochmals ausdrücklich betont, daß hierfür *nicht* die wirkliche Dicke der Naht mit Schweißwulst eingesetzt werden darf, sondern nur der nach den Vorschriften jeweils zulässige Wert, z. B. bei Kehlnähten die Höhe des eingeschriebenen gleichschenkligen Dreiecks.

Die Ermittlung der Kräfte geschieht in bekannter Weise nach den Regeln der Statik. Während es auf diesem Gebiete allgemein üblich ist, Spannungen in den Bauteilen mit dem griechischen Buchstaben „σ" (sigma) zu bezeichnen, verwendet man zur Bezeichnung der Spannungen in Schweißnähten auch den griechischen Buchstaben „ϱ" (rho). Die zulässigen Spannungen wie auch die Berechnungsverfahren sind nun unterschiedlich, je nachdem man es mit ruhenden oder mit beweglichen Lasten zu tun hat. Ersteres dürfte bei Hochbauten wohl ausschließlich der Fall sein, während bewegliche Lasten bei Brücken, Kranbahnen usw. vorkommen.

2. Berechnung von Schweißnähten im Hochbau nach DIN 4100|

Im Hochbau können die nach den Regeln der Statik sich ergebenden Kräfte ohne weiteres der Spannungsermittlung zugrundegelegt werden.

Für die Spannungen der Schweißnähte sind nach DIN 4100, § 5, die in umstehender Tafel VII angegebenen Werte zulässig.

Die zulässigen Spannungen sind mithin von denen der zu verbindenden Werkstoffe abhängig gemacht, z. B. für Kehlnähte:

$$\varrho_{zul} = 0{,}65 \cdot 1400 = 910 \text{ kg/cm}^2 \text{ für St 37}$$
$$\text{und} = 0{,}65 \cdot 2100 = 1365 \text{ kg/cm}^2 \text{ für St 52.}$$

Tafel VII. Zulässige Spannungen nach DIN 4100

Nahtart	Art der Spannung	Zulässige Spannung ϱ_{zul}	Bemerkungen
Stumpfnähte	Zug	0,75 σ_{zul}	σ_{zul} ist die nach den bestehenden Vorschriften für den zu verschweißenden Werkstoff zulässige Spannung
	Druck	0,85 σ_{zul}	
	Biegung*)	0,80 σ_{zul}	
	Abscheren	0,65 σ_{zul}	
Kehlnähte (Stirn- und Flankenkehlnähte)	jede Spannungsart	0,65 σ_{zul}	

*) Zug und Druck in auf Biegung beanspruchten Bauteilen.

Früher waren die zulässigen Spannungen — nach den „Vorläufigen Vorschriften für geschweißte Stahlbauten" (vgl. Bautechnik 1931, Heft 17, S. 240) — niedriger, z. B. für Kehlnähte nur $0,5 \cdot \sigma_{zul}$. Auf Grund der inzwischen erzielten Fortschritte in der Schweißbauweise und der Verbesserung der Schweißdrähte hat man die zulässigen Spannungen erhöht, „diese Spannungen setzen aber eine sorgfältige und einwandfreie Berechnung, Ausführung und Bauüberwachung voraus"[53].

Nach § 4, 2 ist die Spannung von Kehl- und Stumpfnähten der Anschlüsse und Stöße gezogener oder gedrückter oder auf Schub beanspruchter Glieder nach der Formel

$$\varrho = \frac{P}{\Sigma\,(a \cdot l)}$$

zu errechnen.

Im Abschnitt 3 des § 4 wird ausgeführt, wie zu verfahren ist, wenn die Schweißnähte außer für eine Auflagerkraft A auch für ein Moment M, ferner wenn in Biegeträgern die Stumpfnähte von Stegblechstößen berechnet werden müssen. Hinsichtlich der neuzeitlichen Ausbildung der Stegblechstöße ist im vorhergehenden Kapitel das Erforderliche gesagt worden.

Nach Abschnitt 4 dieses § 4 der DIN 4100 „Berechnung der Schweißnähte" ist „die durch das Einbrennen der Schweiße hervorgerufene Werkstoffänderung für die Berechnung nicht als Schwächung des Querschnittes anzusetzen". Tatsächlich tritt an dieser Stelle eine mehrfache Schwächung des Querschnittes — nicht nur durch die Werkstoffänderung — ein, wie bereits im Abschnitt III, 5 nachgewiesen. Bei Brücken wird den in der Nähe der Nähte auftretenden Beanspruchungen große Beachtung gewidmet; und es erscheint angebracht, auch im Hochbau sich dessen bewußt zu bleiben, daß — namentlich bei hochbeanspruchten Bauteilen — eine Querschnittsschwächung sich ungünstig auswirken kann.

Weiter heißt es im vorerwähnten Abschnitt 4:

„Etwaige Schlitze und Löcher für Montagebolzen in Zugstäben oder in der Zugzone von Baugliedern, die auf Biegung beansprucht sind, müssen bei der Berechnung des Querschnittes abgezogen werden, wenn nicht der Querschnittsverlust durch Schweißnähte vor dem Loch bereits angeschlossen ist."

Zur Erläuterung des Schlußsatzes diene Abb. 242. Ist der Querschnittsverlust des Stabes I infolge des Loches für den Montagebolzen bereits durch die Nähte $a-b$ angeschlossen, so braucht das Loch bei der Ermittlung der Querschnittsfläche des Stabes I nicht abgezogen zu werden.

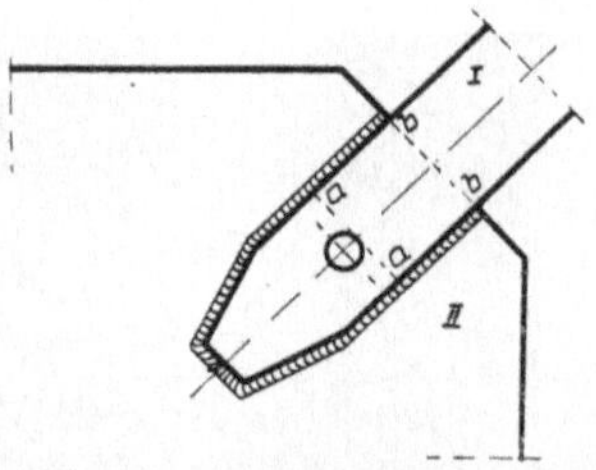

Der letzte Absatz des Abschnittes 4 lautet:

„Die Scherspannung und der Lochleibungsdruck der Montagebolzen sind nachzuweisen. Werden als Montagebolzen genau eingepaßte konische Bolzen verwendet, die mit den Verbindungsteilen fest verschraubt oder verschweißt werden, so dürfen diese Bolzen für den Gesamtanschluß als mittragend gerechnet werden."

Abb. 242

Der Absatz 5 des § 4 enthält wichtige Angaben über die erforderliche Anschlußlänge der Gurtplatten. Diese

„sind erst an der Stelle voll wirksam, wo ihr Querschnitt durch die Schweißnähte voll angeschlossen ist. Jede Gurtplatte ist mit mindestens einer Anschlußlänge gleich der halben Gurtplattenbreite über das rechnerische Ende hinauszuführen."

Auf Abschnitt 7 des § 4 sei noch hingewiesen:

„Nähte, die wegen erschwerter Zugänglichkeit nicht einwandfrei ausgeführt werden können, sind bei der Festigkeitsberechnung außer Ansatz zu lassen. Hierzu gehören Kehlnähte, deren Nahtschenkel einen kleineren Winkel als 70° bilden."

Für Stahlleichtbau und Stahlrohrbau im Hochbau ist DIN 4115 maßgebend. Die zulässigen Spannungen für solche Ausführungen vgl. Tafel X, S. 158. Wir wenden uns nunmehr den Bauwerken mit beweglichen Lasten (z. B. Brücken) zu.

3. Dauerversuche als Grundlage der Vorschriften für die Berechnung von Bauwerken mit beweglichen Lasten (das γ-Verfahren)

Während bei ruhender Belastung die rechnerisch oder zeichnerisch ermittelten Größtlasten ohne weiteres der Berechnung der Bauteile zugrundegelegt werden können, müssen bei beweglichen Lasten verschiedene zusätzliche Einflüsse berücksichtigt werden.

Einmal üben die beweglichen Lasten Stöße auf die Bauwerke aus oder versetzen sie in Schwingungen. Es sind daher — einerlei ob es sich um genietete oder geschweißte Bauwerke handelt — für Bauwerke der Deutschen Bundesbahn zunächst die Kräfte und Momente aus diesen Lasten nach den „Berechnungsgrundlagen für stählerne Eisenbahnbrücken (BE)", DV 804, mit dem Schwingbeiwert φ (früher „Stoßzahl" genannt) zu vervielfältigen.

Des weiteren hat sich bei Versuchen, die man etwa 1928 anläßlich der Einführung eines höherwertigen Stahles (St 52) vorgenommen hat, ergeben, daß neben der Streckgrenze, die zur Beurteilung des Verhaltens stählerner Bauteile gegenüber statischen Beanspruchungen maßgebend ist, auch dem Verhalten des Stahles gegenüber wechselnden Beanspruchungen Aufmerksamkeit geschenkt werden muß[54]). Diese Dauerversuche, die zunächst u. a. von der Deutschen Reichsbahn-Gesellschaft und dem Deutschen Stahlbauverband für *genietete* Verbindungen durchgeführt wurden, wurden 1930 auf Anregung des Fachausschusses für Schweißtechnik im Verein Deutscher Ingenieure auch auf *geschweißte* Verbindungen ausgedehnt[55]) und führten dazu, die Einflüsse der wechselnden Beanspruchungen durch das im folgenden näher beschriebene γ-Verfahren zu berücksichtigen. Während sich beim gewöhnlichen Zerreißversuch (dem sogenannten statischen Bruch) an der Bruchstelle eine starke Einschnürung zeigt, gehen die Stäbe bei Dauerversuchen ohne nennenswerte Querschnittsänderung zu Bruch (Abb. 243).

Abb. 243. Links statischer Bruch, rechts Dauerbruch

Nach BE, § 36, 3 ist γ derjenige, den Einfluß einer wechselnden oder schwellenden Beanspruchung (Dauerbeanspruchung) berücksichtigende Beiwert, mit dem der zahlenmäßig größte Grenzwert der Stabkräfte $_{max}S_1$ (aus ständiger Last und Verkehrslast [und Fliehkraft] mit Schwingbeiwert φ) vervielfacht werden muß, damit solche Bauteile wie Bauteile behandelt werden können, die keine wechselnde oder schwellende Beanspruchung erhalten.

Diese Beiwerte γ sind vom Verhältnis $\dfrac{min\ S}{max\ S}$ abhängig.

Die BE geben in einer Tafel (17) die verschiedenen γ-Werte, auch für St 52 bei starkem oder schwachem Verkehr, übersichtlich an.

144

Welch großer Unterschied zwischen den Festigkeitszahlen bei statischen und dynamischen Versuchen besteht, möge aus folgender Gegenüberstellung [nach *Kommerell*[56]) Ergebnis der Kuratoriumsversuche] hervorgehen:

a) Schweißverbindungen, die rein statisch beansprucht wurden, erreichten Zugfestigkeiten, die denen des Mutterwerkstoffs entsprechen ($\sigma_B = 37$ bis 42 kg/mm²). Es zeigte sich bei den Versuchen die übliche Einschnürung (vgl. Abb. 243, links).

b) Dieselben Schweißverbindungen in den Dauerprüfmaschinen oder in Schwingbrücken geprüft, ergaben bei 2 Millionen Lastwechseln Ursprungsfestigkeiten von nur

$$\sigma_u = 13 \quad \text{bis } 18 \quad \text{kg/mm}^2 \text{ bei Stumpfnähten,}$$
$$\sigma_u = 6{,}5 \text{ bis } 10{,}3 \text{ kg/mm}^2 \text{ bei Stirnkehlnähten,}$$
$$\sigma_u = 8 \quad \text{bis } 12 \quad \text{kg/mm}^2 \text{ bei Flankenkehlnähten.}$$

Es trat der bekannte Dauerbruch (vgl. Abb. 243, rechts) ein. Der Unterschied zwischen statischer und dynamischer Beanspruchung ist mithin beträchtlich; der höchste Wert, der bei dynamischer Beanspruchung erreicht wurde, beträgt noch nicht die Hälfte der bei statischem Versuch erzielten Festigkeit! Die bei dynamischen Versuchen erreichten Bruchfestigkeiten liegen größtenteils unter σ_{zul} für ruhende Last.

Weiter müssen die großen Unterschiede auffallen, die bei den verschiedenen Nahtarten erzielt wurden. Nach diesen Versuchen haben sich Stumpfnähte den Kehlnähten gegenüber als überlegen erwiesen. Wurde aber bei jenen die Wurzel nicht nachgeschweißt, so sank die Ursprungsfestigkeit auf etwa das 0,7fache der Verbindungen mit Nachschweißen der Wurzel.

Aus dem Gesagten ergibt sich, was auch durch weitere Versuche noch bestätigt wurde, daß es bei den durch Schweißen herzustellenden Verbindungen nicht nur auf die Güte des Schweißdrahtes ankommt, sondern auch noch auf verschiedene andere Umstände, z. B. welcher Art die Naht ist (ob Stumpf- oder Kehlnaht, d. h. ob der Kraftfluß möglichst geradlinig verläuft oder abgelenkt wird), ob die Wurzel nachgeschweißt wird und anderes mehr.

Das vorstehend in diesem Abschnitt Gesagte möge zur ersten Einführung genügen, und es sei zum weiteren Studium auf das genannte Schrifttum verwiesen.

Zusammenfassend möge noch einmal kurz erwähnt werden, daß im Gegensatz zu Hochbauten mit ruhenden Lasten bei Bauwerken mit beweglichen Lasten diese ganz allgemein und einerlei, ob es sich um genietete oder geschweißte Bauwerke handelt, mit den Faktoren φ und γ zu vervielfältigen sind. Während durch den Faktor φ der Einfluß der Erschütterungen, die das Bauwerk unter den beweglichen Lasten erfährt, berücksichtigt wird, soll durch den Faktor γ der Umstand, daß der Baustoff unter der Wirkung der wechselnden Beanspruchungen ermüden und daher zu Bruch gehen könnte, erfaßt werden.

Darüber hinaus sind bei geschweißten Brücken auch noch die sogenannten
α-Beiwerte zu berücksichtigen, worauf im folgenden Abschnitt näher
eingegangen werden soll.

4. Berechnung von geschweißten vollwandigen Eisenbahnbrücken (das α-Verfahren) nach DV 848

Die Grundlage für die Vorschriften zur Berechnung von geschweißten vollwandigen Eisenbahnbrücken bilden die bereits im vorhergehenden Abschnitt V, 3 erwähnten Dauerversuche, die ergeben haben, daß bei geschweißten Brücken die Lage und Ausführungsart der Nähte eine große
Rolle spielen und daß nicht nur den Nähten, sondern auch dem Baustoff
in der Nähe der Nähte Beachtung geschenkt werden muß. Im § 4, C I, 3
und 4 der DV 848 heißt es:

„Wenn es nicht erforderlich wäre, die Schweißnahtverbindungen je nach
der *Art der Schweißnaht und ihrer Lage* unterschiedlich zu behandeln, so
könnten die Einflüsse wechselnder oder schwellender Belastung wie bei
genieteten Brücken nach dem γ-Verfahren (BE, § 36) berücksichtigt werden." Es wäre also:

$$\sigma' = \frac{\gamma \cdot \max M_I}{W_n} \cdot \quad *)$$

„Die unterschiedliche Dauerfestigkeit der verschiedenen Schweißnahtverbindungen wird nun durch einen Beiwert α (Formzahl) berücksichtigt, der
aus den Tafeln 2 der DV 848 (für St 37) — vgl. Tafel VIII — und 3 der
DV 848 (für St 52) hervorgeht. Es muß sein:

$$\sigma_I = \frac{\gamma}{\alpha} \cdot \frac{\max M_I}{W_n} \leqq \sigma_{\text{zul}} \begin{pmatrix} 1400 \text{ bei St 37} \\ 2100 \text{ bei St 52} \end{pmatrix}$$

(Querkräfte sind sinngemäß mit $\frac{\gamma}{\alpha}$ vervielfacht in die Rechnung einzuführen,

wobei für die γ-Werte an Stelle von $\frac{\min M_I}{\max M_I}$ der Wert $\frac{\min Q_I}{\max Q_I}$ tritt)".

Die α-Werte sind eingeführt worden, um die rechnerischen Spannungen
einheitlich mit einem gleichbleibenden zulässigen Spannungsbeiwert für alle
möglichen Ausbildungsformen vergleichen zu können.

Von einer vollständigen Wiedergabe der Tafeln für die γ- und α-Werte soll
— als über den Rahmen dieser Schrift hinausgehend — abgesehen werden.
Die Tafeln sind in der DV 848 auf den Seiten 10 bis 13, in den Erläuterungen
von Dr.- Ing. *Kommerell* u. a. enthalten; für unsere Ausführungen genügt
die Wiedergabe der Beiwerte α für St 37, vgl. Tafel, VIII.

---

*) Die Zeiger I deuten an, daß die so gekennzeichneten Werte sich auf *Hauptkräfte*
(ständige Last und Verkehrslast) im Sinne der BE beziehen. Sind noch sonstige, als
Hauptkräfte geltende Einflüsse oder Zusatzkräfte zu berücksichtigen, so ist nach § 4,
C I, 2 der DV 848 zu verfahren.

Betrachten wir zunächst lfd. Nr. 1 bis 3 der Tafel VIII: ,,Ungestoßene Bauteile und Decklaschen". Die Spannungen in den Bauteilen z. B. der auf zwei Stützen ruhenden Träger werden in bekannter Weise ermittelt. Neben den Biegespannungen in Trägermitte ist noch die Scherspannung in der neutralen Faser (über dem Auflager) nach lfd. Nr. 3 mit $\alpha = 0{,}8$ zu bestimmen. Zur Erläuterung diene Abb. 244.

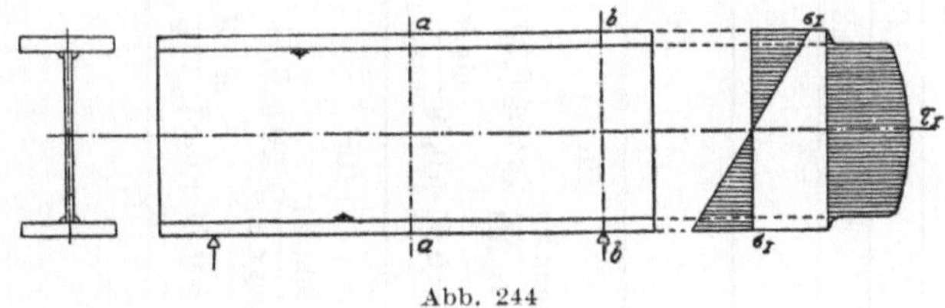

Abb. 244

Im Schnitt $a{-}a$ ist für St 37:

$$\gamma = 1; \; \alpha = 1.$$

$$\sigma_I = \frac{\gamma}{\alpha} \cdot \frac{\max M_I}{W_n}.$$

Im Schnitt $b{-}b$ ist für St 37:

$$\gamma = 1; \; \alpha = 0{,}8.$$

$$\tau_I = \frac{\gamma}{\alpha} \cdot \frac{\max A_I \cdot S}{J \cdot t}, \text{ worin}$$

$\max A_I = A_g + \varphi\, A_p$ bei Hauptträgern oder

$\quad\quad\;\; = 1{,}2\,(A_g + \varphi\, A_p)$ bei Fahrbahnträgern ist.

Für Fahrbahnlängsträger (mit Ausnahme der Konsolträger) gelten besondere γ-Werte nach Tafel 4 zu § 4, IV der DV 848.

Bei durchlaufenden Hauptträgern auf mehreren Stützen ist für die Gebiete mit wechselnden Beanspruchungen bei St 37:

$$\gamma = 1{,}0 - 0{,}3 \frac{\min M}{\max M}; \; \alpha = 1{,}0.$$

Für Fahrbahnlängsträger gilt das oben Gesagte.

Nach der heutigen Erkenntnis in der Schweißtechnik sollen Stoß-Decklaschen möglichst vermieden werden, denn Versuche haben ergeben, daß überlaschte Probestäbe eine geringere Dauerfestigkeit haben als Stäbe mit einfachen Stumpfstößen. Gurtplatten wird man nicht nur im Druck-, sondern auch im Zuggurt durch Stumpfstöße ohne Laschendeckung verbinden. Nach einer früheren Vorschrift mußten die Stumpfstöße im Zuggurt unter 45° angeordnet werden. Diese Vorschrift ist aufgehoben worden, einesteils, weil die winkelrechten Stumpfnähte gute Festigkeitswerte ergeben haben, dann aber auch, weil sich die Nähte unter 45° nur schwer einwandfrei herstellen lassen.

10*

148

Tafel VIII[1]), Beiwerte a bei St 37

1	2		3	4	5	
Lfd. Nr.	Bauteil und Nahtart		Art der Beanspruchung	**a-Werte** Wechselbereich	schwellender Bereich	
1	Ungestoßen durchgehende Bauteile und Decklaschen (vgl. Zeile 18)		Zug	1,0	1,0	
2			Druck	1,0	1,0	
3			Abscheren	0,8	0,8	
4	Gestoßene Bauteile, da wo Stumpfnähte angeordnet sind, wenn ein Nachschweißen der Wurzel	möglich ist	größte Spannung Zug (+)	0,8	0,8	
5			größte Spannung Druck (−)	$a = 1 + 0,2 \dfrac{\max M_\mathrm{I}}{\min M_\mathrm{I}}$	1,0	
6		nicht möglich ist	größte Spannung Zug (+)	$a = 0,57 + 0,11 \dfrac{\max M_\mathrm{I}}{\min M_\mathrm{I}}$	für $\dfrac{\min M_\mathrm{I}}{\max M_\mathrm{I}} \geqq 0 \leqq 0,29$ $a = 0,57 + 0,79 \dfrac{\min M_\mathrm{I}}{\max M_\mathrm{I}}$	für $\dfrac{\min M_\mathrm{I}}{\max M_\mathrm{I}} \geqq 0,29$ $a = 0,8$
7			größte Spannung Druck (−)	$a = 0,71 + 0,25 \dfrac{\min M_\mathrm{I}}{\max M_\mathrm{I}}$	für $\dfrac{\min M_\mathrm{I}}{\max M_\mathrm{I}} \geqq 0 \leqq 0,11$ $a = 0,71 + 0,82 \dfrac{\min M_\mathrm{I}}{\max M_\mathrm{I}}$	für $\dfrac{\min M_\mathrm{I}}{\max M_\mathrm{I}} \geqq 0,11$ $a = 0,8$
8	Durchlaufende Stumpf- oder Kehlnähte zur Verbindung des Stegblechs mit den Gurten		Hauptspannung $\sigma = \dfrac{1}{a}\left[\dfrac{\sigma_\mathrm{I}}{2} + \dfrac{1}{2}\sqrt{\sigma_\mathrm{I}^2 + 4\tau_\mathrm{I}^2}\right] \leqq \sigma_{\mathrm{zul}}$	$a = 1,1 + 0,1 \dfrac{\min M_\mathrm{I}}{\max M_\mathrm{I}}$	1,1	
9	Schweißnähte und Stegblech am Übergang zwischen Stegblech und Gurt		Abscheren $\tau'_\mathrm{I} = \dfrac{\gamma \cdot \max Q_{\mathrm{I}x} \cdot S}{a \cdot J \cdot t} \leqq \sigma_{\mathrm{zul}}$	0,65	0,65	

Nr.	Bauteil	Bearbeitung	Spannung			
10	Stumpfnaht am Stegblechstoß		Hauptspannung (Formel wie Zeile 8)	1,0	1,0	
11			Scherspannung $\tau'_I = \dfrac{\gamma \cdot \max Q_{Ix}}{a \cdot t \cdot h_s} \leq \sigma_{zul}$	0,65	0,65	
12	Kehlnähte am biegefesten Anschluß eines Trägers		Hauptspannung $\sigma = \dfrac{1}{a}\sqrt{\sigma_I^2 + \tau_I^2} \leq \sigma_{zul}$	0,75	0,75	
13			Scherspannung $\tau' = \dfrac{\gamma \cdot \max A_I}{a \cdot \Sigma(a \cdot l)} \leq \sigma_{zul}$	0,65	0,65	
14/15	Bauteile in der Nähe von Stirnkehlnähten und an Stellen, an denen Flankenkehlnähte beginnen oder endigen. Kehlnähte selbst sind nach Zeile 19 zu berechnen	Stirnnähte und Flankenkehlnahtenden unbearbeitet	größte Spannung Zug (+) oder Druck (—)	$a = 0,71 + 0,15\dfrac{\min M_I}{\max M_I}$	für $\dfrac{\min M_I}{\max M_I} \geq 0 \leq 0,29$ $a = 0,71 + 1,0\dfrac{\min M_I}{\max M_I}$	für $\dfrac{\min M_I}{\max M_I} \geq 0,29$ $a = 1,00$
16		wie vor, aufs beste bearbeitet	größte Spannung Zug (+)	$a = 0,93 + 0,13\dfrac{\min M_I}{\max M_I}$	für $\dfrac{\min M_I}{\max M_I} \geq 0 \leq 0,07$ $a = 0,93 + 1,0\dfrac{\min M_I}{\max M_I}$	für $\dfrac{\min M_I}{\max M_I} \geq 0,07$ $a = 1,0$
17			größte Spannung Druck (—)	$a = 1 + 0,2\dfrac{\min M_I}{\max M_I}$	1,0	
18	Decklaschen und durchschießende Platten an den Fahrbahnlängsträgern, wenn die Flankenkehlnähte nicht durchgehend geschweißt sind	wie Zeilen 14 bis 17		wie Zeilen 14 bis 17	wie Zeilen 14 bis 17	
19	Kehlnähte	jede Beanspruchungsart mit Ausnahme der Hauptspannungen (Zeile 8) und Zug und Druck in der Nahtlängsrichtung		0,65	0,65	
20	Die Stegblechstumpfstöße sind in der ganzen Länge zu durchstrahlen und in denjenigen Teilen zu bearbeiten (so daß ein allmählicher Uebergang von der Raupe zum Blech entsteht), in denen der Unterschied der oberen und unteren Spannung $c_o - \sigma_u \geq 0,8 \cdot 1400 \geq 1120 \, \text{kg/cm}^2$ ist. Hierin ist: $\sigma_o = \dfrac{\max M_I}{Wn}$; $\sigma_u = \dfrac{\min M_I}{Wn}$.					

[1]) Vgl. Tafel 2 der DV 848

149

Mit den vorerwähnten Decklaschen dürfen nicht jene verwechselt werden, die die Enden der Fahrbahnlängsträger über die Querträger hinweg miteinander verbinden und auch „Kontinuitätslaschen" genannt werden. Diese „durchschießenden Platten" an den Längsträgern sind, wenn die Flankenkehlnähte nicht durchgehend geschweißt werden, nach lfd. Nr. 18 der Tafel VIII zu berechnen. Die sogenannten Halsnähte, d. h. die Nähte zur Verbindung des Stegblechs mit den Gurten, sind in zweierlei Hinsicht zu untersuchen; einmal ist nach lfd. Nr. 8 die Hauptspannung zu ermitteln, sodann nach lfd. Nr. 9 die Scherspannung (vgl. Abb. 245) im Stegblech und in den Kehlnähten.

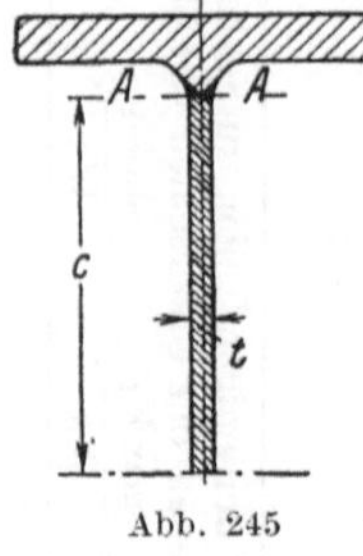

Abb. 245

Nach lfd. Nr. 8 „Durchlaufende Stumpf- oder Kehlnähte zur Verbindung des Stegblechs mit den Gurten" ist die Hauptspannung:

$$\sigma = \frac{1}{\alpha}\left(\frac{\sigma_I}{2} + \frac{1}{2}\sqrt{\sigma_I{}^2 + 4\,\tau_I{}^2}\right).$$

Hierin ist $\sigma_I = \gamma \cdot \dfrac{M_{I_x} \cdot c}{J}$,

$$\tau_I = \gamma \cdot \frac{Q_{I_x} \cdot S}{J \cdot t}.$$

Das Maß „c" ist der Abstand des Überganges des Steges zur Gurtung $A-A$ von der Neutralachse (vgl. Abb. 245).

Bei der Anwendung vorstehender Formel für die Hauptspannung ist es nicht schwierig, $_{max}\,\sigma$ zu ermitteln, wenn man berücksichtigt, daß aus $_{max}\,Q$ sich ohne weiteres das zugehörige Moment ergibt zu:

$$M = x \cdot {}_{max}\,Q \quad \text{(vgl. Abb. 246)}.$$

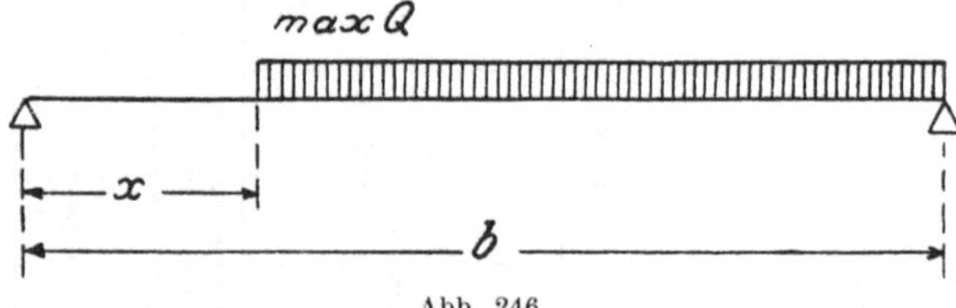

Abb. 246

Andererseits ist bei $_{max}\,M$ die Querkraft

$$Q = \frac{dM}{dx}$$

oder bei endlicher Teilung beispielsweise (vgl. Abb. 247)

$$Q \cong \frac{_{max}\,M_4 - {}_{max}\,M_3}{\lambda},$$

wobei die $_{\max} M$-Werte aus der Querschnittsbemessung des Hauptträgers bekannt sind.

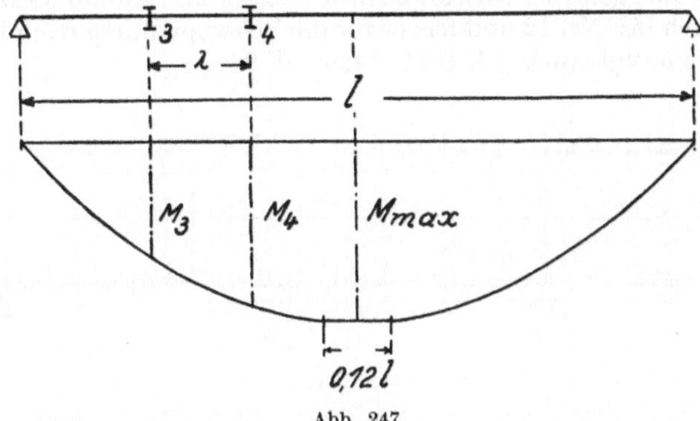

Abb. 247

Nach lfd. Nr. 9 „Schweißnähte und Stegblech am Übergang zwischen Stegblech und Gurt" ist

$$\tau_I' = \frac{\gamma}{\alpha} \cdot \frac{\max Q I_x \cdot S}{J \cdot t} \leqq \sigma_{zul}.$$

$\alpha = 0,65$ bei St 37; $0,55$ bei St 52.

τ in den Kehlnähten ist nach vorstehender Formel nur nachzuweisen, wenn das Kehlmaß $a < \dfrac{t}{2}$ ist.

Auch die Stumpfnähte am Stegblechstoß sind wie die Halsnähte zunächst durch Ermittelung der Hauptspannung (Formel wie lfd. Nr. 8) und sodann der Scherspannung nach lfd. Nr. 11 mit $\alpha = 0,65$ zu untersuchen.

Wichtig ist die Bestimmung in lfd. Nr. 20: Die Stegblechstumpfstöße sind in der ganzen Länge zu durchstrahlen und in denjenigen Teilen zu bearbeiten (so daß ein allmählicher Übergang von der Raupe zum Blech entsteht), in denen der Unterschied der oberen und unteren Spannung $\sigma_o - \sigma_u = 0,8 \cdot 1400 = 1120$ kg/cm² ist.

Hierin ist $\quad\quad\quad \sigma_o = \dfrac{\max M_I}{W_n}, \ \sigma_u = \dfrac{\min M_I}{W_n}.$

Die genannte Beanspruchung gilt nach Tafel 3 der DV 848 auch für St 52. Erläuternd führt *Kommerell* zu dieser Bestimmung folgendes aus[56]):

„Die Bearbeitung der Stegblechstumpfstöße in denjenigen Teilen, in denen der Unterschied der oberen und unteren Spannung (ohne γ-Wert) größer als 11,2 kg/mm² ist, ist notwendig, weil unbearbeitete Nähte nicht höher beansprucht werden sollen."

Die Bauteile in der Nähe der Stöße sind nach lfd. Nr. 4 und 5 bzw. 6 und 7 zu berechnen, und zwar als „gestoßene Bauteile, da wo Stumpfnähte angeordnet sind, wenn ein Nachschweißen der Wurzel möglich bzw. nicht möglich ist".

Kehlnähte am biegefesten Anschluß eines Trägers sind einmal für die Hauptspannung nach lfd. Nr. 12 und ferner für die Scherspannung nach lfd. Nr. 13 zu untersuchen, vgl. auch § 4, C II, 4 der DV 848.

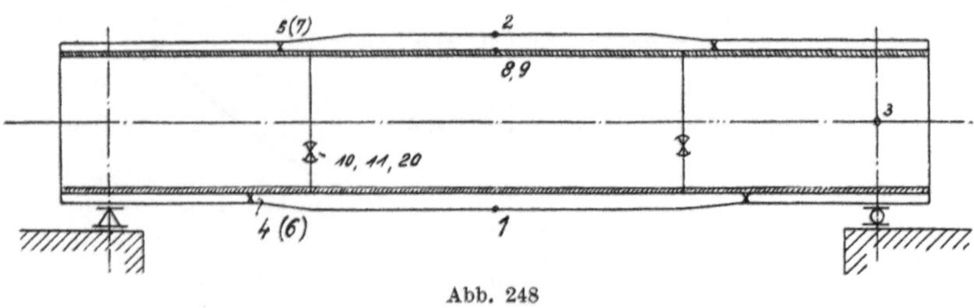

Abb. 248

Für die Bauteile in der Nähe von Stirnkehlnähten und an Stellen, an denen Flankenkehlnähte beginnen oder endigen, sind die α-Beiwerte den lfd. Nrn. 14 und 15 zu entnehmen, wenn die Stirnkehlnähte und die Flankenkehlnahtenden unbearbeitet sind, bei bester Bearbeitung den lfd. Nrn. 16 und 17.

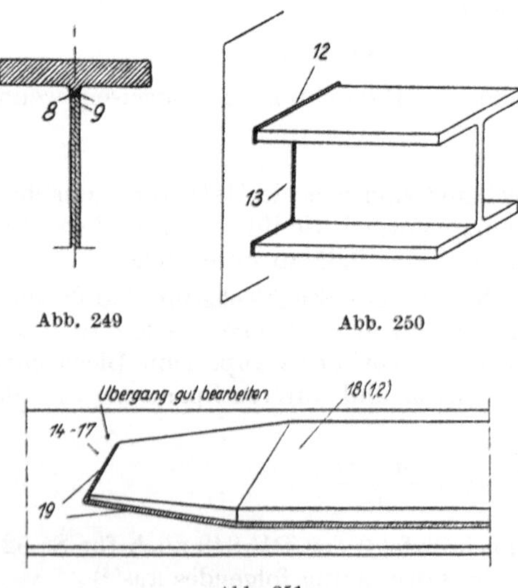

Abb. 249   Abb. 250

Abb. 251

Im übrigen sind Kehlnähte nach lfd. Nr. 19 (jede Beanspruchungsart mit Ausnahme der Hauptspannungen [Zeile 8] und Zug und Druck in der Nahtlängsrichtung) sowohl im Wechsel- als auch im schwellenden Bereich mit $\alpha = 0{,}65$ zu berechnen.

Auch bei Brücken aus St 52 sind die α-Werte bei schwachem Verkehr ebenso groß wie bei starkem Verkehr; es sind nur die γ-Werte verschieden.

Als Abschluß dieses Abschnittes, der den Grundgedanken des α-Verfahrens behandelt, seien noch einige Abbildungen gebracht, an denen gezeigt werden soll (vgl. Abb. 248 bis 251), welche Stellen der Bauteile und Nähte zu untersuchen sind. Die eingetragenen Zahlen geben lfd. Nrn. der Tafeln 2 (vgl. Tafel VIII) und 3 der DV 848 an, aus denen jeweils die für die Berechnung maßgebenden α-Werte zu entnehmen sind.

152

5. Die verschiedenen Nahtarten unter Berücksichtigung der α - Beiwerte

Wie am Ende des Abschnittes III, 7 „Die verschiedenen Arten der Schweißnähte" angedeutet, konnte deren Besprechung nicht ganz abgeschlossen
werden, weil hierzu die Berechnungsgrundlagen zunächst erörtert werden
mußten. Nachdem dies geschehen ist, soll jetzt das Fehlende nachgeholt
werden.

Da Schlitznähte im Brückenbau verboten sind, umfaßt dieser Abschnitt
nur a) Stumpfnähte und b) Kehlnähte.

a) Stumpfnähte. Die DV 848 unterscheidet zwischen „Stumpfnähten I. und
II. Güte"und erläutert diese Begriffe näher in den Absätzen 7 und 8 des § 6:

„7. Bei allen tragenden Stumpfnähten muß die Wurzel nachgeschweißt werden
(Stumpfnähte I. Güte). Von dieser Maßnahme darf nur abgesehen werden, wenn
das Nachschweißen aus baulichen Gründen nicht möglich ist. In diesem Falle müssen

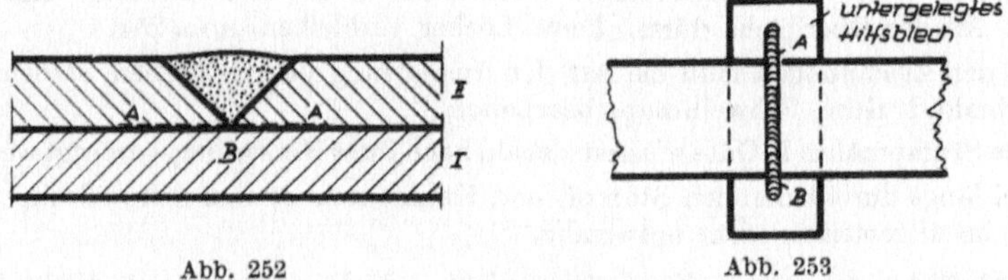

Abb. 252   Abb. 253

aber die α-Werte der Tafeln 2 und 3, Zeilen 6 und 7, der Berechnung zugrunde gelegt
werden (Stumpfnähte II. Güte). Ein solcher Fall liegt z. B. vor bei Abb. 252, wo
die Platte II stumpf über der durchgehenden Platte I gestoßen werden muß. Beim
Schweißen der Nahtwurzel B muß durch Einlegen eines Hilfsblechs AA verhindert
werden, daß auf die Platte I bei B Schweißgut gelangt oder Vertiefungen in der
Platte I eingebrannt werden, weil dadurch Kerbwirkungen entstünden. (Wegen Unterlegens eines Hilfsbleches oder Beibleches zur Vermeidung von Endkratern siehe § 4,
C, II, Abs. 3 — vgl. Abb. 253.)"

„8. Bei Stumpfnähten I. Güte muß nach dem Umdrehen des Werkstücks die Wurzel
besonders gründlich von Schlacken usw. so gereinigt werden, daß eine porenfreie,
metallisch reine Oberfläche entsteht. Dann ist zunächst die Wurzel zu verschweißen.
Unter keinen Umständen dürfen in der Wurzel Löcher oder Bindefehler geduldet
werden. Bei V- und U-Nähten I. Güte muß die nachgeschweißte Raupe an der Wurzel
bis auf die Blechebene kerbfrei abgearbeitet werden."

Wenn die in Abb. 252 dargestellten Platten I und II beispielsweise Gurtplatten sind, so läßt sich die Wurzel der Naht nachschweißen, solange beide
Platten I und II noch nicht miteinander verschweißt sind und es somit
möglich ist, die Platte II zu drehen.

Weiter enthalten die Absätze 10 bis 13 des § 6 noch wichtige Angaben über
Stumpfnähte:

„10. Bei allen Gurtplattenstößen und bei den Stegblechstößen, soweit gemäß den
Tafeln 2 und 3, Zeile 20, der Unterschied der größten und kleinsten Biegespannung

$\sigma_o - \sigma_u \gtrless 11{,}2$ kg/mm² ist, ferner bei sonstigen wichtigen Stumpfnähten, bei denen es ausdrücklich in der Zeichnung vorgeschrieben ist, muß bei A und B (vgl. Abb. 254) ein allmählicher Übergang von der Schweiße zum Blech durch Abschmirgeln oder dgl. geschaffen werden. Rillen quer zur Kraftrichtung dürfen nicht entstehen, vielmehr muß die Oberfläche an diesen wichtigen Stellen glatt und ohne Vertiefungen sein. Entstehen beim Einbrand Löcher im Blech oder in der Schweiße, so muß die

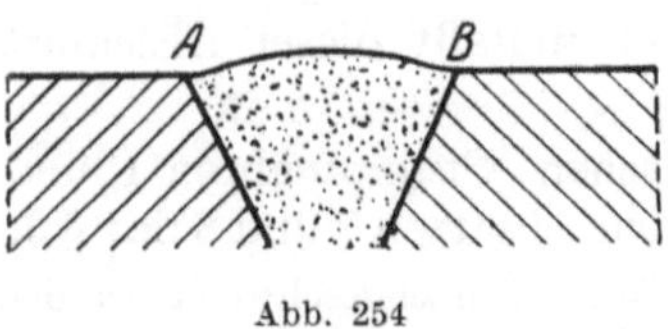
Abb. 254

Schweiße sachgemäß beseitigt, nachgeschweißt und aufs neue nachbearbeitet werden. Es ist unwesentlich, wenn hierbei der Mutterwerkstoff links und rechts von A und B durch einwandfreies Schweißgut ersetzt werden muß. Die Hauptsache ist, daß der Übergang allmählich und glatt wird. Vorhandene Ausschleifungen im Blech bis zu 5% der vorhandenen Blechdicke werden nicht beanstandet. Statt des Ausschleifens bei A und B unter Belassung des Wulstes kann auch vollständiges Abschleifen in der Kraftrichtung angeordnet werden. An der Oberfläche dürfen keine Löcher verbleiben, Abb. 254.

„11. In den Zeichnungen muß die Art der Ausführung vorgeschrieben werden, z. B. ‚Stumpfnaht I. Güte, Schweißraupe bearbeiten‘.“

„12. Alle Stumpfnähte I. Güte müssen alsbald nach ihrer Herstellung geröntgt werden.“

„13. Bei längs durchlaufenden Stumpf- und Kehlnähten ist eine Schweißraupenbearbeitung im allgemeinen nicht notwendig.“

b) Kehlnähte. Über die Kehlnähte sind mit Rücksicht auf die α-Werte noch folgende Bestimmungen nachzutragen:

Der § 4, C, III, Abschnitt 9, lautet:

„Irgendwelche Bauteile, z. B. Aussteifungen oder Trägeranschlüsse, dürfen erst dann durch Kehlnähte an das Stegblech im Zugteil angeschlossen werden, wenn die Biegespannung im Stegblech höchstens $\sigma = \alpha \cdot \sigma_{zul}$ ist.

Der Abstand x von der Neutralachse wird, vgl. Abb. 255,

$$x = \frac{h}{2} \cdot \frac{\alpha \cdot \sigma_{zul}}{\sigma_{zul}} = \alpha\,\frac{h}{2}.$$

Der Wert α ergibt sich aus den Tafeln 2 und 3, Zeilen 14 und 16.“

Im § 5, Abschnitt 6, heißt es über Kehlnähte: „An allen Stellen, an denen Kehlnähte beginnen oder endigen, sollen nach Möglichkeit allmähliche Übergänge geschaffen, d. h. die Enden bearbeitet werden, so daß von den größeren α-Werten der Tafeln 2 und 3, lfd. Nr. 16 und 17, Gebrauch gemacht werden kann.“

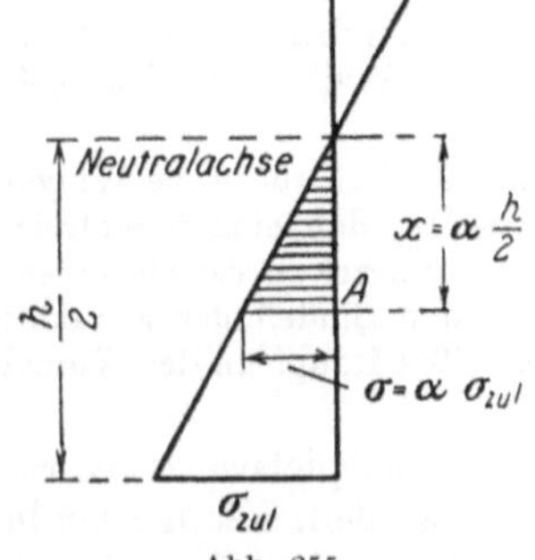

Abb. 255

Ähnliches über die Anfänge von Kehlnähten besagt der Absatz 15 des § 6:

„Alle Kehlnähte, die beginnen und endigen, müssen, soweit dies unter Anwendung der α-Werte der Tafeln 2 und 3, Zeile 16 und 17, vorgeschrieben ist, so — z. B. mit einem Fräskopf — nachgearbeitet werden, daß ein allmählicher kerbfreier Übergang entsteht, wobei eine geringe Schwächung des Mutterwerkstoffes bei A (Abb. 91) unbedenklich ist. Dies ist in den Zeichnungen zu vermerken, z. B. ‚Anfang der Kehlnaht nacharbeiten'."

Auf die Ausbildung der Enden der Gurtplatten wurde bereits im Abschnitt IV, 3 „Der heutige Stand der Bauweisen" näher eingegangen.

6. Berechnung von geschweißten vollwandigen Straßenbrücken nach DIN 4101

Die „Vorschriften für geschweißte, vollwandige, stählerne Straßenbrücken" (DIN 4101) lehnen sich im ganzen Aufbau und Wortlaut eng an die DV 848 an; die Berechnung nach DIN 4101 gestaltet sich jedoch bedeutend einfacher als nach der DV 848, weil besondere γ- und α-Werte nicht zu berücksichtigen sind.

Hierüber sagt die Fußnote [1]) der Vorbemerkungen zu DIN 4101:

„Die rechnerischen Höchstspannungen, die sich ergeben, wenn man Belastung mit einer Dampfwalze und mehreren Lastwagen in ungünstigster Laststellung annimmt, treten bei Straßenbrücken nur selten auf; die Spannungen, die durch häufig verkehrende Fahrzeuge (Lastwagen) hervorgerufen werden, sind bedeutend kleiner. Die Berücksichtigung der Dauerfestigkeit,

Tafel IX. Zulässige Spannungen nach DIN 4101

1	2	3	4	5
Nahtart	Art der Beanspruchung	Zulässige Spannung St 37	St 52	Bemerkung
a) Stumpfnähte, wenn die Wurzel einwandfrei durchgeschweißt ist (I. Güte)	Zug	0,8 σ_{zul}	0,8 σ_{zul}	σ_{zul} ist die nach DIN 1073 für den zu verschweißenden Werkstoff zulässige Spannung
	Druck	1,0 „	1,0 „	
	Abscheren	0,65 „	0,65 „	
b) Stumpfnähte, wenn die Wurzel nicht einwandfrei durchgeschweißt werden kann (II. Güte)	Zug	0,72 „	0,65 „	
	Druck	0,9 „	0,8 „	
	Abscheren	0,55 „	0,50 „	
c) Kehlnähte (Stirn- und Flankenkehlnähte)	Zug	0,65 „	0,65 „	
	Druck	0,65 „	0,65 „	
	Abscheren	0,65 „	0,65 „	

wie sie z. B. die Vorläufigen Vorschriften für geschweißte, vollwandige Eisenbahnbrücken verlangen, ist daher in der Berechnung von Straßenbrücken im allgemeinen nicht erforderlich.

Die Entscheidung, inwieweit Straßenbrücken, auf denen auch Straßenbahnen verkehren, oder einzelne Bauteile solcher Brücken nach den für geschweißte, vollwandige Eisenbahnbrücken gültigen Vorschriften zu berechnen und auszubilden sind, trifft der zuständige Bevollmächtigte für Bahnaufsicht."

Über die zulässigen Werte für die Spannungen der Schweißnähte gibt die Tafel 1 in § 5 der DIN 4101 Aufschluß (vgl. Tafel IX, S. 155).

Nach dieser Tafel brauchen also weder Beiwerte γ zur Berücksichtigung der Dauerbeanspruchung noch Beiwerte α zur Berücksichtigung der Arten und der Lage der Nähte, wie sie die DV 848 vorschreiben, in die statischen Berechnungen eingeführt zu werden. Es werden lediglich die Stumpfnähte unterschieden nach solchen I. und II. Güte und die zulässigen Spannungen je nach der Art der Beanspruchung und nach dem Baustoff, ob St 37 oder St 52, herabgesetzt.

7. Das Schweißen der Stahlbauteile von Kranen und Kranbahnen

Hierfür bestehen z. Z. nur vorläufige Bestimmungen, die im Zusatzblatt November 1942 zu DIN 120, Blatt 1 (Berechnungsgrundlagen für Stahlbauteile von Kranen und Kranbahnen), bekanntgegeben worden sind. Besondere Vorschriften sollen herausgegeben werden.

Nach vorgenanntem Zusatzblatt gilt für geschweißte Stahlbauteile von Kranen und Kranbahnen grundsätzlich ebenfalls DIN 120, Blatt 1, d. h. bei fahrbaren Kranen und Kranteilen ist eine Stoßzahl φ zu berücksichtigen, mit der die aus der *ständigen* Last herrührenden Kräfte usw. zu vervielfachen sind, desgl. eine Ausgleichszahl ψ, um den Einfluß der häufigen Wiederholungen der Belastung zu erfassen. Darüber hinaus müssen bei schweren Kranen (Gruppen III und IV) die Bestimmungen über Dauerfestigkeit (γ-Verfahren) ähnlich wie bei geschweißten Eisenbahnbrücken angewendet werden.

Fachwerkartige Bauteile dürfen bei Kranen und Kranbahnen der Gruppen III und IV bis zum Erscheinen der angekündigten Bestimmungen *nicht* geschweißt werden.

8. Schlußbetrachtung über die Berechnung geschweißter Bauwerke

In den vorstehenden Abschnitten wurde das zur Einführung in die verschiedenen amtlichen Vorschriften für die Berechnung geschweißter Bauwerke Erforderliche unter Beachtung der wichtigsten Unterschiede zwischen

DIN 4100 — Stahlhochbauten,
DV   848 — vollwandige Eisenbahnbrücken,

DIN 4101 — vollwandige stählerne Straßenbrücken und
DIN 120 — Krane und Kranbahnen

gesagt.

In Tafel X ist für verschiedene Bauwerke übersichtlich zusammengestellt,
auf Grund welcher Vorschriften die Beiwerte φ, γ und α zu berücksichtigen
oder statt letzterer die zulässigen Schweißspannungen ϱ nur zu einem
ermäßigten σ_{zul}-Wert anzunehmen sind.

Abschließend mögen nun noch einige allgemeine Bestimmungen, die bei
der Aufstellung der statischen Berechnungen für geschweißte Bauwerke zu
beachten sind, angeführt werden:

Nach § 4 der DIN 4100 und 4101 sowie § 4 C II der DV 848 ist die ausreichende Bemessung der Schweißverbindungen in *übersichtlicher und prüf-
barer* Form nachzuweisen. — Diese Bestimmung wird sehr oft nicht genügend beachtet, wodurch die Prüfung der statischen Berechnung außer-
ordentlich mühevoll und zeitraubend werden kann.

Nach DV 848, § 4 A, ist „in den Festigkeitsberechnungen im allgemeinen
nicht anzugeben, welche Querschnitte und Maße erforderlich sind, vielmehr
sind die größten rechnerischen Spannungen der einzelnen Bauteile und Verbindungen den zulässigen Spannungen (σ_{zul}, τ_{zul}) gegenüberzustellen. — Es
ist anzustreben, allen Teilen eines Überbaues gleiche Sicherheit zu geben".

Ferner bestimmen die obengenannten drei Vorschriften gleichlautend, daß
die Abmessungen der Schweißnähte in den Zeichnungen anzugeben sind.
Weiter besagen die DV 848 in § 4 C, Abschnitt II (und ähnlich die DIN 4101
im § 6, 1):

„Aus den Zeichnungen muß auch ersichtlich sein, wenn wichtige Schweißnähte besonders bearbeitet werden müssen (z. B. Anfräsen der Kehlnahtenden, bei Stumpfnähten Ausschmirgeln am Übergang des Stumpfnahtwulstes zum Mutterwerkstoff, Schlichten der Nahtoberfläche). Ferner muß
in den Zeichnungen angegeben sein, wenn wichtige Schweißnähte nach ihrer
Ausführung geröntgt werden müssen. Auch sind auf den Zeichnungen die
Baustellennähte besonders zu kennzeichnen."

Eine Zusammenstellung der Angaben, die in den Zeichnungen enthalten
sein müssen, findet sich im folgenden Abschnitt 9.

Es sei noch vermerkt, daß der Abschnitt IV des § 4 C der DV 848 Angaben über die Berechnung der Fahrbahnlängsträger (mit Ausnahme der
Konsolträger besondere γ-Werte!) enthält, während Angaben hinsichtlich
der Berechnung der Querträgeranschlüsse im Abschnitt V und hinsichtlich
der Wind-, Quer-, Brems- und Schlingerverbände im Abschnitt VI gemacht
werden. Entsprechende „Vorschriften für bestimmte Bauteile" enthält DIN
4101 im Abschnitt B des § 4; diese Vorschriften beziehen sich jedoch nur
auf Fahrbahnlängsträger und Querträgeranschlüsse.

Tafel X: Zusammenstellung der in statischen Berechnungen für stählerne Bauwerke zu berücksichtigenden Beiwerte φ, γ und α.

Lfd. Nr.	Bauwerk	Art der Ausführung	Schwingbeiwert (Stoßzahl) φ	Dauerfestigkeitsbeiwert γ	Schweißbeiwert α	Bemerkungen
1	Eisenbahn-brücken	genietet	BE v. 1951, Tafel 7,1	BE v. 1951, Tafel 23,6	—	
		geschweißt		DV 848, Tafel 1	DV 848, Tafel 2 u. 3	
2	Drehscheiben, Schiebebühnen	genietet	BE und Sonder-vorschrift[1]	—	—	[1] Sondervorschrift z. B. für Lok-Dreh-scheiben (DV 999 368) φ allgemein $= 1,2$; für Kopfträger $= 2.0$
		geschweißt		DV 848, Tafel 1	DV 848, Tafel 2 u. 3	
3	Straßen-brücken, Auto-bahnbrücken	genietet	DIN 1073, § 6[2]	Nach DIN 1072 ge-gebenenfalls die Spannung herab-setzen	—	[2] Schwingbeiwert nach DIN 1072 (7,8) nur für Hauptspur
		geschweißt	DIN 1073 u. 4101	Im allgemeinen nicht erforderlich[3]	$\varrho = 0,65$ bis $1,0\ \sigma_{zul}$ nach DIN 4101, § 5	[3] Vgl. Fußncte zur Vorbemerkung DIN 4101
4	Wie vor mit Straßen-bahngleisen	genietet	DIN 1073, § 6[4]	Nach DIN 1072 gegebenenfalls die Spannung herab-setzen	—	[4] Schwingbeiwert nach DIN 1072 (7,8) außer für Hauptspur auch für eine Gleislast
		geschweißt	DIN 1073 u. 4101	γ allgemein $= 1,0$; ev. auf Grund besonde-rer Entscheidung der Bevollmächtigten für Bahnaufsicht nach DV 848		

5	Krane und Kranbahnen	genietet	φ nach Tafel 6 und Ausgleichszahl ψ nach Tafel 5 DIN 120, Blatt 1	γ nach Tafel 8 DIN 120, Blatt 1		
		geschweißt			Bis zum Erscheinen besonderer Vorschriften nach DV 848[5])	[5]) Vgl. DIN 120, Zusatzblatt v. Nov. 1942
6	Hochbauten	genietet	Stoßzuschlag 25 bis 100% nach DIN 1055, Bl. 3	—	—	
		geschweißt		—	$\varrho = 0,65$ bis $0,85\ \sigma_{zul}$ nach DIN 4100, § 5	
7	Stahlleichtbau und Stahlrohrbau im Hochbau	geschweißt	Verwendungsbereich nur vorwiegend ruhend belastete Bauteile und Krane und Krahnbahnen der Gruppen I und II nach DIN 120, vgl. DIN 4115, § 2		Allgemein gilt DIN 4100; bei unmittelbar miteinander verschweißten Rohren $\varrho \leqq 0,65\ \sigma_{zul}$, jedoch für geprüfte Bauarten bei Zug $\varrho \leqq 0,9\ \sigma_{zul}$, bei Druck $\varrho \leqq \sigma_{zul}$	Vgl. DIN 4115 Abs. 4. 51.
8	Rohrmaste für Fern- u. Fahrleitungsanlagen	genietet	—	—	—	DV 82 703
		geschweißt	—	—	Nach DV 82 703, Teil II, § 2, für Schweißen maßgebend DIN 4100	Richtlinien für die Prüfung von Rohrschweißern DIN 2471
9	Geschweißte Stahleinlagen in Stahlbetonbauten		Es sind die jeweiligen Vorschriften zu beachten, je nachdem die zu schweißenden Stahleinlagen für Brücken, Krane, Hochbauten usw. bestimmt sind.			DIN 1045

Bem.: Für geschweißte Signalbrücken und Signalausleger gilt DIN 4100.

159

9. Zusammenstellung

der Angaben, die nach den Schweißvorschriften in den Entwurfszeichnungen enthalten sein müssen.

Aus den zeichnerischen Entwurfsunterlagen müssen nach DV 848 ersichtlich sein:

§ 3, 2:   Die gewählten Schweißverfahren.

§ 4, B 4):   Stumpfnähte I. Güte.

§ 4, C, II, 1:   Die Abmessungen der Schweißnähte.

§ 4, C, II, 1:   Die Stellen wichtiger Schweißnähte, die besonders bearbeitet werden müssen (z. B. Anfräsen der Kehlnahtenden, bei Stumpfnähten Ausschmirgeln am Übergang des Stumpfnahtwulstes zum Mutterstoff, Schlichten der Nahtoberfläche), vgl. auch § 6 (10), (11), (15).

§ 4, C, II, 1:   Wichtige Schweißnähte, z. B. alle Stumpfnähte I. Güte, die nach ihrer Ausführung geröntgt werden müssen.

§ 4, C, II, 1:   Baustellennähte.

§ 5, 16:   Montagelöcher.

§ 6, 11:   Art der Ausführung, z. B. „Stumpfnaht I. Güte, Schweißraupe bearbeiten" (vgl. auch § 4, B 4).

§ 6, 15:   Anfang und Ende der Kehlnaht nacharbeiten, falls in stat. Berechnung vorgeschrieben.

Anlage 1 zu DV 848: Oft wird es sich empfehlen, in den Zeichnungen die verschiedenen vorkommenden Nahtformen in größerem Maßstabe herauszuzeichnen, zusammenzustellen und in der Zeichnung an den einzelnen Stellen auf diese Zusammenstellungen hinzuweisen (Buchstaben S 1, S 2 ...). Bei den in größerem Maßstabe aufgezeichneten Nähten bietet sich auch Gelegenheit anzugeben, ob die Schweißung mit verschieden dicken Schweißdrähten und in wieviel Lagen ausgeführt werden soll. Baustellenschweißungen sind in den Zeichnungen durch Hinzufügen des Buchstabens „B", Überkopfschweißungen durch „Ü" zu kennnzeichnen.

10. Berechnungsbeispiele von Schweißverbindungen.

1. Stumpfnaht (nach Abb. 256):

Material: St 37.12   Nahtstärke: $a = 10$ mm
Zugkraft: $Z = 29$ t   Nahtlänge: $l = 28$ cm

a) Nach Bundesbahnvorschrift (DV 848):

(Vorläufige Vorschriften für geschweißte, vollwandige Eisenbahnbrücken)

$$\sigma = \frac{\gamma}{\alpha} \frac{P}{\Sigma(a \cdot l)}$$

$\gamma = 1,0$

$\alpha = 0,8$ (Tafel 2, der DV 848 [vgl. Tafel VIII, S. 148/149], Zeile 4, Naht I. Güte)

$$= \frac{1,0}{0,8} \cdot \frac{29,0}{1,0 \cdot 28,0}$$

$$= 1,296 \text{ t/cm}^2 < \sigma_{zul} = 1,400 \text{ t/cm}^2$$

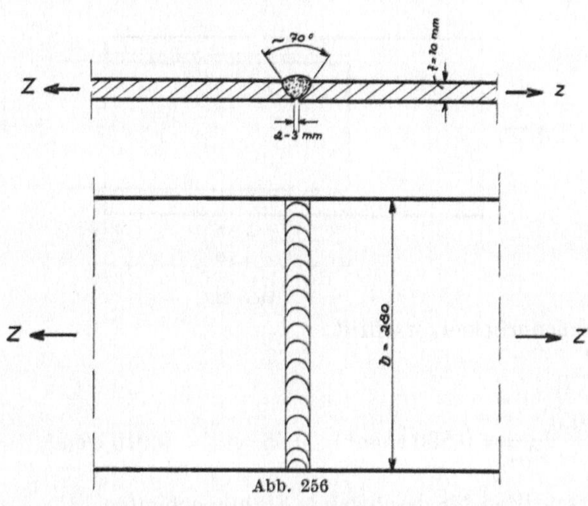

Abb. 256

b) Nach Straßenbrückenvorschrift (DIN 4101)

$$\sigma = \frac{P}{\Sigma(a \cdot l)}$$

$$= \frac{29,0}{1,0 \cdot 28,0} = 1,036 \text{ t/cm}^2 < 0,8 \cdot \sigma_{zul} = 1,120 \text{ t/cm}^2 \text{ (Naht I. Güte)}$$

c) Nach Vorschriften für geschweißte Stahlhochbauten (DIN 4100)

$$\varrho = \frac{P}{\Sigma(a \cdot l)}$$

$$= \frac{29,0}{1,0 \cdot 28,0} = 1,036 \text{ t/cm}^2 < 0,75 \cdot \sigma_{zul} = 1,050 \text{ t/cm}^2$$

2. Kehlnähte

A. Längskehlnähte (nach Abb. 257):

Bei diesem Beispiel wird die Exzentrizität infolge des einseitigen Anschlusses nicht berücksichtigt.

Material: St 37.12 Nahtstärke: $a = 4$ mm

Zugkraft: Z = 30 t Nahtlänge: $l = 43,0 - 0,8 = 42,2$ cm

(Endkrater abgezogen)

a) Nach Bundesbahnvorschrift:

$$\sigma = \frac{\gamma}{\alpha} \cdot \frac{P}{\Sigma(a \cdot l)} \qquad\qquad \gamma = 1,0$$
$$\alpha = 0,65 \ (\text{Tafel 2, Zeile 19})$$

$$= \frac{1,0}{0,65} \cdot \frac{30,0}{0,4 \cdot 2 \cdot 42,2} = 1,367 \ \text{t/cm}^2 < \sigma_{\text{zul}} = 1,400 \ \text{t/cm}^2$$

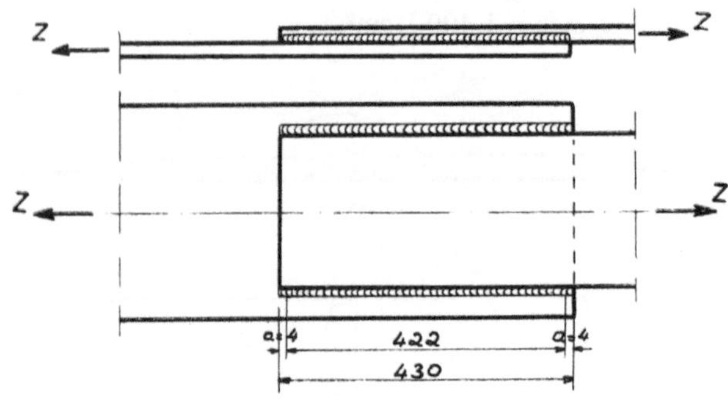

Abb. 257

b) Nach Straßenbrückenvorschrift:

$$\sigma = \frac{P}{\Sigma(a \cdot l)}$$

$$= \frac{30,0}{0,4 \cdot 2 \cdot 42,2} = 0,890 \ \text{t/cm}^2 < 0,65 \cdot \sigma_{\text{zul}} = 0,910 \ \text{t/cm}^2$$

c) Nach Vorschriften für geschweißte Stahlhochbauten
(wie unter 2. A. b.)

B. Querkehlnähte (nach Abb. 258):

    Material: St 37.12   Nahtstärke: $a = 8 \ \text{mm}$
    Zugkraft: $Z = 15 \ \text{t}$ Nahtlänge: $l = 12,0 - 1,6 = 10,4 \ \text{cm}$

a) Nach Bundesbahnvorschrift:

$$\sigma = \frac{\gamma}{\alpha} \cdot \frac{P}{\Sigma(a \cdot l)} \qquad\qquad \gamma = 1,00$$
$$\alpha = 0,65 \ (\text{Tafel 2, Zeile 19})$$

$$= \frac{1}{0,65} \cdot \frac{15,0}{0,8 \cdot 2 \cdot 10,4} = 1,388 \ \text{t/cm}^2 < \sigma_{\text{zul}} = 1,400 \ \text{t/cm}^2$$

b) Nach Straßenbrückenvorschrift:

$$\sigma = \frac{P}{\Sigma(a \cdot l)}$$

$$= \frac{15,0}{0,8 \cdot 2 \cdot 10,4} = 0,903 \ \text{t/cm}^2 < 0,65 \cdot \sigma_{\text{zul}} = 0,910 \ \text{t/cm}^2$$

162

**c) Nach Vorschriften für geschweißte Stahlhoch-
bauten**

   (wie unter 2. B. b.)

Anmerkung: Wird bei vorstehendem Beispiel
2. B. a. — 2. B. c. die Naht um die Ecke geschweißt, so entfällt der Abzug der Endkrater
für die Schweißnahtlänge. Bei Beibehaltung
der übrigen Werte verringern sich die Schweiß-
nahtspannungen.

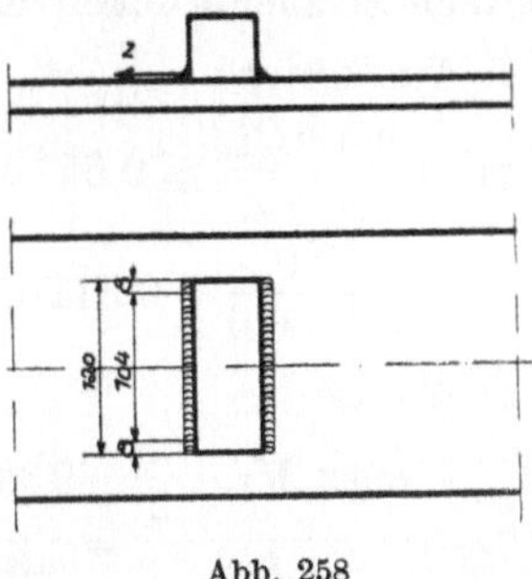

Abb. 258

3. Stegblechstoß (nach Abb. 259):

Material: St 37.12	$h_s = 800$ mm
$\max M_{I_x} = 93$ tm	$t = 12$ mm
zugehöriges $Q_{I_x} = 40,0$ t	$J_x = 464\,000$ cm^4
$\max Q_{I_x} = 49,0$ t	

a) Nach Bundesbahnvorschrift:

1. Nachweis:

$$\tau_I' = \frac{\gamma}{\alpha} \cdot \frac{\max Q_{I_x}}{t \cdot h_s} \leq \sigma_{zul} \qquad \begin{aligned} \gamma &= 1,0 \\ \alpha &= 0,65 \ \text{(Tafel 2, Zeile 11)} \end{aligned}$$

$$= \frac{1,0}{0,65} \cdot \frac{49,0}{1,2 \cdot 80,0} = 0,785 \ \text{t/cm}^2 < 1,400 \ \text{t/cm}^2$$

2. Nachweis:

$$\sigma_I = \gamma \cdot \frac{\max M_{I_x} \cdot \frac{h_s}{2}}{J_x} \qquad \alpha = 1,0 \ \text{(Tafel 2, Zeile 10)}$$

$$= 1,0 \cdot \frac{9\,300 \cdot \frac{80}{2}}{464\,000} = 0,803 \ \text{t/cm}^2$$

$$\tau_I = \gamma \cdot \frac{Q_{I_x}}{t \cdot h_s} = 1,0 \cdot \frac{40,0}{1,2 \cdot 80,0} = 0,417 \ \text{t/cm}^2$$

$$\sigma = \frac{1}{\alpha} \left[\frac{\sigma_I}{2} + \frac{1}{2} \sqrt{\sigma_I^2 + 4\,\tau_I^2} \right] \leq \sigma_{zul}$$

$$= \frac{1}{1,0} \left[\frac{0,803}{2} + \frac{1}{2} \sqrt{0,803^2 + 4 \cdot 0,417^2} \right]$$

$$= 1,0 \left[0,4015 + \frac{1}{2} \cdot 1,155 \right]$$

$$= 0,979 \ \text{t/cm}^2 < 1,400 \ \text{t/cm}^2$$

Abb. 259

b) Nach Straßenbrückenvorschrift:

1. Nachweis:

$$\tau_I' = \frac{\max Q_{Ix}}{t \cdot h_s} \leqq 0{,}65 \cdot \sigma_{zul}$$

$$= \frac{49{,}0}{1{,}2 \cdot 80{,}0} = 0{,}511 < 0{,}65 \cdot \sigma_{zul} = 0{,}910 \ \text{t/cm}^2$$

2. Nachweis:

$$\sigma_I = \frac{\max M_{Ix} \cdot \dfrac{h_s}{2}}{J} = \frac{9\,300 \cdot \dfrac{80}{2}}{464\,000} = 0{,}803 \ \text{t/cm}^2$$

$$\tau_I = \frac{Q_{Ix}}{t \cdot h_s} = \frac{40{,}0}{1{,}2 \cdot 80{,}0} = 0{,}417 \ \text{t/cm}^2$$

$$\sigma = \frac{\sigma_I}{2} + \frac{1}{2} \sqrt{\sigma_I^2 + 4 \cdot \tau_I^2} = \frac{0{,}803}{2} + \frac{1}{2} \sqrt{0{,}803^2 + 4 \cdot 0{,}417^2}$$

$$= 0{,}979 \ \text{t/cm}^2 < 1{,}0 \cdot \sigma_{zul} = 1{,}400 \ \text{t/cm}^2$$

c) Nach Vorschriften für geschweißte Stahlhochbauten:

1. Nachweis:

$$\varrho_2 = \frac{\max Q}{a \cdot h_s} \leqq 0{,}65 \cdot \sigma_{zul}$$

$$= \frac{49{,}0}{1{,}2 \cdot 80{,}0} = 0{,}511 \ \text{t/cm}^2 < 0{,}65 \cdot \sigma_{zul} = 0{,}91 \ \text{t/cm}^2$$

2. Nachweis:

$$\varrho_1 = \frac{\max M \cdot \dfrac{h_s}{2}}{J} = \frac{9\,300 \cdot \dfrac{80}{2}}{464\,000} = 0{,}803 \ \text{t/cm}^2$$

$$\varrho = \frac{\varrho_1}{2} + \frac{1}{2} \sqrt{\varrho_1^2 + 4 \, \varrho_2^2} \leqq 0{,}75 \cdot \sigma_{zul}$$

$$= \frac{0{,}803}{2} + \frac{1}{2} \sqrt{0{,}803^2 + 4 \cdot 0{,}511^2}$$

$$= 1{,}050 \ \text{t/cm}^2 = 0{,}75 \cdot \sigma_{zul} = 1{,}050 \ \text{t/cm}^2$$

4. Gurtplattenstoß (nach Abb. 260):

Material St 37

$J \ = 464\,000 \ \text{cm}^4$

$W = \ 10\,790 \ \text{cm}^3$

$\max M = 85 \ \text{tm}$ $\qquad\qquad$ $\min M = -17 \ \text{tm}$

$$\sigma_x = \frac{8\,500}{10\,790} = 0{,}79 \ \text{t/cm}^2$$

a) Nach Bundesbahnvorschrift:

α) Im Druckgurt bei Naht I. Güte

$$\frac{\gamma}{\alpha} \cdot \sigma_x \leqq \sigma_{\text{zul}}$$

$$\frac{\min M}{\max M} = -\frac{17}{85} = -0,2$$

$$\gamma = 1,06$$

$$\alpha = 1,0 + 0,2 \cdot \frac{\min M}{\max M} \quad \text{(Tafel 2, Zeile 5)}$$

$$= 1,0 - 0,04 = 0,96$$

$$\frac{1,06}{0,96} \cdot 0,79 = 0,873 \text{ t/cm}^2 < 1,400 \text{ t/cm}^2$$

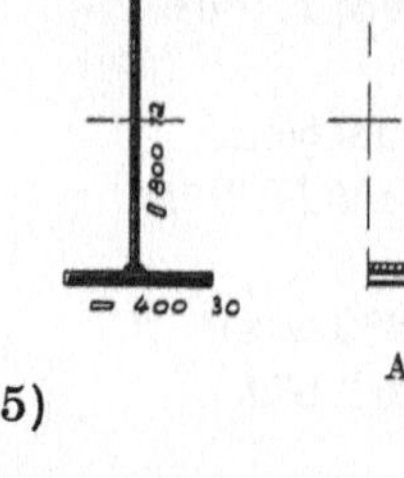
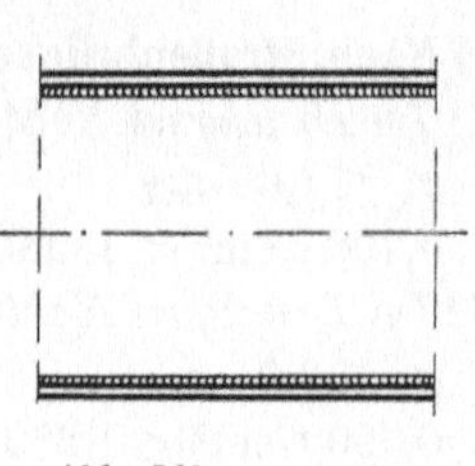

Abb. 260

β) Im Druckgurt bei Naht II. Güte

$$\frac{\gamma}{\alpha} \cdot \sigma_x \leqq \sigma_{\text{zul}}$$

$$\gamma = 1,06$$

$$\alpha = 0,71 + 0,25 \cdot \frac{\min M}{\max M} \quad \text{(Tafel 2, Zeile 7)}$$

$$= 0,71 - 0,25 \cdot 0,2 = 0,66$$

$$\frac{1,06}{0,66} \cdot 0,79 < 1,400 \text{ t/cm}^2$$

$$1,270 \text{ t/cm}^2 < 1,400 \text{ t/cm}^2$$

γ) Im Zuggurt bei Naht I. Güte

$$\frac{\gamma}{\alpha} \cdot \sigma_x \leqq \sigma_{\text{zul}}$$

$$\gamma = 1,06$$

$$\alpha = 0,8 \quad \text{(Tafel 2, Zeile 4)}$$

$$\frac{1,06}{0,8} \cdot 0,79 < 1,400 \text{ t/cm}^2$$

$$1,046 \text{ t/cm}^2 < 1,400 \text{ t/cm}^2$$

δ) Im Zuggurt Naht II. Güte

$$\frac{\gamma}{\alpha} \cdot \sigma_x \leqq \sigma_{\text{zul}}$$

$$\gamma = 1,06$$

$$\alpha = 0,57 + 0,11 \cdot \frac{\min M}{\max M} \quad \text{(Tafel 2, Zeile 6)}$$

$$= 0,57 - 0,022 = 0,548$$

$$\frac{1,06}{0,549} \cdot 0,79 < 1,400 \text{ t/cm}^2$$

$$1,525 \text{ t/cm}^2 > 1,400 \text{ t/cm}^2 \text{ für Naht II. Güte nicht zulässig.}$$

b) Nach Straßenbrückenvorschrift:

α) *Im Druckgurt Naht I. Güte*

$\sigma_x \leqq 1{,}0 \cdot \sigma_{zul}$

$0{,}790 \text{ t/cm}^2 < 1{,}400 \text{ t/cm}^2$

β) *Im Druckgurt Naht II. Güte*

$\sigma_x \leqq 0{,}9 \cdot \sigma_{zul}$

$0{,}790 \text{ t/cm}^2 < 1{,}260 \text{ t/cm}^2$

γ) *Im Zuggurt Naht I. Güte*

$\sigma_x \leqq 0{,}8 \cdot \sigma_{zul}$

$0{,}790 \text{ t/cm}^2 < 1{,}120 \text{ t/cm}^2$

δ) *Im Zuggurt Naht II. Güte*

$\sigma_x \leqq 0{,}72 \cdot \sigma_{zul}$

$0{,}790 \text{ t/cm}^2 < 1{,}008 \text{ t/cm}^2$

c) Nach Vorschriften für geschweißte Stahlhochbauten:

α) *Im Druckgurt*

$\sigma_x \leqq 0{,}85 \cdot \sigma_{zul}$

$0{,}790 \text{ t/cm}^2 < 1{,}190 \text{ t/cm}^2$

β) *Im Zuggurt*

$\sigma_x = 0{,}75 \cdot \sigma_{zul}$

$0{,}790 \text{ t/cm}^2 < 1{,}050 \text{ t/cm}^2$

5. Kehlnahtanschluß eines I Trägers (nach Abb. 261):

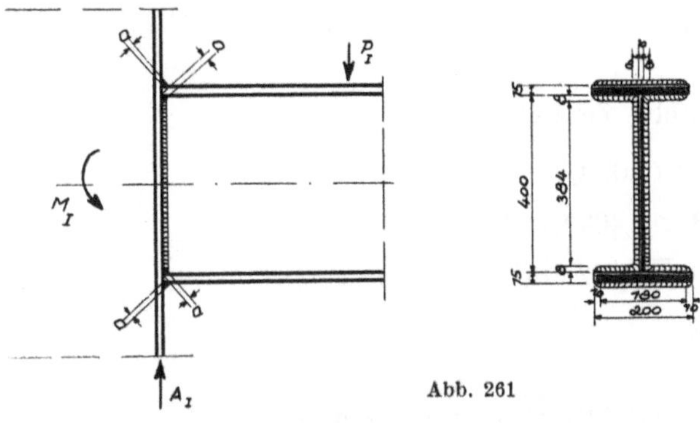

Abb. 261

Material: St 52

$a = 8 \text{ mm}$

$M_I = 16{,}00 \text{ tm}$

$\max A_I = 35{,}00 \text{ t}$

$F_{Sch} = [2 \cdot 18{,}0 + 4 \cdot 8{,}5 + 2 \cdot 38{,}4] \cdot 0{,}8 = 117{,}44 \text{ cm}^2$

166

$$F_{Sch.\,Steg} = 2 \cdot 38,4 \cdot 0,8 = 61,44 \text{ cm}^2$$

$$J_{Sch} = 2 \cdot 0,8 \cdot \frac{38,4^3}{12} + 2 \cdot 18,0 \cdot 0,8 \cdot 21,9^2 + 4 \cdot 8,5 \cdot 0,8 \cdot 19,6^2$$

$$= 7550 + 13813 + 10449 = 31812 \text{ cm}^4$$

$$W_{Sch} = \frac{31812}{22,3} = 1426 \text{ cm}^3$$

a) Nach Bundesbahnvorschrift:

1. Nachweis

$$\sigma_{\mathrm{I}} = \gamma \cdot \frac{M_{\mathrm{I}}}{W}$$

$$\gamma = 1,0$$

$$\alpha = 0,65 \quad \text{(Tafel 3, Zeile 12)}$$

$$\sigma_{\mathrm{I}} = 1,0 \cdot \frac{1600}{1426} = 1,122 \text{ t/cm}^2$$

$$\tau_{\mathrm{I}} = \gamma \cdot \frac{A_{\mathrm{I}}}{\Sigma\,(a \cdot l)}$$

Nur Stegnähte einsetzen, da sie in bevorzugter Weise Schubkräfte übertragen.

$$\tau_{\mathrm{I}} = 1,0 \cdot \frac{35}{61,44} = 0,570 \text{ t/cm}^2$$

$$\sigma = \frac{1}{a}\sqrt{\sigma_{\mathrm{I}}^2 + \tau_{\mathrm{I}}^2} \leqq \sigma_{zul} = \frac{1}{0,65}\sqrt{1,122^2 + 0,570^2}$$

$$= \frac{1}{0,65} \cdot 1,252 = 1,926 \text{ t/cm}^2 < 2,100 \text{ t/cm}^2$$

2. Nachweis

$$\tau_{\mathrm{I}}' = \frac{\gamma \cdot \max A_{\mathrm{I}}}{\alpha \cdot \Sigma\,(a \cdot l)} \leqq \sigma_{zul}$$

$$\alpha = 0,55 \quad \text{(Tafel 3, Zeile 13)}$$

$$\tau_{\mathrm{I}}' = \frac{1,0}{0,55} \cdot \frac{35,0}{61,44} = 1,038 \text{ t/cm}^2 < 2,100 \text{ t/cm}^2$$

b) Nach Straßenbrückenvorschrift:

1. Nachweis:

$$\sigma_{\mathrm{I}} = \frac{M_{\mathrm{I}}}{W} = 1,122 \text{ t/cm}^2$$

$$\tau_{\mathrm{I}} = \frac{A_{\mathrm{I}}}{\Sigma\,(a \cdot l)} = 0,570 \text{ t/cm}^2$$

$$\sigma = \sqrt{\sigma_{\mathrm{I}}^2 + \tau_{\mathrm{I}}^2} \leqq 0,75 \cdot \sigma_{zul} = 1,252 \text{ t/cm}^2 < 1,575 \text{ t/cm}^2$$

2. Nachweis:

$$\tau_I' = \frac{\max A_I}{\Sigma\,(a\cdot l)} = \frac{35}{61,44} = 0,570 \text{ t/cm}^2 < 0,65\cdot\sigma_{\text{zul}}$$

$$= 1,365 \text{ t/cm}^2$$

c) Nach Vorschriften für geschweißte Stahlhochbauten:

$$\varrho = \sqrt{\varrho_1{}^2 + \varrho_2{}^2} = \sqrt{\left(\frac{M_I}{W}\right)^2 + \left(\frac{A_I}{\Sigma\,(a\cdot l)}\right)^2}$$

$$= 1,252 \text{ t/cm}^2 < 0,65\cdot 2,1 = 1,365 \text{ t/cm}^2$$

6. Schräger Fachwerkstabanschluß (nach Abb. 262):

Material: St 37

$$\alpha = 45^0$$

$$V = H = Z\cdot\frac{1}{\sqrt{2}} = 26,0 \text{ t}$$

$$Z = 36,7 \text{ t}$$

$$a = 5 \text{ mm}$$

$$F_{Sch} = 2\cdot 0,5\,(28 + 2\cdot 10 + 32) = 80,0 \text{ cm}^2$$

$$F_{Sch\,Steg} = 1,0\cdot 32 = 32 \text{ cm}^2$$

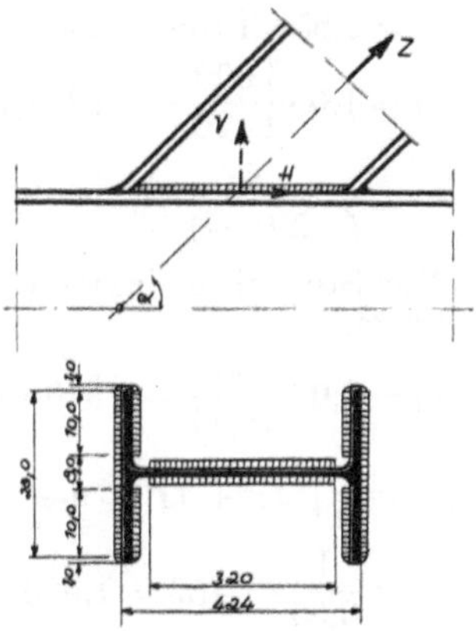

a) Nach Bundesbahnvorschrift:

1. Nachweis:

$$\sigma_I = \gamma\cdot\frac{V}{\Sigma\,(a\cdot l)}$$

$$\frac{\min S_I}{\max S_I} = -0,3$$

$$\gamma = 1,09$$

$$\sigma_I = 1,09\cdot\frac{26}{80,0} = 0,355 \text{ t/cm} \qquad \alpha = 0,75 \ \ (\text{Tafel 2 Zeile 12})$$

Abb. 262

Nur Stegnähte einsetzen, da sie in bevorzugtem Maße Schubkräfte übertragen.

$$\tau_I = \gamma\cdot\frac{H}{\Sigma\,(a\cdot l)}$$

$$= 1,09\cdot\frac{26,0}{32,0} = 0,886 \text{ t/cm}^2$$

$$\sigma = \frac{1}{\alpha}\sqrt{\sigma_I{}^2 + \tau_I{}^2} \leqq \sigma_{\text{zul}} = \frac{1}{0,75}\sqrt{0,355^2 + 0,886^2}$$

$$= \frac{1}{0,75}\cdot 0,954 = 1,270 \text{ t/cm}^2 < 1,400 \text{ t/cm}^2$$

168

2. Nachweis:

$$\tau_{I}' = \frac{\gamma}{\alpha} \cdot \frac{\max A_I}{\Sigma(a \cdot l)} \leqq \sigma_{zul} \qquad\qquad \alpha = 0,65 \quad \text{(Tafel 2 Zeile 13)}$$

$$= \frac{1,09}{0,65} \cdot \frac{26,0}{32,0} = 1,363 \text{ t/cm}^2 < 1,400 \text{ t/cm}^2$$

b) Nach Straßenbrückenvorschrift:

1. Nachweis:

$$\sigma_I = \frac{V}{\Sigma(a \cdot l)} = \frac{26,0}{80,0} = 0,325 \text{ t/cm}^2$$

$$\tau_I = \frac{H}{\Sigma(a \cdot l)} = \frac{26,0}{32,0} = 0,813 \text{ t/cm}^2$$

$$\sigma = \sqrt{0,325^2 + 0,813^2} \leqq 0,75 \cdot \sigma_{zul}$$
$$= 0,875 \text{ t/cm}^2 < 1,050 \text{ t/cm}^2$$

2. Nachweis:

$$\tau_{I}' = \frac{H}{\Sigma(a \cdot l)} = 0,813 < 0,65 \cdot \sigma_{zul} = 0,910 \text{ t/cm}^2$$

c) Nach Vorschriften für geschweißte Stahlhochbauten:

$$\varrho = \sqrt{\varrho_1^2 + \varrho_2^2} \leqq 0,65 \cdot \sigma_{zul}$$

$$\varrho_1 = \frac{V}{\Sigma(a \cdot l)} = 0,325 \text{ t/cm}^2$$

$$\varrho_2 = \frac{H}{\Sigma(a \cdot l)} = 0,813 \text{ t/cm}^2$$

$$\varrho = \sqrt{0,325^2 + 0,813^2} = 0,875 \text{t/cm}^2 < 0,910 \text{ t/cm}^2$$

7. Anschluß eines Winkels an ein Knotenblech (nach Abb. 263):

Material: St 37

Zugkraft: $P = 10,5$ t

$\angle\ 100 \cdot 100 \cdot 10 \qquad\qquad\qquad\qquad a = 6$ mm

$F_{Sch} = 0,6 \cdot (5,9 + 15,0) = 12,54 \text{ cm}^2$

Zunächst muß die Bedingung erfüllt werden, daß die Schwerlinien des Stabes und des Anschlusses in die Systemlinie fallen.

$$15,0 \cdot 2,82 \cdot 0,6 = 5,9 \cdot 7,18 \cdot 0,6$$
$$25,38 \sim 25,41$$

a) Nach Bundesbahnvorschrift:

$\gamma = 1{,}0$

$\alpha = 0{,}65$ (Tafel 2, Zeile 19)

$$\tau = \frac{\gamma}{\alpha} \cdot \frac{P}{\Sigma\,(a \cdot l)} = \frac{1{,}0}{0{,}65} \cdot \frac{10{,}5}{12{,}54}$$

$$= 1{,}288 \text{ t/cm}^2 < 1{,}400 \text{ t/cm}^2$$

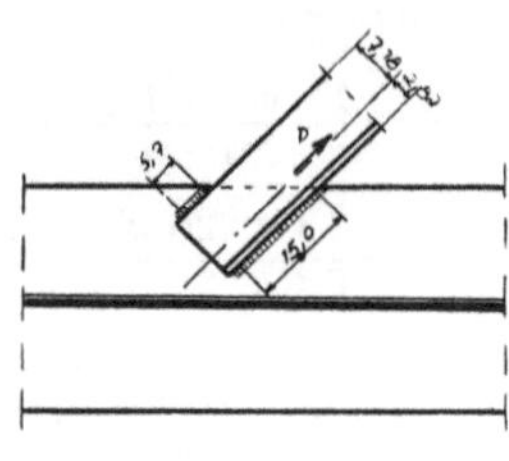

Abb. 263

b) Nach Straßenbrückenvorschrift:

$$\varrho = \frac{P}{\Sigma\,(a \cdot l)} = \frac{10{,}5}{12{,}54} = 0{,}838 \text{ t/cm}^2 < 0{,}65 \cdot \sigma_{\text{zul}}$$

$$= 0{,}910 \text{ t/cm}^2$$

c) Nach Vorschrift für geschweißte Stahlhochbauten:
wie unter 7 b)

8. Kehlnähte (nach Abb. 264):

Material: St 37

$J = 280\,500 \text{ cm}^4$

$S = 2\,400 \text{ cm}^3$

$\max Q = 50 \text{ t}$

$Q_{Ix} = 45 \text{ t}$

$\max M = 68 \text{ tm}$

$c_1 = 45 \text{ cm}$ (Bei Eisenbahnbrücken $c_1 = c_2$)

$c_2 = 44{,}6 \text{ cm}$ (Bei Straßenbrücken)

$a = 4 \text{ mm}$

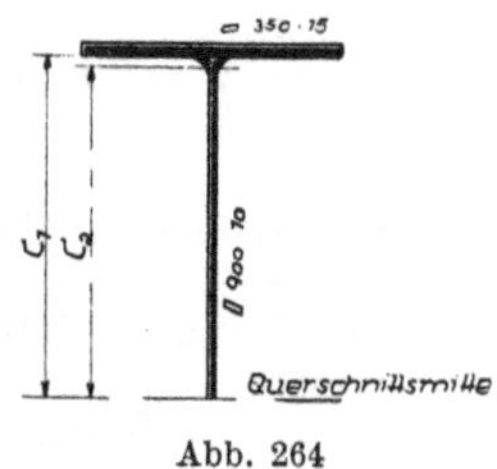

Abb. 264

a) Nach Bundesbahnvorschrift:

1. Nachweis:

$\gamma = 1{,}00$

$\alpha = 0{,}65$ (Tafel 2, Zeile 9)

$$\tau_I{}' = \frac{\gamma}{\alpha} \cdot \frac{\max Q_{Ix} \cdot S}{J \cdot t} \leqq \sigma_{\text{zul}}$$

$$= \frac{1{,}00}{0{,}65} \cdot \frac{50{,}0 \cdot 2\,400}{280\,500 \cdot 2 \cdot 0{,}4}$$

$$= 0{,}824 \text{ t/cm}^2 < 1{,}400 \text{ t/cm}^2$$

Dieser Nachweis ist nicht erforderlich, wenn $a \geqq \dfrac{t}{2}$ ist.

Ist jedoch $a < \dfrac{t}{2}$, so ist $2a$ statt t einzusetzen.

2. Nachweis:

$$\sigma_I = \gamma \cdot \frac{M_{Ix} \cdot c_1}{J} \qquad\qquad \alpha = 1,1 \ \ (\text{Tafel 2, Zeile 8})$$

$$= 1,00 \cdot \frac{6\,800 \cdot 45}{280\,500} = 1,091 \ \text{t/cm}^2$$

$$\tau_I = \gamma \cdot \frac{Q_{Ix} \cdot S}{J \cdot t}$$

$$= 1,00 \cdot \frac{45 \cdot 2400}{280\,500 \cdot 2 \cdot 0,4} = 0,482 \ \text{t/cm}^2$$

$$\sigma = \frac{1}{\alpha}\left[\frac{\sigma_I}{2} + \frac{1}{2}\sqrt{\sigma_I^2 + 4 \cdot \tau_I^2}\right] \leqq \sigma_{zul}$$

$$= \frac{1}{1,1}\left[\frac{1,091}{2} + \frac{1}{2}\sqrt{1,091^2 + 4 \cdot 0,482^2}\right]$$

$$\sigma = \frac{1}{1,1}\left[0,5455 + \frac{1}{2} \cdot 1,453\right] = 1,157 \ \text{t/cm}^2 < 1,400 \ \text{t/cm}^2$$

b) Nach Straßenbrückenvorschrift:

1. Nachweis:

$$\tau_I' = \frac{\max Q_I \cdot S}{J \cdot t} = \frac{50 \cdot 2400}{280500 \cdot 2 \cdot 0,4}$$

$$= 0,535 \ \text{t/cm}^2 < 0,65 \cdot \sigma_{zul} = 0,910 \ \text{t/cm}^2$$

Nachweis nicht erforderlich, wenn $a \geqq \dfrac{t}{2}$ ist.

2. Nachweis:

$$\sigma = \frac{\sigma_I}{2} + \frac{1}{2}\sqrt{\sigma_I^2 + 4 \cdot \tau_I^2} \leqq 1,1 \cdot \sigma_{zul}$$

$$\sigma_I = \frac{6\,800 \cdot 44,6}{280\,500} = 1,082 \ \text{t/cm}^2$$

$$\sigma = 0,541 + \frac{1}{2}\sqrt{1,082^2 + 4 \cdot 0,482^2} = 0,541 + \frac{1}{2} \cdot 1,448$$

$$= 1,265 \ \text{t/cm}^2 < 1,540 \ \text{t/cm}^2$$

c) Nach Vorschriften für geschweißte Stahlhochbauten:

$$\varrho = \frac{Q \cdot S}{J_x \cdot 2a} \leqq 0,65 \cdot \sigma_{zul} = 0,482 < 0,910 \ \text{t/cm}^2$$

9. Kehlnaht eines $\underline{\text{I}}$-Trägers mit Stegansatz (nach Abb. 265):

Material: St 37
$J = 230\,500 \ \text{cm}^4$
$a = 6 \ \text{mm}$

$$c_1 = 25,8 \text{ cm}$$
$$c_2 = 25,0 \text{ cm}$$
$$S = 2885 \text{ cm}^3$$
$$t = 2a = 2 \cdot 0,6 = 1,2 \text{ cm}$$
$$\max Q_{Ix} = 45 \text{ t}$$
$$\max M_{Ix} = 68 \text{ tm}$$

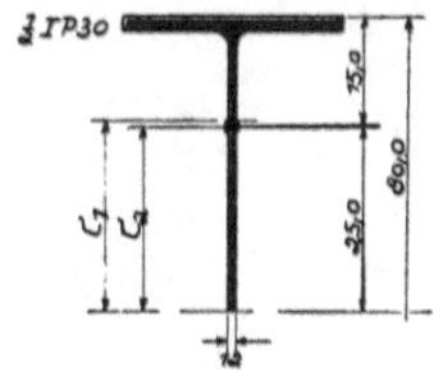

Abb. 265

a) Nach Bundesbahnvorschrift:

1. Nachweis:

$$\gamma = 1,0$$
$$\alpha = 0,65 \text{ (Tafel 2, Zeile 9)}$$

$$\tau_I' = \frac{\gamma}{\alpha} \cdot \frac{\max Q_{Ix} \cdot S}{J \cdot t} \leqq \sigma_{zul}$$

$$= \frac{1,0}{0,65} \cdot \frac{45,0 \cdot 2885}{230\,500 \cdot 2 \cdot 0,6} = 0,722 \text{ t/cm}^2 < 1,400 \text{ t/cm}^2$$

Falls $a \geqq \dfrac{t}{2}$ ist, wird obiger Nachweis nicht erforderlich.

2. Nachweis:

$$\sigma_I = \gamma \cdot \frac{M_I \cdot c_I}{J} = 1,00 \cdot \frac{6\,800 \cdot 25,8}{230\,500} = 0,761 \text{ t/cm}^2$$

$$\tau_I = \gamma \cdot \frac{Q_{Ix} \cdot S}{J \cdot t} = 1,00 \cdot \frac{45,0 \cdot 2885}{230\,500 \cdot 2 \cdot 0,6} = 0,469 \text{ t/cm}^2$$

$$\alpha = 1,1 \text{ (Tafel 2, Zeile 8)}$$

$$\sigma = \frac{1}{\alpha}\left[\frac{\sigma_I}{2} + \frac{1}{2}\sqrt{\sigma_I^2 + 4 \cdot \tau_I^2}\right] \leqq \sigma_{zul}$$

$$= \frac{1}{1,1}\left[\frac{0,761}{2} + \frac{1}{2}\sqrt{0,761^2 + 4 \cdot 0,469^2}\right]$$

$$= \frac{1}{1,1}\left[0,3805 + \frac{1}{2} \cdot 1,207\right]$$

$$= 0,721 \text{ t/cm}^2 < 1,400 \text{ t/cm}^2$$

b) Nach Straßenbrückenvorschrift:

1. Nachweis:

$$\tau_I' = \frac{\max Q_{Ix} \cdot S}{J \cdot t} \leqq 0,65 \cdot \sigma_{zul}$$

$$= \frac{45 \cdot 2885}{230\,500 \cdot 2 \cdot 0,6} = 0,469 \text{ t/cm}^2 < 0,910 \text{ t/cm}^2$$

2. Nachweis:

$$\sigma_I = 0,761 \text{ t/cm}^2$$
$$\tau_I = 0,469 \text{ t/cm}^2$$

$$\sigma = \frac{\sigma_I}{2} + \frac{1}{2}\sqrt{\sigma_I{}^2 + 4 \cdot \tau_I{}^2} = \frac{1}{2}[0{,}761 + 1{,}207]$$

$$= 0{,}794 \text{ t/cm}^2 < 1{,}1 \cdot \sigma_{\text{zul}} = 1{,}540 \text{ t/cm}^2$$

c) Nach Vorschriften für geschweißte Stahlhochbauten:

$$\varrho = \frac{Q \cdot S}{J \cdot 2a} \leqq 0{,}65 \cdot \sigma_{\text{zul}} = 0{,}469 \text{ t/cm}^2 < 0{,}910 \text{ t/cm}^2$$

10. Halsverbindung mit eingeschaltetem $\angle$-Stab (nach Abb. 266):

Material: St 37
$J = 216\,188 \text{ cm}^4$
$S = 2\,550 \text{ cm}^3$
$a = 12 \text{ mm}$
$c_1 = 30{,}8 \text{ cm}$
$c_2 = 30{,}0 \text{ cm}$
$\max Q_{Ix} = 45 \text{ t}$
$\max M_{Ix} = 68 \text{ tm}$

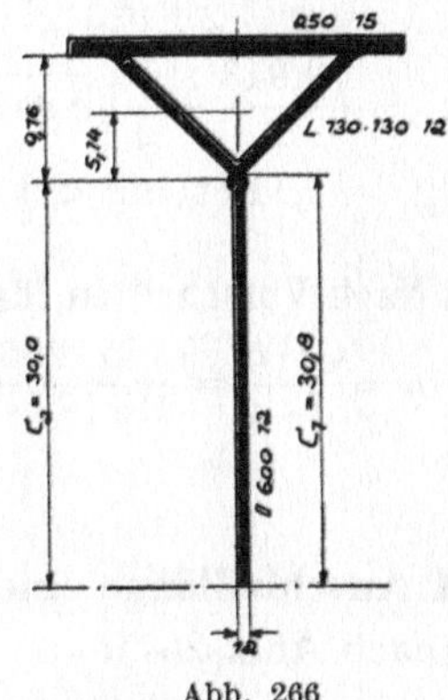

a) Nach Bundesbahnvorschrift:

1. Nachweis:

Wird nicht geführt, da $a \geqq \dfrac{t}{2}$ ist.

2. Nachweis:

$\gamma = 1{,}0$
$\alpha = 1{,}1$ (Tafel 2, Zeile 8)

$$\sigma_I = \gamma \cdot \frac{\max M_{Ix} \cdot c_1}{J}$$

$$= 1{,}00 \cdot \frac{6\,800 \cdot 30{,}8}{216\,188}$$

$$= 0{,}969 \text{ t/cm}^2$$

$$\tau_I = \gamma \cdot \frac{Q_{Ix} \cdot S}{J \cdot t} = 1{,}0 \cdot \frac{45 \cdot 2\,550}{216\,188 \cdot 1{,}2} = 0{,}442 \text{ t/cm}^2$$

$$\sigma = \frac{1}{\alpha}\left[\frac{\sigma_I}{2} + \frac{1}{2}\sqrt{\sigma_I{}^2 + 4 \cdot \tau_I{}^2}\right]$$

$$= \frac{1}{1{,}1}\left[\frac{0{,}969}{2} + \frac{1}{2}\sqrt{0{,}969^2 + 4 \cdot 0{,}442^2}\right]$$

$$= \frac{1}{1{,}1}\left[0{,}4845 + \frac{1}{2} \cdot 1{,}313\right] = 1{,}038 \text{ t/cm}^2 < 1{,}400 \text{ t/cm}^2$$

b) Nach Straßenbrückenvorschrift:

1. Nachweis:

Wird nicht geführt, da $a \geqq \dfrac{t}{2}$ ist.

2. Nachweis:

$$\sigma_I = \frac{M_I \cdot c_2}{J} = \frac{6\,800 \cdot 30,0}{216\,188} = 0,943 \; \text{t/cm}^2$$

$$\tau_I = \frac{Q_I \cdot S}{J \cdot t} = 0,442 \; \text{t/cm}^2$$

$$\sigma = \frac{\sigma_I}{2} + \frac{1}{2}\sqrt{\sigma_I^2 + 4 \cdot \tau_I^2} \leqq 1,1 \cdot \sigma_{\text{zul}}$$

$$= \frac{0,943}{2} + \frac{1}{2}\sqrt{0,942^2 + 4 \cdot 0,442} = 0,4715 + \frac{1}{2} \cdot 1,293$$

$$= 1,118 \; \text{t/cm}^2 < 1,540 \; \text{t/cm}^2$$

c) Nach Vorschriften für geschweißte Stahlhochbauten:

$$\varrho = \frac{Q_I \cdot S}{J \cdot a} = \frac{45 \cdot 2550}{216\,188 \cdot 1,2} = 0,442 \; \text{t/cm}^2$$

$$< 0,65 \cdot \sigma_{\text{zul}} = 0,910 \; \text{t/cm}^2$$

11. Anschlußlänge einer Aussteifung (nach Abb. 267):

a) Nach Bundesbahnvorschrift:

Aussteifungen dürfen erst von da ab durch Kehlnähte an das Stegblech im Zugbereich angeschlossen werden, wo die Biegespannung höchstens

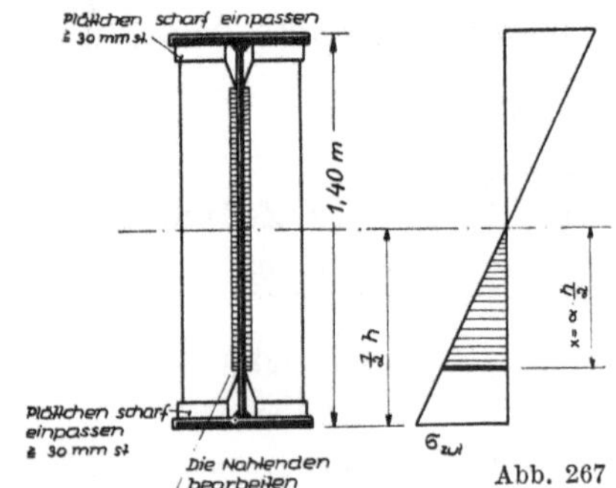

Abb. 267

$\sigma = \alpha \cdot \sigma_{\text{zul}}$ ist.

$\min M = -40 \; \text{tm}$
$\max M = 360 \; \text{tm}$
$h = 1,40 \; \text{m}$

$$\alpha = 0,93 + 0,13 \cdot \frac{\min M}{\max M} = 0,93 + 0,13 \cdot \frac{-40}{360}$$

$$= 0,93 - 0,13 \cdot 0,111 = 0,93 - 0,014 = 0,916$$

(Tafel 2, Zeile 16)

$$x = \alpha \cdot \frac{h}{2} = 0,916 \cdot 0,70 = 0,641 \; \text{m}$$

$$\sigma = 0,916 \cdot 1,400 = 1,282 \; \text{t/cm}^2$$

b) **Für Straßenbrücken** wird lediglich vorgeschrieben, daß bei Stegblechen aus Baustahl St 52 die Nahtenden wie unter 11 a) zu bearbeiten sind.

c) **Für geschweißte Stahlhochbauten** keine besonderen Vorschriften.

12. Durchschießende Platte (Nach Abb. 268):

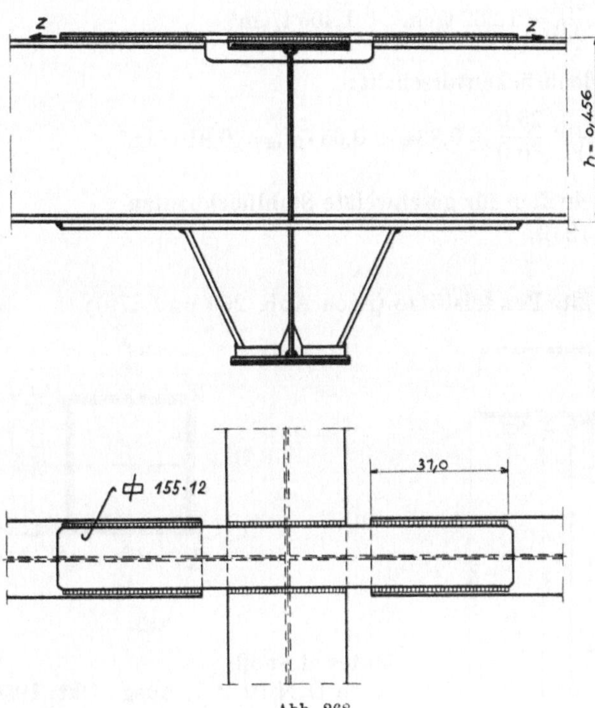

Abb. 268

$M_{Feld} = 15,2$ tm

$M_{Stütze} = 0,75 \cdot 15,2 = 11,4$ tm

$h = 0,456$ m

$$Z = \frac{11,4}{0,456} = 25,0 \text{ t}$$

$F_{Lasche} = 15,5 \cdot 1,2 = 18,6$ cm²

$$\sigma_{Lasche} = \frac{25,0}{18,6} = 1,344 \text{ t/cm}^2 < 1,400 \text{ t/cm}^2$$

$a = 5$ mm

$l = 31 - 2 \cdot 0,5 = 30,0$ cm

$F_{Sch} = 2 \cdot 30,0 \cdot 0,5 = 30$ cm²

a) Nach Bundesbahnvorschrift:

$$\gamma = 1{,}0$$
$$\alpha = 0{,}65 \ \text{(Tafel 2, Zeile 19)}$$
$$\varrho = \frac{\gamma}{\alpha} \cdot \frac{Z}{\Sigma\,(a \cdot l)}$$
$$= \frac{1{,}01}{0{,}65} \cdot \frac{25{,}0}{30{,}0} = 1{,}282 \ \text{t/cm}^2 < 1{,}400 \ \text{t/cm}^2$$

b) Nach Straßenbrückenvorschrift:

$$\varrho = \frac{Z}{\Sigma\,(a \cdot l)} = \frac{25{,}0}{30{,}0} = 0{,}834 < 0{,}65 \cdot \sigma_{zul} = 0{,}91 \ \text{t/cm}^2$$

c) Nach Vorschriften für geschweißte Stahlhochbauten
wie unter 12 b)

13. Geschweißte Pendelstütze (nach Abb. 269 und 270):

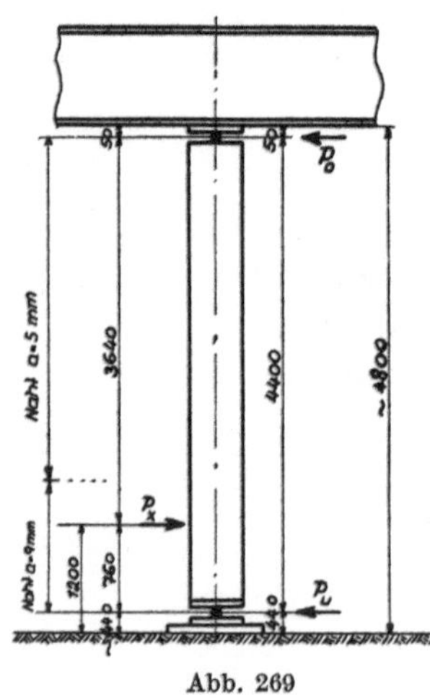

Abb. 269

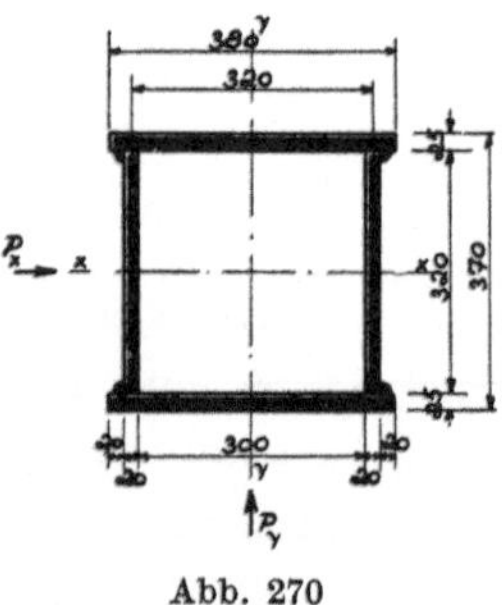

Abb. 270

Material St 52

Nach DIN 10 2, 7. Ausg., Okt. 1950, Abs. 15, ist für Richtung paralell zur Längsachse des Verkehrsweges 100 t anzusetzen, rechtwinklig dazu 50 t

$$P_x = 50 \ \text{t} \qquad\qquad P_y = 100 \ \text{t}$$
$$P_{x_o} = 8{,}6 \ \text{t} \qquad\qquad P_{y_o} = 17{,}3 \ \text{t}$$
$$P_{x_u} = 41{,}4 \ \text{t} \qquad\qquad P_{y_u} = 82{,}7 \ \text{t}$$
$$M_y = 31{,}4 \ \text{tm} \qquad\qquad M_x = 62{,}8 \ \text{tm}$$
$$J_x = 67\,410 \ \text{cm}^4$$
$$S_x = 1\,638 \ \text{cm}^3$$
$$a_u = 9{,}0 \ \text{mm}$$
$$a_o = 5 \ \text{mm}$$

176

$$c_1 = \frac{32}{2} = 16,0 \text{ cm}$$

$$c^2 = \frac{32}{2} - 1,0 = 15,0 \text{ cm}$$

a) Nach Bundesbahnvorschrift:

Spannung in der Schweißnaht $a = 9,0$ mm bei Biegung um die X-Achse.

$\gamma = 1,0$

$\alpha = 0,55$ (Tafel 3, Zeile 9)

$\max M_I = 62,8$ tm

$Q_I = 82,7$ t

1. Nachweis:

$$\tau_I' = \frac{\gamma}{\alpha} \cdot \frac{\max Q \cdot S}{J \cdot t} \leqq \sigma_{\text{zul}}$$

$$= \frac{1,0}{0,55} \cdot \frac{82,7 \cdot 1638}{67\,410 \cdot 2 \cdot 0,90} = 2,030 \text{ t/cm}^2 < 2,100 \text{ t/cm}^2$$

2. Nachweis:

$$\sigma_I = \gamma \cdot \frac{\max M_{Ix} \cdot c_1}{67\,410} = 1,0 \cdot \frac{6280 \cdot 16,0}{67\,410} = 1,490 \text{ t/cm}^2$$

$$\tau_I = \gamma \cdot \frac{Q_{Ix} \cdot S}{J \cdot t} \qquad\qquad \alpha = 1,0 \text{ (Tafel 3, Zeile 8)}$$

$$= 1,0 \cdot \frac{82,7 \cdot 1638}{67\,410 \cdot 2 \cdot 0,90} = 1,117 \text{ t/cm}^2$$

$$\sigma = \frac{1}{\alpha}\left[\frac{\sigma_I}{2} + \frac{1}{2}\sqrt{\sigma_I{}^2 + 4 \cdot \tau_I{}^2}\right] \leqq \sigma_{\text{zul}}$$

$$= \frac{1,0}{1,0}\left[\frac{1,490}{2} + \frac{1}{2}\sqrt{1,490^2 + 4 \cdot 1,117^2}\right]$$

$$= 0,745 + \frac{1}{2} \cdot 2,688 = 2,089 \text{ t/cm}^2 < 2,100 \text{ t/cm}^2$$

Spannung in der oberen Schweißnaht $a = 5,0$ mm bei Biegung um die X-Achse.

($\max M_I = 62,8$ tm; Q_{Ix} 17,3 t)

1. Nachweis:

$\gamma = 1,0$

$\alpha = 0,55$ (Tafel 3, Zeile 9)

$$\tau_I' = \frac{\gamma}{\alpha} \cdot \frac{\max Q \cdot S}{J \cdot t} \leqq \sigma_{\text{zul}}$$

$$= \frac{1,0}{0,55} \cdot \frac{17,3 \cdot 1638}{67\,410 \cdot 2 \cdot 0,5} = 0,765 \text{ t/cm}^2 < 2,100 \text{ t/cm}^2$$

12 Sahling-Latzin, Schweißtechnik

2. Nachweis:

$$\sigma_I = \gamma \cdot \frac{\max M_{Ix} \cdot c_1}{J} \qquad\qquad \alpha = 1,0 \text{ (Tafel 3, Zeile 8)}$$

$$= 1,0 \cdot \frac{6\,280 \cdot 16,0}{67\,410} = 1,490 \text{ t/cm}^2$$

$$\tau_I = \gamma \cdot \frac{Q_{Ix} \cdot S}{J \cdot t} = 1,0 \cdot \frac{17,3 \cdot 1638}{67\,410 \cdot 2 \cdot 0,5} = 0,420 \text{ t/cm}^2$$

$$\sigma = \frac{1}{\alpha}\left[\frac{\sigma_I}{2} + \frac{1}{2}\sqrt{\sigma_I^2 + 4 \cdot \tau_I^2}\right] \leqq \sigma_{zul}$$

$$= \frac{1}{1,0}\left[\frac{1,490}{2} + \frac{1}{2}\sqrt{1,49^2 + 4 \cdot 0,420^2}\right]$$

$$= 0,745 + \frac{1}{2} \cdot 1,710 = 1,600 \text{ t/cm}^2 < 2,100 \text{ t/cm}^2$$

b) Nach Straßenbrückenvorschrift:

Bereich $a = 9$ mm

1. Nachweis:

$$\tau_I' = \frac{\max Q_I \cdot S}{J \cdot t} \leqq 0,65 \cdot \sigma_{zul} = \frac{82,7 \cdot 1638}{67\,410 \cdot 2 \cdot 0,9} = 1,117 \text{ t/cm}^2$$

2. Nachweis:

$$\sigma_I = \frac{\max M_{Ix} \cdot c_1}{J} = \frac{6\,280 \cdot 16,0}{67\,410} = 1,490 \text{ t/cm}^2$$

$$\tau_I = \frac{Q_{Ix} \cdot S}{J \cdot t} = \frac{82,7 \cdot 1638}{67\,410 \cdot 2 \cdot 0,9} = 1,117 \text{ t/cm}^2$$

$$\sigma = \frac{\sigma_I}{2} + \frac{1}{2}\sqrt{\sigma_I^2 + 4 \cdot \tau_I^2} \leqq 1,1 \cdot \sigma_{zul}$$

$$= \frac{1,490}{2} + \frac{1}{2}\sqrt{1,49^2 + 4 \cdot 1,117^2}$$

$$= 0,745 + \frac{1}{2} \cdot 2,688 = 2,089 \text{ t/cm}^2 < 2,310 \text{ t/cm}^2$$

Bereich $a = 5$ mm

1. Nachweis:

$$\tau_I' = \frac{\max Q_I \cdot S}{J \cdot t} \leqq 0,65 \cdot \sigma_{zul}$$

$$= \frac{17,3 \cdot 1638}{67\,410 \cdot 2 \cdot 0,5} = 0,420 \text{ t/cm}^2 < 1,364 \text{ t/cm}^2$$

2. Nachweis:

$$\sigma_1 = \frac{\max M_{Ix} \cdot c_2}{J} = \frac{6\,280 \cdot 15{,}0}{67\,410} = 1{,}400 \text{ t/cm}^2$$

$$\tau_I = \frac{Q_{Ix} \cdot S}{J \cdot t} = \frac{17{,}3 \cdot 1\,638}{67\,410 \cdot 2 \cdot 0{,}5} = 0{,}420 \text{ t/cm}^2$$

$$\sigma = \frac{\sigma_I}{2} + \frac{1}{2} \sqrt{\sigma_I^2 + 4 \cdot \tau_I^2} \leqq 1{,}1 \cdot \sigma_{zul}$$

$$= \frac{1{,}400}{2} + \frac{1}{2} \sqrt{1{,}400^2 + 4 \cdot 0{,}420^2}$$

$$= 0{,}700 + \frac{1}{2} \cdot 1{,}632 = 1{,}516 \text{ t/cm}^2 < 2{,}310 \text{ t/cm}^2$$

c) Nach Vorschriften für geschweißte Stahlhochbauten:

$$\varrho_1 = \frac{\max M_{Ix} \cdot c}{J}$$

$$\varrho_2 = \frac{Q_I \cdot S}{J \cdot 2a}$$

$$\varrho = \frac{\varrho_1}{2} + \frac{1}{2} \sqrt{\varrho_1^2 + 4 \cdot \varrho_2^2} \leqq 0{,}75 \cdot \sigma_{zul}$$

Bereich: $a = 9$ mm

$$\varrho_1 = \frac{6280 \cdot 16{,}0}{67410} = 1{,}490 \text{ t/cm}^2$$

$$\varrho_2 = \frac{82{,}7 \cdot 1\,638}{67410 \cdot 2 \cdot 0{,}9} = 1{,}117 \text{ t/cm}^2$$

$$\varrho = \frac{1{,}490}{2} + \frac{1}{2} \sqrt{1490^2 + 4 \cdot 1{,}117^2}$$

$$= 0{,}745 + \frac{1}{2} \cdot 2{,}698 = 2{,}089 \text{ t/cm}^2 > 1{,}575 \text{ t/cm}^2$$

Bereich: $a = 5$ mm

$$\varrho_1 = 1{,}490 \text{ t/cm}^2$$

$$\varrho_2 = \frac{17{,}3 \cdot 1\,638}{67410 \cdot 2 \cdot 0{,}5} = 0{,}420 \text{ t/cm}^2$$

$$\varrho = \frac{1490}{2} + \frac{1}{2} \sqrt{1{,}490^2 + 4 \cdot 0{,}420^2}$$

$$= 0{,}745 + \frac{1}{2} \cdot 1{,}708 + 1{,}599 \text{ t/cm}^2 > 1{,}575 \text{ t/cm}^2$$

Da für beide Bereiche die zul. Spannungen überschritten wurden, müssen die Nähte verstärkt werden.

12*

VI. AUSFÜHRUNG GESCHWEISSTER STAHLBAUTEN

Bei geschweißten Bauwerken spielt eine einwandfreie und gediegene Werkstattarbeit eine weit größere Rolle als es z. B. bei Nietkonstruktionen mit ihren leichter erfaßbaren Vorgängen und den mehr maschinellen Arbeitsgängen der Fall ist. Man muß also neben dem rein handwerklichen Können der einzelnen Facharbeiter auch den richtigen Ablauf und die Reihenfolge aller das Bauwerk betreffenden Werkstattarbeiten beachten.

Das Hauptbestreben dabei muß das Erzielen eines spannungsfreien Tragwerkes sein; es sollen also die durch die Wärmezufuhr beim Schweißen entstehenden inneren Spannungen möglichst klein bleiben. Das wird einerseits durch eine richtige Schweißfolge, andererseits durch Anordnen der kleinsten statisch und konstruktiv zulässigen Naht, die also die geringste Wärme zuführt, erreicht. Besonders die letzte Bedingung muß, wie schon vorher erwähnt, beachtet werden, da die Nahtfläche mit dem Quadrat der Nahtdicke anwächst und damit auch der Elektrodenverbrauch und die Wärmezufuhr. Ferner ist wichtig, daß die Elektroden auf den zu verschweißenden Baustoff abgestimmt sind.

Innere Spannungen treten allerdings nur bei ungleichmäßiger Erwärmung von Bauteilen auf, wie es gerade beim Schweißen der Fall ist, wenn die Nahtgegend örtlich erwärmt, der Rest des Materials aber weitgehend unbeeinflußt bleibt. Diese inneren Spannungen können zwar durch Spannungsfreiglühen des Bauteiles zum Verschwinden gebracht werden, was allerdings das geschweißte Bauwerk beträchtlich verteuern würde, sofern man überhaupt Glühöfen der entsprechenden Abmessungen findet. Durch das Glühen können sich außerdem die einzelnen Abmessungen gegenüber den vorgeschriebenen und erwünschten Abmessungen ändern. Im übrigen hat es sich gezeigt, daß bei der Auswahl geeigneter, einwandfrei schweißbarer Stähle diese Spannungen, die rechnerisch beträchtliche Werte erreichen, unschädlich und den Walzspannungen, die beim Abkühlen gewalzter Profile entstehen, vergleichbar sind, vgl. Tafel V, S. 59.

Um eine einwandfreie Naht ziehen zu können, muß vielfach vorher die Nahtform an dem zu verschweißenden Bauteil hergestellt werden. Kehlnähte, sofern nicht K-Nähte verwendet werden, können in den meisten Fällen ohne besondere Vorarbeiten nach dem Aneinandersetzen der einzelnen Teile gezogen werden. Bei Stumpfnähten müssen die Blechkanten abgeschrägt werden und zwar mehr oder weniger, je nachdem V- oder X-Nähte zur Ausführung kommen. V-Nähte werden im allgemeinen bei Blechstärken bis 12 mm vorgesehen und darüber X-Nähte. Letztere werden gern so vorgearbeitet, daß der Kern entsprechend Abb. 271 die Blechstärke im Verhältnis 1 : 2 teilt. Es wird nun zuerst bei der Naht mit der Tiefe $2t/3$ mit dem Schweißen begonnen. Durch das nachträgliche Auskreuzen (Entfernen der Schlackenreste in der Wurzel-Gegend durch Preßlufthämmer oder Fugenhobler) wird die X-Naht der Höhe $t/3$ vergrößert und dadurch die Nahtwurzel etwa in die Mitte der Blechdicke verlegt.

U- oder Tulpennähte, bei sehr dicken Blechen auch Doppel-U- oder Doppeltulpen-Nähte, kommen nicht mehr so häufig zur Anwendung wie früher, da man mit Rücksicht auf Aufhärtungen und innere Spannungen von den allzu dicken Gurtplatten abgekommen ist und diese durch mehrere abgestufte Gurtplatten ersetzt. Ausgeführt werden sie im allgemeinen bei Dicken über etwa 30 mm. Die Öffnung der Tulpennaht soll mindestens 20 mm betragen, bei dickeren Platten im allgemeinen etwas weniger als die halbe Blechdicke.

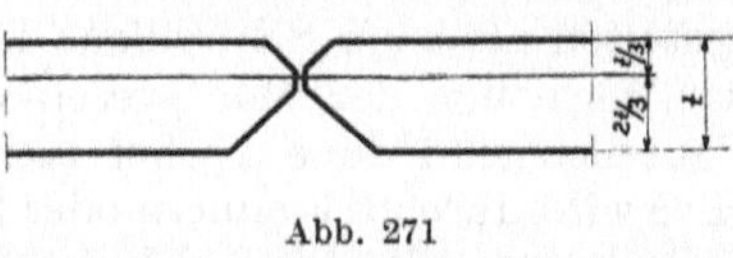

Abb. 271

Man erhält die Nahtform durch Brennschneiden mittels schräg gestellter Brennapparate, durch Hobeln, dieses meist für Tulpennähte durch einen entsprechend gestalteten Hobelstahl oder durch Rollenschneidmaschinen, wenn die Schneidrollen, der Neigung folgend, schräg gestellt sind. Bei Form- oder Stabstahl wird die Ablängung meist wie üblich durch Sägen und die Form der Naht anschließend durch eine der vorher beschriebenen Arten erzielt.

Wird die Formgebung an einem Konstruktionsteil durch Brennschneiden oder Schweißen vorgenommen, so werden durch dieses örtliche Zuführen von Wärme Abweichungen von den gewünschten Maßen oder Winkeln einzelner Teile hervorgerufen, die man durch nachträgliches Richten — also vorwiegend in kaltem Zustand — wieder zum Verschwinden bringen muß. Um nun, besonders bei hochwertigen Baustählen, Kornvergröberung oder Alterung des Bauteiles zu vermeiden, die infolge der Gefahr von Sprödbrüchen den Bestand des Bauwerkes gefährden können, soll man diese Richtarbeit möglichst langsam und allmählich in mehreren Arbeitsgängen durchführen. Aus diesem Grunde sind Stößelrichtmaschinen den Rollenrichtmaschinen überlegen, was besonders bei hochwertigen Baustählen zu beachten ist.

Die durch einen Sekator beim Brennschneiden erzielten Schnitte brauchen auch nach den Vorschriften der Deutschen Bundesbahn nicht mehr nachbearbeitet zu werden, da sie bei entsprechend sorgfältiger Arbeit glatt und sauber ausfallen. Hochwertige Baustähle härten meist durch die örtliche Erwärmung auf und können nachträglich nicht mehr bearbeitet werden (Bohren, Hobeln, Sägen usw.). Es muß also der Schnitt entsprechend sauber und an der richtigen Stelle geführt werden. Daß diese aufgehärtete Zone bei auf Zug beanspruchten Stäben spröde wird, sich nicht so wie der übrige

Stahl dehnt und daher vorerst vorwiegend an der Kraftübertragung beteiligt ist, was zu einer Überbeanspruchung und zu Rissen führen kann, ist nicht zu befürchten. Durch die örtlich zugeführte Wärme ist die Randzone bestrebt, sich zu verlängern, wird aber durch die größere Masse des kalt gebliebenen Stabes daran gehindert und gestaucht (vgl. auch Abschnitt III, 6, A), wodurch nach dem Erkalten hier Zugspannungen entstehen können. Die zahlreichen Versuche auf diesem Gebiet haben bewiesen, daß diese Spannungen keine Beeinträchtigung der Sicherheit des Bauwerkes zur Folge haben. Bei Druckstäben bringt die Überlagerung eine Abnahme der vorhandenen Spannungen am brenngeschnittenen Rande.

Der Zusammenbau von Einzelteilen vor dem Vernieten läßt sich einfacher gestalten als beim Schweißen, da dort die schon gebohrten Nietlöcher für das Einziehen der Montageschrauben benützt werden. Bei geschweißten Bauteilen sind diese Löcher nicht vorhanden und auch nicht erwünscht. Hier wird durch Klammern oder Spannbolzen die Verbindung der einzelnen Teile hergestellt. Die beiden Abb. 281 und 282 zeigen zwei verschiedene Ausführungen dieser Art. Dabei ist aber eine Behinderung der Verformungen als Folge der Wärmezufuhr möglichst zu vermeiden; man soll sogar diesen Verformungen möglichst entgegenkommen. Ein derartiges Entgegenkommen findet man z. B. bei den Abb. 50 und 51 (verschiedene Spaltbreiten bei Stumpfstößen und Gegenknicken von Gurtplatten) erläutert. Ein zu starkes Pressen in Vorrichtungen, die die Bauteile den entsprechenden Verformungen nicht nachkommen lassen, kann zum Reißen von Nähten führen. Bei Bauteilen, die genau maßhaltig sein müssen, hilft auch ein scharfes Einspannen nicht, da der Bauteil nach dem Lösen aus der Schweißvorrichtung doch immer etwas den durch das Schweißen aufgetretenen inneren Spannungen nachgibt und die Lehrengenauigkeit verliert, auch wenn die Schweißnähte durchaus in Takt bleiben. In diesem Falle hilft man sich durch eine Zugabe an Material und bringt das Werkstück nach dem Schweißen durch spanabhebende Bearbeitung auf die erforderliche Genauigkeit. Wie oben erwähnt, ist die Schweißfolge, also die Reihenfolge, in welcher die einzelnen Nähte gezogen werden müssen, in erster Linie maßgebend, um ein möglichst von Schweißspannungen freies Bauwerk zu erhalten. Bei größeren und verwickelteren Objekten wird der Werkstatt ein sogenannter Schweißplan eingereicht, in welchem skizzenhaft die Schweißnähte angedeutet und entsprechend ihrer Reihenfolge mit Nummern versehen sind. Oft wird wohl auch noch eine umfassende Beschreibung nötig sein.

Wie unten näher beschrieben, hat sich bei kleineren und öfter anfallenden, gleich ausgebildeten Bauteilen eine günstigste Schweißfolge herausgestellt. Bei einem I-Träger, der nur aus Stegblech und Gurtplatten ohne Nasenansatz besteht, werden zuerst auf die ganze Länge alle Stegblechstöße für sich geschweißt. Nun folgen die senkrecht zur Längsachse stehenden Aussteifungen, damit sich die Schrumpfung durch deren Anschlußnähte ungehindert auswirken kann. Unabhängig davon werden alle Gurtplatten für sich auf ihre ganze Länge verschweißt und darauf die Beilageplatten mittels Längsnähten mit der Grundgurtplatte verbunden. Anschließend wird die Halsnaht zur Verbindung der Gurtplattenpakete und des Stegbleches gelegt. Sind einseitige Längsaussteifungen vorhanden, so werden diese erst jetzt aufgesetzt, was zwar gegen die Forderung einer spannungsfreien Verbindung verstößt, jedoch mit Rücksicht auf die Verformung des Trägers vorzuziehen ist, der sich ohne das Vorhandensein der senkrechten Aussteifungen nach Abb. 272 deformieren würde (etwas übertrieben gezeichnet). Ein nachträgliches Richten hat hier zu keinem Erfolge geführt.

Von dieser Reihenfolge weicht man nur ab, wenn man Gurtplatten mit Stegansatz verwendet oder bei normalen Gurtplatten Automatenschweißung heranzieht, da in letzterem Falle die vor dem Ziehen der Halsnähte vorhandenen senkrechten Aussteifungen auf dem Stegblech stören; sie werden in diesem Falle nach dem Ziehen der Halsnähte auf das Stegblech angesetzt.

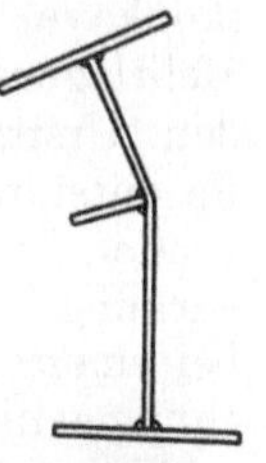

Abb. 272

Durch Schrumpfen der Halsnähte werden die inneren Gurtplatten (Grundgurtplatten) an das Stegblech angepreßt. Wird nun die Länge der senkrechten Aussteifungen so vorgesehen, daß sie vor dem Schweißen an den Gurtungen satt anliegen, so werden die Gurtplatten zwischen den Quersteifen heruntergezogen und bilden eine wellenförmige Linie. Hier empfiehlt sich ein geringer Luftspalt zwischen Gurtplatte und senkrechter Aussteifung, der nach dem Schrumpfen der Halsnaht verschwindet. Dies hat auch zur Entwicklung des eingekeilten Plättchens nach den Abb. 149 oder 267 geführt, da hier die Dicke des Plättchens dem nach dem Schrumpfen übrig bleibenden Spalt, der jetzt von vornherein größer angesetzt wird, angeglichen werden kann. Diese Plättchen sind wenigstens 30 mm stark zu machen, damit sie sich beim Anschweißen nicht verkrümmen, wodurch ein Zwischenraum entstehen könnte, der die Rostbildung begünstigen würde; sie sollen nur mit den Aussteifungen und dürfen keinesfalls durch Quernähte mit den Gurtplatten verbunden werden, um die gefährliche Kerbwirkung der Quernähte zu vermeiden. Hierauf ist besonders zu achten, weil es schon vorgekommen ist, daß Schweißer in durchaus gutgemeinter Absicht abweichend von den Zeichnungen diese Plättchen auch noch durch Quernähte an den Gurtplatten befestigt haben. Es muß Grundsatz sein — worauf der Abnahmebeamte besonders zu achten hat — daß einerseits sämtliche vorgeschriebenen Nähte, aber andererseits keinesfalls mehr als vorgeschrieben ausgeführt werden.

Stegblechstöße sind im allgemeinen infolge ihrer geringen Länge und Dicke nicht allzu schwer zu schweißen. Die Schweißrichtung ist daher auch nicht besonders vorgeschrieben. Bei sehr langen Nähten jedoch wird mit Rück-

sicht auf die Nahtlängsschrumpfung, die in der Naht Zug, im danebenliegenden Blech jedoch Druck erzeugt, am besten von der Mitte nach außen
im Pilgerschritt geschweißt. Dies hat jedoch den Nachteil der vielen Nahtansätze, so daß man im Endergebnis wohl besser gleich in einem Zug durchschweißt.

Gurtplattenstöße sind zwar auch nicht lang, können jedoch größere Dicken
als Stegblechnähte erhalten. Man wird daher in mehreren Lagen schweißen,
wobei die neuen Lagen an den Rändern vorgelegt und so immer eine hohle
(konkave) Form der Naht entsteht (siehe dazu auch Abb. 66). Bei der
Mehrlagenschweißung darf jedoch nie die erste Lage zu dünn gewählt werden. Ursprünglich liebte man dies, um gut in den Spalt hineinzugelangen.
Es entstand jedoch durch die geringe Wärmezufuhr, die von den umliegenden Stahlmassen rasch abgeleitet wurde, eine unerwünschte Abschreckwirkung, die zu Längsrissen führte. Auch könnte diese erste zu dünne Naht
bei einem Drehen des Werkstückes den dadurch entstehenden Beanspruchungen nicht standhalten und würde gleichfalls beschädigt. So ist es zweckmäßig, diese erste Naht nicht zu dünn zu halten.

Dasselbe ist auch beim Ziehen von mehrlagigen Hals- und Kehlnähten für
I-Träger zu beachten, da die weiteren Lagen abwechselnd geschweißt werden
und der Träger öfter gewendet werden muß. Für die erste Lage kann das
Stegblech lotrecht stehen, und die Nähte können von beiden Seiten in dieser
Lage gezogen werden. Bei den späteren Lagen wird der Träger jedoch unter
45° geneigt (Wannenlage), vgl. Abb. 92. Die Dicke der einzelnen Lagen wird
nicht unter 5 mm gewählt.

Ob bei der Verwendung von Gurtplatten mit Stegblech zuerst der Ober-
oder Untergurt verschweißt wird, hängt von der Form der Überhöhung
ab (ob hohl oder erhaben). Wie bekannt, schrumpfen die Halsnähte in der
Längsrichtung, und der Träger erhält beim Anschweißen des ersten Gurtplattenpaketes (z. B. der Untergurtplatte) eine Krümmung, so daß die
Außenseite der Gurtplatte konkav erscheint (s. Abb. 273). Der Verformung

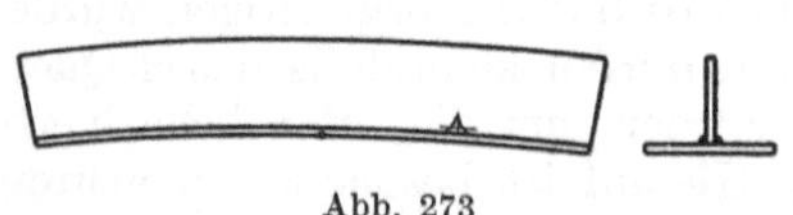

Abb. 273

wirkt lediglich das Trägheitsmoment
des Stegbleches entgegen. Wird jedoch
jetzt die Obergurtplatte angeschweißt,
so wirkt ihrer Verformung aus der
Längsschrumpfung schon das bedeutend größere Trägheitsmoment des Stegbleches mit der schon verschweißten
Untergurtplatte entgegen. Die Obergurtplatte kann also die Verformung
der Untergurtplatte nicht vollständig rückgängig machen, und es bleibt in
diesem Falle eine Überhöhung bestehen. Ist dies nicht erwünscht, so muß
von vornherein eine Gegenkrümmung vorgesehen werden. Noch komplizierter wird der Fall, wenn, wie bei Verbundträgern fast immer üblich,
Ober- und Untergurtplatte verschiedene Flächen haben und noch eine Überhöhung vorgeschriebener Größe eingehalten werden muß.

Bei Werkstattstößen ist es, wie eben beschrieben, am besten, sowohl Stegbleche als auch Gurtplatten für sich vor ihrer Vereinigung zu stoßen. Bei Baustellenstößen hat man jedoch in einem Querschnitt Gurtplatte und Stegblechstoß gleichzeitig zu verschweißen. Von vornherein wird man konstruktiv diese Stöße dorthin verlegen, wo möglichst geringe Gurtplattendicke und möglichst keine Beilageplatten vorhanden sind.

Im allgemeinen ist man bestrebt, Stegblech und Gurtplatte gleichzeitig zu verschweißen. Davon wird nur dann abgewichen, wenn die Querschnitte sehr verschieden sind. Da meist die Gurtplatten dicker sein werden, beginnt man hier mit einigen Lagen vorzuschweißen, und wenn im Stegblech und den Gurtungen noch etwa die gleichen Schweißgutmengen einzubringen sind, wird der Rest gleichzeitig geschlossen. Dadurch erzielt man ein ungefähr gleiches Schrumpfen über den ganzen Querschnitt. Ist es jedoch aus irgendwelchen Gründen erforderlich, die Gurtungen vor dem Schließen des Stegblechstoßes zu verschweißen, so wird das Stegblech an der Stoßfuge ausgebogen, wie es Abb. 274 zeigt. Durch das Schrumpfen der Stegblechnähte wird das ausgebogene Ende gerade gezogen. Natürlich müssen im Bereich der Wölbung auch die Halsnähte frei

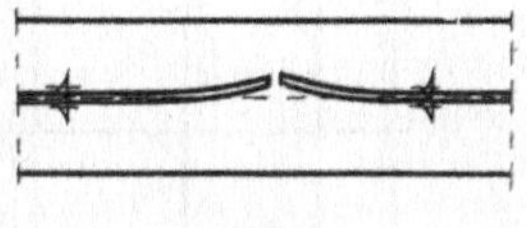

Abb. 274

gelassen und erst nach dem Schließen des Stegblechstoßes gezogen werden. Wird der Stoß durch 2 oder mehrere Gurtplatten hindurchgelegt, so muß der Spalt zwischen ihnen vorerst durch eine dünne Quernaht, wie bei Abb. 155 gezeigt, geschlossen werden, bevor man zum Schweißen des Gurtplattenstoßes selbst schreitet.

Montageverbindungen von größeren Bauwerken, bei welchen geschweißte Einzelteile herangezogen werden, müssen gleichfalls unter Vermeidung von inneren Spannungen nach der Vereinigung fertiggestellt werden. Bei einer Brücke mit Haupt-, Quer- und Längsträgern kann man die Schweißung der Fahrbahn zuerst fertigstellen, dann die Hauptträger einlegen, und die Querträgeranschlüsse verschweißen. Oft ist dies aus Montagegründen, wenn die Hauptträger wie üblich vor der Fahrbahn aufgelegt werden, nicht möglich und wird auch bei Rostträgern nicht anwendbar sein. Hier beginnt man damit, die Anschlüsse von der Mitte nach außen zu schließen.

Es wird nach Abb. 275 der mittlere Querträger an die Hauptträger geschweißt (1),

die Längsträger der anschließenden Felder werden an den mittleren Querträger geschweißt (2),

die nächsten Querträger an die Längsträger geschweißt (3)

und diese Querträger mit den Hauptträgern verbunden (4),

und so wird weiter bis zu den Endquerträgern fortgeschritten. Das Grundprinzip ist leicht zu übersehen, nämlich die noch nicht verbundenen Teile den Verformungen aus der Schweißung ungehindert folgen zu lassen.

Wird die Fahrbahn durch aufgeschweißte Buckelbleche getragen, so wird man diese, ähnlich wie eben beschrieben, im Zuge des Fortschreitens der Verschweißung anschließen.

Beim Anschweißen von Buckelblechen oder auch von Dübeln für Verbundbrücken auf der Baustelle verkürzt sich der Obergurt infolge der zusätzlichen Schrumpfungen dieser Längs- bzw. Quernähte und verformt den Träger so, daß er im allgemeinen oben konkav wird. Dabei können ziemlich beachtliche Verschiebungsmaße auftreten, die bei Durchlaufträgern zu Lagerhebungen oder zumindest zu einer Verringerung einzelner Auflagerdrücke und dadurch zu einer Änderung des statischen Systems, wie in Abb. 276 angedeutet, führen können. Rein statisch gesehen ist die Verringerung des Auflagerdruckes infolge einer Verformung des Trägers einem Absenken des Lagers vergleichbar; dies gilt allerdings nur für äußere Lasten, wie Eigengewicht und Verkehrslast, nicht jedoch hinsichtlich der inneren Spannungen durch die Schweißung.

Bei Querträgeranschlüssen nach Abb.

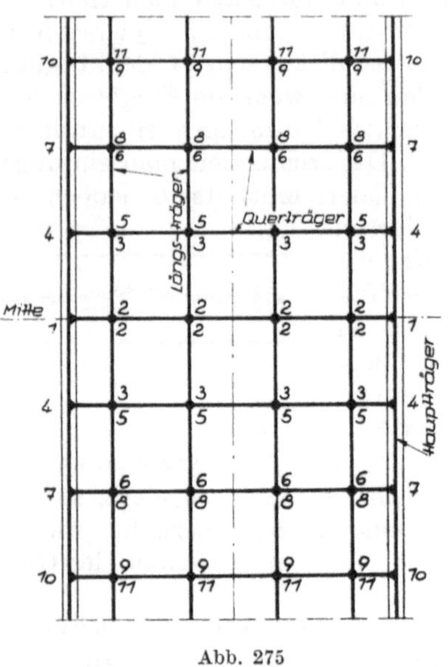

Abb. 275

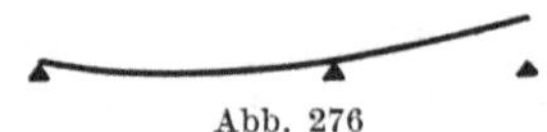

Abb. 276

161 oder 162 werden zuerst die Konsolstutzen an den Hauptträgern geschweißt, dann die Anschlußnaht des Querträgerstegbleches gezogen und schließlich die obere und untere Naht der Gurtplattenanschlüsse. Bei einem Querträgeranschluß nach Abb. 167, wenn also der Konsolstutzen mit dem Querträger vorher verbunden ist, wird gleichfalls zuerst die Anschlußnaht des Stegbleches über die Querträgerhöhe und das Konsol und darauf die oberen und unteren Anschlußnähte gezogen.

Vor der Schweißung müssen die vorbereiteten Schweißstellen frei von Feuchtigkeit, Schmutz, Rost, Zunder oder Farbe sein. Wenn in der Werkstatt der Grundanstrich aufgebracht wurde, soll bei Baustellenschweißungen neben der Naht ein Streifen von 20 bis 30 mm Breite freibleiben. Ist dies nicht der Fall, so sind, abgesehen von der Verunreinigung der Schmelze, die entstehenden Dämpfe für den Schweißer schädlich. Schlacke von einem vorangegangenen Brennschneiden oder auch Flugrost müssen vor dem Schweißen entfernt werden; dasselbe gilt von einem Leinölhauch. Gleich-

falls müssen die Schweißstellen vollständig trocken, also auch vor Regen
geschützt sein. Feuchtigkeit in Form von Kondenswasser muß unter Umständen durch ein Bestreichen mit einer Brennerflamme vor dem Schweißen
entfernt werden.

Unbedingt ist ein allzu rasches Abkühlen der Schweißnaht zu verhindern,
das zu Abschreck- oder Aufhärtungserscheinungen in der Naht führen kann.
Wie oben beschrieben, soll daher nie mit allzu dünnen Drähten die Nahtwurzel vorgeschweißt werden. Überhaupt soll die Elektrodendicke, um Ab-
schreckerscheinungen und Reißen einzelner Lagen zu vermeiden, immer in
einem günstigen Verhältnis zu den vorhandenen Querschnittsflächen stehen.

Abb. 277. Drehvorrichtung

Die über der heißen Naht verbleibende Haut aus der Umhüllung der Elektrode oder dem Schweißpulver der Automatenschweißung verhindert als
schlechter Wärmeleiter ein allzu rasches Abfließen der Wärme und soll daher
nie vor ihrer vollständigen Abkühlung entfernt werden. Bei sehr massigen
Eisenteilen, z. B. bei Nähten an dicken Lagerteilen, wird man diese mit
Vorteil vorwärmen, was gleichfalls wie ein Wärmepolster das schnelle Abfließen der Wärme verhindert. Aus demselben Grunde ist bei Schweißungen
im Freien die Baustelle vor Regen, Wind und Schnee zu schützen, was
durch Zeltbahnen erreicht werden kann.

Wird ein Träger in einer Drehvorrichtung geschweißt, wie es z. B. die Abb. 93
und 277 zeigen, so muß die Drehbewegung unbedingt gleichmäßig erfolgen,
um unzulässige Spannungen oder, sofern die Nähte noch nicht stark genug
sind, deren Reißen zu vermeiden. Die bei ungleichem Drehen entstehenden
Torsionsspannungen sind bei den diesen Spannungen gegenüber sehr empfind-
lichen I-Trägern besonders gefährlich und führen zu Rissen in der Wurzellage.

Müssen bei Schweißkonstruktionen Lamellen gebogen werden, so kann
man nach Abb. 278 vorgehen. Die zu heller Rotglut erhitzte Gurtplatte
wird auf einem Bett durch Drehen des Rollenhebels in die gewünschte Form
gebracht. Zwischenlagen von dünnen Blechen verbessern die Formgebung.
Kleinere Platten oder einzelne Stücke werden auch warm in der Schmiede
verformt. Das Biegen von Platten wird man in jedem Falle jedoch auf ein
Mindestmaß beschränken, da Schmiedearbeiten zu den teuersten Vorgängen
der Stahlbauanstalt gehören.

Die folgende Bildserie soll die Bearbeitung eines aus einem IP-Träger hergestellten Querträgers mit dessen Konsolanschluß veranschaulichen. Abbil-

Abb. 278. Vorrichtung zum Biegen von Lamellen

dung 279 zeigt das Grundprofil mit herausgeschnittenem Steg. In Abb. 280
ist der auf helle Rotglut erwärmte Oberflansch abgebogen, während Abb. 281
die Verformung des Unterflansches bei dem nun um 180° gedrehten Träger
darstellt. Abb. 282 zeigt den jetzt waagerecht gelegten Träger zum Einpassen des keilförmigen Stegblechstückes vorbereitet. Abb. 283 stellt dieses
eingesetzt und geheftet und Abb. 284 den fertigen Querträger in seinem
Konsolanschluß dar. Auf den Abb. 281 und 282 sind auch sehr gut die bei
der Schweißung üblichen Verklammerungen im Zusammenbau dargestellt.

Zur Erleichterung des Zusammenbaues oder der Montage dürfen an tragenden Bauteilen keine Einrichtungen angeschweißt werden, sofern sie nicht
von vornherein vorgesehen, genehmigt und im Endzustand nicht schädlich

188

Abb. 279. IP-Träger mit herausgeschnittenem Steg

Abb. 280. Oberflansch abgebogen

Abb. 281. Verformung des Unterflansches

Abb. 282. IP-Träger fertig zum Einpassen des keilförmigen Stegblechstückes

sind. Sollten sich derartige Erfordernisse als unumgänglich notwendig erweisen, so können in minder beanspruchten Teilen Löcher gebohrt werden, die jedoch nicht zugeschweißt, sondern durch blinde Niete oder auch durch Putzen geschlossen werden.

Schweißspritzer oder auch Zündstellen der Elektroden sind infolge der örtlichen Aufhärtung, besonders bei höher gekohlten Stählen, höchst

Abb. 283. Stegblechstück eingesetzt und geheftet

unerwünscht. Die Schweißer haben auf deren Vermeidung sorgfältig zu achten, da ein Nachschleifen oder Säubern nicht immer den gewünschten Erfolg hat, weil die örtliche Aufhärtung doch nicht mehr rückgängig zu machen ist. Es hat sich gezeigt, daß Dauerbrüche vielfach von solchen Stellen ausgehen. Schrumpfspannungen, die beim Schweißen entstehen, sind schon im Abschnitt III, 6, „Zur Frage der Spannungen in und neben

Schweißnähten" erläutert worden. Diese Verwerfungen durch örtliche Wärmezufuhr können auch im guten Sinne ausgenutzt werden, indem man sie zum Richten infolge vorhergehender Bearbeitung verformter Konstruktionsteile verwendet. Wie weit und wie viel erwärmt werden soll, ist jedoch

Abb. 284. Der fertige Querträger

eine Angelegenheit der Erfahrung und kann nur mit viel Fingerspitzengefühl erworben und angewendet werden. Durch eine örtliche Erwärmung des Werkstoffes will sich dieser ausdehnen, wird aber durch die umliegenden kalten Teile daran gehindert und gestaucht. Bei der nun folgenden Abkühlung zieht sich das erwärmte und nun gestauchte Gebiet zusammen, wird also kleiner als vorher — es schrumpft. Aus dem oben Gesagten ist ersicht-

192

lich, daß großflächige Erwärmung, sofern keine Stauchung eintreten kann, nicht zu dem gewünschten Erfolg führt. Sollen z. B. aus größeren Flächen (Stegblechen oder Wandungen eckiger Behälter) Beulen entfernt werden, so wird man diese Fläche punktweise mit dem Schweißbrenner erwärmen, so daß sich die Wände nach dem Schrumpfen glatt ziehen.

Aufhärtungen unangenehmer Art zeigen sich bei z. B. von Bomben herrührenden Splitterdurchschlägen an hochwertigen Stählen. Durch den plötzlichen Schlag entsteht in der nächsten Umgebung des Durchschlages eine Erhitzung. Soll diese Stelle ausgeschliffen und abgerundet werden, stellt man die örtliche Aufhärtung fest. Es ist nun verkehrt, diese Punkte durch Einschweißen von Flicken schließen zu wollen; besser ist es, entweder sie nur auszurunden und offen zu lassen oder, wenn dies aus Schönheitsgründen unerwünscht ist, sie durch blinde Senkniete oder Putzen zu schließen. Wenn doch einmal aus irgendwelchen Gründen derartige Durchschläge oder Löcher

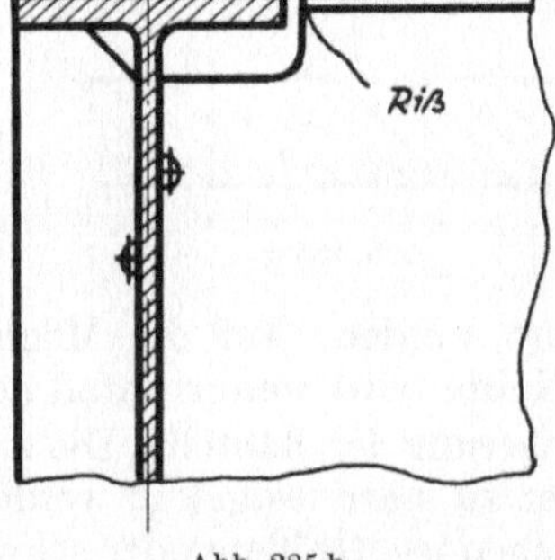

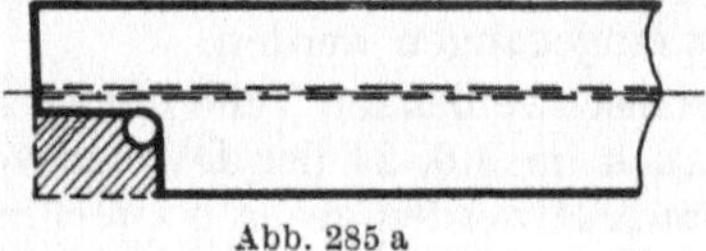

Abb. 285 aAbb. 285 b

durch Schweißen geschlossen werden — bei St 37 in Schweißgüte kann dies zugelassen werden —, so wird man vorteilhaft das einzupassende Blech etwas vorwölben, und zwar so weit, daß die schrumpfende Rundnaht es wieder glatt zieht.

Der Zusammenbau geschweißter Bauteile hat genieteten gegenüber immer den Nachteil der größeren Steifigkeit, — was jedoch beim fertigen Bauwerk als Vorteil anzusehen ist. Dies ist bei der Herstellung einzelner Teile zu beachten, und diese sind daher mit genügender Toleranz fertigzustellen, was schon im Konstruktionsbüro durch Anordnnng von genügend Futtern bzw. Toleranzmaßen zu berücksichtigen ist. Eventuell sind Nähte in der Nähe von Werkstatt- oder Baustellenverbindungen offen zu lassen und erst nach dem Zusammenbau zu Ende zu schweißen. Beim Vorzeichnen und Bearbeiten sind alle Einzelteile in ihren Abmessungen mit Rücksicht auf die spätere Verformung durch Wärmezufuhr und Schrumpfen festzulegen; es müssen also *nach* dem Schweißen die gewünschten Maße erreicht werden.

Es mögen noch einige Punkte erwähnt werden, auf die bei der Ausführung besonders zu achten ist:

1. Wie beim Nieten müssen auch beim Schweißen ausgeklinkte Ecken der Trägerflansche vorgebohrt werden (Abb. 285a), um zu vermeiden, daß an

diesen Stellen, die ohnehin vom Walzvorgang herrührende hohe Eigenspannungen haben, Risse auftreten (Abb. 285b), DV 806, § 4, B 2.

2. Bei Kehlnähten müssen die zu verbindenden Bleche spaltlos und ohne Zwischenraum aufeinanderliegen, weil sonst nicht der einwandfreie Einbrand (vgl. Abb. 295) bei der Wurzel C erzielt werden kann.

3. Bei V- und X-Nähten müssen die Blechkanten gleichmäßig bearbeitet werden; ungleichmäßige Blechkanten machen ein einwandfreies Durchschweißen in der Wurzel unmöglich. Hier ist besonders auf die Beseitigung der Schlacke sowie etwaige Risse usw. zu achten.

4. Bei Stirnkehlnähten schadet es nicht, wenn beim Schweißen die Ecke *E*

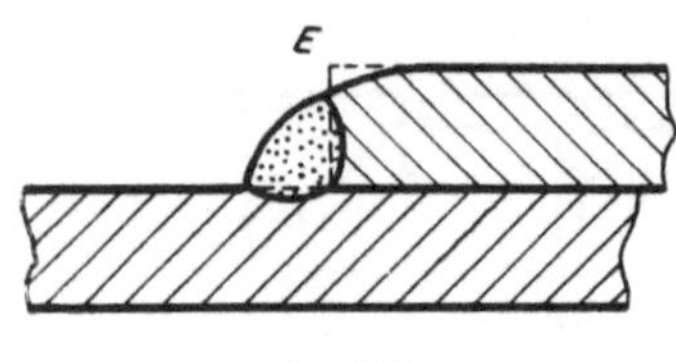

Abb. 285 c

(Abb. 285c) abgebrannt wird, solange das vorgeschriebene Maß „*a*" erhalten bleibt (DV 806, § 4, A 41). Doch muß bei Flankenkehlnähten die fehlende Kante mit Schweißgut ausgefüllt werden.

Einige weitere Hilfsmittel, durch die man die Schrumpfspannungen in niedrigen Grenzen halten kann, sollen im folgenden aufgeführt werden. Auf die Möglichkeiten einer *nachträglichen* Behandlung der Nähte wird weiter unten noch kurz eingegangen werden.

a) Lagerung der Bauteile. Die zusammenzuschweißenden Teile dürfen nicht vorher zu starr festgelegt werden, wie auch im § 6, 21 der DV 848 vorgeschrieben ist. Größere oder schwerere Bauteile werden deshalb zweckmäßig auf Rollen gelagert.

b) Schweißen benachbarter Nähte mit Abstand. Ein weiteres Mittel, um eine zu große Erwärmung der Bauteile zu vermeiden, ist das Schweißen mit Abstand. Sollen z. B. die beiden Nähte eines Hauptträgergurtes gezogen werden, so läßt man den einen Schweißer etwa ½ bis 1 m vor dem andern vorauseilen. Wie beim Nieten wird man auch beim Schweißen meistens — wenigstens bei waagerechten Nähten — in der Mitte des Bauteiles anfangen und nach den Enden zu schweißen. Die zu verbindenden Bauteile werden, nachdem sie in die richtige Lage gebracht worden sind, durch kurze Schweißnähte, sogenannte „Heftschweißen", gegenseitig festgehalten. Diese Heftschweißen, die oft während des Schweißvorganges reißen, dürfen beim endgültigen Ziehen der Naht nicht überschweißt werden, sondern sind sorgfältig aufzuschmelzen. Bei längeren benachbarten Nähten darf man nicht zunächst die eine Naht ganz fertig schweißen und dann erst die andere ziehen, weil sich durch die erste Naht eine starke Verformung des Bauteiles ergeben würde, die durch die zweite Naht nur zum Teil, aber auf jeden Fall weniger ausgeglichen wird, als wenn die Schweißer — wie oben empfohlen — mit geringem Abstand vorgehen.

c) Schweißen im Pilgerschritt. Bei der Handschweißung werden waagerechte Nähte vielfach nicht fortlaufend, sondern in etwa 30 bis 40 cm langen Ab-

194

schnitten geschweißt, derart, daß die einzelnen Abschnitte entgegengesetzt dem Fortschreiten der ganzen Naht geschweißt werden (vgl. Abb. 286a). Die Wärme wird durch dieses Verfahren gleichmäßiger auf die gesamte Nahtlänge verteilt. Dies wird in noch höherem Maße beim sogenannten „sprung-

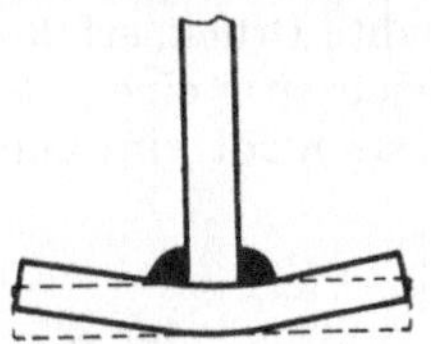

Abb. 286 a. Schweißen im Pilgerschritt

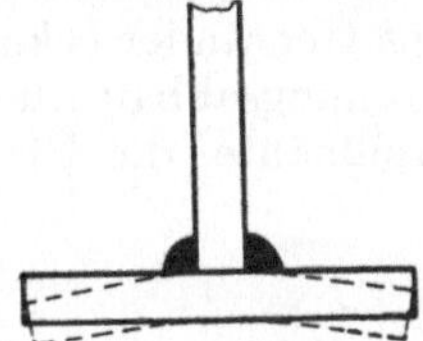

Abb. 286 b. Sprungweises Schweißen

weisen Schweißen" nach Abb. 286b erreicht. Die vielen Nahtansätze beeinträchtigen jedoch auch die Güte der Schweißung, so daß man in neuerer Zeit davon abkommt.

d) Unterbrochene Nähte. Ein weiteres Mittel, die Schrumpfspannungen möglichst niedrig zu halten, besteht darin, die Nähte nicht durchlaufend, sondern unterbrochen (Abb. 78) herzustellen. Hierdurch wird auch an Schweißgut gespart. Solche Nähte kann man jedoch nur dort ausführen, wo es statisch zulässig ist. Bei der Herstellung von Brücken für die Deutsche Bundesbahn werden unterbrochene Nähte nicht zugelassen, ebenso wie Schlitznähte (vgl. DV 848, § 5, 4). Die unterbrochenen Nähte haben den Nachteil, daß die zahlreichen Nahtanfänge und -enden Dauerbeanspruchungen gegenüber empfindlich sind; ferner dringt bei Bauwerken, die im Freien liegen, dort, wo keine Naht ist, leicht Feuchtigkeit ein, wodurch Anlaß zum Rosten und zum Abtreiben der angeschweißten Bauglieder gegeben ist, da Rost eine Volumsvergrößerung nach sich zieht.

e) Vorbiegen der Bauteile. Der durch die Schrumpfwirkung der Nähte zu erwartenden Verformung der Bauteile kann man in einigen Fällen dadurch

Abb. 287. Verbiegen der Gurtplatte infolge der Schrumpfwirkung der beiden Kehlnähte

Abb. 288. Vorverformung der Gurtplatte als Maßnahme gegen die Schrumpfwirkung der beiden Kehlnähte

begegnen, daß man die Bauteile in entgegengesetztem Sinne vorbiegt. Als Beispiel ist in Abb. 287 dargestellt, wie eine Gurtplatte sich unter dem Einfluß der Schrumpfwirkung der beiden Kehlnähte verformt, Abb. 288 zeigt die Vorverformung der Gurtplatte als Maßnahme gegen die Schrumpfwirkung der Kehlnähte. Des weiteren lassen sich die Spannungen in den Nähten oder den Bauteilen durch eine

f) nachträgliche Behandlung vermindern. Gute Erfolge sind mit einem nachträglichen *Hämmern* der Nähte erzielt worden. In gewissem Grade

13*

werden die Nähte bereits durch das Abklopfen der Schlacke gehämmert, das mit einem leichten Hammer geschehen kann. Dieser darf aber nicht zu spitz oder scharfkantig sein, damit die Naht nicht verletzt wird. Gut eignet sich für beide Zwecke — Abklopfen der Schlacke und Spannungsabbau — ein Preßlufthammer. Natürlich darf dieses Hämmern nur in rotwarmem Zustande erfolgen, weil die Behandlung während der Blauwärme sich sehr nachteilig auswirken kann. Aber auch nach Unterschreiten der Blauwärme ist das Hämmern der Nähte von günstigem Einfluß. Bei Brücken- und Hochbauten ist ein nachträgliches Hämmern mit Rücksicht auf den Umfang der Arbeit kaum durchführbar und bei den neueren Elektroden auch nicht mehr erforderlich.

Die nachträgliche *Wärmebehandlung* kommt eigentlich nur für kleinere Werkstücke in Frage, weil für größere, z. B. Brücken oder deren Teile, eine hinreichende Anzahl von Öfen mit den erforderlichen Abmessungen nicht vorhanden ist. Nicht zu vergessen sind dabei die nach der Abkühlung auftretenden Verformungen, die so groß sein können, daß Richtarbeiten anfallen, die teuer, wenn nicht ganz unmöglich sind. Auch besteht die Gefahr, daß bei einem solchen zeitraubenden und kostspieligen Verfahren das Schweißen nicht mehr wettbewerbsfähig mit dem Nieten wird.

Über die verschiedenen Möglichkeiten nachträglicher Wärmebehandlung, z. B. Normalglühen, Spannungsfreiglühen usw., wurde bereits im Abschnitt III, 6, A (S. 59) Näheres gesagt. Ergänzend sei noch erwähnt, daß eine nachträgliche Wärmebehandlung der Schweißnähte auch mittels Gasflammen oder durch elektrisch beheizte Öfen empfohlen worden ist[53]). Nach *Dörnen* hat sich folgendes Verfahren bewährt: Die Gurtplattenränder werden erwärmt, wodurch die Schweißnähte gereckt werden. Durch das spätere Abkühlen der Gurtplattenränder bekommen die Schweißnähte Druck, erfahren mithin einen Spannungsabbau; dieses Verfahren ist gleichzeitig eine gute Prüfung der Schweißnähte, die Risse bekommen, falls sie nicht einwandfrei sind.

VII. DIE ANWENDUNG DES SCHWEISSVERFAHRENS IM STAHLBETONBAU

Auch im Stahlbetonbau kann das Schweißverfahren angewendet werden, wenn es sich darum handelt, Stahleinlagen in ihrer Längsachse zu stoßen, oder wenn Verteilungseinlagen oder Bügel mit den Hauptbewehrungen fest verbunden werden sollen. Die wichtigsten Vorschriften über eine solche Anwendung des Schweißverfahrens sind in den DIN 1045, den „Bestimmungen des Deutschen Ausschusses für Stahlbeton, Teil A, Bestimmungen für Ausführung von Bauwerken aus Stahlbeton", auf die im folgenden kurz eingegangen werden soll, enthalten.

1. Allgemeines

Nach DIN 1045, § 5, Ziff. 6, ist der Betonstahl wie folgt zu unterscheiden:

Gruppe I: Betonstahl I (bis 30 mm ⌀ kann St 00.12, bei größerer Dicke muß St 37.12 verwendet werden),

Gruppen IIa bis IVa: Betonstahl II bis IV (naturhart),

Gruppen IIb bis IVb: Sonderbetonstahl II bis IV (kaltgereckt).

Der Sonderbetonstahl III (Gruppe IIIb) wird als „Betonformstahl" bezeichnet, während als Sonderbetonstahl IV (Gruppe IVb) Bewehrungsmatten mit unverschieblichen Knotenpunkten, z. B. Baustahlgewebe, angeführt werden.

Die Stähle der Gruppen I und IIa bis IVa sind Stähle, deren Festigkeitseigenschaften im Walzzustand ohne mechanische Nachbehandlung den in Tafel I der DIN 1045 angegebenen Werten entsprechen. Die hohen Festigkeitswerte von wenigstens 5000 kg/cm² Zugfestigkeit werden durch besondere Güte des Baustoffs erreicht. Diese Betonstähle müssen mit elektrischer Abbrenn-Stumpf-Schweißung derart schweißbar sein, daß die Schweißverbindungen den im § 14, Ziff. 1c, angegebenen Faltversuch bestehen. ¹
Sonderbetonstähle (d. h. Stähle der Gruppen IIb bis IVb) sind Stähle, deren Streckgrenze und Zugfestigkeit durch besondere Kaltverformung auf die in genannter Tafel I angegebenen hohen Werte gebracht worden sind. Diese Stähle dürfen nach der Kaltverformung nicht besonders zur Versprödung neigen und *dürfen nicht geschweißt* oder in anderer Weise warm behandelt werden, weil dadurch die Erhöhung der Streckgrenze und der Zugfestigkeit verloren gehen würde.
Allgemein sind nach den Vorschriften der Deutschen Bundesbahn der Betonstahl I und die naturharten Betonstähle IIa bis IVa im Hoch- und Brückenbau zugelassen, die kaltgereckten Sonderbetonstähle IIb bis IVb

jedoch nur im Hochbau und bei vorwiegend ruhenden Lasten. Der letztere Fall dürfte gegeben sein, wenn z. B. bei Straßenbrücken die Beanspruchung aus Eigengewicht erheblich größer ist als aus Verkehrslast. Bei Eisenbahnbrücken dürfen die kaltgereckten Sonderbetonstähle nicht verwendet werden, weil sie mit ihrer geringeren Bruchdehnung (8 bis 14% gegenüber 16 bis 20% bei den naturharten Stählen) gegen dynamische Beanspruchungen empfindlicher sind als die naturharten Stähle.

2. Das Schweißen der Stahleinlagen

A. Stoßschweißungen

Das Stoßen der Stahleinlagen in ihrer Längsachse kann in Frage kommen entweder bei den Zugstählen von Decken und Balken oder bei den Bewehrungen von Säulen und Druckgliedern.

Stöße der Zugeinlagen sollen nach § 14, Absatz Ic, möglichst vermieden und dürfen nur unter besonderen Bedingungen ausgeführt werden. Es kann jedoch vorkommen, daß man auf solche Stöße angewiesen ist, wenn z. B. die Einlagen in der erforderlichen Länge nicht greifbar sind oder wenn es zweckmäßig erscheint, die Einlagen durch unterschiedliche Durchmesser dem Verlauf der Momentenlinie anzupassen. Nach vorgenannter Vorschrift soll in einem Querschnitt von Balken, Plattenbalken und Zuggliedern nach Möglichkeit nur *ein* Stoß liegen, höchstens aber darf von je 5 Bewehrungsstäben *einer* gestoßen werden. Stöße sind daher gegeneinander zu versetzen und möglichst an schwächer beanspruchte Stellen (z. B. Momententiefpunkte) zu legen. Die Stöße können außer durch Spannschlösser oder Überdeckung auch durch Schweißung hergestellt werden. Bei der Stoßdeckung durch Schweißung darf aber der Unterschied der Durchmesser nicht zu groß sein. — Soll Drillwulststahl auf der Stumpfschweißmaschine geschweißt werden, so ist der Abbrand zu berücksichtigen, damit die Stetigkeit der Schraubenlinie gewahrt bleibt. Schweißen der Bewehrungseinlagen aus Torstahl ist bisher in keiner Form statthaft; doch ist nach Auffassung der Isteg-Stahl-Gesellschaft mbH., Köln, auf Grund umfangreicher Versuche die Überlapptschweißung des Torstahles möglich. Mit Ausnahmegenehmigung durch einige örtliche Bauaufsichtsämter ist diese Schweißung auf verschiedenen Baustellen angewendet worden[58]). — Bei Stützen kann es sich vor allem darum handeln, die Längsbewehrung zweier aufeinanderfolgender Geschosse zu schweißen.

Über die Schweißung der Stöße heißt es weiter im § 14, Ic:

„Geschweißte Stöße von Zugeinlagen mit runden oder anderen gedrungenen Querschnitten dürfen nur bei Betonstahl (vgl. § 5, Ziffer 6 — siehe oben —), nicht aber bei Sonderbetonstahl und nur mit elektrischer Abbrenn-Stumpf-Schweißung hergestellt werden. Der Schweißbart muß dabei allseitig gleichmäßig über den Stabquerschnitt hinaustreten.

198

Lichtbogenschweißung und Gasschmelzschweißung sind unzulässig. An der Stoßstelle darf der Querschnitt stumpfgeschweißter Zugeinlagen nur mit 80% in Rechnung gestellt werden. Eine höhere Ausnutzung des Querschnitts darf von der Baupolizeibehörde nur dann zugelassen werden, wenn die erforderliche Sicherheit vor dem Verlegen durch Versuche und ausreichende Nachprüfung der einzelnen Stöße gewährleistet ist[59]).

Hierbei muß neben der Prüfung der Festigkeit und neben dem Faltversuch auch die Güte der Schweißung beachtet werden. Nach dem Abarbeiten des Schweißbartes dürfen keine unverschweißten Stellen und keine Poren sichtbar werden. Bei Stabdicken über 50 mm ist die Sicherheit der Schweißverbindung unabhängig von der Höhe der Ausnutzung des Querschnittes stets nachzuweisen[59]). Der Querschnittsverlust kann durch allseitig eingebettete und mit Endhaken versehene Zulagestäbe oder durch Vermehrung des gesamten Bewehrungsquerschnitts ausgeglichen werden. Für die Berechnung und Ausführung anderer Querschnitte, deren Stöße durch Lichtbogen- oder Gasschmelzschweißung hergestellt werden, sind die Vorschriften für geschweißte Stahlhochbauten DIN 4100 maßgebend.

Die Baupolizeibehörde kann verlangen, daß die Güte der Schweißung durch Faltversuche (Kaltbiegeversuche) um einen Dorn von der Dicke des doppelten Stabdurchmessers bei Betonstahl II, III und IV nachgewiesen wird. Der erste Anriß darf erst bei einem Biegewinkel von 60° eintreten.''

Müssen die nach obigem für die Stöße von Zugeinlagen vorgeschriebenen elektrischen Abbrenn-Stumpf-Schweißungen auf der Baustelle ausgeführt werden, so kann man sich einer kleinen, etwa 1,5 t wiegenden Abbrenn-Stumpf-Schweißmaschine bedienen, die — im Gegensatz zu den großen und meistens ortsfesten Maschinen (vgl. Abb. 20) — leicht auf der Baustelle aufgestellt werden kann, sofern Stromanschluß möglich ist.

Bei Arbeiten für die Deutsche Bundesbahn wird sich diese besonders von der Zuverlässigkeit der ausführenden Firma überzeugen. Die Zulassung zum Schweißen von Bewehrungsstählen richtet sich ausschließlich nach den Vorschriften der Stahlbetonbestimmungen; die Zulassung zum Schweißen von Stahlhochbauten oder Brücken nach den Vorschriften der Deutschen Bundesbahn ist nicht erforderlich. Die Schweißer müssen an der Stumpf-Schweißmaschine vorschriftsmäßig ausgebildet und äußerst zuverlässig sein. Die Vorschriften über die Prüfung der Festigkeit, über den Faltversuch usw. sind strengstens zu beachten, weil eine spätere Nachprüfung der Schweißverbindungen nicht möglich ist.

Bei größeren Aufträgen empfiehlt es sich nach *Nakonz*[60]), einige Probeschweißungen rechtzeitig einer Materialprüfungsanstalt einzusenden und dort die Festigkeit des Schweißstoßes nachprüfen zu lassen. Nach § 5, Absatz 6 c, ,,Kennzeichnung der Betonstähle'' müssen, wenn die Betonstähle der Gruppe II durch besondere Marken gekennzeichnet werden, diese so angebracht sein, daß sie das Einspannen der Stäbe in die Schweißmaschine nicht behindern.

Sonderbetonstahl darf nach § 5, Absatz 6 c, — wie bereits oben erwähnt — nicht geschweißt oder in anderer Weise warm behandelt werden. Diese Vorschrift dürfte sich in erster Linie auf das *Stoßen* der Stahleinlagen beziehen, denn Schweißungen zwischen Zugeinlagen aus Sonderbetonstahl und den Querstäben sind bei dem weiter unten noch näher zu behandelnden „Bau-Stahlgewebe" der Bau-Stahlgewebe GmbH, Düsseldorf, baupolizeilich zugelassen worden.

B. Schweißungen zwischen Hauptbewehrungen und Verteilungsstäben usw.

Bei Bewehrungen, die auf Zug beansprucht werden, darf nach § 11, Absatz 1, die Verknüpfung mit Draht (zur Erhaltung der vorgeschriebenen Form und richtigen Lage der Stahleinlagen und zur Verbindung der durchlaufenden Zug- und Druckbewehrungen mit den Verteilungseinlagen und Bügeln) nicht durch Schweißung ersetzt werden.

Von dieser Bestimmung werden die obenerwähnten Bau-Stahlgewebe nicht betroffen, weil sie — und zwar auf Grund der guten Ergebnisse einer größeren Versuchsreihe — besonders baupolizeilich zugelassen sind. Nach den von der genannten Gesellschaft herausgegebenen „Mitteilungen"[61]), Heft 19, heißt es in der baupolizeilichen Zulassung:

„Die Zulassung erstreckt sich auf eine Bewehrung, die durch Punktschweißung von Längs- und Querstäben von 4 bis 12 mm Durchmesser mit verschiedenen Maschenweiten hergestellt wird."

In Heft 18 der vorgenannten Mitteilungen sagt die Bau-Stahlgewebe GmbH:

„Ein Charakteristikum des Baustahlgewebes sind die aufgeschweißten Querdrähte. Sie verankern das Baustahlgewebe im Beton kontinuierlich, im Gegensatz zu der punktförmigen Endverankerung bei Stabeisen. Daher sind beim Baustahlgewebe Endhaken nicht erforderlich, und die Drähte brauchen nicht über den rechnerischen Endpunkt hinauszureichen."

Durch die Schweißung werden die Zugbewehrungen mit den Verteilungseinlagen zu einem einheitlichen Querschnitt verschmolzen, vgl. Abb. 289.

Abb. 289

Obwohl das Material durch die Punktschweißung erwärmt wird und eine Aufhärtung erfährt, so haben doch umfangreiche Versuche erwiesen, daß durch die Schweißung eine Beeinträchtigung der Festigkeit des Baustahlgewebes nicht stattfindet. Nach Angabe der Bau-Stahlgewebe GmbH, Düsseldorf, wird zudem die Herstellung laufend überwacht.

Des weiteren kann das Schweißverfahren angewendet werden, wenn es sich darum handelt, die Verknüpfung mit Draht bei nicht oder nur ganz gering beanspruchten Einlagen, wie z. B. bei Bewehrungskörpern in durchgehenden Stahlbeton-Auflagerbänken oder bei Säulenkörben, durch Schweißung zu ersetzen. In diesen Fällen ist die Heftschweißung mittels Lichtbogen- oder Gasschmelz-Schweißgeräten zulässig.

Die folgenden Tafeln XI bis XIII geben einen Anhalt für die verschiedenen Zulässigkeiten bei Hochbauten, Straßen- und Eisenbahnbrücken.

Tafel XI. Zulässigkeit der Verwendung des Beton- und des Sonderbetonstahles

	Naturharter Betonstahl	Kaltgereckter Sonderbetonstahl
bei: Hochbauten	ja	ja
Straßenbrücken	ja	bei vorwiegend ruhenden Lasten, d. h. wenn Spannungen aus Eigengewicht wesentlich größer als aus Verkehr
Eisenbahnbrücken	ja	nein

Tafel XII. Zulässigkeit des Stumpfschweißens von Zugeinlagen aus Beton- und Sonderbetonstahl

	Naturharter Betonstahl	Kaltgereckter Sonderbetonstahl
bei: Hochbauten	nur unter besonderen Bedingungen, z. B. für runde und gedrungene Querschnitte mit Abbrennstumpfschweißung (DIN 1045, § 14, I c), für andere Querschnitte, z. B. Flachstähle, mit Lichtbogen- oder Gasschmelzschweißung nach DIN 4100	nein, weil die durch die Vorreckung erzielte höhere Zugfestigkeit verlorengeht
Straßenbrücken	wie vor	wie vor
Eisenbahnbrücken	wie vor	wie vor

Tafel XIII. Zulässigkeit des Schweißens der Verteilungseinlagen aus Beton- und Sonderbetonstahl

	Naturharter Betonstahl	Kaltgereckter Sonderbetonstahl
bei: Hochbauten	nur bei nicht oder ganz gering beanspruchten Einlagen, z. B. Bewehrungskörpern in durchgehenden Stahlbeton-Auflagerbänken oder bei Säulenkörben: Heftschweißung mittels Lichtbogen- oder Gasschmelzschweißung	nein; Ausnahme: Das baupolizeilich zugelassene Bau-Stahlgewebe (Heftschweißung mittels Punktschweißung)
Straßenbrücken	Widerlager: wie vor Fahrbahn: nein	nein; Baustahlgewebe mit bes. Genehmigung
Eisenbahnbrücken	Widerlager: wie bei Hochbauten Fahrbahn: nein	nein

3. Vorgespannte Stahlbetonbauteile

Auch bei diesen ist die Anwendung des Schweißverfahrens zulässig, und
zwar ist für Stäbe, die geschweißt werden, nach DIN 4227 (7. Entwurf)
die gleiche Mindestbruchdehnung am langen Proportionalstab von 8% vorgeschrieben wie nach DIN 1045, Tafel I, bei den (kaltgereckten) Sonder-
betonstählen III und IV. Allgemein beträgt die Bruchdehnung nach 3.312
der DIN 4227 bei Rundstäben 4%. *Rüsch* weist in den „Erläuterungen"
darauf hin, daß für Stäbe, die geschweißt werden sollen, die Bruchdehnung
höher festgesetzt werden mußte, weil erfahrungsgemäß Stähle mit zu niedriger Bruchdehnung durch das Schweißen eine zu große Einbuße an Form-
änderungsvermögen erleiden.

Geschweißte Stöße an Vorspanngliedern dürfen nach DIN 4227, Absatz 6, 7,
nur bei Stählen ausgeführt werden, deren Schweißbarkeit erwiesen ist
(s. 3.312 und 4.22), in keinem Fall aber bei vergütetem Stahl oder bei Stahl,
der seine hohe Festigkeit durch Kaltverformung, wie z. B. durch Ziehen,
erhalten hat. Beim Schweißen ist Teil A, § 14, Ziff. 1 c zu beachten. Auch
bei den vorgespannten und nicht vorgespannten Stäben ist für die Ausführung von geschweißten Stößen — wie bei runden und gedrungenen
Querschnitten des naturharten Betonstahls — nur die elektrische Abbrenn-
Stumpf-Schweißung zugelassen[62]).

Ist eine Schweißung an Vorspanngliedern für andere Zwecke vorgesehen
(z. B. zur Befestigung von Verankerungen), so bedarf dies stets einer allgemeinen Zulassung (Verordnung vom 8. November 1937, RGBl 1177, und
Zentralblatt der Bauverwaltung 1937, S. 1167), die sich auch auf das anzu-
wendende Schweißverfahren erstreckt.

Weiter bestimmen die DIN 4227 im Absatz 4, 22, daß bei geschweißten
Stößen der Vorspannglieder § 14, Ziff. 1 c, der DIN 1045 (Kaltbiegeversuch;
erster Anriß darf erst bei einem Biegewinkel von 60° eintreten) sinngemäß
zu beachten ist.

4. Instandsetzung beschädigter Stahlbetonhochbauten

Auch im Falle der Beschädigung von Stahlbetonhochbauten durch Spreng-
oder Brandwirkung können Stahleinlagen nach DIN 4231, Absatz 6, 2, durch
Schweißung gestoßen werden. Weil sich in solchen Fällen die oben erwähnte
Abbrenn-Stumpf-Schweißung kaum anwenden lassen dürfte, ist vorgeschrieben, daß als Stoßdeckung beiderseits des zu stoßenden Stabes Rund-
oder besser Flachstahlstücke durch Kehlnähte mit dem Bewehrungsstab
zu verschweißen sind. Der Querschnitt der gestoßenen Stäbe muß durch
die Laschen voll gedeckt und durch die Schweißung voll angeschlossen
werden. Schweißung und Schweißer müssen DIN 4100 — Vorschriften für
geschweißte Stahlhochbauten — entsprechen. Für alle Schweißstellen ist
ein rechnerischer Festigkeitsnachweis zu erbringen. Die Schweißstellen sind

möglichst an Stellen mit geringer Beanspruchung zu legen. Sonst ist der Stoß durch zugelegte Stäbe zu verstärken. Nach dem Schweißen ist jede Kaltverformung der betreffenden Teile unzulässig. — In Ausnahmefällen dürfen mit besonderer Zustimmung der Baupolizei auch Bewehrungsstäbe von Bauteilen mit häufig wiederholter oder stoßweise wirkender Last in der oben angegebenen Weise durch Schweißung gestoßen werden. Ihr Querschnitt darf an der Stoßstelle nur mit 70% in Rechnung gestellt werden.

5. Stahlbetonrohre

Abschließend möge noch kurz angeführt werden, was in den DIN 4035 „Eisenbetonrohre" und DIN 4036 „Eisenbetondruckrohre" über die Stahlbewehrung vorgeschrieben ist. Im § 9, 4 „Stahlbewehrung" beider DIN-Blätter heißt es übereinstimmend: „Die Ringbewehrung ist in gleichmäßig verteilten Abständen von höchstens 150 mm zu verlegen. Verbindungsstellen können durch elektrische Widerstandsstumpfschweißung geschweißt sein, wenn die Festigkeitseigenschaften des verwendeten Bewehrungsstahles hierdurch nicht beeinträchtigt werden. Besitzt die Schweißstelle nicht die volle Festigkeit, so ist der Ringabstand entsprechend zu ermäßigen. Die Schweißstellen sind wechselweise versetzt anzuordnen.

VIII. DAS BRENNSCHNEIDEN UND FUGENHOBELN

Auf diese beiden Verfahren muß noch kurz eingegangen werden, weil auch über sie der Bauingenieur unterrichtet sein muß.

Das *Brennschneiden* kann, wie der Name sagt, zum Schneiden oder Trennen von Blechen usw. angewendet werden, dient aber auch besonders zum Abschrägen der Schweißkanten von Blechen, die stärker als 4 mm sind und deshalb als V- oder X-Naht ausgeführt werden müssen. Das Verfahren ähnelt dem im Abschnitt III, 1 A, a erörterten Gasschweißen mit Azetylen und Sauerstoff, doch wird durch eine besondere Düse im Brenner der Schneidsauerstoff zugeführt. Die Düsen sind entweder hintereinander angeordnet (vorne liegt die Heiz-, dahinter die Schneiddüse) oder die Schneiddüse liegt im Innern der Heizdüse (Ringdüsenbrenner).

Wie beim Gasschweißen wird der Werkstoff zunächst durch die Gasflamme auf Weißglut erhitzt. Trifft nun der scharf begrenzte Sauerstoffstrahl auf den weißglühenden Werkstoff, so wird dieser verbrannt. Das Verfahren ist also nur anwendbar bei Werkstoffen, deren Verbrennungstemperatur niedriger liegt als ihre Schmelztemperatur. Das Verbrennungsprodukt wird fortgeblasen, wodurch eine saubere Schnittkante entsteht, die zum Verschweißen nicht noch weiter bearbeitet zu werden braucht.

Neuerdings wird zum Schneiden schwer zu brennender Stähle das Pulverschneidverfahren angewendet. Es besteht darin, daß dem Schneidsauerstoff ein Pulver zugeführt wird, das die gebildete Schlacke zu lösen vermag, z. B. Chromoxyd, Kieselsäure oder Tonerde.

Nach den Vorschriften der Deutschen Bundesbahn 974 07, dem „Merkblatt für das Maschinen-Brennschneiden", müssen stärkerer Walzzunder, Rostbelag und Verschmutzungen vor dem Brennschneiden durch Abbürsten oder Abschmirgeln entfernt werden. Wenn der Schnitt an der Außenkante eines Werkstückes beginnt, kann ohne weitere Vorarbeit mit dem Schneiden begonnen werden. Liegt der Schnitt jedoch vollständig innerhalb des Werkstücks, so wird zweckmäßig ein Loch in das abfallende Stück nahe der Schnittkante gebohrt oder mit dem Brenner geschnitten und von der Lochwand aus mit dem Brennschneiden begonnen.

Weiter sollen nach genannter Vorschrift in der Regel mechanisch bewegte Schneidbrenner verwendet werden. Das Schneiden mit Brennern, die von Hand bewegt werden, ist auf das unbedingt notwendige Maß zu beschränken. Die Vorschubgeschwindigkeit des Schneidbrenners ist entsprechend der Dicke und Oberflächenbeschaffenheit des Werkstückes sowie der Reinheit des Sauerstoffes einzustellen und beträgt nach Angabe der Firma Griesheim-Autogen, Frankfurt/M., z. B.

bei   10 mm dickem Werkstoff von Hand 280 mm/min — maschinell
400—450 mm/min,
bei   50 mm dickem Werkstoff von Hand 185 mm/min — maschinell
210—250 mm/min,
bei 100 mm dickem Werkstoff von Hand 150 mm/min — maschinell
185—200 mm/min.

Die Schneidflächen müssen eben, frei von Kerben sein und scharfe Kanten haben. An den unteren Schnittkanten anhaftende Schlacke ist durch leichtes Abklopfen, Abfeilen oder Abschmirgeln zu beseitigen. Besonders im Brückenbau zu beachten ist die Vorschrift, daß grobschnittige Feilen oder grobkörnige Schmirgelscheiben, die Riefen erzeugen, nicht verwendet werden dürfen, weil letztere die Dauerfestigkeit des Werkstückes herabsetzen können.

Bei St 52 und größeren Dicken des Werkstückes als 30 mm ist ein Nacharbeiten auf mechanischem Wege, z. B. durch Hobeln, erforderlich, falls nicht die Brennschnitte zur Herstellung von Schweißflächen dienen. In diesem Falle müssen die Schnittflächen jedoch eben und frei von Kerben und Zunder sein. Beim Überfeilen oder Überschmirgeln der Schnittflächen empfiehlt es sich, daß die Feil- oder Schleifriefen in der Richtung der Brennerbewegung verlaufen, um Kerbwirkung bei Biegebeanspruchung zu vermeiden. Vor dem Schneiden von Stahl mit einem Kohlenstoffgehalt von über 0,3% oder von hochlegiertem Stahl sind vom Hersteller Angaben über die Notwendigkeit und Art einer zweckmäßigen Wärmebehandlung des Stahles vor, bei oder nach dem Brennschneiden einzuholen.

Entstehen durch Arbeitsfehler beim Schneiden kleine Fehlstellen wie Furchen oder sonstige Unebenheiten, so können diese durch Überschleifen beseitigt werden, doch ist das Zuschweißen im Brückenbau verboten.

Das *Fugenhobeln* ist ein dem Brennschneiden verwandter Vorgang, ähnelt aber mehr dem der Oberflächenbearbeitung dienenden „Sauerstoffhobeln". Der „Sauerstoffhobler" wird benutzt, wenn es sich darum handelt, größere Werkstoffmengen in breiten, flachen Furchen, z. B. Oberflächenfehler an Brammen und vorgewalzten Stahlblöcken, zu beseitigen. Sollen dagegen nur schmale Fugen eingearbeitet werden, wie es bei dem rückseitigen „Auskreuzen" von Schweißnähten der Fall ist, so kann der „Fugenhobler" benutzt werden, für den wie beim Brennschneiden und Sauerstoffhobeln Azetylen und Sauerstoff oder andere Brenngase, z. B. Leuchtgas, Wasserstoff, Propan verwendet werden.

Über die Arbeitsweise des Fugenhoblers äußert sich eine Werbeschrift der „Griesogen", Griesheimer Autogen Verkaufs-G. m. b. H.[63]), wie folgt:

„Am Handgriff des Fugenhoblers befinden sich je ein Ventil zum Einstellen von Azetylen und Heiz-Sauerstoff sowie ein Schnellschlußventil für den Hobel-Sauerstoff. Die Anfangsstelle wird mit der Heizflamme bis über Zündtemperatur vorgewärmt, das Mundstück ist hierbei 60 bis 75° gegen die Blechoberfläche geneigt, vgl. Abb. 290. Sobald sich der Beginn des Anschmelzens auf der Oberfläche zeigt, wird das

Brennermundstück bis auf 15 bis 30⁰ gegen die Blechoberfläche geneigt und gleichzeitig das Hobel-Sauerstoffventil geöffnet, so daß der Hobel-Sauerstoffstrahl in Arbeitsrichtung über die vorgewärmte Stelle bläst. Im gleichen Augenblick wird mit dem Vorschub begonnen und der sich bildende Schmelzfluß gleichmäßig vor dem Mundstück hergetrieben ... Die Anwendung des Fugen-Hoblers bleibt auf solche Stähle beschränkt, die unter normalen Bedingungen autogen schneidbar sind. Eine durch den Hobelgang bedingte Gefügeänderung oder Aufhärtung in der Oberfläche der gehobelten Fuge ist im Hinblick auf das nachfolgende Verschweißen ohne Bedeutung."

Nach *Malisius*[64]) hängt die Breite der Rille von dem Durchmesser des Sauerstoffstrahles ab, während die Tiefe in gewissen Grenzen durch Brennerneigung und durch Sauerstoffdruck verändert werden kann.

Das wichtigste Anwendungsgebiet des Fugenhoblers bildet das Ausnuten der Wurzel von Stumpfnähten. Diese Nut soll schweißgerecht sein, damit das Nachschweißen möglichst mit nur einer Lage erfolgen kann. Nicht anwendbar ist das Verfahren beim Ausnuten der Wurzel von austenitischen Schweißnähten. Auch hier wird man mit Vorteil das Pulverschneidverfahren anwenden.

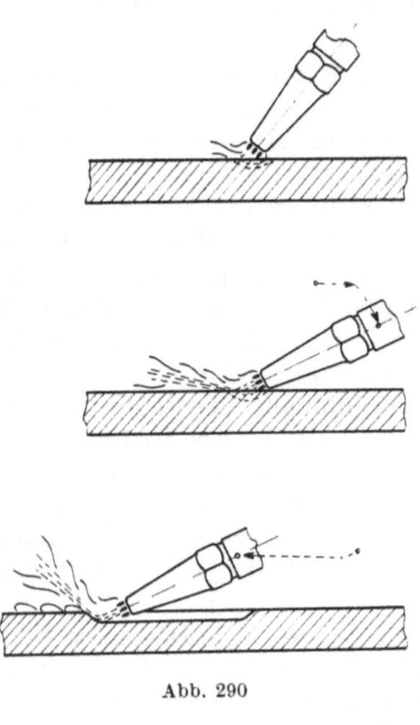

Abb. 290

Weiter kann der Fugenhobler angewendet werden, um Schweißfugen vorzubereiten; hierbei lassen sich freilich Fugen nur bis zu einer Tiefe von 10 mm in einem Arbeitsgang herstellen. Auch um schadhafte Stellen der Schweißnähte auszuarbeiten — wenn z. B. der äußere Befund oder die Röntgenuntersuchung Mängel ergeben haben —, kann man den Fugenhobler anwenden[65, 66]). Es ist dann ausreichend, nur die schadhaften Stellen herauszufugen. Dabei sollen tieferliegende Lunker, Poren, Bindefehler usw. nicht, wie oft bei der mechanischen Bearbeitung, überdeckt werden; auch soll das flüssige Material sich nicht in den Fehlstellen festsetzen. Risse und feine Spalten, die beim mechanischen Ausarbeiten unter Umständen zugedrückt und dadurch unsichtbar werden, sollen unter der Flamme als schwarzer Riß erkannt werden können. Hierzu ist freilich zu sagen, daß sich bislang das Ausräumen von Rissen mit einem V-förmigen Preßluft-Meißel, wenn auch nach untenstehender Gegenüberstellung teurer als das Fugenhobeln insofern gut bewährt hat, als man das Vorhandensein des Risses am geteilten Span gut verfolgen kann; teilt sich dieser nicht mehr, so hat

206

man die Gewähr, daß der Riß beseitigt ist. Endlich kann das Fugenhobeln noch dazu dienen, Kehlnähte zu entfernen, um Hilfsschweißungen oder zu ändernde Verbindungen zu lösen.

In der bereits erwähnten Abhandlung von *Malisius* wird noch auf die Wirtschaftlichkeit des Fugenhobelns hingewiesen. Wenn auch diese Angaben aus dem Jahre 1943 stammen und auf Grund folgender Preise ermittelt wurden:

$$
\begin{array}{lr}
\text{1 Stunden-Lohn} & \text{1,00 RM} \\
\text{1 Meißel} & \text{1,20 ,,} \\
\text{1 Schleifscheibe} & \text{4,00 .,} \\
\text{1 Scheibenfräser} & \text{22,00 .,} \\
\text{1 m}^3\text{ Sauerstoff} & \text{0,70 .,} \\
\text{1 m}^3\text{ Azetylen} & \text{1,10 .,}
\end{array}
$$

so können sie doch nach Umstellung auf die heute geltenden Preise einen wenigstens ungefähren Anhalt bieten. Es werden als Kosten verschiedener Verfahren zum Ausarbeiten der Nahtwurzel, bezogen auf 1 m Länge, angegeben:

$$
\begin{array}{lr}
\text{Schleifen mit Luftturbine} & \text{1,89 RM} \\
\text{Meißeln mit Lufthammer} & \text{1,45 ,,} \\
\text{Fräsen} & \text{0,74 ,,} \\
\text{Sauerstoff-Fugenhobeln} & \text{0,30 ,,}
\end{array}
$$

Abschließend sei noch darauf hingewiesen, daß für das Fugenhobeln eine Lizenzgebühr an die Gesellschaft Linde AG., Höllriegelskreuth bei München, nicht mehr zu entrichten ist. Die Lizenzgebühr ist wesentlich gesenkt, in den Verkaufspreis mit einbegriffen und wird von der Lieferfirma an die Linde AG. abgeführt, so daß sie dem Kunden gegenüber nicht in Erscheinung tritt.

IX. UNTERWASSERSCHNEIDEN UND -SCHWEISSEN

Im Baufach dürfte das Unterwasserschneiden und -schweißen nur verhältnismäßig selten vorkommen, z. B. wenn es sich darum handelt, an baulichen Anlagen unter Wasser (Brückenpfeilern, Spundwänden usw.) schadhafte Teile durch Schweißen zu verstärken oder herauszuschneiden und zu ersetzen. Es soll deshalb auf diese Verfahren, mit denen nach verschiedenen Veröffentlichungen gute Erfolge erzielt worden sind, kurz eingegangen werden. Durchweg beruhen diese Verfahren darauf, daß einerseits die über Wasser gezündete Flamme des Schneidbrenners im Wasser nicht erlischt und daß andererseits mit Schweißelektroden unter Wasser ein Lichtbogen gezogen werden kann.

Der Hauptunterschied gegenüber dem Schneiden und Schweißen in der Luft besteht darin, daß die für beide Vorgänge benötigte Wärme infolge der niedrigeren Temperatur des Wassers und daher auch der Metalle schneller abgeleitet wird. Zum erfolgreichen Arbeiten unter Wasser muß also mit größeren Wärmemengen in der Heizflamme bzw. höheren Spannungen und Stromstärken gerechnet und zudem beim Schweißen berücksichtigt werden, daß die Schweißnähte mehr zur Aufhärtung neigen als beim Schweißen in der Luft.

a) Das Unterwasserschneiden. Der Ausbildung der Schneidbrenner liegen ähnliche Gedanken zugrunde wie bei den im Abschnitt III, 1, A, a) „Gasschweißen" bereits beschriebenen Geräten. Die Schnittstelle muß zunächst erwärmt werden, was durch die Heizflamme geschieht. Diese kann auf verschiedene Art gespeist werden, entweder durch gasförmigen oder durch flüssigen Brennstoff.

Im ersteren Falle wird[67] — durch Ventile bzw. Mischkammern getrennt — Azetylen oder Wasserstoff und Heizsauerstoff zugeführt. Der zusätzliche Preßluft- oder Sauerstoffmantel schützt die Flamme vor dem Erlöschen. Das Schneiden erfolgt durch Öffnen des Ventils für Schneidsauerstoff; die Größe der Düsen richtet sich jeweils nach der Materialstärke. Die Düsen können im Brennerkopf ausgewechselt werden.

Im anderen Falle wird (z. B. nach dem Verfahren „Griesheim-Autogen") flüssiger, in Vergasung übergehender Brennstoff (reines Benzin, Wetterlampen-Benzin) und Heizsauerstoff verwendet[68]). Der Sauerstoff zum Heizen und Schneiden wird einer Flaschen-Batterie, die aus mindestens 10 Flaschen besteht, entnommen, und es wird an dem Sauerstoff-Druckminderventil der erforderliche Druck von 15 atü eingestellt. Da der Sauerstoff bei Entnahme größerer Mengen zu Vereisungserscheinungen im Druck-

minderventil führen kann, wird er — auch zur Erreichung einer Leistungssteigerung — in einer Rohrspirale durch erwärmtes Wasser geführt. Unmittelbar vor dem Brenner werden in einem Schlauchstück der Heizsauerstoff
und der Schneidsauerstoff getrennt in den Brenner geleitet.

Das Benzin wird unter Druck (Stickstoff 9 atü) aus einem Behälter, der
sich über Wasser befindet, dem Brenner durch einen Schlauch zugeführt,
wo es im Brennermundstück im Gemisch mit Sauerstoff zerstäubt. Zur
Erreichung des erforderlichen Mischungsverhältnisses ist die Zuführung
von Benzin und Sauerstoff durch Ventile regelbar.

Der Stickstoff, in einer Flasche mit einem Druckminderventil, das auf einen
Druck von 9 atü eingestellt ist, wird durch einen Schlauch mit dem Benzin-
Behälter verbunden und hat die Aufgabe, das an sich drucklose Benzin
dem Brenner unter Druck zuzuführen. Der Brenner besteht aus drei verschiedenen auswechselbaren Schneidköpfen und einem Ventilstück. Je nach
Art der auszuführenden Schneidarbeit wird der passende Brennerkopf mit
dem Ventilstück verbunden. Die Ventile für den flüssigen Brennstoff sowie
für den Heiz- und den Schneidsauerstoff sind um ihre Achse verstellbar,
so daß der Taucher in der Lage ist, den Brenner auch an schwer zugänglichen
Stellen anzusetzen.

Wie bereits erwähnt, erfolgt das Anzünden des Brenners über Wasser. Das
Entzünden unter Wasser ist nicht zu empfehlen, weil das vor dem Entzünden ausströmende Benzin zu Branderscheinungen an der Wasseroberfläche
führen kann, die den Taucher oder die Zuführungsschläuche gefährden.

Für das Schneiden ist es wichtig, den Brenner mit brennender Heizflamme
und abgestelltem Schneidsauerstoff fest an der Anschnittstelle aufzusetzen.
Nach einer bestimmten Anwärmzeit ist das Schneidsauerstoffventil am
Brenner zu öffnen und dieser dann langsam und gleichmäßig, stets fest auf
dem Material sitzend, in Richtung des vorgesehenen Schnittes zu führen.

Die Schnittgeschwindigkeit richtet sich nach der Lage der Schnittstelle und
den Fertigkeiten des Tauchers; im Mittel lassen sich folgende Werte angeben:

Bei   10 mm Blechdicke 400 bis 500 mm/min,
bei   50 mm Blechdicke   80 bis 100 mm/min,
bei 100 mm Blechdicke   40 bis   50 mm/min.

Das Unterwasserschneiden kann auf elektrischem Wege unter Verwendung
besonderer Elektroden erfolgen. Nach *Schmidt-Bach*[69]) haben sich zwei Verfahren während des letzten Krieges als praktisch und zuverlässig erwiesen:

    a) das Lichtbogenschneiden mit umhüllten Stahldraht-Elektroden[70])
    und

    b) das Lichtbogen-Sauerstoff-Schneiden mit umhüllter Hohlelektrode[71]).

Während beim ersteren Verfahren der Vorgang unter Wasser der gleiche
wie beim gewöhnlichen Lichtbogen-Schneiden an der Luft ist, wird beim

Unterwasserschneiden mit Hohlelektroden ein Lichtbogen zwischen der umhüllten hohlen Stahlelektrode und dem zu schneidenden Werkstück gezündet und sodann ein Sauerstoff-Strahl durch die hohle Elektrode auf die Schnittstelle geleitet.

Zunächst hat man bei den ersten Schweißversuchen unter Wasser zu hohe Stromstärken angewendet, so daß die Bleche schnittartig durchschmolzen[70]). Außer den für das Unterwasserschweißen geltenden Forderungen — worauf im folgenden Abschnitt noch näher eingegangen werden soll — müssen beim Unterwasserschneiden auf elektrischem Wege folgende Punkte besonders beachtet werden:

    1. Hohe Strombelastbarkeit der Elektroden,
    2. hohe Belastbarkeit der Schweißmaschinen.

Sodann muß die Elektrode beim Schneiden — im Gegensatz zum Schweißen, wo sie unter 30 bis 40° geneigt zum Werkstück gehalten wird — senkrecht auf das zu schneidende Blech aufgesetzt werden.

b) Das Unterwasserschweißen. Nach *Schmidt*[70]) haben sich zur Erzeugung des für Unterwasserarbeiten erforderlichen elektrischen Stromes die handelsüblichen Gleichstrom-Einzelumformer und Gleichstrom-Mehrstellen-Schweißumformer mit Widerständen grundsätzlich als geeignet erwiesen, wenn ihr dynamisches Verhalten eine sehr schnelle Spannungswiederkehr nach Kurzschlüssen, die beim Zünden und Tropfenübergang entstehen, gewährleistet. Dieser Forderung kommt für die Unterwasserschweißung erhöhte Bedeutung zu, weil hiervon die Aufrechterhaltung und Beruhigung des Lichtbogens im Wasser abhängt.

Der Energieverbrauch beim Arbeiten unter Wasser ist höher als in Luft; *W. Hummitzsch*[72]) gibt hierfür die in folgender Tafel aufgeführten Werte an:

Tafel XIV: Spannungen und Stromstärken für 5 mm Elektrodendurchmesser

	Schneiden Minuspol an der Elektrode		Schweißen Pluspol an der Elektrode	
	V	A	V	A
In Luft	28 — 35	230 — 250	25 — 28	190 — 215
In Wasser	38 — 45	400 — 500	28 — 35	190 — 230

Zum Unterwasserarbeiten wird nur Gleichstrom verwendet; Wechselstrom ist wegen seiner Gefährlichkeit nicht brauchbar. Aus vorstehender Tafel ergibt sich, daß es sich empfiehlt, beim Schneiden die Elektrode an den Minuspol, beim Schweißen dagegen an den Pluspol zu legen.

Wie beim Schweißen über Wasser wird der Lichtbogen durch kurze Berührung des Werkstückes mit der Elektrode gezündet. In diesem Augenblick beginnt auch bereits die Erwärmung der Schnittstelle. Ist die Elektrode abgeschmolzen, so kann eine neue unter Wasser in den Elektrodenkopf eingeführt werden.

Blanke Drähte und Seelendrähte eignen sich nach *Hummitzsch* nicht für Unterwasserschweißungen, weil der Lichtbogen zu schnell verlöscht. Nur Manteldrähte ergeben einen gleichmäßig brennenden Lichtbogen. Der Mantel muß mit einer Schutzhülle aus Lack versehen sein, damit der Mantel nicht durch das Wasser aufgelöst wird. Ferner soll der Lacküberzug die Ableitung des Stromes in das Wasser verhüten, welche Möglichkeit besonders im Salzwasser, weniger im Süßwasser gegeben ist.

Der Elektrodenhalter darf keine blanken Stellen haben, sondern muß völlig isoliert sein. Ferner muß auch der Taucherhelm isoliert sein, weil er beschädigt werden könnte, wenn er zufällig durch die unter Strom stehende Elektrode berührt wird. Würde dabei gar ein Loch in den Helm gebrannt werden, so könnte Wasser eindringen und den Taucher gefährden.

Abgesehen vom Schlackenhammer, der Drahtbürste usw. sind keine besonderen Geräte erforderlich. Ist das Wasser nicht zu sehr durch aufgewühlten Schlamm getrübt, so genügt die Helligkeit des Lichtbogens für die Orientierung des Schweißers. Die Benutzung eines Schweißspiegels wird erst bei längerem Arbeiten nötig. Nach *Schmidt* sind auch Handschuhe nicht erforderlich, wenn für gute Isolierung aller stromführenden Teile am Elektrodenhalter und an den Kabelverbindungen gesorgt ist.

Ist das Tauchen allein schon nicht ungefährlich, so muß beim Schneiden oder Schweißen unter Wasser mit besonderer Vorsicht vorgegangen werden. Vor allem muß durch ausreichendes und verantwortungsbewußtes Hilfspersonal dafür gesorgt werden, daß der Taucher unter Wasser möglichst ungehindert arbeiten kann, während dieser selbst besonders darauf zu achten hat, daß z. B. die Schläuche für die Zuführung von Luft oder Gas sich nicht verklemmen und daß er seine Ausrüstung nicht durch die Flamme des Brenners oder durch den Lichtbogen beschädigt. Nach *Schmidt* sind, selbst wenn gute Ausbildung im Tauchen und Lichtbogenschweißen vorhanden, immer noch 6 bis 8 Wochen Einübung erforderlich für eine einwandfreie Ausführung von Unterwasserschweißungen.

Ausführliche Anweisungen für das Arbeiten unter Wasser dürften von den auf diesem Gebiet führenden Unternehmungen bei der Lieferung der Schneid- oder Schweißanlagen und Geräte stets mitgegeben werden.

14*

X. PRÜFUNG, ABNAHME UND ÜBERWACHUNG GESCHWEISSTER BAUWERKE

Bei der Prüfung, Abnahme und Überwachung geschweißter Bauwerke wird man zunächst sein Hauptaugenmerk auf die Schweißnähte selbst richten. Doch genügt dies nicht allein; es können sich Fehler in der Ausführung der Nähte auch ungünstig auf das ganze Bauwerk auswirken. Es empfiehlt sich daher, bevor auf die Prüfung der Schweißnähte näher eingegangen wird, sich kurz darüber zu unterrichten, worauf bei der Herstellung eines geschweißten Bauwerkes besonders zu achten ist. Zweckmäßig ist also zu unterscheiden:

A. Die allgemeine Prüfung des geschweißten Bauwerks und
B. Die Untersuchung und Prüfung der Schweißnähte.

A. Die allgemeine Prüfung des geschweißten Bauwerks

Die Prüfung und Abnahme eines geschweißten Bauwerks beginnen bereits mit der Überwachung der Schweißarbeiten in der Werkstatt. Voraussetzung hierbei ist, daß die Eignung des Werkstoffs zum Schweißen festgestellt worden ist; ferner muß ebenso einwandfrei feststehen, daß die zur Verwendung gelangenden Elektroden den jeweiligen Vorschriften genügen.

Die diesbezüglichen Bestimmungen für Baustähle wurden bereits im Abschnitt II, 4 „Die verschiedenen Baustähle" und für Elektroden im Abschnitt III, 3 „Allgemeines über Schweißdrähte usw." ausführlich behandelt.

Besonders ist die Wahl der nach diesen Vorschriften zulässigen Dicken der Walzerzeugnisse mit Rücksicht auf ihre Schweißbarkeit (vgl. Tafel VI, S. 97). Sache der Entwurfsbearbeitung, wie auch von der den Auftrag vergebenden Stelle vor der Zuschlagserteilung geprüft wird, ob und in welchem Umfange die für den Zuschlag in Aussicht genommene Stahlbauanstalt zum Schweißen zugelassen ist. Für Aufträge von der Deutschen Bundesbahn sind die zugelassenen Firmen in den vom Eisenbahn-Zentralamt München herausgegebenen Verzeichnissen I für Hochbauten und II für Brücken aufgeführt, während ein besonderes Verzeichnis jene Firmen nennt, die für die Herstellung von Stahlleichtbauten im Hochbau nach DIN 4115 (meistens geschweißte Rohrkonstruktionen), vgl. auch HV-Verf. 48.481 Jaa 20 vom 6. Juli 1949, zugelassen sind. Der Abnahmebeamte kann sich auch die Urkunde über die Zulassung von der betreffenden Brücken- oder Stahlbauanstalt vorlegen lassen.

Die Zulassung einer bestimmten Elektrodenmarke für Bauten unter Überwachung durch die Bundesbahn wird nachgewiesen durch das Zulassungsschreiben des Eisenbahn-Zentralamtes Minden (Westf.). Trotz dieser allgemeinen Zulassung muß jede Teillieferung beim Elektrodenwerk abgenommen werden.

Die eigentliche Abnahme beginnt bei der Deutschen Bundesbahn damit, daß die den Bauauftrag vergebende Eisenbahndirektion die auf vorgeschriebenen Vordrucken zu fertigenden Anträge für die *Baustoffabnahme* an die Abnahmeämter sendet. Die den Anträgen beizufügenden Baustoffverzeichnisse werden meistens von den das Bauwerk ausführenden Stahlbauanstalten aufgestellt.

Diese Abnahmen finden auf den Walzwerken statt, und zwar grundsätzlich schmelzungsweise, d. h. es wird für jede Schmelzung, die bis zu 15 t betragen kann, für je 5 t eine Probe entnommen. In jede Kokille werden Stäbe mit der Schmelzungsnummer gesteckt[73]). Die Schmelzung wird geschlossen ausgewalzt. Bestellungen für die Deutsche Bundesbahn werden gesondert dem Abnahmebeamten vorgelegt, der sie mit Schlagstempel versieht. Der Stempel wird bei Entnahme der Probestäbe zu den nach DIN 1605 durchzuführenden Zug- und Faltversuchen geschlagen. Ist der Baustoff nicht bedingungsgemäß, so muß der Stempel durch Auskreuzen vernichtet werden. *St 52* muß durch einen aluminiumfarbenen Streifen von St 37 unterschieden werden und *ist auf den Lagerplätzen der Stahlbauanstalten gesondert zu lagern.*

Die Abnahme geht zu Lasten des Walzwerks; die sachlichen Unkosten sind im Tonneneinheitspreis enthalten. Die Walzwerke prüfen aber auch ihre Walzerzeugnisse in eigener Verantwortung selbst und stellen über die Prüfergebnisse „Werksatteste“ aus. Aus den Werksattesten kann der Abnahmebeamte sich Angaben besonders über die Analysen machen lassen. Die Stahlbauanstalt prüft an Hand der Abnahmestempel, daß sie nur abgenommenes Material bekommt. In gleicher Weise überzeugt sich der Abnahmebeamte hiervon. Für jede Teillieferung bekommt der Abnahmebeamte der Stahlbauanstalt eine Abnahmenachweisung, die vom Abnahmebeamten des Walzwerks ausgestellt ist. Losweise, d. h. bei Entnahme des Baustoffs vom Lager, darf eine Abnahme nur in Ausnahmefällen mit ausdrücklicher Genehmigung des Auftraggebers und nur bei St 37.12 und 34.13 durchgeführt werden. Dann ist eine größere Zahl von Proben zu entnehmen; genauere Angaben hierüber finden sich in den im Abschnitt II, 4 genannten Vorschriften 918 162 und 918 02.

Von der vorgeschriebenen Baustoffabnahme zu unterscheiden ist die *Werksabnahme,* mit der das für die betreffende Brücken- oder Stahlbauanstalt zuständige Abnahmeamt durch die die Ausführung vergebende Eisenbahndirektion beauftragt wird. Diesem sogenannten Werksabnahmeantrag sind die Bauwerkszeichnungen beizufügen. Denn es ist wichtig, daß der Abnahmebeamte sich schon vorher mit allen Einzelheiten des zu prüfenden Bauwerks vertraut machen kann. In dem Begleitschreiben zum Abnahmeantrag muß zum Ausdruck gebracht werden, ob die Eisenbahndirektion sich an der Abnahme zu beteiligen beabsichtigt. Dies ist besonders bei *geschweißten* Bauwerken erwünscht. Beteiligt sich die Eisenbahndirektion an der Abnahme, so tragen sowohl ihr Vertreter als auch der Beamte des Abnahmeamtes die Verantwortung, sonst letzterer allein. Im ersteren Falle werden die Abnahmepapiere von beiden Beamten unterschrieben; die Begrenzung der Verantwortung ist genau festgelegt in § 2 der „Vorschriften für die Stoffprüfung, Bauüberwachung und Güteprüfung (Abnahme) auf den Lieferwerken (Avo)", DV 905 der Deutschen Bundesbahn.

Wenn in keiner Hinsicht mehr Unklarheiten bestehen, dann kann die Stahlbauanstalt unter Aufsicht des Abnahmebeamten mit der Bearbeitung der Baustoffe, dem Richten, Bohren, Schneiden usw. beginnen. Der Bauüberwachungsbeamte für die Werksabnahme muß, wenn er die Stahlbauanstalt zur Überwachung der Arbeiten besucht, in der Lage sein, ganz selbständig ein geschweißtes Bauwerk hinsichtlich der Güte seiner Ausführung im allgemeinen als auch der Schweißnähte im besonderen beurteilen zu können. In dieser Hinsicht gibt die Dienstvorschrift 806 der Deutschen Bundesbahn, die „Anleitung für die Bauüberwachung von Stahlbauwerken auf der Baustelle", auch für die Beurteilung der Arbeit in der Werkstatt — und nicht nur für genietete, sondern auch für geschweißte Bauwerke — wertvolle Fingerzeige, auch sei in diesem Zusammenhange auf die in Kapitel VI „Ausführung geschweißter Stahlbauten" enthaltenen Richtlinien verwiesen.

Besonders wichtig ist nach DV 806, § 4, A 12 und DV 848, § 6,21, daß die beim Schweißen unvermeidlichen Schrumpfungen sich soweit wie möglich auswirken können, damit in den Bauteilen nur möglichst kleine Schrumpfspannungen entstehen, und daß die Schweißnähte in der richtigen Reihenfolge ausgeführt werden. Zu diesem Zweck wird ein *Schweißplan* (vgl. S. 182) aufgestellt, der die Reihenfolge genau vorschreibt, vgl. Kapitel VI: „Ausführung geschweißter Stahlbauten".

Um senkrechte Nähte und Überkopfschweißungen besser ausführen zu können, sollen die Stahlbauanstalten sich nach DV 848, § 1,2 und § 6,20 sowie nach DV 806, § 4, A 13, Vorrichtungen anschaffen, die es gestatten, das Werkstück leicht in schweißgerechte Lage zu bringen. Hebezeuge, mit denen Bauteile angehoben und in anderer Lage wieder abgesetzt werden, eignen sich hierfür nicht, weil die Bauteile beim Anheben durch ihr Eigengewicht zu sehr verformt werden, wodurch die Entstehung von Rissen in den Schweißnähten begünstigt wird. Den Vorschriften entsprechen Drehvorrichtungen, etwa wie in Abb. 93 und 277 dargestellt und dort beschrieben. Hinsichtlich der Aussteifungen der Träger ist nach DV 806, § 4, A 16, an Hand der genehmigten Zeichnungen zu prüfen, ob die Aussteifungen am Obergurt, am Untergurt oder an beiden scharf eingepaßt sein müssen, vgl. Abb. 291. Werden die Aussteifungen eingeschweißt, so muß nach § 5, Ab-

satz 7, der DV 848 sowohl oben als auch unten ein Abstand von wenigstens
3 cm bleiben, um Plättchen scharf einpassen zu können, vgl. Abb. 149 und
das hierüber im Abschnitt IV, 3, S. 99, Gesagte.

Das Zuschweißen klaffender Stellen ist nach DV 806, § 4, 17, nicht zulässig.
Für die Abnahme geschweißter Bauwerke ist es besonders wichtig, daß alle
Schweißnähte gut zugänglich sind. Die Schweißnähte dürfen vor der Abnahme außer einem Leinölhauch keinen Farbanstrich erhalten (DV 848,
§ 7,2), weil dieser etwaige Risse überdecken könnte. Nach § 7,3 sind nach
der Probebelastung sämtliche Schweißnähte gründlich zu untersuchen. In
der Werkstatt lassen sich die Probe-
belastungen dadurch ausführen, daß
z. B. zwei Hauptträger flach gelegt und
zwischen den einander gegenüberliegenden Gurtungen Pressen angebracht
werden. Während die Enden der Hauptträger festliegen, werden die Pressen an-
gespannt, bis die Hauptträger die rechnerisch ermittelte Durchbiegung erhalten
haben.

Besonders bei dynamisch beanspruchten
geschweißten Bauwerken ist bei der
Abnahme auf einwandfreie Ausführung
der Schweißnähte zu achten. So muß
nach DV 806, § 4, A 34 der Übergang der

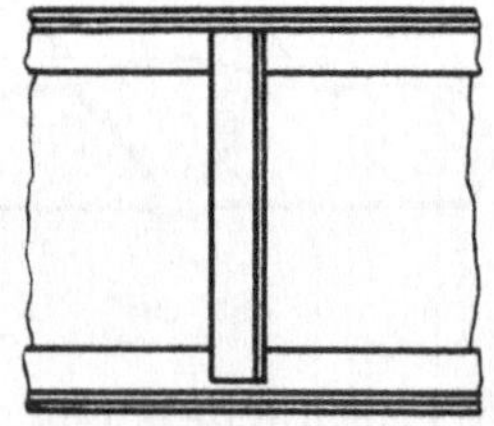

Abb. 291

Schweißnähte zur Blechoberfläche allmählich verlaufen; sind in der Zeichnung besondere Maßnahmen angeordnet, wie Abfräsen und Schmirgeln oder
Durchleuchten der Naht, so ist peinlichst auf die Durchführung dieser Maßnahme zu achten. Nach § 4, A 35 muß bei Stumpfnähten die Nahtwurzel
bei *A* (Abb. 292 und 293) grundsätzlich nachgeschweißt werden: „Etwaige
durch Einbrand bei *B* entstehende Vertiefungen (Abb. 292) sind nach
Abb. 294 mit Schweißgut auszufüllen und auszurunden, damit allmähliche
Übergänge entstehen. Es schadet nichts, wenn die Schweiße bei *A'* und *B'*
etwas in den Mutterstoff einbrennt, diese Einbrände aber gut ausgefüllt
und wenn allmähliche Übergänge geschaffen werden. Dagegen sind unaus-
gefüllte Einbrände oder Vertiefungen sowie schroffe Übergänge äußerst
schädlich, da sie die gefährliche Kerbwirkung verursachen."

Die Nähte müssen *auf ihrer ganzen Länge mit dem Vergrößerungsglas* auf
Unregelmäßigkeiten *untersucht* werden. Wo solche festgestellt werden, muß
sorgfältig nachgeschweißt werden. Die Vertiefungen bei *B* dürften bei der
Verwendung neuzeitlicher Elektroden und sachgemäßer Arbeit durch tüch-
tige Schweißer so gering ausfallen, daß das immerhin kostspielige und zeit-
raubende Nachschweißen nicht erforderlich wird. Nach den „Vorläufigen
technischen Lieferbedingungen für Stahl-Schweißdraht usw.", der Druck-

sache 919 27, sollen die Elektroden so beschaffen sein, daß bei sachgemäßem Schweißen am Anlauf der Nahtschenkel zum Grundwerkstoff *keine* Kerben entstehen.

Wichtige Stumpfnähte müssen, besonders bei dicken Querschnitten, bereits *nach der ersten Schweißlage durchstrahlt* werden (DV 806, § 4, A 36). Die

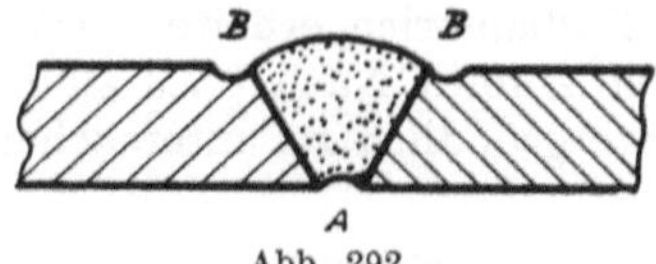

Abb. 292

Abb. 293

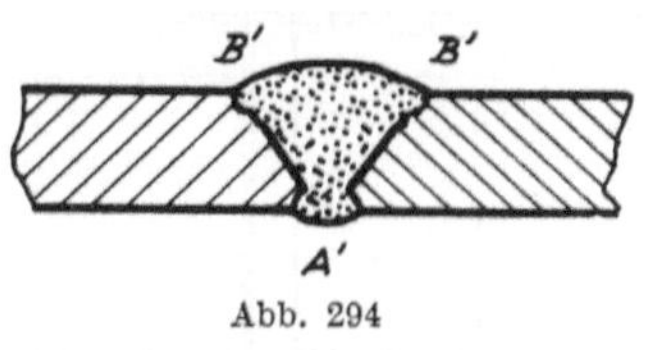

Abb. 294

erste Lage soll bei Stumpfnähten nicht mit dünneren Drähten als 4 mm Durchmesser geschweißt werden. Früher war nach der DV 848, § 6, 5 das Vorschweißen mit dünnen Drähten (3 bis 4 mm) vorgeschrieben. Diese Vorschrift ist fallen gelassen worden, weil gerade die durch Vorschweißen mit dünnem Draht hergestellten Nähte leicht Risse bekamen.

Das Fräsen oder Schmirgeln der Nähte von besonders wichtigen Stumpfstößen darf nur in der Kraftrichtung erfolgen, um die so schädlichen Einkerbungen zu vermeiden.

Bei Vertiefungen (*D* in Abb. 295) muß nach DV 806, § 4 A 38, durch Auf-

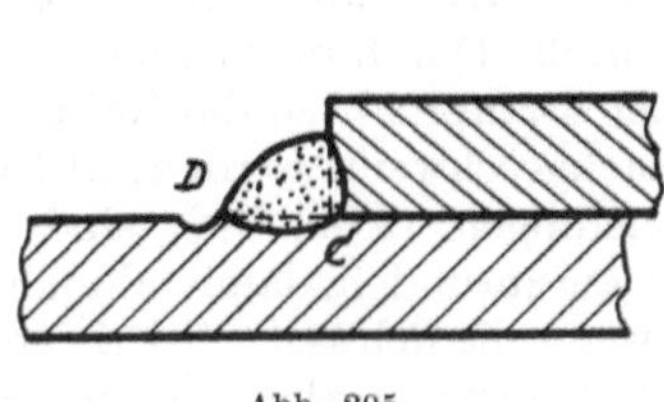

Abb. 295

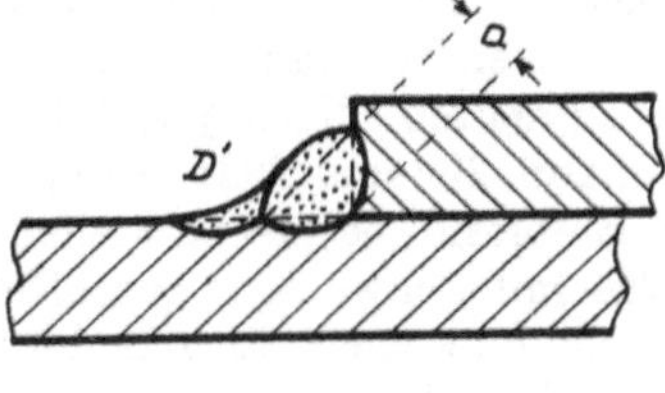

Abb. 296

füllen mit Schweißgut für einen allmählichen Übergang gesorgt werden (Abb. 296).

Im Absatz 49 des § 4, A der DV 806 sind wertvolle Winke für das Vorgehen beim Zusammenbau einer geschweißten Brücke, bei der die Fahrbahn erst auf der Baustelle eingeschweißt werden soll, enthalten; vgl. auch Kapitel VI „Ausführung geschweißter Stahlbauten", Abb. 275.

Endlich ist nach § 8 der DV 806 das Stahlbauwerk, nachdem die Schweißung fertig und geprüft worden ist, nochmals sorgfältig von Rost und Schmutz zu reinigen, soweit erforderlich zu verkitten und sodann mit einem Anstrich zu versehen, wofür in den Absätzen 17 bis 19 des Teiles B, § 4 der DV 806, Richtlinien enthalten sind.

Nunmehr kann das Bauwerk durch die Bauleitung oder das zuständige Brückendezernat abgenommen werden. Nach § 10 der DV 806 ist vom Bauwart eine Abnahmebescheinigung auszustellen, womit er die *Verantwortung* unter anderem auch *dafür übernimmt, daß alle Schweißnähte nachgeprüft und die schadhaften ersetzt sind.*

B. Die Untersuchung und Prüfung der Schweißnähte

Bevor auf die verschiedenen Verfahren für die Untersuchung und Prüfung von Schweißnähten im einzelnen näher eingegangen wird, möge ein kurzer geschichtlicher Überblick über die Entwicklung auf diesem Gebiet gebracht werden. Das nächstliegende zum Zweck der Prüfung einer Schweißnaht dürfte gewesen sein, sich diese nach gründlicher Säuberung, Entfernung der Schlacken usw. mit dem bloßen Auge genauestens anzusehen. Daher muß man dieses Prüfverfahren wohl als das älteste ansprechen. Sicher ist es im Werkstättenwesen bereits angewendet worden, bevor das Schweißverfahren vor etwa 20 Jahren auch auf dem Gebiet des Brücken- und Stahlhochbaues eingeführt worden ist.

In dem Streben nach Vervollkommnung dieses Verfahrens und in dem Gefühl, daß ganz feine Risse mit bloßem Auge nicht zu erkennen sein könnten, namentlich Risse, die sich auch im Mutterwerkstoff fortsetzen, dürfte man sich bald eines Vergrößerungsglases bedient haben. Auch sind besondere Mikroskope mit sehr starker Vergrößerung für die Untersuchung von Schweißnähten auf den Markt gebracht worden, z. B. die sogenannte binokulare Lupe. Da aber Fehler der Schweißnähte nicht immer an der Oberfläche liegen, sondern — wie z. B. Bindefehler, Schlacken, Poren und dgl. — sich oft unter der Oberfläche befinden, lag der Gedanke nahe, die Schweißnähte zu durchleuchten, d. h. sie entweder mit γ-Strahlen des Radiums oder des Mesothoriums oder mit Röntgenstrahlen auf etwaige Fehler zu untersuchen. Die ersten Veröffentlichungen über die Anwendung des Röntgenverfahrens für diesen Zweck stammen etwa aus dem Jahre 1926.

Diese Verfahren bieten große Vorteile, namentlich das Röntgenverfahren dürfte an Vollkommenheit von keinem anderen Verfahren übertroffen werden. Da aber gerade diese Verfahren in der Anwendung schwierig und vor allem kostspielig sind und besondere Sachkenntnis erfordern, sind weitere Bestrebungen zur Vereinfachung der Untersuchung der Schweißnähte gemacht worden.

In dieser Hinsicht sind zunächst zu nennen die etwa 1927 von *Roux*[74]) unternommenen Versuche, Fehler in Schweißnähten mit Hilfe elektromagnetischer Ströme festzustellen. Hat man sich hierzu zunächst trockener

Eisenfeilspäne bedient, so wurde dieses Verfahren etwa 1935 dadurch vervollkommnet, daß man die Eisenfeilspäne mit Öl vermengte. Dieses Verfahren ist unter dem Namen Magnetpulver- oder Ferrofluxverfahren bekannt geworden.

Andere Verfahren, nach denen man die Schweißnaht mit Öl und, nachdem dieses in etwaige Risse eingedrungen ist, mit Schlämmkreide bestreicht, oder solche, bei denen Fehler durch Klangunterschiede beim Abhören mit einem Hörrohr angezeigt werden sollen, seien nur der Vollständigkeit halber erwähnt; im Brücken- und Stahlhochbau haben sie nennenswerte Anwendung nicht gefunden.

Endlich ist noch das aus dem Jahre 1932 stammende *Schmuckler*sche Gerät zum Anfräsen der Schweißnähte zu nennen.

Nach diesem allgemeinen geschichtlichen Überblick möge auf die einzelnen Verfahren näher eingegangen werden. Es empfiehlt sich, diese wie folgt einzuteilen:

    a) Zerstörende Prüfverfahren,

    b) Teilweise zerstörende Prüfverfahren,

    c) Zerstörungsfreie Prüfverfahren.

a) Unter die **zerstörenden Verfahren** fallen alle auch im allgemeinen Werkstoffprüfwesen gebräuchlichen Verfahren, wie Zerreißversuch, Faltversuch, Kerbschlagversuch, Härteprüfung, Dauerfestigkeitsprüfungen, metallographische Untersuchungen und die chemische Analyse. Diese Verfahren dürften jedoch hauptsächlich in Laboratorien und für Forschungszwecke angewendet werden, weniger in den Werkstätten des Brücken- und Stahlhochbaues, weil man nur in Ausnahmefällen Probestäbe von Baugliedern für Untersuchungszwecke abtrennen wird. Die Anwendung dieser Verfahren kann aber auch zweckmäßig sein, wenn es sich darum handelt, vom Lager genommenes Material zu untersuchen.

b) **Teilweise zerstört** werden die Schweißnähte, wenn sie angebohrt oder mit dem Prüfgerät von *Schmuckler* (vgl. Abb. 297) angefräst werden. Dieses Prüfgerät stellt nicht kreisrunde, sondern etwas längliche Anfräsungen her, die — besonders nach Ätzung — Fehler der Schweißnaht, wie z. B. fehlende Nahtwurzeldurchschweißung, nicht genügend tiefen Einbrand, Schlackeneinschlüsse usw., erkennen lassen. Die angefrästen Stellen können wieder zugeschweißt werden, wobei allerdings fraglich bleibt, ob die zugeschweißten Stellen einwandfrei werden; bei hochbeanspruchten Nähten ist das Zuschweißen selbstredend erforderlich. Ein großer Nachteil dieses Verfahrens ist, daß man sich nie ein Gesamtbild der Naht verschaffen kann. Auch ist es nicht ausgeschlossen, daß man gerade gute Stellen anfräst, schlechte nicht findet und dadurch ein völlig falsches Bild von der Güte der Naht bekommt.

c) Zerstörungsfreie Prüfverfahren gibt es mehrere[75]). Als einfachstes dieser
Art möge zunächst die bereits erwähnte Prüfung des äußeren Befundes
mit dem bloßen Auge genannt werden. Eine von einem tüchtigen Schweißer
ausgeführte einwandfreie Schweißnaht muß ganz gleichmäßige, etwa halb-
kreisförmige Schuppenbildung zeigen, darf keine oder nur ganz geringe seitliche Einbrandkerben haben und vor allem keine großen Spritzer aufweisen.

Auch wenn diese Bedingungen
alle erfüllt sind, ist es durchaus
noch nicht völlig sicher, daß die
Naht nicht doch noch im Innern
Fehler birgt. Die Wahrschein-
lichkeit hierfür ist aber in diesem
Falle gering, dagegen sehr groß,
wenn sich Abweichungen von
obigen Kennzeichen einer guten
Naht zeigen. So kann z. B. aus
einer überhöhten Schweißnaht
mit flacher Schuppenbildung
geschlossen werden, daß die
Stromstärke zu gering war. Dann
besteht besonders bei der Verwendung nackter oder getauch-
ter Elektroden die Gefahr, daß
der Einbrand nicht hinreichend
tief geworden ist — bei Mantelelektroden ist diese Gefahr nicht
so groß. Verlaufen die Schuppen
dagegen spitzkeilförmig, so kann
geschlossen werden, daß die
Stromstärke zu hoch war und
dadurch die Güte der Naht
gelitten hat. Bei zu langem
Lichtbogen bilden sich leicht die so gefährlichen groben Spritzer beiderseits
der Naht, vgl. auch das zu den Abb. 43 bis 46 Gesagte, Abschnitt III, 4.

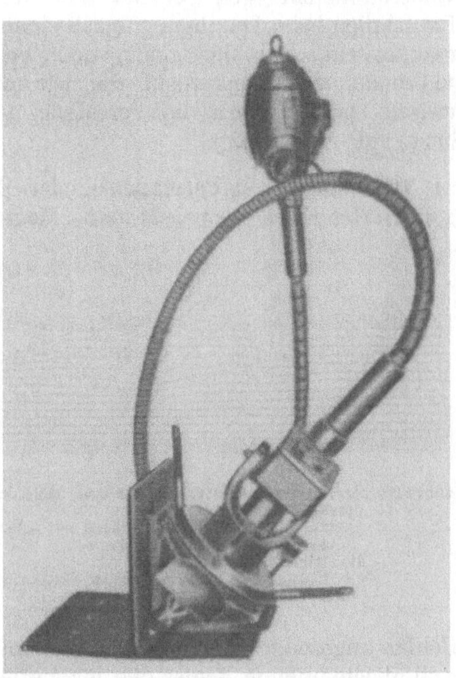

Abb. 297. Prüfgerät nach *Schmuckler*

Das menschliche Auge kann jedoch Risse unter 0,1 mm nicht mehr sicher
wahrnehmen. Die Vervollkommnung dieses Verfahrens durch Zuhilfenahme
eines Vergrößerungsglases oder einer Lupe wurde bereits oben angedeutet.
Mit einer normalen Lupe (etwa 5fache Vergrößerung) können dann Risse
bis herab zu etwa 0,02 mm erkannt werden. Im praktischen Gebrauch ist
jedoch die Lupe ein unzulängliches Hilfsmittel: Durch das beschränkte
Gesichtsfeld wachsen Prüfdauer und Ermüdung, so daß die Verläßlichkeit
der Prüfung in Frage gestellt wird. — Die Deutsche Bundesbahn schreibt
in der DV 803a „Vorschriften für die Überwachung und Prüfung der

Brücken, Hallen und Dächer", § 15,4, die Untersuchung der Schweißnähte
mit einer Lupe vor.

Die **elektromagnetische Prüfung** läßt sich nur bei magnetisierbaren Werk-
stücken anwenden. Fehler in Schweißnähten, wie z. B. Risse, Poren,
Bindefehler usw., setzen dem Durchgang eines durch sehr starken elektrischen Strom oder durch Magneten erzeugten Kraftlinienflusses höheren
Widerstand entgegen als eine fehlerfreie Schweißung. Wenn magnetische
Kraftlinien beim Durchgang durch einen Körper auf eine Stelle verringerter
magnetischer Durchlässigkeit, wie z. B. bei vorgenannten Fehlern, treffen,
so erleiden sie Ablenkungen, die sich an der Oberfläche des Prüflings nachweisen lassen, sofern die Fehlstelle nicht zu tief unter der Oberfläche
liegt, vgl. Abb. 298[76]).

α) **Anwendung von Permanent- oder Elektromagneten.** Streut man fein-
gepulvertes Eisen oder gießt man „Magnetöl" (mit Fe_3O_4) auf den magneti-
sierten Prüfkörper, so
sammelt sich der magne-
tisch empfindliche Be-
standteil vorwiegend
über der Störstelle an,
um den dort austreten-
den Kraftlinien einen
bequemen Übergang zu
schaffen. Der Verlauf der
Anhäufung entspricht
also dem Verlauf der
Fehlstellen. Es ist aber
zu berücksichtigen, daß
bei diesem Verfahren nur

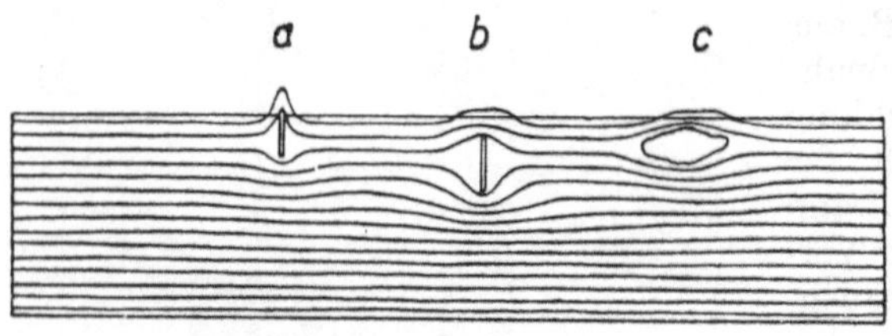

Abb. 298. Zerstörungsfreie Werkstoffprüfung nach dem Magnet-
pulver-Verfahren.
a) Rißbildung an der Oberfläche — scharf begrenzte
Ansammlung des Eisenpulvers,
b) Tieferliegender Riß und
c) Hohlstelle — Ansammlung des Eisenpulvers schlecht
nachweisbar.

Fehler angezeigt werden, die quer zum Kraftlinienverlauf gerichtet sind,
weil gleichlaufende Fehler den magnetischen Kraftfluß nicht unterbrechen.
Die Anwendung dieses Verfahrens veranschaulicht Abb. 299. Das Werkstück muß also in zwei zueinander senkrechten Richtungen untersucht
werden. In der Praxis wird mit trockenem Eisenpulver kaum noch gearbeitet,
vielmehr verwendet man in Öl aufgeschlämmtes Eisenpulver oder Fe_3O_4.
Durch den Ölfilm wird die Beweglichkeit der Feilspäne und damit die
Empfindlichkeit des Verfahrens bedeutend erhöht.

β) **Das sogenannte Durchflutungsverfahren** unterscheidet sich von dem vorerwähnten Prüfverfahren grundsätzlich dadurch, daß hier nicht zwei Ma-
gnetpole an die Enden der Schweißnaht gelegt werden, sondern daß der zu
untersuchende Teil mit niedergespanntem, sehr starkem Gleich- oder Wechselstrom durchflutet wird. Bei dem unter α) genannten Verfahren werden
Risse in Richtung der Stromachse nicht angezeigt, wohl aber bei der

Stromdurchflutung. Durch Vereinigung beider Verfahren läßt sich erreichen,
daß beliebig gelagerte Risse erkennbar werden.

Zu den elektromagnetischen Verfahren sind noch die Versuche zu rechnen,
Fehler in Schweißnähten auf akustischem oder optischem Wege anzuzeigen.
Hier ist ein elektromagnetisch-akustischer Schweißnahtprüfer zu nennen,
der Fehler der Nähte bei deren Abtasten mit einem Kopfhörer anzeigen
soll. Nur mit ganz gutem Gehör und viel Übung können Fehler gefunden
werden. Dies ist aber auch deshalb schwierig, weil das Gerät bei an sich

Abb. 299. Anwendung des Magnetpulver-Verfahrens bei einem Wulstprofil

ganz unbedenklichen Unebenheiten der Schweißnähte, wie sie z. B. beim
Auswechseln des Schweißdrahtes entstehen, schon ansprechen soll. Wegen
dieser Mängel werden Verfahren der vorbeschriebenen Art nicht mehr verwendet.

Versuche, Fehler in Schweißnähten durch Ultraschall anzuzeigen, haben —
soweit bekannt — noch nicht zu einem in der Praxis brauchbaren Ergebnis
geführt. Die Untersuchung von Schweißnähten mittels Durchstrahlung hat
sich seit langen Jahren in der Praxis für die Anwendung im Brücken- und
Stahlhochbau als das zuverlässigste Verfahren erwiesen. Richtlinien für die
technische Röntgen- und Gamma-Durchstrahlung sind im DIN-Blatt 54110
enthalten. Zweckmäßig wird unterschieden zwischen

      a) Durchleuchtungen und

      b) photographischen Aufnahmen.

Durchleuchtungen können ausgeführt werden mit einem Leuchtschirm, d. h.
einem Schirm, der aufleuchtet, wenn die Röntgen- oder γ-Strahlen auf ihn

treffen. Für letztere benutzt man als Strahlenquelle entweder Radium oder
Isotope (Anwendung z. Z. durch Kontrollratsgesetz genehmigungspflichtig).
Dieses Leuchtschirmbild kann durch Photographie festgehalten werden.
Ferner können auch Aufnahmen auf Röntgenpapier gemacht werden. Bei
Eisenblechdicken über 5 mm ist es aber unmöglich, ein Leuchtschirmbild
zu erhalten.

Im Brücken- und Stahlhochbau ist es in den meisten Fällen erwünscht,
von den zu untersuchenden Nähten ein bleibendes Bild festzuhalten. Dies
ist nur durch eine photographische Aufnahme mit Röntgen- oder γ-Strahlen
möglich.

Die Vorteile der Anwendung der γ-Strahlen sind einfache Wartung und
Unabhängigkeit von äußeren Energiequellen. Man kann gegebenenfalls
gleichzeitig mehrere Aufnahmen machen, indem man die Prüfkörper um
die Strahlenquelle herum aufbaut, was allerdings wohl vornehmlich im
Werkstättenwesen, weniger im Baufach in Frage kommen dürfte. Diese
Strahlen werden mit Vorteil bei Blechstärken von 100 mm und darüber
angewendet, weil die Röntgenstrahlen hier keine besseren Bilder ergeben.
Nachteile sind geringere Fehlererkennbarkeit und lange — oft bis zu vielen
Stunden dauernde — Belichtungszeiten.

Die Untersuchung von Schweißnähten nach dem Röntgenverfahren

Am verbreitetsten ist die Herstellung photographischer Aufnahmen nach
dem *Röntgenverfahren*, das, obwohl nicht ganz billig, sich im Laufe der
Jahre immer mehr durchgesetzt hat, weil es mit diesem Verfahren möglich
ist, Bilder herzustellen, die bei einiger Übung Fehler in den Schweißnähten
gut erkennen lassen.

Den Durchstrahlungsverfahren wird nachgesagt, daß sie nur wenig auf die
Festigkeitseigenschaften der Schweißnaht schließen lassen. Die Röntgenaufnahme liefert im allgemeinen nur ein Bild von der Güte der Schweißnaht.
Man kann dieses Qualitätsbild dadurch ergänzen, daß man von Probeschweißungen, die mechanisch geprüft werden, auch Röntgenbilder anfertigt.
Man lernt dann mit der Zeit, an Hand des Röntgenbildes anzugeben, ob
eine Schweißung den Mindestforderungen genügt oder nicht.

Für Röntgenuntersuchungen bei der Deutschen Bundesbahn gilt — außer
dem bereits genannten DIN-Blatt 54 110 — die Dienstvorschrift 909, die
„Anweisung für Röntgen-Untersuchungen" von 1943. Diese Anweisung enthält Bestimmungen u. a. über die Kennzeichnung, die Ordnung, den Ver-
bleib sowie über die Auswertung und Beurteilung der Filme. An Hand von
40 Röntgenaufnahmen (davon allein 14 von Schweißverbindungen an
Brücken) wird erläutert, wie Fehler, z. B. Gasblasen, Schlacken, Poren,
Risse, Bindefehler und Kerben in der Oberfläche, am Röntgennegativ zu
erkennen sind. Hinsichtlich der Schweißungen an Brücken bestimmt die
Anweisung in § 5 (9): „Bei Brücken kann allgemein als Richtlinie dienen,

daß Stumpfnähte, bei denen das Durchschweißen der Wurzel mangelhaft
ausgefallen ist (Wurzelbindefehler), nur dann nicht verworfen zu werden
brauchen, wenn außer einem Bindefehler in der Nahtwurzel keine sonstigen
nennenswerten Mängel auftreten und eine Nachrechnung an Hand des
Festigkeitsnachweises des Bauwerks ergeben hat, daß beim Einsetzen der

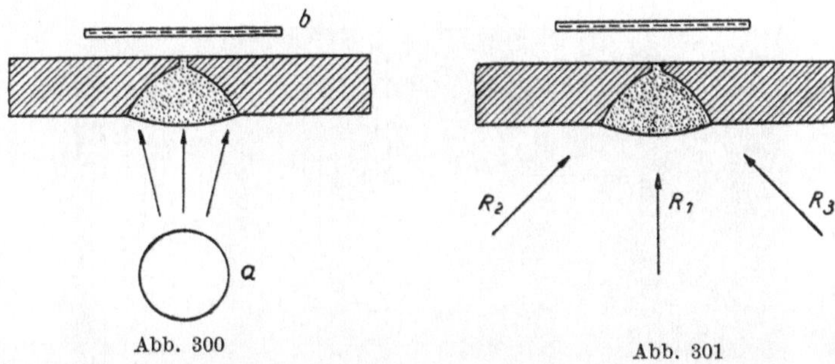

<table>
<tr><td>Abb. 300</td><td>Abb. 301</td></tr>
</table>

α-*Werte* (vgl. § 4, C, I, Absatz 4 der DV 848) *für in der Wurzel nicht nachgeschweißte Stumpfnähte die zulässigen Spannungen nicht überschritten sind.*"
Röntgenstrahlen sind kurzwellige Strahlen von etwa 10 000mal kleinerer
Wellenlänge als der des Lichtes (10^{-8} cm). Beim Durchdringen eines Körpers
werden die Röntgenstrahlen geschwächt. Die Schwächung ist abhängig von
der Dicke und dem spez. Gewicht des
zu durchdringenden Stoffes. Ungleich-
mäßigkeiten im Innern werden als
Kontraste auf der photographischen

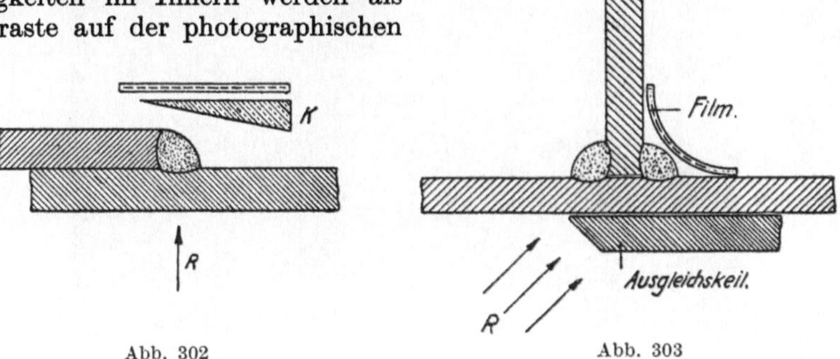

<table>
<tr><td>Abb. 302</td><td>Abb. 303</td></tr>
</table>

Schicht erkannt. Die Röntgenstrahlen wirken auf den photographischen
Film in ähnlicher Weise wie die Lichtstrahlen ein. Bei dickeren Stücken
wird die Fehlererkennbarkeit durch die Eigenstrahlung der Atome, die
sogenannte Sekundärstrahlung, herabgesetzt. Wird der Film nach der Be-
strahlung entwickelt, so erscheinen Schwächungen des Baustoffs (z. B.
Schlackeneinschlüsse, Einbrandkerben, Blasen, eingeschlagene Zeichen oder

Zahlen usw.) auf dem Film dunkel, stärkere Stellen des Baustoffs oder der
Naht (z. B. die beim Schweißvorgang entstehenden Schuppen, etwaige
Spritzer oder aufgelegte Zeichen und Zahlen) hell.

Die Durchstrahlung von Stumpfnähten ist verhältnismäßig einfach. Zunächst wird die Röntgenröhre „a“ so aufgebaut, vgl. Abb. 300, daß die

Abb. 304. Anbringung einer Kassette mit Film an einem Hauptträger

Strahlen möglichst senkrecht auf die Schweißnaht und den in einer Kassette
dahinterliegenden Film „b“ treffen. Liegt Anlaß vor, Bindefehler zu vermuten, so müssen außer in der Richtung R_1 (vgl. Abb. 301) weitere Aufnahmen in Richtung der Bindeflächen R_2 und R_3 gemacht werden.

Abb. 305. Anordnung des Stahlkeiles mit Teststäben und Bleimerkzeichen

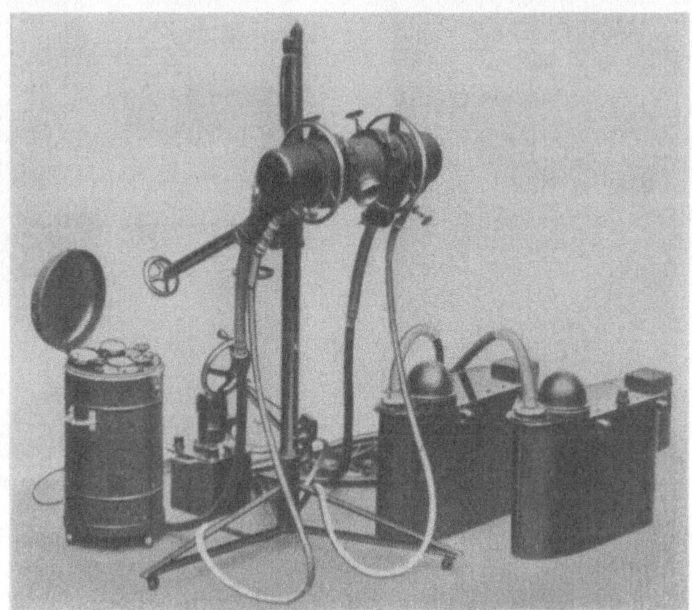

Abb. 306. Hochspannungsanlage und Röntgenröhre

Bei Kehlnähten muß man durch Hinzufügen eines Schwermetallkeiles „K"
dafür sorgen, daß der Dickenunterschied verringert wird, um gute Aufnahmen zu erhalten (vgl. Abb. 302 und 303). Um besseres Anliegen des
Filmes zu erreichen, empfiehlt sich die Verwendung von dünnwandigen,

15 Sahling-Latzin, Schweißtechnik

biegsamen Taschen zur Aufnahme des Films. Es gibt hierfür Gummischlauchkassetten, die mit einer Luftpumpe luftleer gemacht werden. Durch den Druck der umgebenden Luft wird ein gleichmäßiges Anliegen der Filme und Verstärkerfolien erzielt. Abb. 304 zeigt die Anbringung einer Kassette mit Film an einem Hauptträger, Abb. 305 die Anordnung des Stahlkeiles mit Teststäben und Bleimerkzeichen.

Mit Rücksicht auf die Filmlänge und weil aus wirtschaftlichen Gründen der Abstand der Röhre vom aufzunehmenden Gegenstand nicht zu groß werden darf, können so jeweils mit einem Aufnahmegang etwa 50 bis 75 cm Nahtlänge erfaßt werden. Man hat auch bereits mit größeren

Abb. 307. Röntgenuntersuchung an einer Brücke

Abb. 308. Fahrbare Röntgenanlage

Abständen und Filmlängen gearbeitet, doch sind diese Aufnahmen in ihrer Fehlererkennbarkeit zu sehr beeinträchtigt.

Die Technik der Röntgenprüfung hat sich im Laufe der letzten Jahre vereinfacht. Man braucht für die Röntgenprüfung eine Hochspannungsanlage, eine Röntgenröhre und photographisches Aufnahmematerial. Für erstere verwendet man heute nur noch völlig hochspannungsgeschützte Geräte. Die Hochspannungsanlage ist zerlegbar, damit sie bequem befördert und leicht aufgestellt werden kann, vgl. Abb. 306. Hochspannungsanlage und Röntgenröhre werden durch biegsame Hochspannungskabel von etwa 4 cm

Durchmesser verbunden. Die Röntgenröhre befindet sich in einem Behälter, der mit Öl gefüllt ist. Das Öl, das durch eine Pumpe dauernd in Umlauf gehalten wird, dient einerseits zur elektrischen Isolation, andererseits zur Kühlung der Röntgenröhre.

Die Röntgenuntersuchung geschweißter Brücken ist in den Abb. 307 und 308 dargestellt. Spezialfirmen für die Herstellung von Röntgenapparaten haben auch die ganze Anlage mit Dunkelkammer, Arbeitsbühne usw. in

Abb. 309. Anwendung der Hohlanoden-Einpolröhre

einem Fahrzeug untergebracht, so daß sie leicht an jede Baustelle gelangen können, vgl. Abb. 308.

Für die Untersuchung von Rundnähten an Kesseln eignet sich besonders die sogenannte Einpolröhre, vgl. Abb. 309.

Die Gesamtkosten der in Abb. 306 gezeigten Anlage betragen etwa 15 bis 16 000 DM einschließlich Filmmaterial. Wie teuer eine einzelne Aufnahme wird, läßt sich schwer angeben. Diese Kosten hängen mehr oder weniger von der Lebensdauer und der Ausnutzung der Anlage ab; im Mittel können wohl 15 bis 20 DM für eine Aufnahme angesetzt werden.

Für die Röntgenuntersuchungen verwendet man Spezialfilme, die doppelseitig begossen sind, um die Kontrastwirkung zu verbessern. Um die Belichtungszeiten möglichst kurz zu halten, benutzt man sogenannte Verstärkerfolien, zwischen die der Röntgenfilm gelegt wird. Diese Folien leuchten schwach — wie ein Leuchtschirm — unter dem Einfluß der Röntgenstrahlen

15*

auf. Um Überstrahlungen zu verhüten, empfiehlt es sich, die benachbarten Teile der Naht so abzudecken, daß die Röntgenstrahlen gewissermaßen durch ein „Fenster" hindurch auf den Film wirken, vgl. Abb. 310.

Die in Abb. 310 dargestellte gleichzeitige Durchstrahlung zweier Nähte wird man nur dann anwenden, wenn die Gurtplatten so dick sind, daß man bei Durchstrahlung durch diese hindurch ein klares Bild nicht erwarten kann. Ob etwaige Fehler sich in der vorderen oder hinteren Naht befinden, kann man daraus erkennen, daß Fehler in der vorderen Naht sich unschärfer abbilden als solche in der filmnahen Naht.

Zu erwähnen sind noch zwei Punkte:

a) Man muß einen Anhalt für die richtige Belichtungsdauer haben,
b) man muß später am Film genau feststellen können, von welchem Abschnitt der Naht die Aufnahme gemacht wurde.

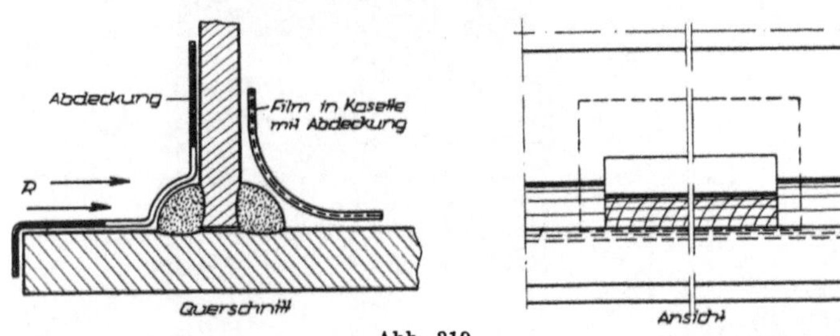

Abb. 310

Für ersteren Zweck verwendete man früher Metallstreifen mit verschieden großen Bohrungen oder stufenförmig übereinandergelegte Plättchen. Neuerdings bedient man sich der in DIN 54 110 angegebenen Drahtstege, die entsprechend der Dicke des Prüflings in 4 Stufen zu je 7 Drähten eingeteilt werden:

Dicke des Prüflings	Durchmesser der Drähte
0 bis 20 mm	0,10 bis 0,40 mm
20 bis 40 mm	0,30 bis 0,90 mm
40 bis 80 mm	0,80 bis 2,0 mm
über 80 mm	1,5 bis 4,5 mm

Das genannte DIN-Blatt enthält genaue Angaben über die Auswertung der Bilder dieser Drahtstege.

Um später am Film feststellen zu können, von welchem Nahtabschnitt die Aufnahme gemacht wurde, müssen Zahlen oder Buchstaben aus Blei neben die Naht gelegt werden, die zur Kennzeichnung in hellerer Farbe auf dem Film erscheinen. — Nach dem Vorschlag von *Wulff*[77]) wird ein Bandmaß verwendet, in dessen Innern in Abständen von 25 cm kleine Bleiplättchen befestigt sind, in die die jeweilige Meterzahl eingestanzt ist.

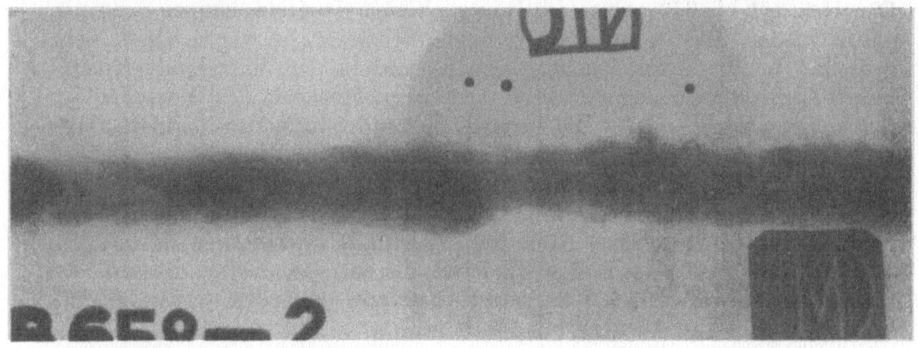

Abb. 311. Ungleichmäßige Schweißnaht mit Schlackeneinschlüssen in der Wurzel

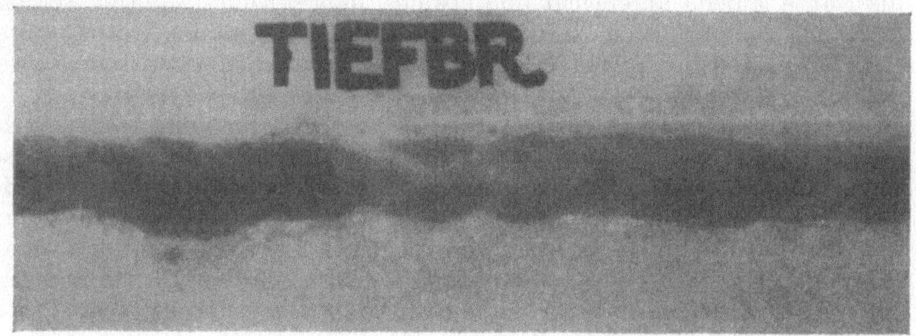

Abb 312. Schweißnaht mit Querrissen

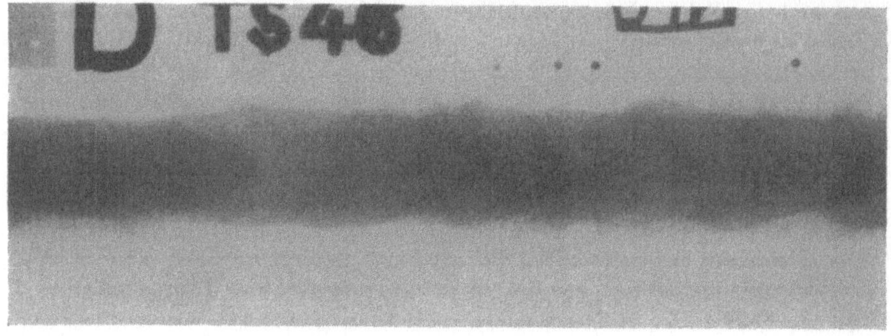

Abb. 313. Schweißnaht ohne Fehler

Die Abb. 311 bis 313 geben die Röntgenbilder (Positive) einiger Schweißnähte wieder. Die in Abb. 311 gezeigte Schweißnaht wurde als V-Naht
zwischen 6 mm dicken Blechen gezogen und in der Wurzel mit Tiefeinbrand-Elektroden nachgeschweißt. Die hellen Flecke in der Wurzel zeigen
Schlackeneinschlüsse an. Die richtige Belichtung läßt sich aus dem DIN-
Täschchen mit Drahtstegen erkennen. Das „M" im Kreis ist das Zeichen
des Schweißers, der die Naht ausgeführt hat.

Abb. 312 ist das Bild einer mit Tiefeinbrand-Elektroden ausgeführten
Stumpfnaht (I-Stoß nach Abb. 62), gleichfalls zwischen 6 mm starken
Blechen. Die Naht zeigt einige Querrisse, die entfernt werden müssen, weil
sie sich im Mutterwerkstoff fortsetzen und dann gefährlich werden können.

Abb. 313 gibt eine V-Naht zwischen 11 mm dicken Blechen wieder und
zeigt keine Fehler.

Verschiedene Stahlbauanstalten haben sich eigene Röntgenanlagen zugelegt.
Dies hat — abgesehen von der Wirtschaftlichkeit — auch den Vorteil, daß
die Nähte laufend untersucht und etwaige Mängel sofort beseitigt werden
können, was entschieden nicht so teuer kommt, als wenn die Arbeit bereits
ganz fertiggestellt ist und es sich dann noch als erforderlich erweist, schlechte
Nähte gegebenenfalls erst auf der Baustelle durch neue zu ersetzen.

Nach den Vorschriften der Deutschen Bundesbahn für geschweißte, vollwandige Eisenbahnbrücken (DV 848, § 1,2) gehören Durchstrahlungsanlagen (oder sonstige Einrichtungen, mit denen wichtige Nähte einwandfrei nachgeprüft werden können) zu den geeigneten Werkseinrichtungen,
die die Voraussetzung für die Zulassung einer Stahlbauanstalt zur Ausführung der genannten Bauwerke sind. Nach § 1,4 der DV 848 soll der
„Werkschweißingenieur für Stahlbauten der Deutschen Bundesbahn" die
im Bezirk durchzuführenden Prüfungen der Schweißnähte (Durchleuchtungen) vornehmen. Er muß also auf diesem Gebiet gründliche Kenntnisse
sowie praktische Erfahrung besitzen.

Weiter schreibt die Deutsche Bundesbahn im § 4, C, III der DV 848 vor,
daß wichtige Schweißnähte nach ihrer Ausführung zu röntgen sind. Hierzu
zählen in erster Linie:

a) **Stegblechstöße,** die nach Tafel 2 und 3 der DV 848, lfd. Nr. 20 (vgl.
Tafel VIII auf Seite 148), in der ganzen Länge zu durchstrahlen sind, und

b) **alle Stumpfnähte I. Güte** (vgl. § 6,12 der DV 848).

Nach der Verfügung der Hauptverwaltung vom 28. 8. 46 — 48 481 Ibe 52 —
gehören zu letzteren nicht die Stumpfnähte zwischen Gurtplatten mit Stegansatz und den Stegblechen.

Alle wichtigen Schweißnähte, die geröntgt werden müssen, sind in den
Zeichnungen anzugeben, am besten in einem besonderen Röntgenplan.

Als Abschluß dieses Kapitels möge noch kurz darauf hingewiesen werden,
daß die vorbeschriebenen Verfahren zur Untersuchung von Schweißnähten

wohl Aufschluß über deren Mängel geben, aber keine Angaben über die in den Nähten herrschenden *Spannungen* machen. Diese durch die üblichen Verfahren auf Grund der Messung von Dehnungen zu ermitteln, begegnet — wie bekannt — großen Schwierigkeiten, weil die sogenannten Eigenspannungen, die vom Walzvorgang her bereits vor jeglicher Belastung in den Bauteilen vorhanden sind, nicht erfaßt werden. Seit längerem versucht man nun, diese Spannungen durch ein Röntgenverfahren zu bestimmen, das aber mit dem oben beschriebenen Durchleuchtungsverfahren nicht verwechselt werden darf. Diese in der Röntgentechnik als *Feinstrukturuntersuchung* bekannte Arbeitsweise ermöglicht, die Veränderung des Kristallgefüges festzustellen und durch Vergleichen mit spannungslosen Körpern gleichen Stoffes Schlüsse auf den Spannungszustand zu ziehen. Infolge der geringen Eindringungstiefe der Röntgenstrahlen von einigen μ kann nur über das erfaßte Gebiet eine Aussage gemacht werden. Auf feinstrukturellem Wege sind Messungen, die sich über den ganzen Querschnitt erstrecken, praktisch unmöglich, wenn man zerstörungsfrei arbeiten will.

Einstweilen ist dieses Messungsverfahren nur laboratoriumsmäßig ausgebaut, für die Anwendung in der Werkstatt oder auf der Baustelle aber noch nicht hinreichend vervollkommnet. Röntgenographische Spannungsmessungen an einer Rheinbrücke im Jahre 1946 ergaben viele Schwierigkeiten[42]. Wenn es gelingen würde, diese zu überwinden, würde eine wertvolle Ergänzung der röntgenographischen Schweißnahtprüfung gegeben sein.

XI. DIE KOSTEN GESCHWEISSTER BAUWERKE

Die Rentabilität geschweißter Bauwerke hängt zum größten Teil von den Kosten der Schweißarbeit selbst ab. Deshalb muß das Bestreben aller Beteiligten dahin gehen, diese Kosten so gering wie möglich zu halten.

Wie schon erwähnt, kann man Gewichtsersparnisse bei geschweißter Ausführung von 15 bis 30% gegenüber genieteten Ausführungen erzielen. Diese Ermäßigung rührt aus dem Fortfall der Nietschwächung, der Futter und der Anschlußwinkel her sowie aus der Möglichkeit, komplizierte Verbindungen und Stöße einfacher durchbilden zu können. In den ersten Jahren der Arbeit an geschweißten Bauwerken ist diese Einsparung durch erhöhte Werkstattkosten verlorengegangen, und im Endergebnis hatten genietete und geschweißte Konstruktionen etwa den gleichen Gesamtpreis. Mit der fortschreitenden Rationalisierung der Arbeitsmethoden (Automatenschweißung) und Verbesserung der maschinellen Einrichtung haben sich die Bearbeitungskosten je 1 Tonne Konstruktion gesenkt und den Bearbeitungskosten genieteter Bauwerke angeglichen. Die Einsparung an Gewicht kann also mit den dadurch fortfallenden Kosten für Material und Bearbeitung voll als Preiseinsparung betrachtet werden. Diese Angaben werden natürlich fallweise schwanken, je nach der Einrichtung des betrachteten Werkes und der Bauart. Je mehr Serienarbeit anfällt, um so billiger werden sich durch den Einsatz von Maschinen die Werkstattkosten gestalten. Nach den Angaben des Richtpreisausschusses für Stahlbauten ist derzeit trotzdem ein Zuschlag von DM 15,— je Tonne Konstruktion für die Werkstattarbeit zulässig.

Nach Angabe des Institute of Welding wurde in England eine Reihe von Zusammenstellungen über Gewichtseinsparungen geschweißter Bauwerke gegenüber genieteten bekanntgegeben. Danach beträgt die reine Stahlgewichtseinsparung bei Brückenträgern 16%, bei Kranträgern 16³%, bei Stützen 15%. Bei Vollwandbrücken ergeben sich Gewichtseinsparungen von 15% bis 20³%. Bei Docks sind Einsparungen bis 34%, im Waggonbau 9 %, im Schiffbau 12 % und im Behälterbau 9³% bis 25³%, je nach der Behältergröße, festgestellt worden. All dies setzt jedoch schweißgerechte Durchbildung voraus.

Im Stahlbau kann man vielfach Gußteile für Lager oder Gelenke durch geschweißte Konstruktionen ersetzen. Hier ist es natürlich schwierig, eine Grenze anzugeben, bei welcher sich Schweißen billiger als Gießen stellt. Im allgemeinen wird bei kleiner Stückzahl und einfacher Ausbildung das

Schweißen wirtschaftlicher sein; es empfiehlt sich jedoch, von Fall zu Fall
Untersuchungen und Preisvergleiche anzustellen.

Zu den ersten Untersuchungen über das Verhältnis von geschweißten und
genieteten Teilen gehören die von *Strelow*[78]) (Abb. 314). Durch die seit
diesen Untersuchungen verstrichene Zeit sind die Absolutwerte wohl schon
überholt, jedoch dürfte der Vergleich noch richtig sein und wenn er sich
geändert hat, dann nur zu Gunsten der Schweißung. Um die endgültigen
Kosten feststellen zu können, müssen noch die sogenannten Unkosten, wie

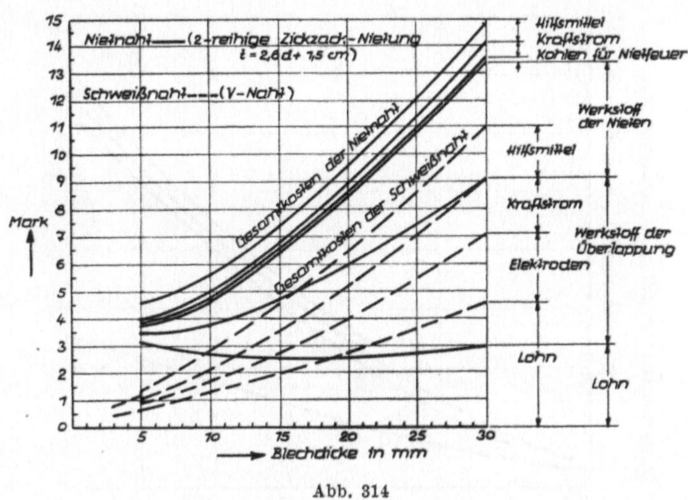

Abb. 314

Verwaltungskosten, Abschreibung, Soziallasten, Gebäudeerhaltung und Be-
triebsmittel hinzugeschlagen werden. Diese zuletzt genannten Werte werden
meist mit den Kosten für Werkstoff, Strom, Kohle, Wasser und Gas als
Zuschlag zu den reinen Löhnen in Ansatz gebracht und betragen dann
zwischen 250% und 350%. Die Werte schwanken je nach der Einrichtung
der einzelnen Werke und der Höhe der örtlichen Löhne.

Abb. 315 zeigt die Gesamtkosten je 1 m Schweißnaht im Kesselbau für
verschiedene Elektroden und bei wechselnder Nahtdicke. Aus dem Abfall
der Kurve *d* ist die Einsparung an Kosten bei Automatenschweißung (Ellira-
Schweißung) gegenüber Handschweißung zu ersehen. Voraussetzung dafür
ist natürlich die Möglichkeit entweder einer Serienfertigung oder beim
Trägerbau die Ausführung langer Nähte, um die Vorteile des Automaten
ausnutzen zu können. Auch bei runden Behältern wird man Automatenschweißung vorteilhaft ansetzen können, wobei der Automat über dem
Behälter angebracht und dieser gedreht wird.

Diese Grundwerte werden natürlich bei den verschiedenen Werken je nach ihrer Einrichtung verschieden sein und daher sowohl örtlich als auch bei demselben Werk zeitlich nicht unbeträchtlichen Schwankungen unterworfen sein. Hinzu kommen noch die oben beschriebenen Unkosten, die gleichfalls örtlich und auch zeitlich verschieden sind.

Nach dem oben gesagten ist es durchaus einleuchtend, daß das Verhältnis des Gewichtes der Schweißnähte zu dem der gesamten Konstruktion für die Wirtschaftlichkeit Bedeutung hat. Bei normalen Entwürfen wird man

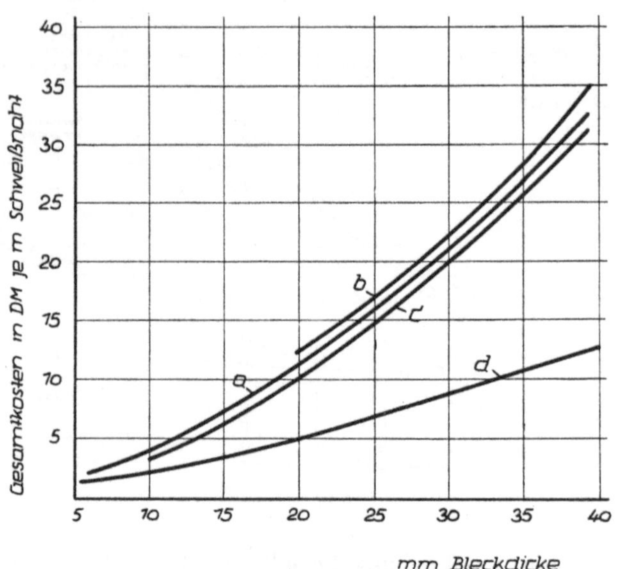

Abb. 315

etwa 4,0 bis 5,0 kg Schweißnahtgewicht für 1 Tonne Konstruktion ansetzen, also etwa 0,4% bis 0,5% des Konstruktionsgewichtes. Dieser Wert kann bei sehr leichten Bauten, z. B. Verbundbrücken, bis 1,2% ansteigen, was natürlich die Kosten je Tonne Konstruktion erhöht.

Die Tatsache, daß geschweißte Bauwerke gewichtliche Einsparungen ermöglichen, bewirkt natürlich auch eine erhöhte Bedeutung dieser Bauart bei steigenden Eisenpreisen.

Bei der Feststellung der Kosten sind die Qualitätsaufschläge des Grundmaterials nicht zu vergessen. Bei der Bestellung muß, wie schon erwähnt, immer Schweißgüte, sowohl im Hoch- als auch im Brückenbau, verlangt werden. Dieser Gütemehrpreis schwankt derzeit zwischen DM 3,— und DM 5,50 je 1 Tonne Material, steigt jedoch bei besonders dicken Blechen und Breitflachstählen auf DM 20,— je 1 Tonne.

Ist schmelzungsweise Abnahme verlangt, so bedingt dies einen Mehrpreis von DM 2,— bis DM 4,50 je 1 Tonne. Siemens-Martin-Güte (SM-Güte) bringt einen weiteren Aufpreis von DM 6,— je 1 Tonne.

Für Glühen dicker Profile wird im allgemeinen ein Mehrpreis von DM 15,— je 1 Tonne verlangt.

Eine Aufschweißbiegeprobe, die je nach Dicke und Materialart vorgeschrieben sein kann, kostet derzeit etwa DM 40,—.

Der Richtpreisausschuß setzt im Mittel unter Zusammenfassung der obigen Werte, die natürlich je nach der Materialart nicht immer gleichzeitig anfallen, für Güte als Mehrpreis gegenüber genieteter Ausführung DM 8,— je 1 Tonne Stahl fest.

Die Höhe dieser Zuschläge ist je nach den Zeitverhältnissen nicht unbeträchtlichen Schwankungen unterworfen.

Endlich müssen noch die Kosten für Durchleuchtungen, die nach der Art der Röntgeneinrichtungen und Anzahl der Aufnahmen schwanken und von dem Richtpreisausschuß je Aufnahme in der Werkstatt mit DM 15,— festgesetzt sind, in Ansatz gebracht werden. Die Preise der Aufnahmen auf der Baustelle sind der freien Vereinbarung zwischen Auftraggeber und Auftragnehmer überlassen.

Die Schweißbauweise bietet durch ihr sauberes und glatteres Aussehen einen weiteren Vorteil, der zahlenmäßig nicht direkt zu erfassen ist, und zwar die einfachere und billigere Anstricharbeit, da die vielen Winkel, komplizierten Ecken und Nietköpfe fortfallen.

Nicht zu vergessen ist der geringere Abfall bzw. Verschnitt in der Werkstatt, der hier nur etwa $\frac{1}{2}\%$ gegenüber etwa 3% bei genieteter Ausführung beträgt. Auch kann man sich bei Beschaffungsschwierigkeiten mit Ersatzmaterial leichter helfen, da die Anzahl der einzelnen Profile kleiner ausfällt. Dies ergibt eine Verringerung der Positionszahl bei den Zeichnungen bis etwa $\frac{1}{6}$ und damit auch durch deren Vereinfachung eine Verkürzung der Bearbeitungszeit im Büro.

Natürlich läßt sich die Bestellung von Elektroden gleichfalls viel schneller durchführen als die der Vielzahl von Nieten und Schrauben.

XII. UNFALLVERHÜTUNG UND GESUNDHEITSSCHUTZ[79])

Die erste Pflicht jedes Betriebes bzw. des überwachenden Schweißingenieurs ist der Schutz seiner Leute gegenüber Gefahren, deren Ursachen in ihrer Arbeit zu suchen sind. Die Gefahren werden natürlich verschieden sein, je nachdem ob es sich um Gas- oder Elektroschweißung handelt, und bei beiden muß man unterscheiden zwischen Gefahrenmöglichkeiten, die unbedingt vermieden werden müssen (z. B. Explosionen oder Körperschluß) und Schädigungen, deren Ursachen unvermeidbar sind und daher möglichst klein gehalten werden müssen (z. B. gesundheitsschädigende Dämpfe).

Bei Gasschweißung tritt die Explosionsgefahr in den Vordergrund, da ihre Auswirkungen am auffallendsten in Erscheinung treten.

Niemals dürfen Sauerstoff-Flaschen oder Leitungen mit Öl oder Fett in Berührung kommen und auch deren Ventile nicht geschmiert werden, da sonst durch Bildung von CO_2 und H_2O Explosionen auftreten können.

Eine weitere Ursache des Zerknalles kann natürlich in der Vermengung der beiden Gase — Sauerstoff und Azetylen — zu suchen sein. Das kann auch durch ein Rückströmen von Azetylen in die Sauerstoff-Flasche möglich sein, sofern der Flaschendruck unter den Einstelldruck des Manometers absinkt oder wenn bei behindertem Abströmen des Gasgemisches der Azetylenarbeitsdruck unter den Sauerstoffdruck gefallen ist. Rückschlagpatronen können dabei schützend wirken.

Selbstverständlich kann sich auch außerhalb der Flasche ein Gasgemisch bilden, und überall, wo dies möglich ist, muß jede Funkenbildung vermieden werden. Man darf also Karbidbehälter, die immer zur Verhinderung unkontrollierbarer Azetylengasbildung trocken lagern müssen, nur mit Kupfer- oder Leichtmetallwerkzeugen öffnen. Dasselbe gilt für Gasentwickler. Auch der frische Schlamm in den Abfallgruben strömt immer noch geringe Mengen von Azetylen aus.

Rückschlagen der Flamme des Brenners in die Entwickler ist durch Wasservorlagen (vgl. Abb. 7 und 8) zu verhindern, deren Wasser zweimal wöchentlich erneuert und täglich überprüft werden muß (ohne Druck).

Gasflaschen müssen vor Erwärmung oder Erschütterung (Umfallen) geschützt werden. Sollte es zu einem Brand kommen, dann muß dieser mit Schaumlöschapparaten oder Sand erstickt werden.

Bei Gasschweißung soll stets zuerst das Sauerstoffventil und dann das Azetylenventil geöffnet werden, während beim Schließen die umgekehrte Reihenfolge eingehalten werden muß.

Eine weitere Gefahrenquelle sind beim Gasschweißen entstehende nitrose Gase (NO_2 oder N_2O_4), die besonders in engen Räumen zu Vergiftungen führen können. 0,004% (Volumen-Prozent) dürfen eben noch zugelassen werden, 0,01% führen zu Reizungen der Atemwege und dürfen höchstens kurze Zeit einwirken, während 0,025% und mehr schon tödlich wirken können. Es hat sich gezeigt, daß freies Brennen der Flamme oder Anwärmen von Bauteilen am schnellsten zu einer gesundheitsschädlichen Konzentration dieser Gase in der Atemluft führt, weil keine Kühlung durch das Schmelzbad entsteht. Auch das beim Gasschweißen entstehende Kohlenoxyd (CO) kann zu gefährlichen Störungen führen.

Die einzig richtige Abwendung aller dieser Gefahrenquellen ist eine einwandfreie Durchlüftung der Arbeitsstellen, was besonders bei Schweißungen in engen Räumen, z. B. Behältern, zu beachten ist. Dabei ist ein Absaugen der entstehenden Dämpfe und Zuführen frischer Außenluft besser als nur das Einführen von Preßluft. Das Einpressen von Sauerstoff aus den vorhandenen Flaschen zur Luftverbesserung ist unbedingt zu vermeiden, da die Gefahr besteht, daß die Kleidung der Schweißer Feuer fängt.

Beim Schweißen von mit Bleifarben gestrichenen Bauteilen oder beim Brennschneiden derartigen Schrottes können Bleigase entstehen, die zu Bleivergiftungen führen. Das gleiche gilt für Zinkdämpfe.

Bei Verwendung von Gasentwicklern kann auch der zu Vergiftungen führende Phosphorwasserstoff entstehen. Flaschengas ist meist durch die Reinigermassen frei von diesen Beimengungen.

Nicht gering zu achten ist die Gefahr von Erkältungskrankheiten. Durch die Art der Arbeit einmal in engen geschlossenen Räumen und dann anschließend in zugigen Hallen sind die Schweißer bedeutenden Temperaturschwankungen ausgesetzt. Bei Arbeiten in engen Behältern und wenn die Schweißer naß geschwitzt sind, ist dieser Punkt besonders zu beachten. In diesem Zusammenhange ist auch eine erhöhte Anfälligkeit der Schweißer gegenüber rheumatischen sowie Magen- und Nierenerkrankungen zu erwähnen.

Beim Elektroschweißen ist natürlich der Körperschluß der Schweißer eine der Hauptgefahren, besonders wenn durch feuchte Kleidung (Schweiß oder Regen) die Leitfähigkeit erhöht wird. Bei brennenden Lichtbögen liegt die Spannung meist unter der gefährlichen Grenze, nicht jedoch bei Leerlauf mit Spannungen über etwa 40 Volt. Es muß also unbedingt auf genügende Isolierung aller stromführenden Teile gesehen werden, hauptsächlich wenn der Schweißer auf dem stromführenden Werkstück sitzend arbeitet. Aus diesem Grunde müssen auch die Schweißhandschuhe vollkommen einwandfrei sein. Die Gefahr des Körperschlusses besteht besonders beim Elektrodenwechsel.

Die im Lichtbogen auftretenden Strahlen können Schädigungen der Augen
(Verblitzen) hervorrufen. Abgesehen von der Helligkeit treten dabei ultraviolette Strahlen auf, gegen die man sich durch die bekannten Schutz-
schilder oder Schweißerbrillen, in welche nur normgerechte Gläser eingesetzt sein dürfen, schützt. Unbedingt zu vermeiden sind irgendwelche behelfs-
mäßigen Gläser. Seitlicher Augenschutz, um das Eindringen von Strahlen
anderer Arbeitsstellen zu vermeiden, ist zu empfehlen. Auch Körperteile
sind gegen ultraviolette Strahlen zu schützen. Noch stärker wirken ultrarote
Strahlen, die durch das Schutzglas absorbiert werden müssen, sonst führen
sie durch Verbrennungen der Netzhaut zum baldigen Erblinden. Besser als
der Handschweißerspiegel ist der in den Vereinigten Staaten von Nord-
amerika übliche ganze Kopfschutz. Er muß allerdings leicht und zweck-
entsprechend sein.

Bei der Elektroschweißung entstehen durch den Abbrand der Elektroden-
umhüllung Dämpfe, die je nach der Zusammensetzung der Umhüllung verschiedene Bestandteile aufweisen können. Nitrose Gase treten hier weniger
in Erscheinung. Dagegen können die Oxyddämpfe der in der Umhüllungsmasse enthaltenen Metalle oder Nichtmetalle Schädigungen hervorrufen.
Einen Schutz bilden Masken mit B-Einsatz gegen saure Dämpfe, die aber
im allgemeinen nur ungern getragen werden, und ganz besonders ist auch
hier eine einwandfreie Entlüftung der Arbeitsstellen eine Grundbedingung
zur Vermeidung von Gesundheitsschäden. Über die Wirkung von Fluor-
dämpfen in basisch umhüllten Elektroden ist bisher noch nichts bekannt.

XIII. ALLGEMEINE BESTIMMUNGEN ÜBER DAS SCHWEISSEN NACH DIN 4100, DV 848 UND DIN 4101

1. Welche Anforderungen werden an die Unternehmungen und an die Fachingenieure gestellt?

Aus den Eigenheiten der Schweißbauweise ergibt sich, daß an die Unternehmungen, die diese Bauweise anwenden wollen, und an ihre Fachingenieure besondere Anforderungen gestellt werden müssen. Stahlbauanstalten, die bislang nur genietet haben, sollten nicht gleich mit größeren geschweißten Ausführungen beginnen, sondern sich erst allmählich auf die neue Bauweise umstellen und versuchen, an kleineren Arbeiten die erforderlichen Erfahrungen zu sammeln. Denn gerade auf dem Gebiet des Schweißens gilt es, daß Theorie und Praxis Hand in Hand gehen müssen und daß das Probieren zum mindesten ebenso wichtig ist wie das Studieren.

Die amtlichen Vorschriften darüber, welche Unternehmungen schweißen dürfen — es ist hier entsprechend dem Titel dieses Buches nur von Stahlhochbauten und Brücken die Rede — sind daher bewußt streng. Es dürfen nur zuverlässige und nur solche Unternehmer mit der Bauausführung geschweißter Stahlhochbauten und Brücken betraut werden, die über Fachingenieure (für Eisenbahnbrücken amtlich zugelassene „Werkschweißingenieure für Bundesbahn-Stahlbauten") und geeignete Werkseinrichtungen verfügen. Für Brücken gehören hierzu u. a. besondere Vorrichtungen, mit denen die zu schweißenden Teile leicht in eine schweißgerechte Lage gebracht werden können (z. B. Drehvorrichtungen, vgl. Abb. 277), ferner Durchstrahlungsanlagen, um wichtige Nähte einwandfrei nachprüfen zu können, vgl. Abschnitt X, B „Die Untersuchung und Prüfung der Schweißnähte".

Ferner muß der Unternehmer den Nachweis führen, daß eine vom zuständigen Ministerium anerkannte Stelle (DV 848: der Brückendezernent der Eisenbahn-Direktion) seine gesamte Werkseinrichtung besichtigt und sich über seine Fachingenieure (DV 848: Werkschweißingenieure) unterrichtet hat. Bei dieser Besichtigung sind Schweißerprüfungen nach näheren Bestimmungen vorzunehmen.

Als „anerkannte Stelle" gelten durchweg — auch für Stahlhochbauten und sonstige Ausführungen, die nicht im Auftrage der Deutschen Bundesbahn erfolgen — die Eisenbahn-Direktionen, die bei der Werksbesichtigung die Eisenbahn-Abnahmeämter hinzuziehen (MdRZÄ 1935, Heft 1, Nr. 5, 1111 Ibeschw vom 29. 12. 34).

Auch kleinere Stahlbauunternehmungen müssen einen tüchtigen Fachingenieur besitzen und möglichst nicht nur einen, sondern mehrere geprüfte Schweißer haben, damit bei Krankheit oder Urlaub nicht etwa, nur um den Auftrag rechtzeitig fertigzustellen, ein Aushilfsmann einspringen muß, dem die erforderliche Vorbildung und Fertigkeit fehlen. Und in gleicher Weise werden größere Stahlbauanstalten bemüht sein müssen, mehrere Fachingenieure zu besitzen, wie solches schon vorgeschrieben ist, wenn gleichzeitig Schweißarbeiten in der Werkstatt *und* auf der Baustelle zu erledigen sind:

„Die Schweißarbeiten in der Werkstatt und auf der Baustelle müssen fortlaufend von Fachingenieuren (DV 848: durch die Werkschweißingenieure) des Unternehmers überwacht werden (vgl. § 222, 230, 330 und 367, Ziffer 14 und 15 Reichsstrafgesetzbuch sowie § 831 BGB)." Um die Wichtigkeit dieser Strafbestimmungen bei fahrlässigen Handlungen zu unterstreichen, ist der Wortlaut der vorgenannten Paragraphen in den Vorschriften wiedergegeben. Hat der Unternehmer auf mehreren Baustellen Schweißarbeiten auszuführen, so ist mithin für *jede* ein besonderer Werkschweißingenieur erforderlich.

In den Vorschriften ist sodann angegeben, welche Kenntnisse die Fach bzw. Werkschweißingenieure besitzen müssen. Diese Kenntnisse sind in einer besonderen Prüfung nachzuweisen. Die Anforderungen bei der Prüfung der Werkschweißingenieure sind in der Anlage 2 der DV 848 ausführlich angegeben. Über die in dieser Prüfung geforderten Kenntnisse hinaus müssen die Fach- bzw. Werkschweißingenieure auch über praktische Erfahrungen verfügen. Ferner müssen die Werkschweißingenieure imstande sein, die im Werk durchzuführenden Prüfungen (Durchleuchtungen) vorzunehmen, deren Ergebnisse auszuwerten und außerdem den Entwurfsbearbeiter hinsichtlich schweißgerechten Entwerfens zu beraten.

Wichtig ist ferner die Vorschrift, daß der Werkschweißingenieur nicht durch andere Arbeiten an der ständigen Überwachung der Schweißarbeiten gehindert werden darf.

Gleichlautend bestimmen sodann alle drei eingangs genannten Vorschriften, daß die Schweißarbeiten nur durch geübte und nach § 6 der DIN 4100, § 9 der DIN 4101 bzw. § 8 der DV 848 geprüfte Schweißer ausgeführt werden dürfen und daß mit der Ausführung zu schweißender Bauwerke nicht vor der Genehmigung durch die zuständige Aufsichtsbehörde (Eisenbahndirektion) begonnen werden darf.

2. Welche Anforderungen werden an die Schweißer gestellt?

Die Bestimmungen über die Prüfung der Schweißer lauten in den Vorschriften dem Sinne nach übereinstimmend und fordern, daß jeder Schweißer bei seiner Einstellung und mindestens alle Halbjahre durch einen Fachingenieur geprüft wird; ferner müssen Schweißer, die mehr als zwei Monate

nicht geschweißt haben, bei der Wiederaufnahme von Schweißarbeiten
erneut geprüft werden. Es kann außerdem eine Prüfung verlangt werden,
wenn Zweifel an der Zuverlässigkeit des Schweißers aufkommen oder wenn
von dem Schweißer solche Schweißungen vorgenommen werden sollen, für
die er nicht geprüft ist.

Die Prüfergebnisse sind schriftlich festzuhalten, die Niederschriften vom
Fachingenieur zu unterzeichnen und die Belege aufzubewahren.

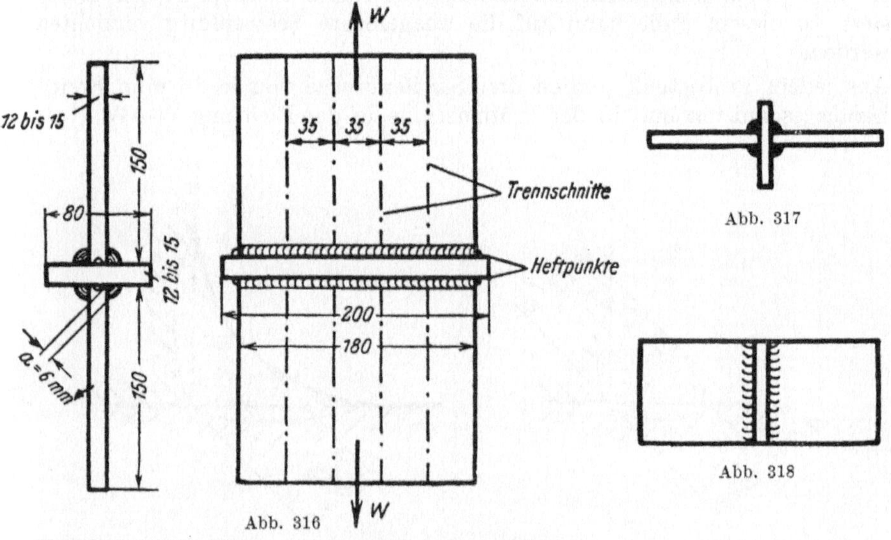

Die Schenkel der Kehlnähte müssen möglichst gleich groß sein.
Die Nahtdicke $a = 6$ mm soll möglichst genau eingehalten werden

Aus den Niederschriften muß außer den Prüfungsergebnissen hervorgehen:

    a) der Werkstoff, der verschweißt wurde,
    b) das Arbeitsverfahren (Lichtbogen oder Gas usw.),
    c) die Arbeitsbedingungen (waagerecht, lotrecht, überkopf usw.).

Die Proben müssen nach den gleichen Schweißverfahren und mit den gleichen Schweißdrahtsorten wie an den zu schweißenden Stahlbauwerken geschweißt werden. Die Arbeitsbedingungen für die Schweißer sollen möglichst
die gleichen wie bei der Ausführung der Bauwerke sein. — Die Proben sind
aus St 37 herzustellen. Sollen Schweißer auch Bauwerke aus St 52 oder
einem anderen Werkstoff schweißen, so müssen sie die Prüfung für den zu
verwendenden Werkstoff wiederholen.

Es sind folgende Probeschweißungen der Schweißer zu prüfen:

    a) Prüfung von Stirnkehlnähten,
    b) Prüfung von Stumpfnähten.

Für die unter a) genannten Prüfungen werden drei Bleche mit Kehlnähten

so zusammengeschweißt, daß im Querschnitt eine Kreuzform entsteht
(Abb. 316).

Bei einem Probestück sind alle vier Kehlnähte in waagerechter Richtung
nach Abb. 317, bei einem zweiten Probestück in lotrechter Richtung nach
Abb. 318 zu verschweißen.

Soll der Schweißer auch Überkopfschweißungen ausführen, so ist von ihm
ein Probestück herzustellen, bei dem alle vier Nähte überkopf zu schweißen
sind. In diesem Falle kann auf die waagerechte Schweißung verzichtet
werden.

Aus jedem Probestück werden drei Streifenkreuze von je 35 mm Breite
herausgeschnitten und in der Prüfmaschine in der Richtung W—W (vgl.

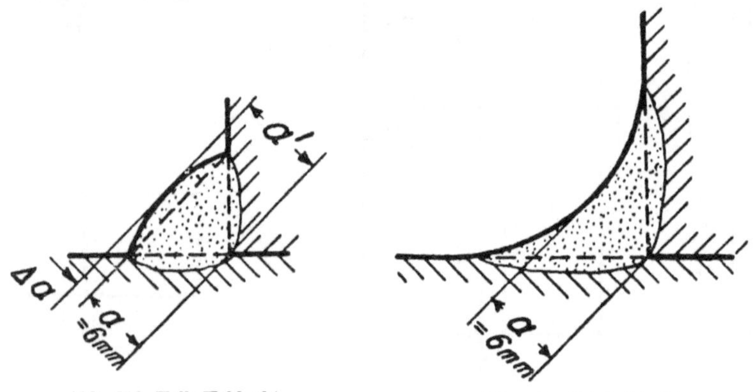

Abb. 319. Volle Kehlnaht

Abb. 320. Hohlkehlnaht

Abb. 316) zerrissen. Hierbei muß die Bruchspannung bei St 37 $\varrho = P/F$
$\geqq$ 2600 und bei St 52 $\geqq$ 3900 kg/cm² betragen. Dabei ist

$$F = 2 \cdot a' \cdot 1,$$

$a' =$ Kehlnahtdicke $a +$ Wulstdicke $\varDelta\, a$ (Abb. 319)   durch
$a' =$ Kehlnahtdicke a bei Hohlkehlnähten (Abb. 320)   Messung
$1\;\; =$ Länge der Kehlnaht $=$ Streifenbreite.   festzustellen

Zusatz der DV 848:

,,Bei Schweißerprüfungen für Brücken sind auch Hohlkehlnähte zu verlangen; dabei ist zu prüfen, ob dem Schweißer ein allmählicher Übergang
von der Schweiße zum Blech gelingt und ob er das ihm vorgeschriebene
Kehlmaß a gut einhalten kann. Hohlkehlnähte können meistens nur in
waagerechter Lage und mit besonders dazu geeigneten Elektroden mit einem
allmählichen Übergang von der Schweiße zum Blech hergestellt werden.
Die unter b) genannte Prüfung von Stumpfnähten unterscheidet sich von
der vorgenannten Prüfung von Stirnkehlnähten (abgesehen von der anderen

242

Nahtform) dadurch, daß nicht nur Zerreiß-, sondern auch Biegeproben vorgenommen werden. Zwei Bleche werden in waagerechter Lage durch eine V-Naht nach Abb. 321 zu einem Probestück werkstattmäßig in zwei bis drei Lagen zusammengeschweißt. Die Einschweißflächen sollen einen Winkel von etwa 70° bilden. Aus diesen zusammengeschweißten Blechen sind nach Abb. 321 vier Probestücke herauszuschneiden. Davon sind zwei Probestücke einem *Zugversuch* zu unterwerfen. Dabei muß eine Schweißnahtfestigkeit von

$$\varrho = \frac{P}{a \cdot 1} \geqq 3700 \text{ kg/cm}^2 \text{ bei St 37 und}$$

$$\geqq 5200 \text{ kg/cm}^2 \text{ bei St 52}$$

erreicht werden, wobei die Nahtdicke a gleich der zu messenden Blechdicke t, die Nahtlänge gleich der Breite der fertig bearbeiteten Probe anzunehmen ist. Mit den restlichen zwei Probestücken nach Abb. 321 sind *Faltversuche* nach Abb. 322 auszuführen. Die Scheitelseite der Schweißnaht ist vorher zu ebnen. Die Proben sollen sich bis zum ersten Anriß um mindestens 50° bei allen Baustählen biegen lassen.
Werden von dem Schweißer bei der

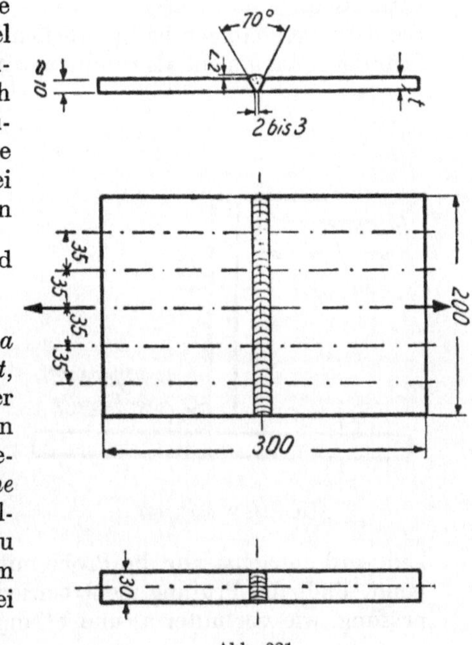

Abb. 321

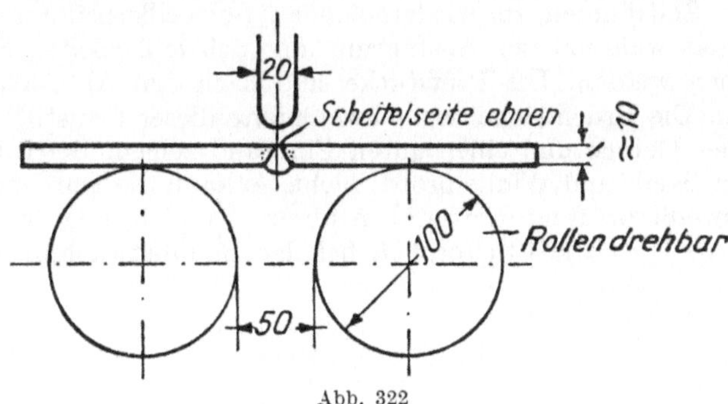

Abb. 322

Prüfung der Proben die verlangten Festigkeiten und Biegewinkel nicht erreicht (DV 848: oder wenn es ihm beim Schweißen der Hohlkehlnähte nicht gelingt, einen allmählichen Übergang von der Schweiße zum Blech

16*

zu erreichen und das vorgeschriebene Kehlmaß einzuhalten), so muß er die
Prüfung wiederholen. Versagt er auch bei dieser Wiederholung der Prüfung,
so ist er zu weiteren Prüfungen erst nach Ablauf von einem Vierteljahr
zuzulassen.

Bei den regelmäßigen halbjährlichen Wiederholungsprüfungen und bei den
Prüfungen nach mehr als zweimonatiger Unterbrechung der Schweißertätig-

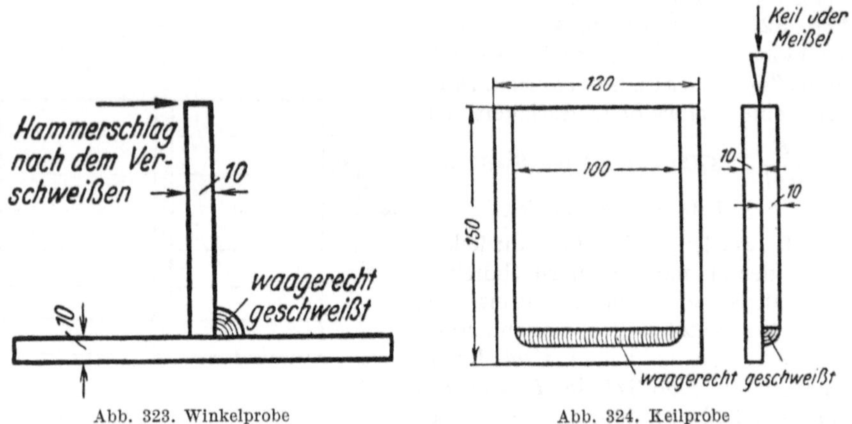

Abb. 323. Winkelprobe   Abb. 324. Keilprobe

keit wird zunächst nur die Probe mit Stirnkehlnähten nach Abb. 318 verlangt. Fällt die Prüfung nicht befriedigend aus, so ist die ganze Schweißerprüfung, wie vor unter a) und b) angegeben, durchzuführen.

c) Stichprobenprüfung. Außer den nach obigem vorgeschriebenen und zu
bestimmten Zeiträumen zu wiederholenden Schweißerprüfungen können
auch jederzeit während der Ausführung der Schweißarbeiten *Stichproben*
vorgenommen werden. Die Prüfstücke sind nach den Abb. 323 und 324
herzustellen. Die Bruchfläche der Schweißnähte dieser Prüfstücke muß ein
einwandfreies Gefüge und einen guten Einbrand zeigen. Befriedigen diese
Stichproben (Keil- und Winkelprobe) nicht, so kann die Durchführung der
ganzen Schweißerprüfung — wie oben unter a) und b) angegeben — verlangt werden. Über die Stichproben bei der Bauüberwachung sind Auf-
zeichnungen zu führen.

XIV. GESCHWEISSTE BRÜCKEN UND STAHLHOCHBAUTEN DES AUSLANDES

Während in Deutschland die schnelle Entwicklung, die man in den ersten Jahren der Anwendung der Schweißtechnik auf den Gebieten des Brücken- und Stahlhochbaues beobachten konnte, durch die im Abschnitt II, 5 „Fehlererscheinungen des Stahles", S. 16, erwähnten Ereignisse an der Zoo-

Abb. 325. Schräge Straßenüberführung der Connecticut State Highways; geschweißte vollwandige Gerberträger

und an der Rüdersdorfer Brücke jäh unterbrochen wurde und durch den Krieg fast ganz erlegen ist, hat man sich im Ausland die Erfahrungen aus jenen Ereignissen und die Ergebnisse der daran anschließenden Versuche zunutze gemacht. Durch den Krieg brauchte man sich nur geringfügige Einschränkungen aufzuerlegen. Die von deutschen Ingenieuren auf diesem Gebiet geleistete Pionierarbeit wird durchaus anerkannt und gewürdigt, wie aus ausländischen Veröffentlichungen hervorgeht[48,80]). Einige geschweißte Brücken und Stahlhochbauten des Auslandes haben wir bereits in den Abb. 194a bis 198 und 204 bis 207 kennengelernt; es mögen nun noch einige bemerkenswerte ausländische Bauwerke gezeigt werden[48]):

Abb. 325 stellt einen geschweißten vollwandigen Gerberträger mit einer Gesamtlänge von etwa 100 m dar. Die Breite der schräg überführten Straße Hartford By-Pass, Connecticut State Highways, beträgt rd. 24 m, der Abstand von Gelenk zu Gelenk rd. 36,6 m, das gesamte Stahlgewicht etwa 750 t. In genieteter Ausführung wären 32% Stahl mehr erforderlich gewesen.

Abb. 326. Geschweißte Vollwandbrücke bei New Haven, Connecticut,
mit 5 Öffnungen von je 35 m Stützweite

Abb. 326 zeigt eine geschweißte Vollwandbrücke mit 5 Öffnungen je rd. 35 m Stützweite, die Überführung des Wilbur Cross Parkway über Connelly

Abb. 327. Vollwand-Rahmenbrücke südlich Hartford, Connecticut,
mit 2 Öffnungen von je 22 m Stützweite

Blvd und New Haven Eisenbahn, nahe New Haven, Connecticut. Das Stahlgewicht beträgt rd. 815 t. Die Brücke wurde 1948 ganz geschweißt ausgeführt. Die Kosten belaufen sich auf etwa 180 000 Dollar (= 220 Dollar/t).

Abb. 327 gibt eine Vollwand-Rahmenbrücke mit 2 Öffnungen je rd. 22 m
Stützweite wieder. Es handelt sich um die Überführung der Rt. 5, North,
über Wilbur Cross Parkway, südlich Hartford, Connecticut. Dieses Bauwerk

Abb. 328. Schräge Eisenbahnbrücke über Boulevard Ney, Paris;
vollwandige Rahmenkonstruktion, mittlere Stützweite rd. 35 m

wurde in einer Abhandlung von *J. F. Willis*[80]) ausführlich beschrieben.
Die geschweißte Ausführung hat man wegen wirtschaftlicher und architek-
tonischer Vorteile gewählt. Beim Bau von 10 früher ausgeführten Brücken
hat sich eine beachtliche
Kostenersparnis ergeben.
Die 9 Jahre andauernde
Kontrolle dieser Bauwerke
hat keine Schäden gezeigt.

Abb. 328 zeigt eine im Jahre
1936 erbaute zweigleisige
schräge Eisenbahnbrücke
der französischen Staats-
bahnen (S. N. C. F.) über
Boulevard Ney, Paris, als
vollwandige Rahmenkon-
struktion mit einer mittleren Stützweite von rd. 35 m.
Das Bauwerk besteht aus 2
einzelnen Brückenzügen, die

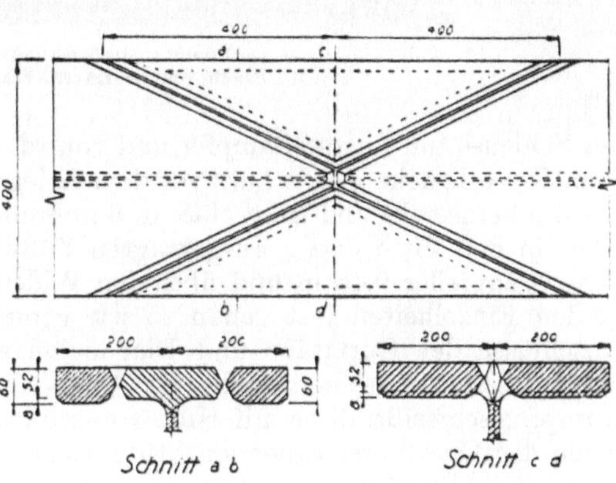

Abb. 329. Gurtplattenstoß der Eisenbahnbrücke über
Boulevard Ney, Paris

sich je aus 2 Hauptträgern mit senkrecht dazu angeordneten Querträgern und
2 Längsträgerreihen zusammensetzen. Die Hauptträgerhöhen betragen in
den Seitenöffnungen etwa 1 m, in der Mittelöffnung etwa 1,50 m. Für die
Gurtplattenstöße wurde die seinerzeit gebräuchliche, in Abb. 329 dargestellte X-Form gewählt. Diese Ausführungsweise ist heute längst überholt,
weil sie äußerst schwierig zu schweißen ist und keine höheren Festigkeits-

werte als bei dem einfachen Stumpfstoß ergibt. In den Vorschriften der Deutschen Bundesbahn für geschweißte Brücken (DV 848, § 4, C III, 5) war früher vorgeschrieben, daß die Stumpfnähte im Zuggurt unter 45° anzuordnen seien. Diese Vorschrift ist bereits vor mehreren Jahren aufgehoben worden.

Auch beim Bau der Rügendammbrücke im Jahre 1935 erwies es sich als äußerst schwierig, Schrägstöße der Gurtplatten unter 45° auszuführen. Es ist zu vermuten, daß die Schwierigkeiten bei dem obenerwähnten X-Stoß ein Vielfaches davon betragen haben dürften.

Abb. 330 zeigt eine ganz geschweißte Straßen- und Eisenbahndrehbrücke im Hafen von Le Havre, Frankreich, mit einer Öffnung von rd. 43 m über

Abb. 330. Ganz geschweißte Straßen- und Eisenbahndrehbrücke
im Hafen von Le Havre, Frankreich

der Schleuse für Überseedampfer und von rd. 24 m für den Gegengewichtsarm. Diese Brücke wurde kurz vor dem Kriege aus hochwertigem SM-Stahl (Ac 54) hergestellt und trägt eine rd. 6 m breite Straßenfahrbahn mit einem Gleis in der Mitte und 2 ausgekragten Fußwegen. Die Hauptträger, über dem Drehpfeiler 9,45 m und über den Widerlagern rd. 3,80 m hoch, sind in den Einzelheiten fast genau so wie genietete Träger ausgebildet. Die Anschlüsse der Gurtstäbe und Diagonalen an die Knotenbleche werden durch Flankennähte hergestellt. Die Quer- und Längsträgeranschlüsse sind stumpf geschweißt, diese mit Hilfe von senkrechten, auf den unteren Flanschen der Querträger ruhenden Stützblechen.

Einige Schwierigkeiten ergaben sich — hauptsächlich infolge der zulässigen Walztoleranzen — beim Anschweißen der Längsträger an die Querträger. Eine sorgfältig ausgearbeitete Schweißfolge verhütete Verwerfungen der Quer- und Längsträger, die wie bei einer früher in den USA geschweißten Brücke eingetreten wären, wenn Schrumpfungen größere Werte erreicht hätten.

Eine beachtliche Leistung auf dem Gebiet der Brückenschweißtechnik stellt die in Abb. 331 und 332 dargestellte Hawkesbury Bridge[48,81]) dar, die 1944

248

in Neusüdwales, Australien, errichtet wurde und 2 Fachwerk-Öffnungen
von rd. 133,50 m Stützweite und je 580 t Gewicht sowie mehrere kleinere

Abb. 331. Geschweißte, auf der Baustelle genietete Fachwerk-Straßenbrücke
über den Hawkesbury-Strom in Neusüdwales, Australien

Öffnungen mit Vollwandträgern umfaßt. Wegen der Schwierigkeiten und
voraussichtlich auch höheren Kosten, die in diesem Falle die Baustellen-

Abb. 332. Einschwimmen eines Überbaues der Brücke über den
Hawkesbury-Strom in Neusüdwales, Australien

schweißung verursacht haben würde, entschloß man sich dazu, auf der Baustelle nur zu nieten. Trotzdem muß man den Umstand, daß die großen und
verhältnismäßig dickwandigen Bauglieder in der Werkstatt ausschließlich

geschweißt wurden, als beträchtlichen Fortschritt auf dem Gebiet der Anwendung des Schweißverfahrens im Brückenbau bezeichnen. Ermittlungen in der Hauptverwaltung für Straßenbau in Neusüdwales seit 1934 haben bei Anwendung der geschweißten Bauweise nicht nur 20% Gewichts-, sondern auch etwa 15% Kostenersparnis gegenüber der Nietbauweise ergeben. Die gekrümmten Obergurte der Fachwerkträger dieser Brücke haben sämtlich H-Querschnitt. Die Endstäbe bestehen aus 2 senkrechten Flanschblechen, 762 × 50 mm, und einem waagerechten Stegblech von 305 × 38 mm, mit durchlaufenden Kehlnähten verbunden. Dieser Querschnitt hat fast den gesamten Werkstoff in den Flanschen, so daß Stöße oder Anschlüsse

Abb. 333. Geschweißte Straßenbrücke bei Rupperswil-Auenstein, Schweiz

leicht durch Nieten oder Schweißen hergestellt werden können. Er hat ferner hinreichende Steifigkeit, so daß Querverbindungen durch Gitterstäbe oder Aussteifungen nicht erforderlich sind.

Die waagerechten Untergurtstäbe haben umgekehrten U-Querschnitt, der in der Herstellung weniger wirtschaftlich als der H-Querschnitt ist. Er ist aber erforderlich, um nicht einen Trog zu bilden, in dem Schmutz und Wasser sich ansammeln können. Diese Querschnitte sind zusammengesetzt aus 2 Stegblechen von 609 × 45 mm, einer Deckplatte von 406 × 22 mm und je einem unteren Flansch von 203 × 22 mm für jedes Stegblech, alles durch Kehlnähte miteinander verbunden. Das schwerste, in der Werkstatt geschweißte Stück wiegt rd. 20 t.

Um zu vermeiden, daß die Flansche der H-Querschnitte durch Schrumpfung der Verbindungs-Kehlnähte mit dem Stegblech dauernd gekrümmt werden, hat man die Flansche in entgegengesetzter Richtung vorgebogen. Das ge-

schah durch keilförmige Futter von 3 bis 4 mm Dicke, die beim Einspannen
auf dem Schweißtisch entlang der Mitte der Flansche dem Stegblech gegenüber eingeschoben wurden. Einer der Vorteile der gewalzten Flachstähle
mit Stegansatz ist auch die Vermeidung solcher Verwerfungen.

Die in Abb. 333 gezeigte Schweizer Brücke[18]), die als Zugang zu der neuen
Wasserkraftanlage von Rupperswil-Auenstein im Jahre 1945 hergestellt
wurde, bietet einige inter-
essante geschweißte Ein-
zelheiten. Diese Brücke
ist für die Beförderung
von rd. 60 t schweren
Maschinenteilen vorgese-
hen. Die Hauptträger lau-
fen über 3 Öffnungen von
27,0 m, 31,7 m und 25,0 m
durch und tragen eine
Stahlbetondecke. Die
Brücke ruht auf schlan-

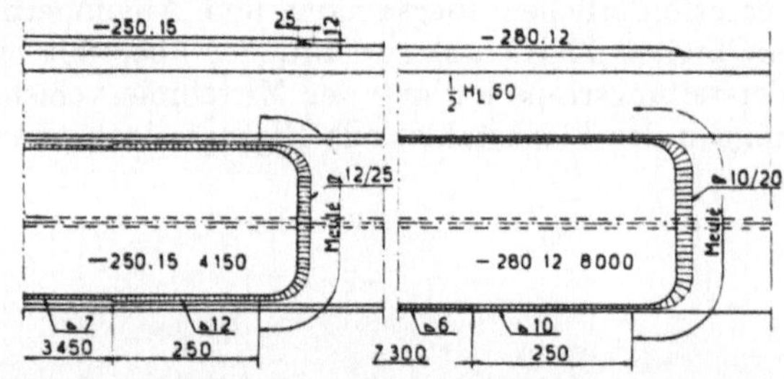

Abb. 334. Gurtplattenenden der in Abb. 333 dargestellten
Straßenbrücke

ken, elastischen Stahlpfeilern, die mit Beton ummantelt sind; das einzige
bewegliche Lager ruht auf einem der Widerlager. Von besonderem Interesse

Abb. 335. Ganz geschweißte Fachwerk-Straßenbrücke in der Provinz
Barcelona, Spanien

ist die Ausbildung der Gurtplattenenden. Sie wurden nach Abb. 334 abgerundet, um an den Ecken Spannungshäufungen zu vermeiden. Die Übergänge
zum Mutterwerkstoff wurden glatt ausgefräst.

Eine ungewöhnliche Bauweise stellt die Tordera-Brücke in der Provinz
Barcelona, Spanien, dar (Abb. 335), die 1945 gebaut wurde. Fischbauch-
förmige Stahlfachwerkträger wurden mit einer als Druckgurt dienenden
Stahlbetondecke verbunden. Die Brücke überführt eine 6,40 m breite
Straße und überspannt drei Öffnungen von rd. 45 m, 54 m und 45 m Weite.

Der Untergurt folgt mehr einer Ellipse als einer Parabel, um eine größere
Neigung an den Auflagern zu erreichen und auf diese Weise die Nebenspannungen zu vermindern, eine gleichmäßigere Verteilung der Lasten auf
die Diagonalen zu erzielen und soweit als möglich die Häufung von Spannungen an den oberen Anschlüssen zu vermeiden, wo die Diagonalen in der
Stahlbetondecke verankert sind. Für den Untergurt wurde zur Erzielung
der erforderlichen Biegsamkeit und Abminderung von Nebenspannungen
ein breiter Flachstahl gewählt, der aber mit einer niedrigen senkrechten
Versteifungsrippe entlang der Mittellinie versehen wurde, um das Durch-
hängen des Flachstahles aus Eigengewicht zu vermeiden.

Abb. 336. Geschweißte Straßen-Klappbrücke zwischen Treasure Island
und St. Petersburg, Florida

Jede Diagonale besteht aus Stäben, die am unteren Ende dicht zusammen-
geführt sind, deren obere Enden aber gespreizt und mit der Stahlkonstruktion der Decke verschweißt sind. Die Diagonalen bilden auf diese Weise
einen Dreiecksverband, der einen waagerechten Verband zwischen den
Untergurten entbehrlich macht. Jeder der beiden Diagonalstäbe ist aus
zwei U-Querschnitten zu einem kastenförmigen Querschnitt zusammengeschweißt.
Abb. 336 zeigt eine geschweißte Klappbrücke, die Straßenbrücke zwischen
Treasure Island und St. Petersburg, Florida, mit einem Gewicht von rd.
136 t.
In Abb. 337 ist die Neuilly-Bogenbrücke in Paris zu sehen, die 1938 mit
einer Gesamtlänge von 255 m und 36 m Breite hergestellt wurde. Sie führt
mit 2 Öffnungen von 82 bzw. 67 m Spannweite über die Seine. Jede dieser beiden

252

Öffnungen ist zusammengesetzt aus 12 Zweigelenkbogenträgern mit kastenförmigem, nach Abb. 338 ausgebildetem Querschnitt, dessen Abmessungen

Abb. 337. Neuilly-Bogenbrücke über die Seine, Paris

1,52 × 0,61 m für die größere und 1,17 × 0,61 m für die kleinere Stützweite betragen. Die oberen und unteren Flansche sind 22 mm stark. Die Flansche überragen die beiden Stegbleche und sind mit ihnen durch doppelte durchlaufende Kehlnähte verbunden.

Diese Rippen wurden zunächst in Trägerlängen von etwa 8 m hergestellt, in der Werkstatt Kopf an Kopf so zusammengeschweißt, daß sich 5 Montageteile von je etwa 16 m Länge für die größere Öffnung und 3 Montageteile von je etwa 22 m für die kürzere Öffnung ergaben. Um das Ausrichten der aneinanderstoßenden Montageabschnitte für die zu schweißenden Baustellenstöße zu erleichtern, wurde an jedem Ende eines solchen Abschnittes eine Führungsmuffe in der Werkstatt angeschweißt.

Zum Schluß soll noch die Abbildung eines ganz geschweißten Hochbaues, der Destillier-Anlage der Atlantic Refining Co, Philadelphia, Pennsyl-

Abb. 338. Inneres einer Bogenrippe der Neuilly-Brücke, Paris

253

vania[50]), gezeigt werden (vgl. Abb. 339). Die Anlage ist 67 m hoch, 13 m
breit und 38,4 m lang und muß den Winddruck ohne gemauerte Wände
oder massive Decken sowie die Erschütterungen des oben eingebauten, etwa

Abb. 339. Ganz geschweißter Hochbau der Atlantic Refining Co., Philadelphia, Pennsylvania

980 t wiegenden Regenerators aufnehmen. Dieser wird von vier ganz geschweißten, vollwandigen Hauptträgern von rd. 13 m Stützweite getragen.
Der größte Hauptträger besteht aus einem Stegblech von 2,03 m Höhe
und 25 mm Dicke, zwei Gurtplatten 660 × 45 mm und zwei Lamellen

457 $\times$ 51 mm. Die Schweißnähte sind 12,7 mm dick. Besondere Schwierigkeiten bereitete es, die Anschlüsse dieser schweren Träger herzustellen.
Auflagerdrücke bis zu rd. 256 t waren zu übertragen.

Die Ausbildung dieser Anschlüsse zeigt Abb. 340 für einen Walzträger von
914 mm Höhe mit Gurtplatten. Der Auflagerdruck beträgt rd. 200 t. Die

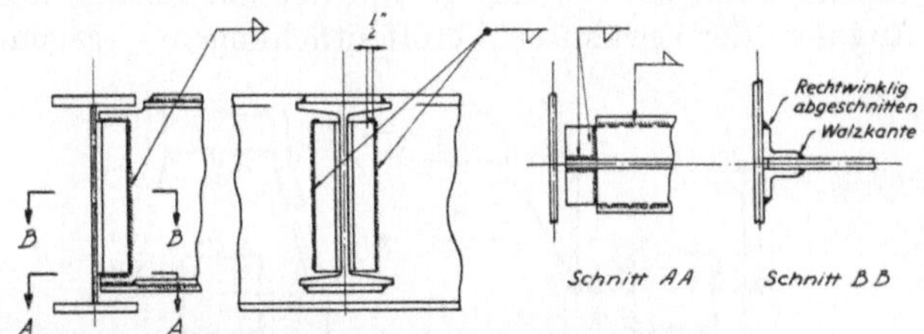

Abb. 340. Trägeranschluß für große Lasten (zu Abb. 339)

Anschlußwinkel haben die Abmessungen 152 · 127 · 25 und sind 762 mm lang.
Die Baustellennähte sind 25 mm und die Werkstättennähte 19 mm dick.

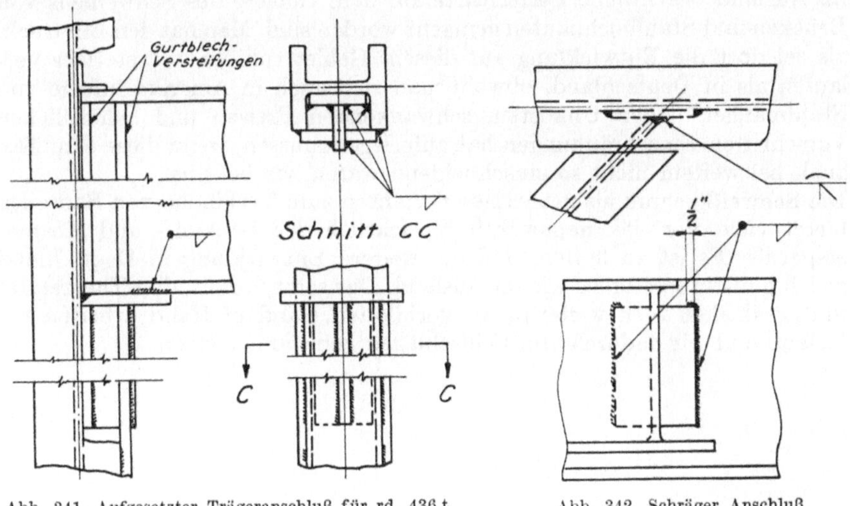

Abb. 341. Aufgesetzter Trägeranschluß für rd. 436 t
Auflagerdruck (zu Abb. 339)

Abb. 342. Schräger Anschluß
(zu Abb. 339)

Um die beste Lösung für diese Anschlüsse zu finden, wurden umfangreiche
Versuche unternommen, bei denen zunächst die Winkel mit 19 mm dicken
Nähten angeschlossen wurden. Diese Anschlüsse versagten sämtlich dadurch, daß Teile der Walzkanten abscherten. Darum entschloß man sich
dazu, die abstehenden Schenkel der Anschlußwinkel auf 127 mm abzu-

arbeiten, an den so behandelten Kanten 25 mm dicke Nähte entlangzu-
ziehen und sie auch oben 13 mm um die Ecke herumzuführen.

Die auf diese Weise ausgeführten Nähte verhielten sich auch unter der
Durchbiegung der angeschlossenen Träger einwandfrei. Aus den Abb. 341
bis 343 sind weitere konstruktive Einzelheiten zu erkennen.

Zusammenfassend kann man — auf Grund der nur auszugsweise wieder-
gegebenen Angaben der erwähnten Veröffentlichungen — sagen, daß auch

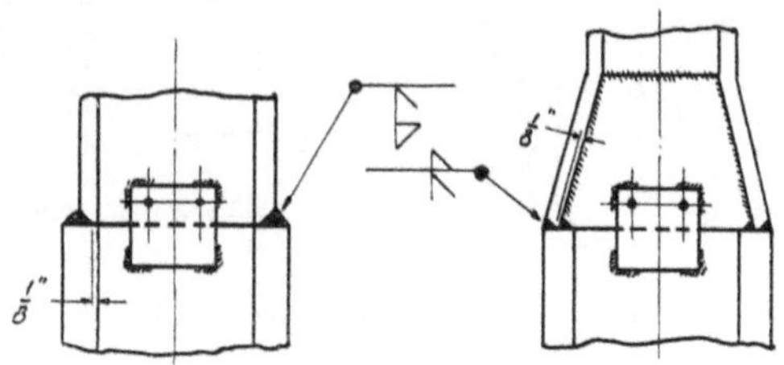

Abb. 343. Stöße der Stützen (zu Abb. 339)

im Ausland beachtliche Fortschritte auf dem Gebiete des Schweißens von
Brücken und Stahlhochbauten gemacht worden sind. Man hat den Eindruck,
als sei dort die Entwicklung auf diesem Gebiet ruhiger und stetiger verlaufen als in Deutschland, obwohl man sich auch in Amerika infolge von
Stahlmangel, hohen Unkosten, schwankenden Preisen und behördlichen
Vorschriften Einschränkungen hat auferlegen müssen, wenn diese Einflüsse
auch bei weitem nicht so einschneidend waren wie bei uns.

Die Schweißtechnik als neuartiges Verfahren zum Verbinden von Bauteilen
bietet viele Vorteile, namentlich hinsichtlich der Baustoff- und Kostenersparnis. Es ist zu hoffen, daß die weitere Entwicklung in Deutschland
gleich günstig sein möge wie im Ausland. Das setzt voraus, daß Theoretiker
und Praktiker auch weiterhin so vorbildlich Hand in Hand arbeiten wie
bislang und wir dadurch von Fehlschlägen verschont bleiben.

256

A. Bildnachweis

Es wurden dankenswerter Weise zur Verfügung gestellt die Abbildungen

Nr.	durch
7	Adolf Messer G. m. b. H., Apparatebau u. Maschinenfabrik für Schweißtechnik, Frankfurt/Main.
8	Karl Ulmer, Apparatebau, Spezialfabrik für Schweißtechnik, Stuttgart-Vaihingen.
12, 13, 311—313	Stahlbauanstalt Carl Spaeter, G. m. b. H., Hamburg.
20, 29	AEG Allgemeine Elektrizitäts-Gesellschaft, Berlin-Grunewald bzw. Essen/Ruhr.
21, 22, 34—36	Siemens-Schuckertwerke A. G., Hamburg.
24, 27	Kjellberg-Esab, Schweißelektroden, Schweißmaschinen, G. m. b. H., Düsseldorf.
30—33	Kjellberg, Elektroden u. Maschinen G. m. b. H., Finsterwalde (Niederlausitz).
173, 174 180—182, 184 192, 208, 243	Dortmunder Brückenbau C. H. Jucho, Dortmund.
194a—195 325 —338	Air Reduction, Sales Company, New York 17, N.Y.
197, 198	The James F. Lincoln Arc Welding Foundation, Cleveland, Ohio, U. S. A.
204—207 339—343	The Atlantic Refining Company Philadelphia 1, Pa.
213—215, 221 c	Deutsche Bundesbahn.
230—236	Westdeutsche Mannesmannröhren A. G., Düsseldorf.
188a, 277—278,	Stahlbauwerk Joh. Dörnen, Dortmund-Derne.
176, 221a, 221b	Stahlbau Louis Eilers, Hannover, Prof. Schmalfeld.
279—284	Stahlbauanstalt H. C. E. Eggers, Hamburg-Billstedt.
289	Bau-Stahlgewebe G. m. b. H., Düsseldorf-Oberkassel.
299	Röntgenstelle beim Staatl. Materialprüfungsamt, Berlin-Dahlem.
304—309	Rich. Seifert & Co., Spezialfabrik für Röntgenapparate, Hamburg.

B. Verzeichnis des im Buch angezogenen Schrifttums

[1]) *Kollmar*, Dr.-Ing.: „Die Werkstoffe für stählerne Brücken und Ingenieurhochbauten der Deutschen Bundesbahn" — Der Eisenbahnbau 4, (1951), Heft 2.

[2]) *Kjellberg*, *B.:* „Neue schwedische Untersuchungen über die Schweißarbeit" — Schweißen und Schneiden 2 (1950), Sonderheft.

[3]) *Scheer*, *Leopold:* „Was ist Stahl?" 8. Aufl., Springer-Verlag, Berlin—Göttingen—Heidelberg 1949.

[4]) *Schulz*, *E. H.:* „Eine neue Stahlart für den Groß-Stahlbau", Bauingenieur 1950, Heft 2, Seite 39.

[5]) *Stieler*, Dr.-Ing.: „Ursachen der Schweißnahtrissigkeit" — Stahl und Eisen 58 (1938), Seite 346/50 und 430/31.

[6]) *Albers*, *K.:* „Zusammenhänge zwischen der Höhe der Kerbschlagzähigkeit und der Bruchform bei der Aufschweißbiegeprobe", Z. VDI 87 (1943), Seite 667/82.

[7]) *Zeyen* und *Lohmann:* „Schweißen der Eisenwerkstoffe", Verlag Stahleisen m.b. H., Düsseldorf 1948.

[8]) *Klöppel*, *K.* und *Stieler*, *C.:* „Schweißtechnik im Stahlbau", Verlag von Julius Springer, Berlin 1939.

[9]) *Schimpke-Horn*: „Praktisches Handbuch der gesamten Schweißtechnik", Verlag von Julius Springer, Berlin 1945.

[10]) *Du Rietz-Koch:* „Praktisches Handbuch der Lichtbogenschweißung", Verlag Friedr. Vieweg & Sohn, Braunschweig, 1947.

[11]) Zeitschrift des VDI, Nr. 19 vom 11. 5. 1940, Seite 325.

[12]) *Schulz*, *H.*, Dipl.-Ing.: Mitteilungen Befa (Beratungsstelle für Autogen-Technik e. V.) 1950, Nr. 1 und „Brennschneiden mit Propan" — Schweißen und Schneiden 3, (1951), Heft 1, Seite 2.

[13]) *Schulz*, *H.*, Dipl.-Ing.: „Die Autogenverfahren" — Schweißen und Schneiden 2 (1950), Heft 6.

[14]) *Wendt*, Reichsbahn-Amtm.: „Oberbauschweißung" — Der Eisenbahnbau 3 (1950), Heft 5/6.

[14a]) Stieler, Dr.-Ing.: „Was mußt Du von der Azetylen- und Druckgasverordnung wissen?" — Schweißen und Schneiden 3 (1951), Heft 2.

[15]) *Stieler*, Dr.-Ing.: Dissertation — „Der Einfluß der Stromart auf die Güte der Schweißnähte" — Elektroschweißung 8 (1937), Heft 4, Seite 61.

[16]) *Meller*, *K.:* „Das Humboldt-Meller-(HM-)Schweißverfahren" — Schweißen und Schneiden 2 (1950), Sonderheft Dezember.

[17]) „Elektroschweißung" 12 (1941), Seite 125 und 13 (1942), Seiten 33, 75, 91, 109, 120, 125, 175.

[18]) „Elektroschweißung" 12 (1941), Seite 141 und 13 (1942), Seiten 17 und 169.

[19]) *Zeyen*, Dr.-Ing.: „Derzeitiger Stand der deutschen, für den Stahlbau in Frage kommenden Zusatzwerkstoffe" Vortrag, gehalten auf der Stahlbautagung 1948 in Stuttgart.

[20]) *Blomberg*, Dipl.-Ing.: „Die Stellung der elektrischen Wasserstoffschutzgasschweißung unter den übrigen Schmelzschweißverfahren" — Elektroschweißung 7 (1936), Seite 21.

[21]) *Hofmann*, Dipl.-Ing.: „Schweißwandler, ein neuartiges Gerät für Wechselstrom-Lichtbogenschweißung mit symmetrischem Drehstromanschluß" — Schweißen und Schneiden 2 (1950), Sonderheft.

[22]) *Stieler, C.*, Dr.-Ing.: „Der heutige Stand der Lichtbogenschweißung" — Schweißen und Schneiden 1 (1949), Heft 1.

[23]) *Hoch, Fr.*, Obering., Erlangen: „Die Gleich- und Wechselstromschweißung im Wandel der Zeit" — Schweißen und Schneiden 2 (1950), Heft 5.

[24]) *Gloor, K.*, Dr.: „Preßmantel-Elektroden und Elektrodenpressen" — Elektroschweißung 12 (1941) Seite 53.

[25]) *Walter, Gerh.*, Ing. (Fa. Gebr. Böhler u. Co. A. G., Düsseldorf-Oberkassel): Lichtbildervortrag, gehalten im Oktober 1949, Hamburg.

[26]) *Dwilies, A.*, Ing., Rheydt: „Die Exzentrizität von Elektrodenumhüllungen. Meßverfahren und Verhütung" Schweißen und Schneiden 2 (1950), Heft 4, Seite 78.

[27]) *Zeyen*, Dr.-Ing.: „Zusatzwerkstoffe für die Schmelzschweißung von Eisenwerkstoffen" — Schweißen und Schneiden 1 (1949), Heft 3, Seite 95.

[28]) „Kontaktschweißung, neues Verfahren in der Lichtbogenschweißung" in „Industriekurier, Technik und Forschung" Nr. 85 (21) vom 7. Juni 1950.

[29]) „Die Wärm-Elektrode, ein neues Hilfsmittel zur örtlichen Wärmebehandlung und Erwärmung" von Dr. phil. *H. Schottky*, Essen, und Dr.-Ing. *F. H. Müller*, Völklingen, — Schweißen und Schneiden 1 (1949), Heft 5, Seite 78.

[30]) *Komers, M.*, Dipl.-Ing., und *Krug, H.*, Dr.-Ing., Mülheim/Ruhr: „Anwendbarkeit neuer automatischer Elektro-Schweißverfahren" — Schweißen und Schneiden 2 (1950), Heft 6, Seite 118.

[31]) *Tewes, Karl*, Dr.-Ing., Düsseldorf: „Die Schweißnaht unter dem Mikroskop".

[32]) *Bardtke:* „Darstellung der gesamten Schweißtechnik", 2. Aufl., Abb. 115—118.

[33]) *Conrady, H. v.* und *G. Müller:* „Über die Vorgänge im elektrischen Lichtbogen" — Elektroschweißung 4 (1933), Seite 1/6.

[34]) *Klöppel*, Prof. Dr.-Ing.: „Schweißtechnik im Stahlbau" — Stahlbau-Kalender 1942, Seite 378.

[35]) *Bierett*, Prof. Dr.-Ing.: „Schrumpfung und Spannung" — Schweißtechnik im Stahlbau von Prof. Dr.-Ing. *Klöppel* und Dr.-Ing. *Stieler*, Berlin 1939, Verlag von Julius Springer.

[36]) *Dörnen*, Prof. Dr.-Ing.: „Schrumpfungen an geschweißten Stahlbauten" — Stahlbau 1933, Heft 3.

[37]) *Dörnen*, Prof. Dr.-Ing.: „Verminderung der Wärmespannungen in geschweißten Stahlbauten" — Sonderdruck aus dem Schlußbericht des zweiten Kongresses der Internationalen Vereinigung für Brückenbau und Hochbau. Verlag Wilhelm Ernst & Sohn, Berlin 1938.

[38]) *Bierett*, Prof. Dr.-Ing.: „Zur Beherrschung der Schrumpfwirkungen". Verlag Wilh. Ernst & Sohn, Berlin 1936.

[39]) *Klöppel*, Prof. Dr.-Ing.: „Das Verhalten längsbeanspruchter Schweißnähte und die Frage der Zusammenwirkung von Betriebs- und Schrumpfspannungen" — Stahlbau 11 (1938), Heft 14/15, Seite 105.

[40]) *Bühler*, Dr.-Ing.: „Beitrag zur Frage der Schweißspannungen" — Geschweißte Träger mit Nasenprofilen 2 (1935), Heft 3.

[41]) *Günther, Fr.:* „Über eine Methode zur Bestimmung der elastischen Konstanten von Einzelkristallen mittels Röntgenstrahlen" — Akademische Verlagsgesellschaft Becker und Erler, Kom.-Ges., Leipzig 1941.

[42]) *Reske*, Dipl.-Ing.: „Schwierige Instandsetzungsarbeiten an der zweigleisigen Eisenbahnbrücke über den Rhein unterhalb Duisburg" DEMAG, Leistung und Fortschritt 1948.

17*

[43] *Moss, J. A.*, und *A. R. Moss:* „Neuzeitliche Dickblechschweißung" — Welding 10 (1942), Nr. 6, Seite 128/30 — vgl. Elektroschweißung 14 (1943), Seite 125/27.

[44] *Jurczyk, K.*, und *Zeyen, K. L.:* „Zur ,Mossprep'-Fuge" — Elektroschweißung 15 (1944), Seite 26/27.

[45] *Buck, H.*, Techn. Reichsbahnoberinspektor: „Ein neues Gurtprofil für geschweißte Blechträger" — Schweißen und Schneiden 3 (1951), Heft 3, Seite 88.

[46] *Wasmuth*, Dr.-Ing.: „Einfluß des Normalglühens auf Festigkeitseigenschaften und Schweißverhalten von Baustahl St 52" — Stahl und Eisen 1939, Heft 8.

[47] *Sahling, Bernhard:* „Ein Vorschlag für einen neuen geschweißten Träger (DRP. a.)" — Der Stahlbau 12 (1939), Heft 21/22, Seite 160.

[48] *La Motte Grover:* „Welded Bridges" — The Welding Journal 27 (1948), Heft 10, Seite 812.

[49] *Jennison, James H.:* „All Welded Movable Bridge of 300 Foot Span for Naval Ordnance Testing Facility" — Design for Welding, The James F. Lincoln Arc Welding Foundation, Cleveland 1, Ohio.

[50] *Greaves, Harry:* „Heavy Flexible Beam and Girder Connections" — The Welding Journal 27 (1948), Heft 10, Seite 847.

[51] *Ernst, Eugen*, Ministerialrat: „Fortschritte und neue Bauweisen im Brückenbau der Deutschen Bundesbahn" — Die Bundesbahn 25 (1951), Heft 15, Seite 464.

[52] *Sedlacek, H.*, Dipl.-Ing.: „Die Stahlkonstruktion der Stromüberbauten". Festschrift „Neue Lauenburger Elbe-Brücke" — Nordwestdeutscher Werbe- und Wirtschaftsverlag, Hamburg 13, Jungfrauenthal 24.

[53] *Kommerell*, Dr.-Ing.: „Erläuterungen zu den Vorschriften für geschweißte Stahlbauten", I. Teil, Hochbauten, 5. Aufl., Seite 88.

[54] *Gehler, W.:* „Sicherheitsgrad und Beanspruchung" — II. Intern. Tagung für Brückenbau und Hochbau, Wien 1928, Seite 216/69.

[55] Dauerfestigkeitsversuche mit Schweißverbindungen, Bericht des Kuratoriums für Dauerfestigkeitsversuche im Fachausschuß für Schweißtechnik beim Verein Deutscher Ingenieure, durchgeführt 1930 bis 1934, VDI-Verlag GmbH., Berlin 1935.

[56] *Kommerell*, Dr.-Ing.: „Erläuterungen zu den Vorschriften für geschweißte Stahlbauten", II. Teil: Vollwandige Eisenbahnbrücken, 5. Aufl., Seite 45. — Berlin 1942, Verlag von Wilh. Ernst & Sohn.

[57] *Schneider, W. I.:* „Einrichtungen zum Vorwärmen und Glühen geschweißter Werkstücke" — Elektroschweißung 11 (1940), Heft 11, Seite 180/184.

[58] *Kuhn*, Dr.-Ing.: „Torstahl-Stoßverbindung durch Lichtbogenschweißung" — Sonderdruck aus der Zeitschrift: Die Bauwirtschaft, Heft 51/52 vom 22. 12. 1951.

[59] Deutscher Ausschuß für Stahlbeton, Heft 97: „Festigkeitseigenschaften von stumpfgeschweißten hochwertigen Betonstählen", Berlin 1941, Wilh. Ernst & Sohn.

[60] *Nakonz, W.*, Dr.-Ing.: „Leitsätze für die Bauüberwachung im Stahlbetonbau", Herausgeber: Deutscher Beton-Verein e. V., 1948.

[61] Bau-Stahlgewebe GmbH., Düsseldorf: „Mitteilungen für die Beton- und Stahlbetonpraxis", Heft 19.

[62] *Rüsch*, Prof. Dr.-Ing.: „Richtlinien für die elektrische Abbrenn-Stumpf-Schweißung von Betonstahl auf Baustellen", Fortschritte und Forschungen im Bauwesen, Reihe A, Heft 5.

[63] Drucksache 425 der „Griesogen", Griesheimer Autogen Verkaufs-G. m. b. H., Frankfurt/Main.

[64]) *Malisius*, Dr.-Ing.: „Fugenhobeln, ein neues wirtschaftliches Arbeitsverfahren als Hilfsmittel bei der Schweißfertigung" — Elektroschweißung 14 (1943), Heft 11.

[65]) *Grix, H. H.*, Dr.-Ing.: „Der Fugenhobler und seine Anwendungsmöglichkeiten" — Schweißen und Schneiden 1 (1949), Heft 3, Seite 35.

[66]) *Grix, H. H.*, Dr.-Ing.: „Schweißnahtvorbereitung mit dem Fugenhobler" — Schweißen und Schneiden 2 (1950), Heft 3, Seite 60.

[67]) *Tetzlaff*, Dr.-Ing.: „Die gebräuchlichsten Unterwasser-Schneid- und Schweißverfahren und ihre praktische Anwendung" — TZ für praktische Metallbearbeitung 51 (1941), Nr. 5/6.

[68]) Betriebsanweisung für den „Griesheim"-Unterwasser-Schneidbrenner der Griesheim-Autogen G. m. b. H., Frankfurt/Main.

[69]) *Schmidt-Bach*, Dr.-Ing.: Aachen, „Elektrisches Unterwasserschneiden" — Hansa, Zentralorgan f. Schiffahrt, Schiffbau, Hafen 88 (1951), Heft 7/8.

[70]) *Schmidt, H.*, Dipl.-Ing.: „Elektrisches Unterwasserschweißen und -schneiden", Zeitschrift des VDI 85 (1941), Nr. 2, Seite 45.

[71]) *B. Ronay* und *C. D. Jensen:* Welding Journal, März 1946, Seite 201/209.

[72]) *Hummitzsch, W.:* „Elektroden zum Arbeiten unter Wasser" — Elektroschweißung (14), 1943, Heft 1, Seite 7.

[73]) *Sahling, Bernhard:* „Prüfung, Abnahme und Überwachung geschweißter Bauwerke" — Der Eisenbahnbau 4 (1951), Heft 3 und 4.

[74]) *Roux:* „Revue de Soudure autogène", Bd. 19 (1927) Nr. 165.

[75]) *Vaupel, O.*, Dr., Berlin-Dahlem: „Zerstörungsfreie Prüfung von Schweißverbindungen (Stand 1949)" — Schweißen und Schneiden 2 (1950), Heft 6.

[76]) *Berthold*, Dr.-Ing.: „Zerstörungsfreie Werkstoffprüfung mit dem Magnetpulververfahren" — Der Maschinenschaden 12 (1935), Nr. 9.

[77]) *Wulff, F.:* „Neuzeitliches Kennzeichen der Röntgenaufnahme" — Elektroschweißung 1936, Heft 5.

[78]) *Strelow, W.* „Wirtschaftlicher Vergleich der Schmelzschweißung und der Nietung" — Masch.-Bau-Betrieb 6 (1927), Seiten 549/553, 610/614 und 664/666.

[79]) *Koch, H.:* „Gesundheitsschutz beim Schweißen" — Schweißen und Schneiden 2 (1950), Heft 11, Seite 298.

[80]) *Willis, J. F.:* „Design of Wilbur Cross Parkway Bridges" — Eng. News Report., 1946, 16. Mai.

[81]) *Karmalasky, V.:* „Welded Bridges in New South Wales, Australia" — Design for Welding, The James F. Lincoln Arc Welding Foundation, Cleveland, Ohio, Seite 438.

C. Angezogene Vorschriften und Normen

1. Vorschriften der Deutschen Bundesbahn

a) Dienstvorschriften

803 a : Vorschriften für die Überwachung und Prüfung der Brücken, Hallen und Dächer (BÜP).

804 : Berechnungsgrundlagen für stählerne Eisenbahnbrücken (BE).

805 : Grundsätze für die bauliche Durchbildung stählerner Eisenbahnbrücken (GE).

806 : Anleitung für die Bauüberwachung von Stahlbauwerken auf der Baustelle (Bau St).

827   : Technische Vorschriften für Stahlbauwerke (TVSt.).
848   : Vorläufige Vorschriften für geschweißte, vollwandige Eisenbahnbrücken.
905   : Vorschriften für die Stoffprüfung, Bauüberwachung und Güteprüfung (Ab-
           nahme) auf den Lieferwerken (Avo).
909   : Anweisung für Röntgen-Untersuchungen.

b) Drucksachen

908 19 : Vorläufige Richtlinien für die Behandlung von Azetylenanlagen und Gas-
           flaschen für Azetylen und Sauerstoff bei der Deutschen Bundesbahn.
918 02 : Technische Lieferbedingungen für Formstahl, Stabstahl, Breitflachstahl,
           Schraubenstahl, Nietstahl und dgl.
918 156: Technische Lieferbedingungen für Baustahl St 52 und Nietstahl St 44.
918 162: Technische Lieferbedingungen für Baublech, Flußstahl gewalzt, 5 mm dick
           und darüber (Grobbleche).
919 27 : Vorläufige technische Lieferbedingungen für Stahl-Schweißdraht für Ver-
           bindungs- und Auftragsschweißungen an genormten Stahlsorten nach dem
           Gas- und Lichtbogen-Schmelzschweißverfahren mit Anhang für Brücken-
           schweißdrähte.
974 07 : Merkblatt für das Maschinen-Brennschneiden.

2. Deutsche Normen

DIN 120:	Berechnungsgrundlagen für Stahlbauteile von Kranen und Kranbahnen, Blatt 1, Zusatzblatt Nov. 1942.
DIN 1045:	A. Bestimmungen für Ausführung von Bauwerken aus Stahlbeton.
DIN 1612:	Flußstahl gewalzt, Formstahl, Stabstahl, Breitflachstahl.
DIN E 1910:	Schweißen. Begriffsbestimmungen für Verfahren.
DIN E 1911:	Schweißen. Nahtformen.
DIN E 1912:	Schweißen. Sinnbilder für Zeichnungen.
DIN Vornorm 1913:	Schweißdraht für Lichtbogen- und Gasschweißung von Stahl, Techn. Lieferbedingungen.
DIN 1914:	Richtlinien für die Prüfung von Schweißverbindungen mit Röntgen- und Gammastrahlen (veraltet, neu: DIN 54110).
DIN 4100:	Vorschriften für geschweißte Stahlhochbauten.
DIN 4101:	Vorschriften für geschweißte, vollwandige, stählerne Straßenbrücken.
DIN 4115:	Stahlleichtbau und Stahlrohrbau im Hochbau.
DIN 54110:	Richtlinien für die technische Röntgen- und Gamma-Durchstrahlung von metallischen Werkstoffen.
DIN Vornorm:	DVM-Prüfverfahren A 122: Mechanische Prüfung von Schweißverbindungen. Kerbschlagversuche.

3. Sonstige Vorschriften

a) Die Azetylenverordnung (Polizeiverordnung über die Herstellung, Aufbewahrung
   und Verwendung von Azetylen sowie über die Lagerung von Kalziumkarbid).
b) Die Druckgasverordnung (Polizeiverordnung über die ortsbeweglichen geschlossenen
   Behälter für verdichtete, verflüssigte und unter Druck gelöste Gase).
c) Vorläufige Vorschriften für geschweißte Stahlbauten (veraltet).

D. **Zusammenstellung einiger weiterer Veröffentlichungen über das Schweißen, nach Sachgebieten getrennt, ohne Gewähr für Richtigkeit und ohne Anspruch auf Vollständigkeit**

a) Allgemeines

1. *Schaper*: „Die erste geschweißte Eisenbahnbrücke für Vollbahnbetrieb" — Bautechnik 8 (1930), Seite 323.

2. *Kayser* u. *Herzog*: „Über das Zusammenwirken von Nietverbindung und Schweißnaht" — Stahlbau, 1934, Seite 113.

3. *Dörnen*: „Geschweißte Stahlbrücken der Deutschen Reichsbahn" — Zeitschrift des VDI, 1935, Seite 1264.

4. *Bühler:* „Zur Dauerhaftigkeit von Walzträgern" — Stahlbau 1938, Heft 2, Seite 9/12.

5. *Graf:* „Der Rügendamm" — Zentralbl. d. Bauverw. 1938, Heft 17, Seite 431/45.

6. *Schaper:* „Intern. Aussprache in Zürich über die Schweißtechnik im Brückenbau" — Bautechnik 16 (1938), Heft 26.

7. *Bierett:* „Zur Festigkeitsfrage bei der Schweißung festerer Baustähle" — Elektroschweißung 9 (1938), Heft 7, Seite 121.

8. *Aureden:* „Stahlersparnis durch Schweißen" — Zeitschr. d. VDI 82 (1938), Nr. 35, Seite 1027.

9. *Matting* u. *Koch:* „Fortschritte der Elektroschweißtechnik" — Elektroschweißung 9 (1938), Heft 11, Seite 216.

10. *Schaper:* „Der hochwertige Baustahl St 52 im Bauwesen" — Bautechnik 16 (1938), Heft 48, Seite 649.

11. *Lohmann:* „Fortschritte in der Schweißtechnik" — Stahl und Eisen 58 (1938), Heft 36, Seite 976.

12. *Seegers:* „Werkstoffersparnis durch Schweißung im Stahlbau" — Elektroschweißung 9 (1938), Heft 10, Seite 187.

13. *Schaechterle:* „Betrachtungen über geschweißte Brücken" — Bautechnik 17 (1939), Heft 4, Seite 46.

14. *Wasmuth:* „Neuere Erkenntnisse zum Schweißen von St 52" — Bautechnik 17 (1939), Heft 7, Seite 85.

15. *Schulz:* „Die Werkstoff-Frage im Großstahlbau" — Stahl und Eisen 59 (1939), Seite 247.

16. *Werner:* „Über den Zusammenhang zwischen Stahleigenschaften und Schweißbarkeit von Stählen" — Elektroschweißung 10 (1939), Heft 4, Seite 61.

17. *Schaper:* „Das Schweißen im Brückenbau und im Ingenieurhochbau" — Verlag Otto Elsner, Berlin, Wien, Leipzig 1940.

18. *Daeves:* „Werkstoff-Handbuch Stahl u. Eisen" — Verein Deutscher Eisenhüttenleute, Verlag Stahleisen, Düsseldorf 1944.

19. Stahlbautagung, Stuttgart 1948 — Industrie- u. Handelsverlag Walter Dorn, G. m. b. H., Bremen-Horn.

20. Stahlbau-Handbuch 1948 — Industrie- und Handelsverlag Walter Dorn, G. m. b. H, Bremen-Horn.

21. *Daeves:* „Zur Entwicklung der HPN-Stähle" — Zeitschrift des VDI 91 (1949), Nr. 10, Seite 234.

22. *Lohmann:* „Fortschritte in der Schweißtechnik in den Jahren 1944 bis 1947" — Stahl und Eisen 69 (1949), Heft 5/7.

23. *Zeyen:* „Neue Erkenntnisse und Entwicklungen beim Schweißen von Eisenwerkstoffen" — Carl Hanser Verlag, München 1949.

24. *Schmidt:* „Aus der Schweißpraxis des Stahlbaues" — Schweißen und Schneiden 1 (1949), Heft 6, Seite 87.

25. *Zorn:* „Die Entwicklung der Schweißtechnik, statistisch betrachtet" — Schweißen und Schneiden 1 (1949),Heft 7, Seite 105.

26. *Buchholtz:* „Zur Schweißbarkeit der Windfrischstähle und ihre Verwendung in der Schweißkonstruktion" — Schweißen und Schneiden 2 (1950), Heft 2, Seite 23.

27. *Hoch:* „Die Gleich- und Wechselstromschweißung im Wandel der Zeit" — Schweißen und Schneiden 2 (1950), Heft 5, Seite 102.

28. *Keel:* „Über den Stand der Schweißtechnik in Westeuropa" — Schweißen und Schneiden 2 (1950), Dezember-Sonderheft, Seite 363.

29. *Buchholtz-Schmitz:* „Die Schweißbarkeit der Baustähle" — Schweißen und Schneiden 2 (1950), Dezember-Sonderheft, Seite 371.

30. *Griese:* „Kleinformgebung einfacher geschweißter Bauteile" — Schweißen und Schneiden 3 (1951), Heft 6, Seite 182.

31. *Matting:* „Deutsche und spanische Schweißprobleme" — Schweißen und Schneiden 3 (1951), Sonderheft November, Seite 3.

32. *Komers:* „Eindrücke von der amerikanischen Schweißtechnik" — Schweißen und Schneiden 3 (1951), Sonderheft November, Seite 18.

33. *Klöppel:* „Werkstoffmechanik und Sicherheit geschweißter Stahlkonstruktionen" — Schweißen und Schneiden 3 (1951), Sonderheft November, Seite 81.

b) Versuche

34. *Graf:* „Dauerversuche mit Schweißverbindungen" — Bautechnik 10 (1932), Seite 414.

35. *Kommerell* u. *Bierett:* „Über die statische Festigkeit und die Dauerfestigkeit genieteter, vorbelasteter und unter Vorlast durch Schweißung verstärkter Stabanschlüsse" — Stahlbau 7 (1934), Seite 81.

36. *Hempel:* „Die Beziehungen zwischen dem Röntgen-Grobgefügebild und der Zugwechselfestigkeit von geschweißten Proben aus Stahl St 37" — Stahl und Eisen 58 (1938), Heft 28, Seite 756.

37. *Schreiner:* „Biegeversuche der Obersten Bauleitung Dresden mit geschweißten Trägern" — Stahlbau 11 (1938), Heft 20, Seite 156.

38. *Hövel:* „Einfluß der äußeren Bearbeitung und innerer Poren auf die Dauerhaftigkeit elektrisch geschweißter Stumpfnahtverbindungen" — Elektroschweißung 9 (1938), Heft 8, Seite 144.

39. *Kommerell:* „Die neuen Lieferbedingungen für St 52 als Folge neuerer Versuche und Erfahrungen" — Stahlbau 11 (1938), Heft 7/8, Seite 49.

40. *Bierett* und *Stein:* „Prüfung der Schweißempfindlichkeit des Baustahls St 52 an Biegeproben mit Längsraupen" — Stahl und Eisen 58 (1938), Heft 16, Seite 427.

41. *Dörnen:* „Versuche mit geschweißten Rahmenecken in Sonderheit für dynamisch hoch beanspruchte Vierendeelträger" — Verlag Ernst u. Sohn, Berlin 1938.

42. *Zeyen:* „Versuche mit Prüfverfahren zur Ermittlung der Verformungsfähigkeit von Mehrlagenschweißungen an weichem Flußstahl" — Elektroschweißung 10 (1939), Heft 2, Seite 21.

43. *Klöppel:* „Über Bruchfestigkeiten geschweißter Stahlbauten" — Friedr. Vieweg & Sohn, Braunschweig 1947.
44. *Siebel:* „Das Festigkeitsverhalten von Schweißungen" — Schweißen und Schneiden 1 (1949), Heft 8, Seite 121.
45. *Matting:* „Die Bestimmungen des Temperaturfeldes beim Schweißen durch Meßfarben" — Schweißen und Schneiden 2 (1950), Heft 4, Seite 68.

c) Schweißverfahren und Schweißmaschinen

46. *Ritz:* „Das automatische Lichtbogenschweißen" — Elektroschweißung 5 (1934), Seite 4.
47. *Giudice:* „Die automatische Kohlelichtbogenschweißung im Stahlbau" — Elektroschweißung 7 (1936), Seite 189.
48. *Fischer:* „Die elektrische Widerstandsstumpfschweißung in der Werkstatt" — Bahn-Ingenieur 1938, Seite 286.
49. *Stokross:* „Erscheinungen im elektrischen Lichtbogen und die Folgerungen für die Charakteristik von Schweißmaschinen" — Elektrotechniek 14 (1936), Heft 11—16.
50. *Langkau:* „Die Streufeld-Schweißmaschine" — Zeitschrift d. VDI 83 (1939), Nr. 12.
51. *Le Comte:* „Arbeitszeitsparende und unfallverhütende Schweißeinrichtungen" — Zeitschrift d. VDI 83 (1939), Nr. 8.
52. *Zorn:* „Kunststoffschläuche für Autogenbetriebe" — Schweißen und Schneiden 1 (1949), Heft 4, Seite 61.
53. *Meltzer:* „Neue Wege der Trockenvergasung von Kalziumkarbid" — Schweißen und Schneiden 1 (1949), Heft 12, Seite 199.
54. *Seifert:* „Die Güte der Lichtbogenschweißung in Abhängigkeit von der Ausbildung und Überwachung der Schweißer" — Schweißen und Schneiden 1 (1949), Heft 10, Seite 174.
55. *Schulz:* „Die Autogenverfahren" — Schweißen und Schneiden 2 (1950), Heft 6, Seite 125.
56. *Sauerbrei* u. *Engel:* „Überströmen von Azetylen in die Sauerstoff-Flasche beim Schweißen mit Flaschengas" — Schweißen und Schneiden 2 (1950), Heft 5, Seite 96.
57. *Renner* u. *Wolff:* „Die autogene Preßschweißung" — Schweißen und Schneiden 2 (1950), Heft 11, Seite 283.
58. *Hase:* „Die Möglichkeiten zur Leistungssteigerung in der Autogentechnik" — Schweißen und Schneiden 1 (1949), Heft 1, Seite 10.
59. *Mewes:* „Temperatureinwirkung auf Stahlgasflaschen" — Schweißen und Schneiden 1 (1949), Heft 12.
60. *van der Willigen:* „Kontakt-Lichtbogenschweißen" — Schweißen und Schneiden 2 (1950), Heft 10, Seite 270.
61. *Zorn:* „Probleme der Autogentechnik" — Schweißen und Schneiden 2 (1950), Dezember-Sonderheft, Seite 426.
62. *Hövel:* „Die Anwendung der Elliraschweißung im Maschinenbau" — Schweißen und Schneiden 3 (1951), Heft 1, Seite 17.
63. *Ahlert:* „Die Schweißung großer Werkstücke nach dem ‚Thermit'-Verfahren" — Schweißen und Schneiden 3 (1951), Heft 2, Seite 40.

64. *Bischof:* „Über Schweißungen nach dem Kaell-Verfahren" — Schweißen und Schneiden 3 (1951), Heft 8, Seite 248.

65. *Zorn:* „Der Autogenbrenner bei der Elektroschweißung" — Schweißen und Schneiden 3 (1951), November-Sonderheft, Seite 43.

66. *Malisius:* Elliraschweißen mit einem einfachen Handkurbelgerät" — Schweißen und Schneiden 3 (1951), November-Sonderheft, Seite 62.

d) Schweißnähte und Schweißdrähte

67. *Stieler:* „Erfahrungen bei der Prüfung von Elektroden" — Elektroschweißung 8 (1937), Heft 10 und 11.

68. *Hoffmann:* „Die zeichnerische Festlegung der Herstellungsfolge der Schweißnähte" — Elektroschweißung 8 (1937), Heft 12, Seite 234.

69. *Zeyen:* „Über Forschungsarbeiten zur Entwicklung von Schweißelektroden, insbesondere für den Stahlbau" — Stahlbau 11 (1938), Heft 6—8.

70. *Buchholtz:* „Untersuchungen über das Schweißen mit Tiefbrandelektroden" — Schweißen und Schneiden 3 (1951), Heft 8, Seite 233.

e) Spannungen

71. *Reinhold* und *Heller:* „Die Schrumpferscheinungen an der elektrisch geschweißten Schlachthofbrücke in Dresden" — Bautechnik 10 (1932), Seite 613.

72. *Bierett* und *Grüning:* „Spannungszustand und Festigkeit von Stirnkehlnahtverbindungen" — Stahlbau 6 (1933), Seite 168.

73. *Bühler* und *Lohmann:* „Beitrag zur Frage der Schweißspannungen" — Elektroschweißung 5 (1934), Seite 165.

74. *Schneider:* „Schweißungen von größeren Konstruktionen im Stahlbau unter Berücksichtigung der Schrumpfwirkungen" — Elektroschweißung 8 (1937), Heft 12, Seite 221.

75. *Girkmann:* „Spannungsverteilung in geschweißten Blechträgern" — Stahlbau 11 (1938), Seite 98.

76. *Ježek:* „Der Spannungszustand in Flankenkehlnahtverbindungen" — Bauingenieur 19 (1938), Heft 15/16, Seite 228.

77. *Ježek:* „Die Spannungsverteilung in geschweißten Stumpfstößen". Stahlbau 11 (1938), Heft 14/15, Seite 111.

78. *Roš* und *Eichinger:* „Gütebewertung und zulässige Spannungen von Schweißungen im Stahlbau" — Schweiz. Bauzeitung 112 (1938), Heft 14, Seite 171.

79. *Klöppel:* „Das Verhalten längsbeanspruchter Schweißnähte und die Frage der Zusammenwirkung von Betriebs- und Schrumpfspannungen" — Stahlbau 11 (1938) Heft 14/15, Seite 105.

80. *Graf:* „Aus Untersuchungen über die beim Schweißen von Brückenträgern entstehenden Spannungen" — Stahlbau 11 (1938), Heft 13, Seite 97.

81. *Bierett:* „Über Schrumpfkräfte und Schrumpfspannungen in elektrisch geschweißten Baustellenstumpfstößen" — Elektroschweißung 9 (1938), Heft 12, Seite 225.

82. *Dörnen:* „Verminderung der Wärmespannungen in geschweißten Stahlbauten" — Verlag W. Ernst u. Sohn, Berlin 1938.

83. *Barbré:* „Modellversuche über die Spannungsverteilung in einem geschweißten Kranbahnträger für das Margam-Stahlwerk in Süd-Wales" — Bauingenieur 26 (1951), Heft 11, Seite 323.

84. *Wellinger* und *Ludwig:* „Abbau von Schweißeigenspannungen durch fortschreitende Erwärmung unter 200⁰ C" — Schweißen und Schneiden 3 (1951), Heft 11, Seite 344.

85. *Wolff* und *Mantel:* „Das Entspannungswärmen mit Brausebrenner" — Schweißen und Schneiden 3 (1951), November-Sonderheft, Seite 57.

f) Konstruktion

86. *Schröder:* „Der geschweißte Stahlbau für das Reiterstellwerk Sf in Stendal" — Bauingenieur (1931), Seite 796.

87. *Krabbe:* „Geschweißter Wasserturm im Verschiebebahnhof Dortmund" — Bautechnik (1934), Seite 605.

88. Dortmunder Union Brückenbau: „Geschweißte Träger aus Nasenprofilen" — April 1934.

89. *Strothotte:* „Einstielige Bahnsteigüberdachungen" — Bautechnik (1935), Seite 28.

90. *Bierett:* „Zur Beherrschung der Schrumpfwirkungen" — Verlag W. Ernst und Sohn, Berlin 1936.

91. *Wundram:* „Schweißen im Hebezeugbau" — Elektroschweißung 8 (1937), Seite 44.

92. Deutscher Stahlbau-Verband: „Wie werden zweckmäßig Stahlkonstruktionen geschweißt?" — Berlin 1938.

93. *Graf:* „Über Erkenntnisse, welche bei der Gestaltung der Schweißverbindungen im Stahlbau zu beachten sind" — Bauingenieur 19 (1938), Heft 37/38, Seite 519.

94. *Bierett:* „Über die Schweißtechnik im Brückenbau — Kritische Übersicht über Meinungsäußerungen und Folgerungen anläßlich der Schäden an geschweißten Bauwerken" — Elektroschweißung 9 (1938), Heft 8, Seite 147.

95. *Sudergath:* „Betrachtungen über die Ausbildung von Rahmenecken und Knoten an Hand von Ausführungsbeispielen" — Der P-Träger, Heft 3, vom 30. 11. 1938, Seite 37.

96. *Dörnen:* „Die Durchbildung der Verbindung des Steges mit der Gurtung in geschweißten Stahlbauten" — Bautechnik 20 (1942), Heft 7/8.

97. *Lewenton:* „Über Stahlleichtkonstruktion" — Bauplanung und Bautechnik, Berlin 1948, Nr. 6, Seite 171.

98. *Dombrowski:* „Eine fehlerhafte Flickschweißung im Brückenbau" — Bautechnik 1949, Heft 9, Seite 284.

99. *Gaber:* „Kritische Betrachtung der Grundsätze für die bauliche Durchbildung stählerner Eisenbahnbrücken (GE)" — Bauingenieur 24 (1949), Heft 11, Seite 339.

100. *Seegers:* „Geschweißte Brücken in Neu-Südwales (Australien)" — Bauingenieur 25 (1950), Heft 6, Seite 220.

101. *Seegers:* „Geschweißte Dreigurtträger in Italien" — Bauingenieur 25 (1950), Heft 6, Seite 224.

102. *Rieken:* „Schweißgerechtes Konstruieren" — Schweißen und Schneiden 3 (1951), Heft 1, Seite 2.

103. Stadt Köln: „Die neue Köln-Mülheimer Brücke 1951" — Druck Hubert Ganter, Köln-Bayenthal.

104. *Weißenberg:* „Zur Frage des Form- und Stabstahlprofiles" (Kelchprofil von Hünnebeck) — Stahl und Eisen 69 (1949), Heft 25, Seite 930.

105. *Roderick:* „Die Tragfähigkeit geschweißter Stahlrahmen" — Schweißen und Schneiden 3 (1951), November-Sonderheft, Seite 101.

106. *Jamm:* „Gestaltfestigkeit geschweißter Rohrverbindungen und Rohrkonstruktionen bei statischer Belastung" — Schweißen und Schneiden 3 (1951), November-Sonderheft, Seite 109.
107. *Lewenton:* „Schweißtechnische Gestaltung auf Biegung beanspruchter Stahlplatten" — Schweißen und Schneiden 3 (1951), November-Sonderheft, Seite 116.

g) Berechnung

108. *Kirchfeld:* „Berechnung einer geschweißten Flanschverbindung an einem Rohr" — Schweißen und Schneiden 3 (1951), Heft 7, Seite 222.
109. *Koenigsberger:* „Grundlagen für die Gestaltung und Berechnung von Schweißkonstruktionen" — Schweißen und Schneiden 3 (1951), November-Sonderheft, Seite 73.

h) Stahlbetonbau

110. *Spieker:* „Eisenbetonbrücke mit Stahlskelett" (mit Schweißungen) — Zentralbl. d. Bauverw. 1938, Seite 232.
111. *Bühler:* „Rundstahl für Eisenbetonbauten" (Ergebnisse von Versuchen mit geschweißten Stößen, verglichen mit Spannschlössern) — Beton und Eisen 37 (1938), Heft 16, Seite 258.
112. *Devault:* „Die Elektroschweißung der Hauptbewehrung im Eisenbeton" — Gén. Civ. 112 (1938), Heft 4, Seite 80 und Heft 5, Seite 101.
113. *Schleusner:* „Die Eisenbetonbauten des Welt-Flughafens Berlin-Tempelhof" — Bauingenieur 19 (1938), Heft 45/46, Seite 621.
114. *Müller:* „Brücken der Reichsautobahn aus Spannbeton" — Bautechnik 17 (1939), Heft 10, Seite 130.
114a. *Böttrich:* „Geschweißte Torstähle im Brückenbau" — Brücke und Strasse, Jahrgang 4 (1952) Heft 4, Seite 75.

i) Brennschneiden und Fugenhobeln

115. *Jansen:* „Brennschneiden in Verschrottungsbetrieben" — Schweißen und Schneiden 1 (1949), Heft 11, Seite 193.
116. *Schmidt-Bach:* „OXYARC"-Sauerstoff-Lichtbogen-Schneiden" — Schweißen und Schneiden 2 (1950), Heft 5, Seite 93.
117. *Schulz:* „Die Autogenverfahren" — Schweißen und Schneiden 2 (1950), Heft 6, Seite 125.
118. *Wolf* und *Zorn:* „Die Sauerstofflanze zum Brennen von Löchern in Beton, Mineralien und Stahl" — Schweißen und Schneiden 2 (1950), Heft 6, Seite 154 und Heft 12, Seite 333.
119. *Pfeiffer:* „Das Pulverbrennschneiden" — Schweißen und Schneiden 2 (1950), Dezember-Sonderheft, Seite 418.
120. *Wolff:* „Das Pulverbrennschneiden" — Schweißen und Schneiden 3 (1951), Heft 8, Seite 256.

k) Prüfung

121. *Matting* und *Stieler:* „Kritik an Prüfverfahren für Schweißverbindungen" — Stahlbau 6 (1933), Seite 185.
122. *Wegerhoff:* „Die Anwendung von Röntgenstrahlen bei der Schweißnaht- und Schweißerprüfung" — Elektroschweißung 7 (1936), Seite 192.

123. *Glocker:* „Röntgenographische Bestimmung von Spannungen" — Zeitschrift des VDI 82 (1938), Seite 659.

124. *Hempel:* „Die Beziehungen zwischen dem Röntgen-Grobgefügebild und der Zugwechselfestigkeit von geschweißten Proben aus Stahl St 37" — Stahl und Eisen 58 (1938), Seite 756/760.

125. *Berthold:* „Ergebnisse, neue Möglichkeiten und Grenzen der Röntgen- und Gammadurchstrahlung" Stahl und Eisen 58 (1938), Heft 3, Seite 49.

126. *Bollenroth, Hank und Osswald:* „Röntgenographische Spannungsmessungen beim Überschreiten der Fließgrenze an Zugstäben aus unlegiertem Stahl" — Zeitschrift des VDI 83 (1939), Nr. 5.

127. *Verse:* „Werkstoffprüfung mit ultraharter Röntgenstrahlung" — Zeitschrift des VDI 90 (1948), Heft 11, Seite 334.

128. *Müller:* „Anwendung sehr harter Röntgenstrahlen für die Durchstrahlung von Stahl" — Stahl und Eisen (1948), Heft 13/14, Seite 237.

129. *Fuchs:* „Beitrag zur einheitlichen Beurteilung der Schweißerprüfung" — Schweißen und Schneiden 1 (1949), Heft 6, Seite 95.

130. *Seifert* „Die Güte der Lichtbogenschweißung in Abhängigkeit von der Ausbildung und Überwachung der Schweißer" — Schweißen und Schneiden 1 (1949), Heft 10, Seite 174.

131. *Vaupel:* „Die röntgenographischen Verfahren zur Spannungsmessung und ihre derzeitigen Anwendungsmöglichkeiten in der Praxis" — Bauingenieur 24 (1949), Heft 4, Seite 114.

132. *Schleicher:* „Spannungsmessungen mit Röntgenstrahlen" — Bauingenieur 24 (1949), Heft 4, Seite 119.

133. *Hergenhahn:* „Schweißerprüfung — Schweißereinsatz" — Schweißen und Schneiden 2 (1950), Heft 9, Seite 246.

l) Kosten

134. *Schneider:* „Welche Faktoren beeinflussen die Schweißleistung und die Wirtschaftlichkeit der Lichtbogenschweißung im Stahlbau?" — Elektroschweißung 6 (1935), Seite 169.

135. *Beckmann:* „Kostenrechnung und Wirtschaftlichkeit in Schweißbetrieben des Behälter- und Kesselbaues" — Schweißen und Schneiden 2 (1950), Heft 2, Seite 32.

136. *Griese:* „Schweißtechnische Gestaltung und Fertigung als wesentlicher Faktor der Wirtschaftlichkeit im Maschinenbau" — Schweißen und Schneiden 2 (1950), Heft 9, Seite 232 und Heft 10, Seite 259.

137. *Griese:* „Die Beeinflussung der Wirtschaftlichkeit durch schweißtechnische Gestaltung" — Schweißen und Schneiden 3 (1951), November-Sonderheft, Seite 138.

m) Unfallverhütung und Gesundheitsschutz

138. „Unfallverhütungsvorschriften" — Elektroschweißung 8 (1937), Heft 3, Seite 54.

139. *Koch,* Düsseldorf: „Entwicklung des Arbeitsschutzes auf dem Gebiete des Schweißens und Schneidens" — Schweißen und Schneiden 1 (1949), Heft 2, Seite 28.

140. *Banik:* „Zerknall eines Druckluftbehälters infolge schlechter Schweißung" — Schweißen und Schneiden 2 (1950), Heft 2, Seite 36.

141. *Sauerbrei* und *Engel:* „Überströmen von Azetylen in die Sauerstoff-Flasche beim Schweißen mit Flaschengas" — Schweißen und Schneiden 2 (1950), Heft 5, Seite 96.

142. *Bartels:* „Schwerer Unfall beim Schweißen eines Hohlkörpers“ — Schweißen und Schneiden 2 (1950), Heft 10, Seite 278.

143. *Zweiling:* „Schweißerhelm oder Schweißerschild ?“ — Schweißen und Schneiden 3 (1951), Heft 10, Seite 314.

n) Sonderausführungen

144. *Faltus:* „Eine vollständig geschweißte Straßenbrücke in Pilsen“ — Stahlbau 5 (1932), Seite 142.

145. *Faltus:* „Die erste vollständig geschweißte Bogenbrücke“ — Elektroschweißung 5 (1934), Seite 134.

146. *Krabbe:* „Geschweißter Wasserturm im Verschiebebahnhof Dortmund“ — Bautechnik 12 (1934), Seite 605.

147. *Krabbe:* „Eine vollständig geschweißte Hubbrücke“ — Stahlbau 7 (1934), Seite 104.

148. *Strothotte:* „Einstielige Bahnsteigüberdachungen“ — Bautechnik 13 (1935), Seite 28.

149. *Goos:* „Die Elektroschweißung im Gasrohrleitungsbau“ — Elektroschweißung 6 (1935), Seite 185.

150. *Riedig:* „Elektrisch geschweißter 30-t-Helling-Turmwippkran“ — Elektroschweißung 6 (1935), Seite 227.

151. *Riedig:* „Schweißungen an Umbau-Löffelbaggern“ — Elektroschweißung 7 (1936), Seite 61.

152. *Wittenzellner:* „Die Herstellung eines geschweißten Signalsteges in Nürnberg-Hauptbahnhof“ — Bauingenieur 17 (1936), Seite 137.

153. *Wundram:* „Schweißen im Hebezeugbau“ — Elektroschweißung 8 (1937), Seite 44.

154. *Würges:* „Schweißen im Behälterbau“ — Zeitschr. d. VDI (1937), Heft 51, Seite 1474.

155. *Mauerer:* „Geschweißte Fahrzeugkonstruktionen der Deutschen Reichsbahn“ — Elektroschweißung 9 (1938), Heft 6.

156. *Hunsicker:* „Das Schweißen dünner Bleche“ — Techn. Zentralblatt prakt. Metallbearbeitung 48 (1938), Heft 1/2, Seite 51/55.

157. *Jurczyk:* „Konstruktive Fragen bei der elektrischen Lichtbogenschweißung im Maschinenbau“ — Elektroschweißung 9 (1938), Heft 9, Seite 161.

158. *Stieler:* „Elektroschweißen bei Instandsetzungsarbeiten“ — Elektroschweißung 9 (1938), Heft 9, Seite 167.

159. *Colbus:* „Einige bemerkenswerte Reparaturen mittels der Elektroschweißung“ — Elektroschweißung 9 (1938), Heft 9, Seite 171.

160. *Forsterling:* „Reichsautobahnbrücke über den Elster-Saale-Kanal“ — Bautechnik 16 (1938), Heft 27, Seite 354.

161. *Kerff:* „Knotenpunktausbildung für geschweißte Tragwerke“ — Zentralbl. d. Bauverw. 58 (1938), Heft 30, Seite 821.

162. *Orth:* „Einsturz einer geschweißten Brücke über den Albert-Kanal in Belgien“ — Bautechnik 16 (1938), Heft 27, Seite 358.

163. — : „Der Bruch der geschweißten Brücke bei Hasselt, Belgien“ — Zeitschr. f. Schweißtechnik (1938), Heft 5.

164. — : „Stimmen zum Einsturz der Brücke von Hasselt“ — Elektroschweißung 9 (1938), Heft 9.

165. *Albrecht:* „Bau der Reichsstraßenüberführung in Freising bei München" — Bautechnik 16 (1938), Heft 37, Seite 477.

166. *Miesel* und *Raidt:* „Die Herstellung der Baustellenstöße der Reichsautobahnbrücke über den Bober" — Elektroschweißung 9 (1938), Heft 8, Seite 141.

167. *v. Waldstätten:* „Tiefladewagen von 200 t Tragfähigkeit" — Zeitschrift d. VDI 82 (1938), Nr. 17, Seite 509.

168. *Wundram:* „Ganz geschweißtes mehrstöckiges Gebäude in New York" — Bauingenieur 19 (1938), Heft 37/38, Seite 537.

169. *Fricke:* „Versuche mit geschweißten Gittermasten in Leichtbauweise" — Bauingenieur 19 (1938), Nr. 7/8, Seite 90/93.

170. *Komers:* „Aus der Praxis der Großrohrschweißung" — Schweißen und Schneiden 1 (1949), Heft 4, Seite 53.

171. *Fritz:* „Über Instandsetzungen durch Schweißen und Schneiden" — Schweißen und Schneiden 1 (1949), Heft 4, Seite 66.

172. *Kühnel:* „Erfahrungen mit dem geschweißten und nicht nachgeglühten Lokomotiv-Kessel; seine Berechnung und Herstellung" — Schweißen und Schneiden 1 (1949), Heft 5, Seite 71.

173. *Grix* und *Boeckhaus:* „Die Schweißung von Fahrdrähten aus Kupfer" — Schweißen und Schneiden 1 (1949), Heft 7, Seite 101.

174. *Hänchen:* „Berechnung der Laufkran-Fachwerkträger auf Dauerhaltbarkeit" — Schweißen und Schneiden 1 (1949), Heft 9, Seite 139.

175. *Fuchs:* „Vollständig geschweißte Eisenbahnbrücke" — Schweißen und Schneiden 2 (1950), Heft 9, Seite 251.

176. „Geschweißte Brücke in Australien" — Bauingenieur 24 (1949), Heft 5, Seite 156.

177. *Schnorr:* „Das Lastrohr und seine Bedeutung für Binnenschiffahrt und Eisenbahn" — Glasers Annalen (1949), Mai-Heft.

178. „Vollständig geschweißte Behälter für Westphal-Floß, Schiff aus gelenkigen Einzelteilen" — Die Bundesbahn 23 (1949), Heft 21.

179. *Steinrath:* „Korrosion im Innern von Stahlrohr-Konstruktionen" — Der Bau (1949), Heft 11.

180. *Horn:* „Die Schweißung von Großgasbehältern" — Schweißen und Schneiden 3 (1951), Heft 3, Seite 84.

181. *Schmidt:* „Leichte geschweißte Bauglieder für den Großmaschinenbau" — Schweißen und Schneiden 3 (1951), Heft 10, Seite 308.

182. *Dohrmann:* „Schweißen und Schneiden im Schiffbau" — Schweißen und Schneiden 3 (1951), Heft 11, Seite 327.

183. *Klingenberg:* „Stand der Entwicklung der Verbund-Bauweise" (Anschweißen der Bügel) — Deutscher Ausschuß für Stahlbau, Bad Pyrmont.

184. „Stahlleichtbau" — Fachverband Stahlbau, Deutscher Stahlbauverband, Bad Pyrmont.

Namen- und Sachverzeichnis

18 Sahling-Latzin, Schweißtechnik

18*

Additional material from *Die Schweisstechnik des Bauingenieurs,*
ISBN 978-3-663-03112-3, is available at http://extras.springer.com